輻射大解謎

從核食、核電、核彈，到 X 光與手機電磁波，
安心生活必了解的生存常識！

Strange Glow

提摩西・約根森 Timothy J. Jorgensen ／著
王惟芬／譯

謹將此書獻給我的父母，
查爾斯及瑪莉詠・約根森（Charles and Marion Jorgensen），
以示我對他們的敬重、欽佩與愛。

目錄 CONTENTS

推薦序
懂一點科學，生活便多一點安心／黃士修 ………………………… 006

前言
這不是科學經典，而是實用生活指南 ………………………………… 009

序章 看不見的，最可怕？ ……………………………………………… 015

第一部　從神祕波紋，和詭異螢光開始
第1章 看見輻射，擁抱輻射 ……………………………………… 022
第2章 無所不在的放射性 ………………………………………… 061
第3章 核分裂，極限的吹毛求疵 ………………………………… 078

第二部　是死因也是救命神器？
　　　　輻射與健康的糾葛
第4章 陷入險境：輻射與職業病 ………………………………… 112
第5章 能致癌，也能治癌 ………………………………………… 155
第6章 活命的關鍵：距離 ………………………………………… 186

第 7 章　暴風雪警告：輻射塵壓境 ……………………… 214
第 8 章　直到找到數據，我們才有證據 ………………… 242
第 9 章　劫後餘生，該不該擔心突變 …………………… 266
第 10 章　輻射的傷害，直指 DNA ……………………… 301

第三部　食品、電力、行動網路，哪些輻射值得你擔心？

第 11 章　你家的房子，防氡氣嗎？ …………………… 350
第 12 章　X 光檢查，反而讓人生病？ ………………… 373
第 13 章　讓腦袋壞掉的，真的是手機電磁波？ ……… 395
第 14 章　病從口入！核食的安全性怎麼核實？ ……… 415
第 15 章　電廠核災，一發不可收拾 …………………… 440
第 16 章　保證互相毀滅！地緣政治的核威脅 ………… 474

[結語]
你有聽過 N 射線嗎？ …………………………………… 502

謝辭 ………………………………………………………… 514
全書註釋與參考資料 ……………………………………… 518

推薦序

懂一點科學，
生活便多一點安心

核能流言終結者創辦人、以核養綠公投領銜人
黃士修

人們害怕輻射，就跟大家小時候怕黑、怕鬼一樣，因為輻射看不見，更摸不著。

恐怖小說家洛夫克拉夫特（Howard Phillips Lovecraft）曾說過：「人類最古老、最強烈的情感是恐懼；**而最古老、最強烈的恐懼，是對未知的恐懼。**」

你我都不知道黑暗中是否藏著鬼怪，隨時咬人一口。可是，你曾幾何時見過鬼呢？有陰陽眼的朋友，我們另當別論。所幸現代科學昌明，精確測量輻射的儀器，我們倒是有的。

遙想2011年福島核災發生後，曾激起一波反核運動浪潮。然而，本書第15章便有詳述，根據世界衛生組織

（WHO）和聯合國原子輻射效應科學委員會（UNSCEAR）的長年追蹤調查，**福島人群暴露到的輻射劑量，僅為 3.5～4.2 毫西弗（mSv）**。這個數值，低到讓科學家無法預期將在臨床上觀察到甲狀腺癌的病例的增加。

此外，該劑量甚至遠不及輻射相關職業的安全上限（約 50 毫西弗）。這個安全上限，又是我們能開始觀測到罹癌機率效應（約 100 毫西弗）的一半。而所謂的機率效應又有多強呢？本書第 8 章亦有提及，剛暴露劑量高於 100 毫西弗的門檻後，每增加 1 毫西弗，約會增加 0.005% 的終身罹癌機率。直到接觸 1,000 毫西弗以上，才會產生確定性的放射線病效應。

毒理學之父帕拉塞爾蘇斯（Paracelsus）曾說過一句至理名言：「劑量決定毒性。」

線性無低限假說（LNT，請詳見本書第 11 章）的過度保護，加上反核團體的有意誤導，反而造成比核災殺死更多人的災難性決策。包括日本政府的疏散政策，以及多起自殺事件。

台灣政府的廢核政策也被政治利益綁架，不斷走向非核家園，背後代價卻是電價高漲、肺腺癌人口上升，背後的集團則賺取鉅額財富，根本不管手上的錢沾滿多少鮮血。美國方面更多次警告，台灣廢核便是「選擇脆弱」。高比例的天然氣政策，將使國防安全澈底崩壞，**解放軍或許不用費一兵一卒，只消等待颱風滯留，每年夏天台灣便可能發生斷氣危機**。

如果你知道，因福島核災中輻射死亡的人數，是 0。

如果你知道，蘭嶼核廢場測出的輻射值，甚至低於台北車

站。

如果你知道，刻意攝取大量核食的致癌率，也僅約 2,000 萬分之一（詳見本書第 14 章）。

那麼，我們還需要花費數十年的時間，爭論要不要廢核的反智問題嗎？如果核能真的如此危險，聯合國、美國、歐盟，為何都將核能定義為綠能，並讓科技巨頭和跨國銀行聯合投資呢？

只有多懂一點科學，你我才能保護周遭的家人、孩子不受欺騙，並擁有一個安心的未來。

[前言]

這不是科學經典，
而是實用生活指南

「所謂經典，就是人們讚譽備至卻不會去讀的書。」
　　　　　　——美國文豪馬克・吐溫（Mark Twain）

「複雜的東西通常沒什麼用；有用的東西往往都很簡單。」
　　　　——米哈伊爾・卡拉什尼科夫（Mikhail Kalashnikov），
　　　　　　　　　　　　　　　　　　　　　　AK-47 步槍發明者。
　　　AK-47 是種簡單可靠的突擊步槍，僅包含 8 個活動零件。

　　這本書的目的並非成為某種經典，而是要「有用」。因此，在撰寫本書時我盡可能使用直截了當的文字，並基本上避開科學術語。希望這樣簡潔的風格能擴展本書的讀者群，無論他們是否有任何科技背景。要是我真的做到這一點，本書的讀

者將學到大量有關輻射的知識，並發現，這些資訊在許多方面都有相當實際的用途。

大家都喜歡透過故事來學習[1]。正如演員奧黛麗・赫本（Audrey Hepburn）所說的：「我學到的一切都來自電影。」雖然這是一本書，而非一部電影，但我也抱持類似的觀點。如果能講述一個引人入勝的故事，無論是透過電影還是書籍的文字，人們都會從中學到一些東西。這就是我在本書中嘗試達成的目標。

本書講述了人與輻射相遇的故事，以及人類如何因為這些經歷改變的故事。因此，這些故事的重點將會放在人的層面，並且以健康為主要出發點。目標是將輻射的技術知識與人類經驗相整合，並消除關於輻射的迷思和誤解。

儘管輻射可能令人害怕，但本書的目的不是要減輕你對輻射的恐懼。恐懼是種非常主觀、受到多種因素驅動的情緒。我唯一能夠做到的，就是盡可能客觀、公正地呈現輻射的種種事實，最後由你來決定哪些方面值得擔心。

本書的另一個目的，是要澄清以下迷思：輻射風險問題太過複雜，遠超普通人的理解能力，因此只能靠輻射「專家」來解答。這種說法可說大錯特錯。但凡有些許智慧的人，即使缺乏任何技術背景，也應該能夠理解導致輻射風險的基本原理，然後自行評估輻射對他們個人和集體構成的威脅有多大。本書旨在讓人相信，每個人都有能力掌控自己面對輻射的命運，並讓人們有能力為個人面對的輻射劑量做出明智決定。

最後，本書也是一場風險溝通的實驗。真正的問題是，我能否不透過大量數字、表格和圖表，也準確且有效地描述輻射的風險。在向公眾表達這些風險的本質時，上述過於量化的方法基本上沒什麼效果[2]。因此，本書並沒有圖表，並且儘量不使用到數字，而是透過科學歷史來講述遭受各種類型和劑量輻射的人物，以及這些輻射對健康造成的後果，以此讓讀者了解各種威脅的嚴重程度。如此一來，即使我們對背後的科技沒有詳實的了解，也足以確切掌握輻射危害的程度。

這些目標有可能實現嗎？我不認為有什麼理由不行。畢竟，過去就有成功的例子，例如電力。電力是在輻射之前不久發生的創新科技。最初，人們非常擔心電力會對健康構成致命、無形的威脅。然而隨著時間過去，世人開始明白，手電筒電池並不會像掉落的電線一樣危險。即使那些搞不清楚安培（amp）和伏特（volt）差異的人，也明白儘管電力確實存在死亡風險，但這些風險大多都是可控的，我們能在發揮電力的最大優勢時將其風險降到最低。

現今，已經沒有人在談論支持或反對電力。大多數人都明白，電力將繼續存在，我們已經沒有回頭路了。現在所能做的，就只有有效管理電力，盡可能降低它的危害，同時享受它帶來的好處。

但說到輻射時，我們還遠遠沒有達到類似的認知。今日大眾對輻射的反應，多半與一百多年前的人們，最初認識電的反應相同。我們需要提高世人對輻射的理解，直到人們對輻射風

險的認識，跟對電力的程度相同為止。輻射，就跟電一樣，是一項長久存在的科技。因此，對輻射的認識越多，我們的生活只會越好。本書致力於增進大眾對輻射的了解，就像當初人們逐漸了解電力一樣。

◆ 比起輻射，人類一度更害怕電

若你了解本書的架構與組織，便更能從中獲益。在本書的開始（序章）會簡短介紹本書的主題，奠定之後的基礎，本書一共分為三大部分。

第一部分（第1～3章）將講述人類發現輻射的故事，以及當時的社會將這項發現付諸應用的歷史。其中將會談到蘇格蘭愛丁堡（Edinburgh）的一間實驗室，偶然觀察到一片散發螢光的螢幕，以及這項發現，竟然在數週後碰巧幫助某名遠在加拿大蒙特婁（Montreal）的男子，讓他的腿免於截肢。還有最初對X射線管滿懷熱情的湯馬斯・愛迪生（Thomas Edison）為何在短時間內就轉而對其心生恐懼，以及他的助手因粗心大意付出的慘重代價。另外，還有巴黎的一個陰天如何導致人們發現放射性。

在講述這些故事的過程中，還會介紹一些輻射與健康關係的重要概念。本書將循序漸進地介紹輻射及相關的物理觀念，關於健康方面的討論則會以軼事的形式穿插其中，並以早期研究輻射的科學先驅及其遇到的問題為主軸。本書也會比較輻射

與電力，畢竟，電力這種科技在問世初期時，大眾對其安全性的懷疑遠遠超越前者。

第二部（第4～10章）則會介紹輻射對人體健康的影響。一開始講述德國礦工的故事，他們早在發現輻射前就在不知不覺中罹患了相關疾病，此外也會提到他們的病與美國手錶女工神祕死亡之間的關聯。還會介紹前人是如何發現輻射可以用來治療癌症，與放射線相關的疾病，以及為什麼大多醫生從未見過放射線病的病例。你也會發現，為什麼在核事故後不應該如民間流傳的多喝牛奶。

書中將系統性地介紹人體細胞和組織，在遭遇輻射後產生種種反應的演變概念。重點將放在如何衡量輻射對健康的影響，最終探討目前已知的潛在成因。並著重在與健康議題相關的輻射生物學，而不是輻射物理學，並穿插「安全」與「低風險」是否相同的概念。以上將拉開第三部的序幕，我們會在其中探討風險／效益分析在輻射相關決策中的作用。

第三部（第11～16章）會討論一系列大眾更感興趣的輻射主題。以下僅舉幾例，包括在地下室的氡氣、食用受放射性汙染的食物，以及住在核電廠旁邊的危險性。你可能只想挑選特定章節中感興趣的部分來讀，但你應該要壓抑這種誘惑。

畢竟，每一章都包含了特定的風險評估例證，而章節的排列順序也經過精心設計，循序漸進地揭示我們在做出健康決策時，同時考量其風險和益處的重要，以及權衡替代風險的必要性。在此部分，我們將系統性地討論不確定性如何影響我們決

策的有效性。你當然可以不按順序閱讀第三部的章節，且不會有前後連貫性的問題，但這樣便會混淆風險評估的發展故事及其與安全性的關係，因此我並不建議這麼做。

至於結語，則總結了我們學到的一切輻射相關知識，以及如何將這些資訊應用在日常生活中。此部分還包含了最後一個關於輻射的故事，其中蘊含了本書的核心觀點。

以上就是關於本書的概述，接下來，你就可以開始探索輻射的世界了。你可能會發現這既有趣又令人愉悅，偶爾也有點可怕。儘管如此，讀到最後你將會學到更多的知識，讓你能夠應對在現代科技社會中遇到的任何輻射問題，因為輻射無處不在。

祝你的閱讀之旅順暢無阻！

——提摩西・約根森
寫於華盛頓特區

序章 看不見的，最可怕？

「在黑暗中，所有的貓都是美洲豹。」

——諺語，出自無名氏

「一般來說，人更害怕他們看不到的東西，而不是他們看得到的。」

——尤利烏斯・凱撒（Julius Caesar）

大多數輻射外洩場景的共同點，便是恐懼。

光是提到輻射一詞，你就會心生憂懼，這是完全可以理解的反應，畢竟這個詞在大眾腦海中勾起的，就是核彈爆炸的蕈狀雲和癌性腫瘤的影像。任何人見到這樣的畫面都會焦慮發作，這再正常不過。然而，有些人就連對診療用的 X 光、行李掃描儀、手機和微波爐都非常害怕。這種極端的焦慮毫無根據可言，甚至可能帶來危險。

人感到恐懼時，往往會過度誇大風險。研究發現，人的風

險感知與恐懼程度密切相關[1]。這時，人們往往會高估他們所害怕事物的危險性，低估認為較不可怕事物的風險。通常，這些風險認知都與事實無關，多數人甚至對事實不感興趣。

比方說，許多美國人都害怕黑寡婦蜘蛛這種遍布全美的節肢動物。但事實上，因黑寡婦叮咬而死亡的人每年平均不到兩人，同時卻有超過 1,000 人因蚊子叮咬而罹患重病身亡，但大眾對事實絲毫不感興趣。蚊子太常見了，犯不著擔心。同樣地，與摩托車事故相比，民航機發生事故的風險小非常多，許多騎士卻對搭飛機莫名感到害怕。

以上的重點在於：**風險認知，會左右我們的決策過程，而這些認知往往與真實的風險毫不相干**，因為我們的大腦早已被非理性的恐懼劫持。一旦出現這種非理性的恐懼，就難以客觀地權衡風險。諷刺的是，這種受到恐懼左右的健康決策，實際上很可能導致我們做出增加、而非減少風險的選擇。

人們害怕輻射，但其實更應該擔心的，其實是越來越多的輻射暴露。自 1980 年以來，美國人暴露的背景輻射已經增加了一倍，而且可能還會繼續攀升[2]。在所有已開發和發展中國家也出現類似的情形。而此種背景輻射的增加，幾乎都來自被醫學領域廣泛使用的放射治療。

診斷放射學（diagnostic radiology）在疾病診斷和監測治療進展等方面的好處顯而易見。然而，在某些領域也有濫用輻射的情形，對患者可說是幾乎或根本沒有好處，卻還是任由他們面臨巨大的風險。

此外，醫療輻射在人群中的分布相當不均。有些人完全沒有接受過醫療輻射，另一些人卻接受了大量輻射治療。在這種情況下，「平均」背景輻射對個人來說意義並不大。人們需要了解自己接受的輻射劑量，並且在同意接受放射治療前，權衡自身的風險和效益。

除了醫療輻射，我們也會從各種消費性產品、商業輻射活動，和環境中的天然放射源接觸到輻射。其中一些的輻射量較低，風險也稍低，但有些則讓人暴露在較高的輻射中，形成潛在風險。我們需要了解這些不同的輻射暴露危害，並在必要時保護自己。

◆ 人類對輻射的了解，遠比你以為的多

在接下來的篇章中，我們將探討輻射的故事，並特別著重與健康相關的例子。我們將探索目前對輻射的了解，以及人類最初認識它的緣由。同時也會權衡風險和利益，並描述其中的不確定性。最終，我們將確定做出輻射相關的合理健康決策所需的資訊，並揭示這項資訊本身的局限性。

由於我們通常看不到輻射，因此往往對它感到既好奇又害怕。人們賦予輻射某種神奇的轉變力量，甚至創造出漫畫中的超級英雄，例如因暴露於伽馬射線中而誕生的綠巨人浩克（Hulk）、被放射性蜘蛛咬傷後獲得能力的蜘蛛人（Spider Man），以及過度暴露於輻射中變異而成的忍者龜（Teenage

Mutant Ninja Turtles）。然而，即使是超級英雄也對輻射抱持矛盾的態度。例如超人絕對很開心擁有一雙能釋放 X 射線的雙眼，同時卻對氪石（kryptonite，一種虛構的放射性元素）感到畏懼。

說到底，我們並不知道該怎麼看待輻射。然而，在個人、社區、地方、國家，和國際的各個層面，都得面臨到與輻射有關的決定，其範圍相當廣泛，從是否該做牙科 X 光檢查，到是否該建造更多核電廠以滿足 20 年後的能源需求。這些問題必須顧及無數個人和團體，而且必須立刻做出回應。我們無法繼續延宕，直到累積足夠數據，或完成更多研究再來決定，更不能把責任推給科學家或政客。這些決定必須由選民和利益關係人做出，換句話說，每一個社會成員都應該參與。

但問題在於，輻射有不同類型，而且危險性各不相同。遺憾的是，大多數類型的輻射都不可見，而我們往往對看不見的東西感到恐懼。此外，我們會將那些看不見的，全都歸類至同樣的危險等級。但它們是不同的，我們需要有能力區分它們。並非所有看不見的貓都像豹子一樣可怕。

我們該要擔心的是哪些類型的輻射？這點必須由人們自己決定，且這項決定必須基於事實。儘管有些事情仍然未知、模糊或不確定，但我們不能假裝對輻射及其對健康的影響一無所知。在一個多世紀的經驗累積後，科學界和醫學界對輻射的影響已有許多了解。而且事實上，和其他環境危害相比，**我們對輻射的認識其實是最多的。**

雖說眼見為憑是某種通用的原則，但看不到的，不代表就不能採信。在輻射的例子中尤其如此，因為大多數類型都無法直接以肉眼觀察到。然而，有一種類型的輻射是可見的——那就是光。

好在，光的特性有許多和那些不可見的輻射類似。因此，我們可以透過學習可見光來克服理解輻射的部分障礙，然後再去了解那些隱藏在黑暗中、令人感到危險的無形輻射。我們將從觀察燈柱下方開始這趟輻射之旅，揭露真相……在那裡，即便是美洲豹也不敢肆意出沒。

第一部

從神祕波紋，
和詭異螢光開始

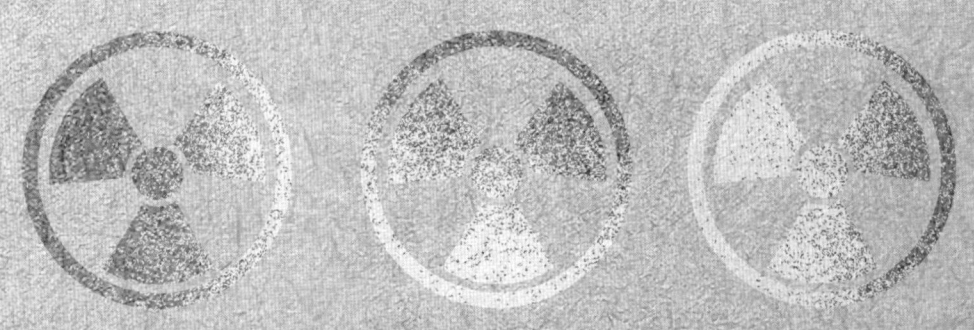

第1章 看見輻射，擁抱輻射

「人們應該學習去發現，並觀察在內心閃現的那道光芒。」
——拉爾夫・愛默生（Ralph Waldo Emerson），美國思想家

◆ 第一步，美麗的光與彩虹

輻射，不過就是移動中的能量，無論是在固體物質中或是自由空間皆是如此。在大多數情況下，肉眼都無法察覺，我們只能透過儀器來偵測。但有一種輻射是肉眼可見的，那就是光。

有誰不對光著迷呢？無論是日出、煙火還是雷射光秀，我們對種種形式的光興奮不已，因為我們可以看到它。大多數人對光的物理原理至少有些基本的認識，因為大部分特性，都可以直接從切身經驗感受到。

我們知道光會投射出陰影，會透過鏡子反射，還會展現出不同顏色。其他類型的輻射也具有類似特性，只是我們看不到罷了。它們存在於我們的日常經驗之外，因此顯得格外神

祕⋯⋯一直都在,卻見不到。好在光的物理特性和其他類型的輻射有許多共同點。因此,檢視光的特性,可以讓我們多少掌握到它那些看不見的表親的情況,一窺其中奧妙。

光只是整個輻射世界中的一小部分,卻是非常重要的一部分。如果在談論輻射時忽略了光,那實在太離譜了,輻射的故事便與光的故事密切相關。為了避免這樣的疏忽,現在我們來簡單回顧一下人類目前對光的認識。

◆ 光亮、熱量,與折射

在史前時期,光幾乎完全來自太陽和火。原始人類在觀察這些光之後,推斷太陽是一顆巨大的火球。這項推論可能是人類最早做出的一項科學結論,而後事實也證明,這項推論正確無誤。

火會發熱,也會發光,但溫暖的東西不見得都會發亮,例如體熱;而明亮的事物也不總是溫暖,例如螢火蟲。這些事證顯示出,儘管熱和光經常同時存在,而且在某些方面有所相關,但它們在本質上是不同的現象,應該被分開來單獨研究。

人注意到光的另一個特性,則是在水中移動時會彎曲。就拿一個從水面突出的物體來說,它似乎會在外觀上出現錯位。也就是說,物體,比方說一根棍子,進入空氣的位置好像和離開水中的位置不同,看起來像斷掉了一樣。當我們觀察一杯放入水中的吸管時,也能看到這個現象。這是因為穿過液體的光

線會彎曲，使物體在水中的部分實際上跟人眼看到的位置不同。

光的這種特性稱為「折射」，這即使在早期人類眼中，也具有非常實際的意義。比方說用弓箭捕魚時，弓箭手如果直接瞄準水中的魚，一定會射偏；如果瞄準在略低於魚的位置，那麼就可以把牠帶回家當晚餐了。但這個道理不能套用在空中的獵物。若瞄準鳥的下方射箭，除了嚇唬牠們之外，可沒有任何效果。

同樣地，樹葉或其他物體表面的水滴具有放大效果，也是因為折射。人類在發現透明玻璃後[1]，就懂得使用水滴形玻璃來模仿，並永久掌握這種放大效應。透過改變透明玻璃滴的形狀，便可以改變它們的放大特性，最後製造出各式各樣的玻璃滴，也就是透鏡。它們能夠單獨使用，也可以組合起來，用以製作望遠鏡和其他視覺儀器。光學領域——研究光的特性，及其與物質相互作用的物理學領域——就此誕生，並為深入探究其特性的光學研究開闢了明確的道路。在當時，光是人類唯一已知的輻射類型。

而早在被從天而降的蘋果和重力吸引注意之前，牛頓（Isaac Newton）最初對科學的熱情，其實也是光學[2]。在他的實驗室中，牛頓對光的特性展開了許多新穎的觀察。例如他發現，白光是由混合在一起的彩色光所組成的[3]。而正如他所展示的，可以用玻璃製的稜鏡將白光分離出構成它的彩色成分。這是由於「色散折射」（dispersive refraction）的光彎曲效應所

造成的,即不同波長(不同顏色)的光在穿過稜鏡時的彎曲角度略有不同,因此不同波長的光會彼此分離。

牛頓在他的許多光學實驗,和光特性的展演中會使用人造稜鏡,當作彎曲光線的工具。然而稜鏡效應最引人注目的自然證據,其實是大量水滴將陽光分離成彩虹的顏色,就像在暴風雨後的天空所看到的那樣。可惜,牛頓的光線實驗受到感官的限制,他無法測量肉眼看不見的東西。他不知道,除了那些彩色光芒外,還有一個他無法感知或察覺的宇宙,散發著看不見的光。

後來,科學家又迷上另一種與暴風雨有關的自然現象,那就是電。

從杜撰出班傑明·富蘭克林(Benjamin Franklin)在雷雨中放風箏的故事以來,大眾就意識到電的存在及其用途。除了能電死人和燒毀穀倉外,電還會以較微弱的形式出現,例如產生電火花,或是讓人的汗毛豎起來。只要拿兩種不同的材料摩擦,就可以產生電力,也就是靜電。

因此,並不需要等到暴風雨時才可以來玩電。事實上,在富蘭克林的時代,小型靜電機已是貴族的客廳裡非常流行的玩具。在過去,光和電的研究是兩條不相交的平行線。然而,直到1800年代末期,才有人開始體認到光與電之間的聯繫,並最終發展出服務大眾的實際用途。

◆ 驅走黑暗，卻帶來恐懼

與廣為流傳的相左，第一顆電燈泡並不是由愛迪生發明的，而是漢弗萊・戴維（Humphry Davy）在1805年前後所發明，當時稱為電弧燈。

在玻璃燈泡中，電弧燈會快速且連續地產生強烈明亮的白色電火花，這就是它產生光的形式。電弧燈適用於戶外高燈柱的照明，在愛迪生的時代，這種燈柱在大城市的公共地帶相當常見。但電弧燈實在太亮了，不適合在家中使用[4]。若想將電力照明帶入家庭，則需要採用不同的方法。

就跟其他人一樣，愛迪生也知道，將各種材料通上電便會讓它們發光，這個過程稱為「白熾化」。這無異是一種可替代蠟燭和瓦斯燈的另類光源，但問題是，這些發光材料，也就是燈絲，用不了多久就會裂解，拿來當家用照明設備實在太不實際。

由於愛迪生當時不知道電破壞燈絲的物理原理，他只能把所有能找到的材料都拿來測試，看看是否有一種材料能發出明亮的光，又不容易燒壞。在嘗試了包括棉花和龜殼在內的300種不同材料後，他發現了碳化竹，並認為這就是製作燈絲的首選材料——想必世界各地的烏龜都鬆了一口氣[5]。

將碳化竹放在真空燈泡，也就是真空管中時，它比任何其他參與測試的細絲都更明亮和持久，愛迪生做出他的燈泡了！雖然鎢絲不久後便取代了家用燈泡中的碳化竹，但在隨後的幾

十年間，白熾燈也成為室內照明的主要工具。

儘管電具有為家庭照明的潛力，但最初公眾也對讓燈泡發亮的電力充滿恐懼和懷疑。他們也有充分的理由保持警覺。畢竟，報紙上不時就會刊登某人觸電身亡的新聞。可想而知，行人也對街頭由電報線和電線交織而成的不祥蜘蛛網感到恐懼，不知道它什麼時候會落在毫無戒心的路人身上，瞬間結束他的生命。

事實上，1888年4月在曼哈頓市中心，便有許多人親眼目睹了一起觸電意外。一名17歲的男孩沿著百老匯大道（Broadway）行走時，遭頭頂上懸垂的電線擦過身體，導致當場身亡。《紐約世界報》（New York World）以極其憎惡的口吻報導道：「百老匯大街上，全天都有成千上萬的人經過，就這樣任由數十條電線在半空中擺動，任何一條都可能脫落[6]！」

另一個關於電的悖論是，儘管其殺傷力極為強大，卻通常不會在受害者身上留下任何痕跡。這似乎是種既神祕又詭異的死亡方式，簡直像直接從人身上吸走生命力一般，而且器官、身體都不會出現明顯的損傷。

據說，有一名受害者全身上下，只有觸碰到電線的拇指出現一處傷口，然後就這樣死去。由於當時大眾對觸電死亡的原理並不清楚，這更加劇了人們對觸電的恐懼[7]。此種缺乏認識，或許可以解釋公眾對觸電意外的巨大憤怒。相較於此，其他科技造成的死亡通常不太會引起社會關注。就拿1888年17歲男孩的意外來說，當年度紐約市只有4人觸電離世，但瓦斯

造成的死亡有 23 人，電車造成的死亡則有 64 人。然而，煤氣和電車造成的憾事太過稀鬆平常，不足以引起公眾的關注[8]。

不過，愛迪生卻從中嗅到商機，將公眾的恐懼視為機會所在。他在此之前就曾嘗試過用對火災的恐懼推廣電燈，希望能就此將其取代。此時，他則想利用大眾對電的恐懼，對抗其商業競爭對手喬治‧威斯汀豪斯（George Westinghouse）。

威斯汀豪斯，是愛迪生在家用電力領域的主要對手，也是電線業的龍頭。他發現在布線時，將電線架在空中遠比地下化來得便宜，而且維護成本更低。當時愛迪生選擇使用地下布線作為他的輸電線路，但光是挖掘電線溝渠的成本，便讓他破產了。

威斯汀豪斯還利用了另一項對愛迪生不利的創新技術，那就是使用交流電（alternating current，簡稱 AC）而非直流電（direct current，簡稱 DC）送電[9]。交流電的傳輸距離可以比直流電更遠，儘管減少發電站的數量，也得以將電力傳送到遠離發電機的區域。威斯汀豪斯從愛迪生的另一位競爭對手尼古拉‧特斯拉（Nikola Tesla）買下大量基於交流電的發明專利，若改用直流電作為送電標準，那麼這些專利便會瞬間變得分文不值[10]。

由於大眾對電力的恐懼和空中電線間的關聯，而這些電線又是被用來輸送威斯汀豪斯的交流電，於是愛迪生悄悄展開他的計謀，企圖將人們對頭上電線的恐懼轉移到交流電上。根據愛迪生的說法，交流電相當致命，而他所使用的直流電則是一

種更為安全的替代方案。

為了證明交流電的殺傷力，愛迪生公開對狗和其他動物實施多次電刑。在 1903 年，他甚至用交流電將一隻名叫托普西（Topsy）的馬戲團暴躁母象安樂死。這頭大象在幼年時於 1885 年被送來美國，進入當時和傳奇的玲玲馬戲團（Ringling Brothers）打對台的亞當‧福雷波（Adam Forepaugh）旗下的馬戲團表演。

不幸的是，隨著托普西逐漸成年，牠的脾氣變得越來越暴躁，前後造成 3 名馴養員死亡。馬戲團打算把牠安樂死，不過在此之前，他們得先為牠的各個身體部位找到願意支付預付款的買家。在交易完成後，馬戲團還需要找到一種不會損壞到已售出身體部位的方法來結束牠的生命。

馬戲團原先打算採用公開絞刑，甚至在紐約的康尼島（Coney Island）搭建了巨大的鷹架來施行計畫。不過防止虐待動物協會（Society for the Prevention of Cruelty to Animals，簡稱 SPCA）很快便接獲絞刑的相關消息，並出手干預[11]。該協會指出，絞刑不可能迅速殺死一頭重達 6 噸的大象，不僅肯定會失敗，還會讓大象徒增痛苦和折磨。此時，這個故事上了報紙，引起愛迪生的注意。他想出協助馬戲團解決困境的辦法，那就是以交流電來執行電刑。

愛迪生派了一組工作人員到康尼島，為大象穿上銅製腳套，然後通以 6,000 伏特的交流電。就這樣，在 1,500 名圍觀者面前，托普西踉蹌地倒地身亡，腳下冒著濃煙[12]。交流電的

殺傷力給大眾留下了深刻的印象，不過，若是他們知道大象在通電前幾分鐘已被餵食摻有致命氰化物的胡蘿蔔，恐怕就不會對交流電產生任何想法了。

不知道是因為氰化物還是交流電的關係，總之大象迅速失去了生命，愛迪生對此相當高興，購買屍體的商人也是。儘管托普西的腳被燒傷，其形狀仍相當完好，足以拿去做幾個漂亮的雨傘架。為了進一步賦予這項活動科學真實性的光環，他們還把那些無法出售的內臟器官捐贈給普林斯頓大學生物系的查爾斯‧麥克盧爾教授（Charles F. W. McClure）用於解剖研究。

◆ 托普西亂象

威斯汀豪斯這邊，隨後也以毫無根據的指控，回應愛迪生對交流電更具致命性的說法，聲稱直流電也很危險。例如，傳送直流電到一般家庭將需要更高的電壓，這可能將導致更高的死亡機率。諷刺的是，兩人甚至都聲稱自己的電流對健康有益。威斯汀豪斯表示，交流電的瞬間反轉「可以預防組織分解」[13]。愛迪生則推出一款名為「感應器」（inductorium）的直流電供電產品，會對身體產生輕微的電擊，號稱是「治療風溼病的特效藥」[14]。

在交流電與直流電對健康危害的爭論逐漸平息之際，愛迪生使出最後一招，試圖影響全美國的公眾輿論。在電擊托普西時，愛迪生的影片小組把電刑過程拍攝成一部短片。愛迪生將

它用默片的形式推出，取名為《大象觸電》（Electrocution of an Elephant），並在美國各地廣泛發行[15]。人們至今仍可在網路上找到這部影片[16]。

但不幸的是，對愛迪生來說，這一招適得其反。他嚇唬民眾遠離交流電的計畫，並沒有得到預期的成效，他公開電擊動物的行為更令許多人作嘔、難受。此外，愛迪生甚至提出用交流電來處決死刑犯的方式，並為此設計了一張電椅。1890年，在紐約州奧本監獄（Auburn Prison），這把電椅被首次用來處決一名死刑犯。儘管愛迪生聲稱這把電椅可以讓人快速、無痛地死亡，但事實並非如此。

在奧本的電刑並不順利，就跟在康尼島電擊托普西時一樣。這名囚犯在死前曾被多次電擊，身體遭嚴重燒傷，而且整個過程相當緩慢，總共花費超過8分鐘才讓囚犯斷氣。在此之前，愛迪生曾大言不慚地預測道，死刑犯將在萬分之一秒內無痛死亡，此次失敗使他遭到嚴厲抨擊。威斯汀豪斯表示：「如果是用斧頭來行刑，效果甚至更好。」媒體大幅報導了這次拙劣的電刑，愛迪生也激起公憤[17]。

最後，大眾非但沒有反對交流電，反而抗議起了愛迪生。這些恐怖的景象引發大眾強烈的反彈。偉大的愛迪生、白熾燈泡之父就此遭到詆毀，名聲一敗塗地。最終，威斯汀豪斯的交流電贏得勝利，成為世上最普遍的送電模式。

諷刺的是，即使是往後針對母象托普西的輿論，都比對愛迪生的評論來得好。前者連續殺人的惡行不僅得到了原諒，還

被視為失控科技的可憐受害者。牠在死後聲名大噪，成為反虐待動物運動的代表，以及〈康尼島葬禮〉(Coney Island Funeral)這首歌的主角[18]。而在 2003 年，康尼島博物館也為牠豎立了一座紀念碑。

此外，甚至有民間傳說托普西的魂魄想討回公道，報復那座害牠死去的月神遊樂園（Luna Park）。1944 年 8 月 12 日，月神遊樂園在一場神祕火災中被徹底燒毀，當地人便謠傳這是「托普西的復仇」。後來雖然並未查清起火原因，但推測可能是電氣引起的。

經過一段時間後，愛迪生重拾偉大發明家的地位，家用電線（無論是交流電還是直流電）也被廣泛接受。這並不是說，大眾對電力已不再那麼恐懼，而是隨著對電力的熟悉，人們開始相信可以透過安全預防措施來管理風險。人們開始接受這其中的利害關係，願意承擔少許意外觸電的風險，以換取更好、更便宜的照明設備和節省大眾力氣的電器。這同時帶來另一項好處，減少了蠟燭和煤氣燈火災的風險。

大眾此時甚至忽略了走向夕陽產業的煤氣燈行業發出的警告，他們疾呼所剩無幾的顧客，白熾燈會發出有毒射線，使皮膚綠化，提高死亡率[19]。不過這種捏造的說法，也同樣被民眾視為一種恐嚇策略，跟愛迪生對交流電的批評沒什麼兩樣，因此他們不為所動。不久後，煤氣燈就從家家戶戶消失了，房屋火災的死亡率也相應下降。

至於以電產生的光這種形式之輻射，民眾擔心的是看不見

的電，而不是電燈本身。然而，一旦讓電力足以供人使用，它也會產生看不見的輻射——有些是良性的，有些則否。儘管如此，所有輻射，不論是哪一類，都沒有像電那樣引起這麼多的恐懼……至少在一開始沒有。

◆ 千里傳訊，取代電報的無線電

許多人認為發現無線電波的是吉列爾莫‧馬可尼（Guglielmo Marconi）。這就像認為愛迪生發明了電燈泡一樣，故事只對了一半。早有許多科學家都預測無線電波的存在，並花了多年的時間尋找。而馬可尼幸運地在萬事俱備的時間點出現，更重要的是，他立刻掌握到這項發現的實際意義。因此，他獲得許多名氣和榮耀，並在1909年成為諾貝爾物理學獎得主。

不過，其他重要人物卻因此變得默默無聞，好比英國利物浦大學（University College of Liverpool）的物理學教授奧利佛‧約瑟夫‧洛奇（Oliver Joseph Lodge）。遺憾的是，這就是身為科學家的現實。儘管如此，去反思科學家最初為何會懷疑無線電波的存在，以及為什麼他們開始尋找無線電波，都是至關重要的歷史。

一切都要從物理學家詹姆斯‧克拉克‧馬克士威（James Clerk Maxwell）說起，他在1867年推演了一些數學運算，並注意到光所具備、與波類似的特性，與電場、磁場的特性有些

相似之處。根據這個觀察，他制定出一組方程式，用以描述現在所謂的「電磁」在真空中傳播的情況。

對於短波長的光[20]，馬克士威的方程式能夠準確描述光的已知屬性，並最終得出結論：光實際上是某種形式的電磁波。同樣地，如果將對應更長波長的值代入此方程式，也能描述出一些物理特性，但是這些特性代表了什麼呢？

當時人們還不知道比光的波長更長的電磁波存在，所以這些特性並未具備清楚象徵。真的有這種電磁波的存在嗎？或者只是數學算得太過火了？學界繼續尋找了二十多年。最終在1888年，海因里希·赫茲（Heinrich Hertz）在實驗室成功產生並偵測到長波長的電磁波，也就是無線電波。可惜赫茲英年早逝，未能將他的發現推進到下一個合乎邏輯的階段。

赫茲去世後，大眾媒體刊登了他的科學成就，並引起年輕的電學愛好者馬可尼的注意。馬可尼當時只有20歲，與其他人不同，他充分意識到赫茲研究的潛力。儘管馬可尼沒有接受多少正規的電學培訓，但他還是從些許知識開始，全心全意投入無線電波領域。

1891年，法國科學家愛德華·布蘭利（Édouard Branly）偶然發現了一種看似無關緊要的現象，就此開啟無線電通訊的大門。布蘭利發現，電火花可以增加玻璃管內靠近自身的金屬屑的導電性。但如果用手指敲打管壁，金屬屑便會被打亂，就此失去導電性。

此外，即使電火花和玻璃管分別位於房間的兩側，也能展

現出這種現象。不久後，他想到將電鈴連接到玻璃管上，並開始公開展示此發現，電火花遠從房間的另一側隔空敲響了電鈴。一種新的科學魔術就此誕生。

洛奇和他的同事首先對此做出推論，並最終證明他們的想法符合現實，即這種現象是由於電火花發射赫茲波所致。但他們當時並沒有看出來這種現象對電通訊的實際意義，至少在一開始沒有意識到這一點。只有馬可尼看出其中潛力——**這是一種無須電線，便能傳輸電報訊號的新方法**[21]！

最初，馬可尼靠著經商成功的農民父親金援，在義大利自家閣樓中工作，並成功發送短距離的無線電報訊號。他有條不紊地改進這項技術，試著延長訊號的傳輸距離，隨即開始尋求商業支援。最終，在 1901 年 12 月 12 日，馬可尼第一次嘗試跨大西洋的電報傳送，從英國的波爾杜（Poldhu）傳訊到加拿大紐芬蘭的聖約翰斯（St. John's）。

在這次傳輸成功後，無線電報作為歐美間的通訊媒介，隨即成為跨大西洋海底電纜的競爭者[22]。馬可尼也開發出手提式的電報機，並透過他的公司「馬可尼國際海事通訊公司」（Marconi International Marine Communication Company）向船商推銷。

1912 年 4 月 14 日，首航就撞上冰山的鐵達尼號（RMS Titanic）便配備有馬可尼最新的海洋電報機。這艘沉沒中的郵輪，曾試著用摩斯電碼發出無線求救訊號。儘管這確實奏效了，但可惜救援船抵達得太晚，許多人因救生艇不足，早已被

凍死在寒冷的汪洋中。但對獲救的人來說，無線電仍是天賜的救命稻草。

雖然馬可尼對無線電波唯一感興趣用途，便是為人類謀福祉，以及為他自己謀利的無線通訊，其他人卻動起歪腦筋，想出更險惡的用途。有一次，一名記者便問他：「你可以從這裡引爆對街那棟房子裡的一盒火藥嗎？」馬可尼回答道，只要將火藥預先接上以電點火的電線，便能夠輕鬆做到[23]。

另外一些人，則看到無線通訊在戰爭中的潛力。不久後便有德國間諜前去拜訪馬可尼，希望在即將來臨、終將演變成第一次世界大戰的戰事中，取得電訊方面的優勢。然而，**當時完全沒有人預料到雷達的出現**，它不僅是無線電波在軍事領域最強大的發明，日後更成為代表第二次世界大戰的無線電波技術。

後來的工程師進一步研發馬可尼的無線電報技術，最終發展至能夠傳送完整的音頻，而不是只有間歇敲打的摩斯電碼[24]。這項創新使得無線電成為新聞和娛樂產業的主要媒介。到了1930年代時，美國幾乎家家戶戶都有一台收音機。

◆ 史上首次跨海傳訊，差點電死人？

馬可尼是如何跨海傳輸無線電波，把它送到大西洋彼端呢？馬可尼的長距離傳輸策略，是建造一座非常高的天線，盡可能地增加電力。1901年12月12日，他的跨大西洋傳輸營

試中使用了高達 30 萬瓦的電力 [25]——足以點亮 5,000 顆 60 瓦燈泡供電 [26]——來使他的無線電訊跨越海洋。

這個方法奏效了，不過，其實不需要如此大的電力也能成功。馬可尼後來發現，若是稍微縮短無線電波的波長，他就能在不需要高電力的情況下，大幅增加傳輸距離 [27]。他後來對此表示，自己當時過於關注瓦數而忘記留意波長，這可說是他職業生涯中最大的錯誤：低估了波長在傳輸距離中的重要性 [28]。我們在本書稍後將會談到，波長也是決定輻射是否有害健康的一項主要因素。

馬可尼和他的同事都明白，彼時他們使用的電力高到十分危險的程度。在實驗過程中，他們必須採取廣泛的預防措施來保護自己避免觸電 [29]。他們對無線電波卻非常放心，毫無警戒之心，也沒有採取任何預防措施，以避免可能的健康危害。就如同當時的大眾，似乎也不太注意無線電波對健康的潛在影響……除了一場令人留意的例外。

在嘗試跨洋傳送電訊之前，馬可尼希望先證明此種傳輸方式，足以跨越較狹窄的水域，也就是英吉利海峽。在一天晚上，馬可尼的工作人員在海峽對岸的法國維姆勒（Wimereux）小鎮，準備傳訊的相關作業，突然間被一名持槍闖入傳輸室的男子打斷。

這名男子聲稱自己體內疼痛難忍，並認為一切都是無線電波引起的。畢竟，這些症狀都是在馬可尼團隊的實驗開始後才陸續引發出來。他強硬地要求停止一切傳輸工作，男子手中的

槍更是為他增添了幾分說服力。

好在,馬可尼的工程師布萊德菲爾德(W. W. Bradfield)腦子動得很快。他告訴這名男子,只要把槍放下並接受無線電波的免疫治療,一切就會好轉。儘管對此質疑,持槍男子還是同意了這樣的治療方式。布萊德菲爾德輕微地電擊了這名男子,讓他對電波產生「免疫」(immunization)。布萊德菲爾德告訴他,這種免疫能讓他終生抵抗無線電波引起的疾病。這名男子心滿意足地離開了。顯然,他的症狀真的有減輕,因為工作人員之後再也沒有他的消息[30]。

然而,馬可尼還是有一名手下工作人員,確實因無線電傳輸而身亡。1898年8月21日星期日,在愛爾蘭附近的一座島嶼上,一名年輕的技術人員正在海岸懸崖邊的一棟房子裡準備架設傳輸站,並將傳輸線拉至臥室窗戶外。沒有人清楚這起事故的細節,因為他獨自一人工作——這是相當不明智的做法。第二天,他的屍體在約100公尺深的崖底被發現。據推測,他可能是出於某種緣故滑倒,進而摔落身亡[31]。

馬可尼本人則在1937年7月20日在羅馬去世,享年63歲。他去世前身體曾感到短暫不適,但確切死因並不清楚。義大利政府為他舉行了國葬,隔天,世界各地的廣播電台都默哀了兩分鐘,向這位打造廣播世界的人致敬[32]。

◆ X光，讓人們看見死亡恐懼

對蒙特婁的病人圖爾森・康寧（Toulson Cunning）來說，這是非常不幸的一次住院，以當時的標準治療方式來看，他的傷勢只有截肢一途。

在1895年的聖誕節，康寧倒霉地被槍射中腿部。儘管醫生動了手術試圖找出子彈，大大折騰了他一番，卻仍無法確定子彈的位置，截肢似乎迫在眉睫。不過，也許是命運之神眷顧，康寧將成為第一位受益於醫療用X光的人。他的腿最終沒有挨那一刀。

當康寧躺在床上痛苦地翻滾時，維爾茨堡（Würzburg）一名50歲的教授威廉・康拉德・倫琴[33]（Wilhelm Conrad Röntgen，請見下頁圖1-1）在那個聖誕夜同樣擔憂不已。

就在幾天前，他找到了堪稱二十世紀的一大發現，但他擔心自己可能忽略了一些細節並最終釀成嚴重錯誤。他向維爾茨堡大學的一位同事透露：「我發現了一些有趣的東西，但不知道我的觀察是否正確[34]。」結果非常幸運，倫琴的結論是正確的。

倫琴發現了可以穿透物體的不可見射線。這在當時是個大膽的主張，若不是倫琴親眼所見，恐怕連他自己也不會相信。他和大多數人，似乎都不知道另一位科學家赫曼・馮・海姆霍茲（Hermann von Helmholtz）在1893年就做過同樣的預測，他認為波長短於可見光的射線，就能夠穿過物質[35]。要是倫琴

知道海姆霍茲的理論，可能就不會對自己的實驗結果那麼擔心了，但恐怕也不會輕鬆多少。

圖 1-1：威廉・康拉德・倫琴

倫琴在 1895 年發現 X 射線，並因這項研究獲得首屆諾貝爾物理學獎（1901 年）。X 射線旋即在科學界和一般大眾間引起騷動，其神祕的穿透力，能夠穿透物體，在診斷疾病的應用上具有無比潛力。

倫琴不是那種重視理論和宏大假設的科學家，他是一位實驗主義者。他只相信那些他可以在實驗室直接測量和觀測到的東西的存在。倫琴的哲學是，所有知識都是透過經驗獲得的。對他來說，科學的進步都是來自於長時間辛苦的試誤工作，再加上一點點的運氣。

這位富有洞察力的科學家長時間投入實驗室工作，終於為自己盼到一個做出重大發現的機會。若沒有留心觀察，人人都

可能忽略實驗室裡螢光布幕上的奇怪光芒，但倫琴意識到，該布幕上的光芒與他在房間另一側進行的電實驗完全一致！然而，到底是什麼造成了這種奇怪的光呢？

當時，倫琴的實驗是讓電流穿過真空管，通常也稱為克魯克斯管（Crookes tube），以紀念它的發明者威廉·克魯克斯（William Crookes）。自稱化學家的克魯克斯從未在任何一所大學任職，主要靠發行科學期刊來養活自己。他最有熱忱的研究領域是化學元素，並在硒和鉈的研究上深具開創性，年僅31歲時就獲得英國皇家學會的認可，進而加入這個英國最負盛名的科學家社群。

克魯克斯喜歡用玻璃製造各種小道具。他花了不少時間在德國著名玻璃吹製師，海因里希·蓋斯勒（Heinrich Geissler）發明的新奇物品上。那時蓋斯勒已發現，如果把氖氣和其他氣體封閉在玻璃管中，通電後將會發出不同顏色的光芒。加上將玻璃管吹製成各種形狀，便能製作出色彩鮮豔的藝術品。

這些燈管，最終發展成我們今日熟知的霓虹燈。克魯克斯決定研究這些玻璃管的科學原理，進而發明以自己名字命名的真空管，克魯克斯管後來享譽世界，名聲遠超蓋斯勒。

我們可以將克魯克斯管想像成一顆沒有燈絲的燈泡。它通常使用梨形、透明的玻璃管，其兩端裝有電極，約為一顆美式足球的大小（請見下頁圖 1-2）。克魯克斯發現，透過在管體通上高壓電，就能產生神祕的陰極射線。若在管身塗上螢光材料，或者將陰極射線指向螢幕（塗有螢光化學物質的玻璃或紙

板），就可以觀察到這種射線。

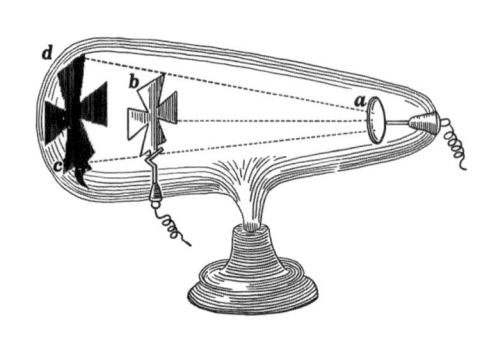

圖 1-2：克魯克斯管

1800 年代末期，幾乎每間物理實驗室都有克魯克斯管，用以研究從管體陰極（負極）發射的射線。倫琴在研究陰極射線的特性時，偶然發現形狀類似馬爾他十字（Maltese cross）的陽極（正極），也會發出一種未知類型的射線。

這些來自陽極的射線種類不明，於是倫琴把這個謎樣的射線稱為「X」。

（資料來源：Fig. 244 in *Lehrbook der Experimentalphysik* 2nd ed., by E. von Lommel, Leipzig: Johann Ambrosius Barth, 1895）

　　後來發現，陰極射線實際上只是在真空中跳躍的電子。由於克魯克斯管是真空管，其中並不包含空氣或任何氣體，只有真空。在沒有氣體分子或燈絲來傳導電子的情況下，它們在克魯克斯管中不可能自由流動──直到在電極上施加非常高的電壓，電子才能穿過真空、從一個電極（陰極）跳到另一個電極（陽極）。

克魯克斯所稱的陰極射線,正是這些跳躍、流動的電子。在倫琴的年代,陰極射線可是物理學家的熱門研究主題,幾乎所有物理實驗室裡都有一組克魯克斯管。倫琴也不例外。

但值得注意的是,每當倫琴用克魯克斯管作實驗時,都會注意到螢幕上出現的微弱光芒,但那些光明顯不在陰極射線束附近。若他隨手拿起實驗室的紙板、書籍和橡膠等物品完全擋住克魯克斯管,螢幕上的光仍會持續存在,就好像某種不可見的射線從管子發出、穿透這些材料,最終投射在螢幕上一樣。

倫琴認為,這些神祕的光線是某種新形式的光,因此嘗試用稜鏡來彎曲它們的軌跡。換作是牛頓,毫無疑問也會如此嘗試,但倫琴沒有成功。這些射線無法用稜鏡彎曲,所以它們並不是光。於是他想,也許這只是從真空管中逸出的雜散電子,於是嘗試使用磁鐵來彎曲其路徑[36]。然而它仍然不為所動,因此倫琴排除了光源來自電子的可能性。

當時已知的所有射線,也就是光線和陰極射線,軌跡都可以被稜鏡或磁鐵偏轉,但這些神祕的「射線」絲毫不受這兩者的影響,難道它們會穿透物體?這簡直太神奇了!無論這是什麼,都絕對是過往從未描述過的新事物。這些看不見的光線是什麼?它們是如何形成的?又是如何穿透物體的?倫琴並不知道,所以只好稱其為「X」射線。

隨著倫琴繼續研究 X 射線的穿透能力,他發現,雖然金屬可以阻擋這種射線,木材卻會被輕易穿透。他藉此發明出一個小把戲,透過觀察螢幕上的影子,來「看見」隱藏在木盒中

的硬幣。這個做法也讓他想到一個問題：**如果 X 光可以穿透木頭，那麼人體呢？**

在將手放到螢幕前後，倫琴驚訝地看見了自己骨頭的影子！他的骨頭擋住了 X 射線，但他的血肉被穿透了。在這一瞬間，倫琴立即意識到這項新發現的醫學潛力。

倫琴是一位狂熱的自然攝影師和戶外愛好者，每年他都會背著相機前往瑞士各地健行度假。他的實驗室裡有著許多攝影器材，放在這裡十分方便，畢竟他和家人就住在實驗室樓上的公寓。倫琴決定看看 X 光會對他的底片產生什麼影響。於是他將底片放在原本螢幕的位置，在沖洗成像後，倫琴觀察到類似於他在螢幕上看到的陰影，只不過這次是永久圖像[37]。

1895 年 12 月 22 日，倫琴找來他最值得信賴的朋友──他的妻子──一窺他的祕密。他把她從公寓喚到實驗室，並用發光的螢幕展示他的發現，最後為她的手拍了一張「照片」（請見右頁圖 1-3）。不久後，他把沖洗好的膠卷展示給她看。倫琴的妻子對眼前的景象感到又驚又恐。

在那個時代，往往只在人死後、身軀腐爛之時才能看見人骨。在當時，骷髏圖像也被普遍視為死亡的象徵。而當倫琴向妻子展示她的手骨影像時，據說她如此驚呼：「我看見了自己的死亡！」

在成功拍下妻子的手部影像後，事情發展突然迅速了起來。倫琴知道，他必須儘快公布發現，才能拔得頭籌、拿下第一位發現者的頭銜，而他認為最快的途徑，便是將此結果發表

在當地的科學期刊。

他帶著一份手稿，前往拜訪維爾茨堡物理醫學會（Würzburg Physical Medical Society）會長的朋友。儘管這個學會，通常只出版曾在他們例會上口頭報告過的文章，但由於此次情況特殊，編輯決定先發表文章，再安排口頭報告。

這份手稿很快便被排版，並趕上醫學會期刊 1895 年 12 月號的發行。文章最終以〈論一種新的射線〉（*On a New Kind of Rays*）為題，於 1895 年 12 月 28 日正式發表[38]。這篇論文在最初發表時並沒有附上插圖，倫琴自己另外印製了一份包含他妻子手部 X 光照片的副本，並寄給在柏林的一位同事。這位同事則在 1896 年 1 月 4 日的柏林物理學會（Berlin Physical

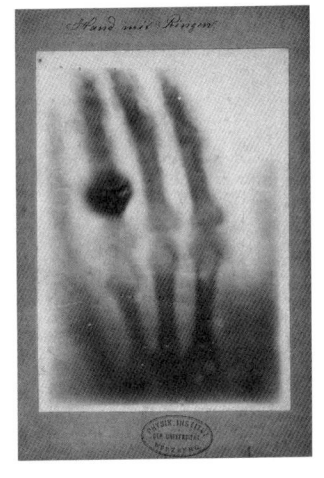

圖 1-3：倫琴妻子手戴戒指的 X 光片

這張照片是最早拍攝的 X 光片之一。如此清晰呈現出人骨陰影的圖像，讓當時的人們看了既驚訝又害怕。

Society）會議上，以海報的形式展示了這張照片，這是 X 光影像史上第一次公開亮相[39]。

◆ 看透人體的慧眼

倫琴還另外印製了一批包含 X 光影像的重印本，寄給自己在維也納的同事，其中一位碰巧是維也納知名報紙《新自由報》（Neue Freie Presse）編輯的兒子。倫琴的同事給自己的父親看了這些資料，後者連忙將這個故事連同 X 光影像，以及該發現的潛在醫療用途討論刊登在 1 月 5 日的報紙上[40]。

僅僅在隔天，倫敦的《紀事報》（Chronicle）也注意到了這則新聞。而儘管更有聲望的《倫敦時報》（Times of London）最初選擇不刊登此文章，並認為這發現不過是微不足道的攝影技術進步。但最終，《倫敦時報》在許多其他報社搶先報導後，也不得不跟進發表倫琴的發現。

這消息宛如野火燎原，從歐洲傳遍全世界。1 月 6 日的《紐約太陽報》（New York Sun）報導了此事，《紐約時報》（New York Times）接著也在 1 月 12 日刊登了這則新聞[41]。科學界和社會大眾，幾乎在同一時間對 X 射線及其潛力產生著迷，倫琴因此一夜成名。歷史上，從沒有像發現 X 射線這樣的科學事件受到媒體如此關注，也許要一直到 50 年後，時任美國總統杜魯門（Harry S. Truman）宣布製造原子彈時才總算超越了 X 光的鋒頭[42]。

這項具有實際醫學用途的發現，讓倫琴在短時間內聲名遠播，就連在此短短幾年前，赫茲和他發現的無線電波都未能達到如此程度。倫琴那篇關於 X 光的文章也有獨特之處，算是極少數不包含數學算式的物理論文，因此就算是非科學家，包括新聞媒體和大多數大眾，都可以輕鬆理解這項研究。

此外，眼見為憑的力量可不容小覷，倫琴的 X 光影像是難以反駁的證據。大多數人，都將其視為這項新發現的實證。此外，克魯克斯管早已廣為全世界的科學家和工程師使用，因此任何懷疑倫琴說法的科學家，都可以用手邊的克魯克斯管複製倫琴的實驗，直到他們滿意為止。而科學家們確實重複了無數次他的做法。

短短幾週內，倫琴的研究結果就在哈佛（1月31日）、達特茅斯（2月3日）和普林斯頓（2月6日）等大學被成功重現[43]。到了 1896 年 2 月中旬，世界上已經沒有一位具備誠信度的科學家會懷疑這項研究的可靠性。倫琴終究是白擔心了一場。

遠在蒙特婁麥吉爾大學（McGill University）擔任麥克唐納物理實驗室（Macdonald Physics Laboratory）主任的約翰・考克斯教授（John Cox），也對倫琴的這項發現著迷不已，並於同年 2 月 3 日成功複製 X 射線的攝影技術。為不幸的康寧先生治療槍傷的醫師羅伯特・柯克帕特里克（Robert C. Kirkpatrick）在聽聞此事後，便說服考克斯為康寧受傷的腿拍攝 X 光影像。

第 1 章 看見輻射，擁抱輻射 | 047

這位熱心的教授，用他的克魯克斯管對患者的腿部足足照射了 45 分鐘。即使曝光時間這麼長，其腿部影像仍有點曝光不足。後來在 1896 年 2 月 7 日，他們終於發現子彈是卡在脛骨上，外科醫生也迅速將其取出。隔天，《蒙特婁每日見證報》(Montreal Daily Witness) 刊登了手術成功的報導，**此時距倫琴做出這項重大發現，還不到 6 週的時間** [44]。如此成就堪稱空前絕後，從來沒有一項科學發現，能如此迅速地從實驗室轉移到臨床使用 [45]！

在短短數月內，倫琴因為這項重要發現獲得國際讚譽，並於 1901 年榮獲史上第一座諾貝爾物理學獎。後來，世人又以他的名字作為輻射暴露的計量單位，以及命名新發現的元素「錀」(roentgenium；原子序 111) 以繼續榮耀他的成就。有些人甚至提議，要將 X 射線重新命名為倫琴射線，並將 X 光影像重新命名為倫琴攝影術，但謙虛的倫琴拒絕了這些改變。

事實上，作為一位謙遜的學者，他從未將自己的發現申請專利，而且還將所有的諾貝爾獎金都遺贈給維爾茨堡大學 [46]。倫琴認為，自己只是一位純粹的科學家，如何應用他的研究成果是別人的職責。他對發明和商業都不感興趣。

即便如此，倫琴不止於發現 X 射線、獲得榮譽後就滿足了。他後續更加致力於研究 X 射線的特性。事實上，著名的英國物理學家西爾瓦努斯‧菲利普斯‧湯普森 (Silvanus Phillips Thompson) [47] 就是倫琴的忠實粉絲，他曾說過：「倫琴對 X 射線的探索鉅細靡遺，相當澈底，幾乎沒有留給其他人

發揮的餘地，除了詳細闡述他的研究以外[48]。」雖然隨著許多關於 X 射線的新發現出現，這段話也在日後被證明只是一種嚴重誇大的說法。但多年來，這段話也並非全無道理。

和其他花費大量時間研究射線的輻射領域先驅不同，倫琴總會採取預防措施來保護自己免受射線傷害。目前尚不清楚他這麼做的原因。也許在本質上，倫琴就是個謹慎的人[49]；又或者，他把妻子口中那段看見自己死亡的話視為了某種預言。無論如何，倫琴的做法都可說非常明智。

早年要拍攝 X 光片時，暴露在人體的照射量通常非常高。例如，倫琴拍攝妻子手部的 X 光片時，需要曝光 15 分鐘，但在今天只需要 1/50 秒即可完成。倫琴的自我保護最終得到了回報，他相當長壽，顯然沒有因為研究 X 射線造成任何不良影響。

◆ 愛迪生的疏忽與代價

前文中的倫琴，顯然並沒有用克魯克斯管製造電磁輻射的念頭，他只是對在空間中自由穿梭的陰極射線感興趣。那麼，小小的增強型燈泡中究竟是如何產生 X 射線的呢？他的實驗又揭露出哪些物理原理？

陰極射線，也就是飛行的電子，具有會被磁場偏轉的特性，這也是倫琴原本想要研究的現象。但他沒有意識到，在非常高的電壓下，這些飛行電子會攜帶大量能量，在撞擊陽極

時，這些能量必定會傳遞到陽極，這些多餘的能量便會以X射線的形式離開真空管。本質上，這就是當時倫琴目睹的一切。接下來，讓我們加上更多細節。

後來發現，這些飛行電子攜帶的多餘能量中，僅有一部分會以熱量的形式消散，這解釋了管身的升溫現象。除此之外，另一種能量散逸過程也正在發生。當高速電子經過陽極金屬原子的帶電軌道時，它會偏離原本的直線路徑，然後突然減速停止。就像一輛超速行駛的汽車突然間看到行人、瞬間轉向、撞上磚牆那樣。當這種情況發生時，快速移動的電子會立即將能量釋放，以電磁波的形式消散，也就是倫琴發現的X射線[50]。就如同汽車在撞上牆時也會撞出一些磚頭，電子撞上陽極時，則會有X射線發散出來。

自從倫琴的時代至今，許多關於X射線的物理學書籍接連問世，你可以花上一輩子來研讀那些內容。但在此，我們沒有必要深究這些知識，只要理解到這個程度，就足以讓我們探討X光對健康的影響了。

諷刺的是，偉大的威廉·克魯克斯在回首過往時才恍然大悟，原來他也曾在幾年前親眼目睹過X射線效應，只是當時沒有留意到此現象。當時，他不斷將存放在實驗室中的底片退貨給供應商，並抱怨它們拍起來「太模糊了」。當他讀到倫琴的論文後，才終於明白為什麼這些底片洗起來都會不清晰──原來那都是因為克魯克斯管實驗的影響，它們全都受到過X射線的照射。他也明白到，自己錯過了一生中最重大的科學機

會。

有趣的是,愛迪生的電磁輻射事業並沒有隨著發明燈泡而結束。在倫琴發現 X 射線,以及這種射線對螢幕影響的三週後,愛迪生也開始研究一項他稱之為「螢光鏡」的醫學發明。這項設備是將螢幕與克魯克斯管結合,並能夠看見患者內部結構的即時影像[51]。

1896 年 5 月,愛迪生在紐約市中央皇宮酒店(Grand Central Palace Hotel)舉行的全國電氣博覽會(National Electric Exposition)上展示了他的螢光鏡[52]。事實證明,這是一種十分有用的醫療設備,至今都仍被廣泛使用。1901 年 9 月 5 日,時任美國總統威廉・麥金利(William McKinley)在水牛城遇刺,腹部中彈兩槍,他的醫生便請愛迪生送來一部螢光鏡,並指導他們透過手術取出子彈。

愛迪生立即送來螢光鏡和兩名操作人員[53],可惜並未派上用場,因為在場的外科醫生都認為,將子彈留在原處遠比取出來更安全。麥金利隨後病情惡化,最終於 9 月 14 日去世,技術人員遂將未使用的螢光鏡帶回愛迪生在紐澤西州的實驗室。儘管螢光鏡沒能挽救麥金利的生命,但愛迪生的另一台設備多少幫他伸張了正義。同年 10 月 19 日,刺殺麥金利的萊昂・弗蘭克・佐爾戈什(Leon Frank Czolgosz)在電椅上被處決身亡。

儘管愛迪生曾對交流電的危險表示擔憂,但他顯然對 X 射線沒有這樣的顧慮。與倫琴不同,他在 X 射線實驗期間,

沒有採取任何措施來保護自己免於大量射線的傷害。此外，他的助手克拉倫斯・麥迪遜・達利（Clarence Madison Dally）也時常自願以自己的雙手作為螢光鏡成像的對象。當一隻手被光束嚴重灼傷時，他就會換另一隻手，好讓受傷的手復原（請見下圖 1-4）。

不幸的是，這種不明智的做法還是讓他付出沉重的代價。達利最終因為嚴重的手部潰瘍失去了右手的四根手指，左手則被截肢。不久後，他手部的癌症擴散到手臂，於是手臂也被截肢。然而，這些手術全都無濟於事。癌細胞已一步步擴散到達利的胸部，最終導致他在 1904 年 10 月去世[54]。

圖 1-4：愛迪生用新發明的螢光鏡，觀察助手達利的手骨

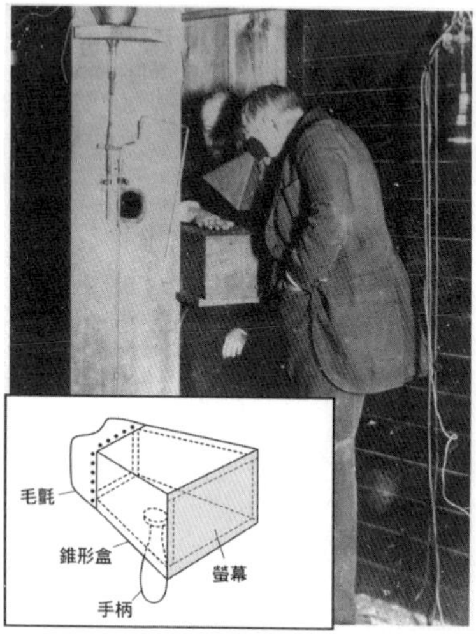

愛迪生的螢光鏡，其實只是把克魯克斯管裝在木箱內。由此木箱作為觀察手或身體其他部位的檯面，並透過安裝在手持式遮光觀察器內的螢幕完成整個過程。螢幕提供觀察者骨骼的即時影像，無須等待底片沖洗。

愛迪生本人也未能倖免於難。由於長期透過觀察器的螢幕觀測實驗，他的眼睛暴露在高劑量的 X 射線輻射下，讓他幾乎失明。受到這個經歷的創傷後，愛迪生就此放棄了任何與 X 射線有關的研究。後來有人問及這項研究時，他總會回答：「別跟我談 X 射線，我怕死那玩意了！」

然而，並非所有研究人員在研究 X 射線時都像愛迪生和達利那樣漫不經心。在倫琴的發現公諸於世後不久，既是連襟，又是摯友，且分別身為內科醫師與牙醫的弗朗西斯·威廉斯（Francis H. Williams）和威廉·羅林斯（William H. Rollins），便開始在波士頓合作研發用於醫學診斷的 X 射線。事實上，許多人甚至將威廉斯和羅林斯稱為診斷放射學之父[55]。

而早在因射線受傷的個案報告出現前，他們就總是做好保護措施，避免令自己受到相關傷害。後來，當有人問到威廉斯為什麼要採取防護時，他回答：「我認為，像 X 射線這類具有如此穿透物質能力的射線，一定會對身體產生某種影響，因此我得保護自己[56]。」就是這麼簡單。

早在 1898 年，羅林斯就為克魯克斯管設計了帶有光圈開口的金屬箱，就像相機的快門那樣，用來限制其散發的 X 射線。威廉斯和羅林斯在使用 X 光的醫療工作人員之間大力推廣這款金屬箱及其他防護裝置。然而，5 年後羅林斯感嘆道：「目前大多數預防措施都被大眾忽視……其中部分原因便是由於試圖無視 X 射線可能造成的『已知』影響[57]。」

事實上，有部分研究人員完全否認 X 射線會對人體造成

傷害，聲稱皮膚燒傷與克魯克斯管本身無關，而是由電流引起的，並將一切指向為真空管供電的發電機漏電問題——所謂的電刷放電現象（brush discharge，或稱帚形放電）。他們的補救措施，也與克魯克斯管的 X 射線完全無關，認為只需更換發電機即可。看來，在交流電與直流電的爭議結束很久後，仍然有些人只關注電力的危害，而排除其他一切可能性。

儘管如此，愛迪生和達利顯然可以清楚看到了 X 射線束灼傷皮膚的下場，而且他們很可能也知道羅林斯和威廉斯，自 1898 年以來一直大力推廣的保護裝置。1901 年，威廉斯甚至發表了一本巨著，題為《倫琴射線在醫學和外科手術中的作用：作為診斷輔助和治療》(The Roentgen Rays in Medicine and Surgery: As an Aid in Diagnosis and as a Therapeutic Agent)。

在本書中，威廉斯指出 X 射線的危險，並為患者和醫生建議具體的保護措施。這本書一出版就銷售一空，並於 1902 年和 1903 年再版，並出版其他語言的版本。愛迪生和達利不可能沒有意識到潛在的健康危害，但他們似乎缺乏威廉斯的常識。他們忽略了安全防範，最終付出自身健康的代價。相較之下，羅林斯和威廉斯從未受到任何輻射傷害，分別活到 77 歲和 84 歲。

確實可以說，早期放射領域工作人員緣何受到輻射傷害，大多是由於疏忽造成，而不是無知造成的。在當時，已有充分證據表明 X 射線可能會損傷人體組織，而且在操作克魯克斯管時也有現成的保護措施可用，以避免身體直接暴露在 X

射線下。只可惜，沒有多少人認真對待這一健康威脅[58]。

◆ 尺寸很重要：波長的重要性

螢幕和底片遠比人的眼睛更敏感，並能夠感應到更多類型的電磁輻射。正是螢幕和膠卷，為倫琴提供了牛頓所缺乏的工具。除了螢幕和底片外，現今還有許多工具可以用來偵測「不可見」的射線，這些工具讓人得以深入認識 X 射線和其他類型的電磁波。如今，這一切都被簡稱為「輻射」。

今天的科學家都知道，所有的電磁輻射都以波的形式傳播，其速度與光相同——即愛因斯坦的通用常數，c = 光速，來自他著名的 $E = mc^2$ 方程式[59]。

事實上，不管是無線電波、X 光或是可見光，**它們都是輻射，其間的差異僅在於波峰間的距離，也就是波長**。X 光和無線電波是兩個極端的例子，X 光的波峰距離非常短，比人類頭髮的寬度小非常多，而無線電波的波長則可能長如一座美式足球場。

這些波長的差異，決定了各類電磁輻射的不同特性，其中最重要的，便是它們的能量：**波長越短，能量越大**。這可以用衝擊海灘的海浪來比喻，當海浪波峰間的距離較短時，在同樣一段時間內，撞擊海灘的海浪便會比波峰間距離較遠時來得多。撞擊海灘的波浪越多，在海灘上累積的能量也將更多。

因此，短波長輻射傳遞的能量較多，而長波長輻射所傳遞

的能量較少。這種將電磁波比擬為海浪的說法非常粗略,但若是太過深究可能會有誤導之虞,不過這確實很適切地將無法透過感官直接體驗或觀察到的電磁波可視化。儘管人類感官不能直接感受電磁波,但可以透過技術來偵測。這些波就像海浪一樣真實,也像任何自然力量那般強大。

上述概念在理解輻射對健康的影響時非常重要。輻射通常以電磁波的形式出現,而輻射的波長,便決定了該輻射將具有什麼特性。這些特性包羅萬象,從輻射的穿透力到致癌性等。

因此在我們繼續討論時,請記住,儘管上面提到的各類型輻射都是由電磁波組成的,但**當波長不同時,其物理、化學和生物效應可能相差甚遠**,其差異不僅像蘋果和柳橙那樣不同,或者更確切地說,簡直像蘋果和棒球的差異如此大。波長正是其中的關鍵。

為了說明波長的重要性,讓我們先回到可見光的範疇,並探討我們可以看到這些輻射的確切原因。肉眼可見的光,落在可能的電磁波波長光譜的中間(請見右頁圖 1-5)。可見光的波長範圍極窄,僅有 380 ～ 740 奈米,大約相當於一根人類頭髮寬度的百分之一[60]。

這個波長範圍內的電磁輻射可以被人眼觀察到,因為在肉眼的視網膜中有一種生物化學物質,稱為視黃醛(retinal),其在暴露於特定波長範圍內的輻射時,會彎曲成不同的分子形狀,即所謂的光異構化(photo-isomerizes)。眼睛中的神經細胞會偵測視黃醛的彎曲,然後透過視神經向大腦發送訊號。大

腦將來自視網膜的空間訊號處理成視覺影像,這個過程就是我們所說的視覺。

波長太大或太小的輻射,都無法使視網膜上的分子彎曲,因此我們看不到它們。儘管如此,這並不意味著這些輻射不存在,只是肉眼不可見罷了。人類區分顏色的方式相當複雜,並不是所有動物都能看到顏色。而顏色相關的感知已超出了本章討論的範圍,在此只得略過。

我們僅能說,當波長變得太長、不會導致視黃醛彎曲時,我們便將其稱為「紅外線」,因為此時的波長略低於可見光紅色的範圍;當波長太短而無法看到時,我們將其稱為「紫外線」,因為這些波長超出了可見光中紫色的範圍[61]。而可見光的波長,便是介於不可見的紅外線和紫外線之間。

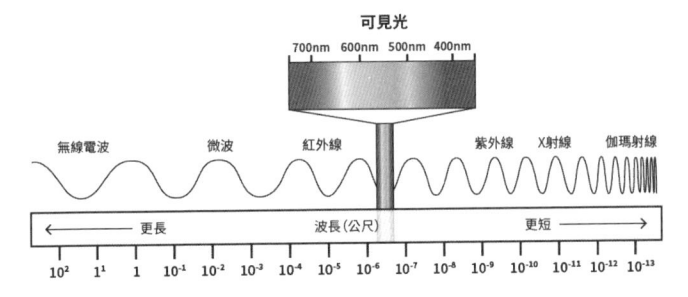

圖 1-5:波長,是區分不同類型電磁輻射的唯一決定性因素

大多數輻射都屬於電磁波,也就是說,它們是以波的形式出現,只是波長不同。具有較短波長的輻射類型,例如 X 光,便比具有較長波長的類型如無線電波,攜帶更多的能量。而人眼只能看到電磁波譜中間非常窄的一段波長帶。

如果把可見光當作宇宙中不可見電磁波的分界線，那麼對於可見光兩側的波長，我們有什麼認識呢？

那些比可見光波長更短的，都攜帶更多的能量。短波長的輻射，如 X 射線，所攜帶的能量不僅能使分子彎曲，實際上還足以打破它們。正是因為這種破壞生物分子的特性，導致生物暴露在輻射時通常會產生不良反應。

相較之下，波長較長的輻射，例如無線電波，攜帶的能量就比光少得多，甚至不足以彎曲視網膜或其他生物分子。如果這些低能量輻射也會造成生物反應，那麼它們的機制將更加模糊，超出我們目前生物學的理解範圍。因此，**可見光的分界線，就是不良生物效應的分界線。**

科學家將波長較短（即能量較高）的輻射稱為「游離輻射」，因為它們造成破壞的方式，就是剝離分子中的電子，使其成為離子[62]。相較之下，波長較長（即能量較低）的輻射則稱為「非游離輻射」，因為它們沒有足夠的能量來電離分子，不會構成破壞。

但這並不表示，非游離輻射就不會影響到分子，只是它們的作用主要是搖晃分子，使它們相互碰撞。科學家將這種分子碰撞稱為動能——這種能量通常以溫度升高和產生熱量等形式表現。因此，我們可以用非游離輻射，例如微波爐，來達到加熱、甚至燃燒等目的。

然而，這些非游離輻射通常不會像游離輻射那樣對分子產生永久損傷。因此，就我們最關心的不良生物反應，例如遺傳

損傷和造成癌症而言，非游離類型的輻射產生這類效應的機率要小非常多，甚至沒有。

在我們進一步深入這個想法前，需要先指出一點：紫外線是其中的一個特例。紫外線輻射的波長，正好位於游離輻射和可見光之間，因此同時具有兩者的特性。儘管紫外線缺乏足夠的能量來進行電離，但它確實有足夠的能量，能夠將原子的電子移動到更高的位能態。而這樣的原子便是處於激發態（excited state）。

就像一切被激發出來的激情一樣，原子的激發態也會隨著時間而消退。但處於激發態的原子會發生的化學反應，通常都是這些原子在未激發態，也就是處於所謂的基態（ground state）時不會發生的！激發態下的反應，可能會構成特定類型的損傷、傷害細胞。

儘管紫外線輻射無法穿透組織，但它確實能夠損傷人體表面。因此，大量暴露在紫外線下，可能會導致皮膚灼傷（即晒傷）和皮膚癌。由於紫外線輻射的危害在許多方面都相當獨特，且主要的損害都僅限於皮膚和眼睛，因此與紫外線相關的健康風險會自成一個主題。

目前，我們不需要糾結在波長的技術層面上。在討論健康影響時，我們將會重新討論這些波長問題。現在，你只需要知道一件事：**當涉及輻射風險的問題時，波長很重要。**

♦ 不止於波

到目前為止，我們都僅從電磁波的角度來討論輻射。雖然事實上，人類接觸到的大部分輻射都是電磁波，不過還有另一類的游離輻射，是以高速移動的原子粒子形式存在，稱為粒子輻射（particulate radiation）。

粒子輻射是電離化的，就像 X 射線一樣。因此，兩者對健康的影響非常相似，後續章節我們將會討論到這些現象。這些粒子通常來自不穩定原子的衰變過程，也就是稱為「放射性」的現象，而描述這些輻射，最好的方式就是講解其與放射性的連結。下一章，我們就要將目光轉向放射性。

# 第 2 章　無所不在的放射性

「最偉大的發明家，叫意外。」

——美國文豪馬克・吐溫

安東・亨利・貝克勒爾（Antoine Henri Becquerel）對倫琴的 X 射線，或是他那些骨頭影像全都不感興趣，但他對螢光現象十分著迷[1]。貝克勒爾特別感興趣的，是找出化學物質儲存可見光，並在之後釋放出來的方式。事實上，他的家族數十年來也一直投身在研究這個問題。

◆ 發現放射性，純屬一場意外

彼時，貝克勒爾在巴黎自然史博物館擔任物理部主任，承繼了他的祖父和父親的職位，他們全都志在研究螢光[2]。貝克勒爾家族，多年來一直在追求這份世代相傳的科學熱情，並積累了大量會發出螢光的礦物。正是這份收藏讓貝克勒爾做出他

最重要的發現，並最終獲得諾貝爾獎。然而令貝克勒爾沮喪的是，他這項重大發現，其實與螢光毫無關係。

貝克勒爾雖然有螢幕和底片，卻沒有克魯克斯管，他也不想要這款器具。然而，在得知倫琴發現的不可見 X 射線，往往伴隨著克魯克斯管發出的微弱可見光後，貝克勒爾開始思考，X 射線中是否包含螢光中的可見光？說得更清楚一些，會發出螢光的東西，是否也會發射具有穿透性的 X 射線，以及非穿透性的可見光？於是，貝克勒爾設計了一系列簡單實驗來檢驗這個猜測。

他拿了一張攝影底片，並用厚厚的黑紙把其緊緊封住，這樣光線就無法進入並造成底片曝光。然後，他將想要測試的螢光材料顆粒撒在黑紙上，接著用明亮的陽光照射整組裝置，以刺激螢光發射。

最後，貝克勒爾沖洗了這些底片，希望能發現覆蓋螢光材料的圖像。他推斷，如果具穿透性的 X 射線與螢光射線一起發射，應該僅有 X 射線穿透深色紙張並讓底片顯影，就像倫琴所做的那樣。因此，如果在底片上出現顆粒狀的圖像，那就證明，螢光化學物質確實會發出 X 射線。他按部就班地測試了收集的所有螢光化學物質，尋找任何發出 X 射線的證據。

但讓貝克勒爾沮喪的是，他測試完所有螢光物質後都沒有得到影像，直到他用了硫酸鈾。終於，硫酸鈾這種化合物給了他顆粒狀的黑色圖像。知道自己的假設至少在一種物質中是正確的，讓貝克勒爾對此開心不已，並開始用硫酸鈾做更多實

驗。

一天,貝克勒爾像往常一樣準備了硫酸鈾和底片包,但當他把器材放在陽光下時,天氣轉變為陰天,所以他決定將實驗推遲到第二天。不幸的是,惡劣的天氣持續下去,迫不及待想得到答案的他,依舊決定把底片沖洗出來,希望即使靠房間內微弱的燈光,也能產生一點模糊的影像。然而出乎意料地,他得到了非常清楚的圖像,遠超過室內光線所能產生的清晰。

此時他意識到,自己忽略了重要的實驗控制因素:**他從未證明形成影像的硫酸鈾顆粒,是否需要事先接受光照**。因此他準備了對照組,並將硫酸鈾完全遮蓋起來,使其不接觸任何光照。令他驚訝的是,沖洗後的底片仍然出現了清晰的顆粒狀影像。

讓貝克勒爾更加困惑的是,不久後他便發現,即使是非螢光的鈾化合物也會使底片曝光。這些實驗唯一的共同點,似乎是鈾原子。只要有鈾原子存在就足以使底片曝光,既不需要事先暴露在陽光下,也與化合物的螢光特性無關[3]。

這時,貝克勒爾才意識到他對 X 射線和螢光的假設是錯的。但到底錯在哪呢?他百思不得其解。最終,在別無選擇的情況下,貝克勒爾只能得出這樣的結論:**鈾原子會自發性地發射某種不可見的輻射,其性質類似於 X 射線**。

貝克勒爾後續的實驗,進一步證實了這個假設,並且支持他後來修正的觀點:不可見的穿透性輻射,和可見的非穿透性螢光,是完全不相關的現象。可見的穿透性輻射來自核過程,

而可見的非穿透性輻射則是由化學過程產生。硫酸鈾只是剛好同時具有這兩種性質[4]，正是這個幸運的巧合，讓貝克勒爾發現了放射性。

幸運之神再次眷顧有所準備的人，為貝克勒爾在科學史上取得一席之地。1903年，他在倫琴因發現X射線獲獎兩年後，因這項發現同樣獲得諾貝爾物理學獎。為了進一步表彰他，測量放射性的標準國際單位也就此定名為貝克勒爾（becquerel，簡稱bq），簡稱貝克[5]。

不過，貝克勒爾並未像倫琴那樣成為名人。這可能是以下三個原因。首先，他是與瑪麗・居禮（Marie Curie）和皮耶・居禮（Pierre Curie）共同被頒發1903年諾貝爾獎，這對夫妻發現了鐳，一種在鈾礦中發現的高放射性元素。並在不久的未來，激發了大眾對這種元素的無窮想像[6]。

其次，與容易取得的克魯克斯管不同，鈾這種物質非常稀少，因此沒有幾個科學家能夠複製貝克勒爾的同類型實驗。事實上，一直到原子彈發明前，一般都認為鈾很稀有[7]。但時至今日我們知道，它是地球上很常見的一種元素，而且分布廣泛，甚至比銀或金這類元素更常見。

第三，鈾放射性產生的影像非常分散，而且放射性在醫學上的用途並不明顯。直到人類找到把鐳元素從鈾礦中純化分離出來後，放射性物質在醫學中的使用才開始發展[8]。

儘管貝克勒爾意識到，他發現的放射性與倫琴發現的X射線之間有相似之處，但他並沒有發現X射線的危險，或是

他手邊的放射性物質足以產生類似的健康危害。貝克勒爾在沒有做任何保護措施的情況下繼續從事放射性研究。有一天，他甚至將一瓶放射性物質放在背心口袋裡長達幾個小時。直到後來他發現腹部的皮膚出現灼傷，這才讓他對放射性物質產生了顧慮。

對貝克勒爾個人來說，也許他最大的幸運，就是在發現放射性後不久便停止了這方面的研究。放射性研究只是他的消遣而已，他認為關於輻射的重大發現都已經被開發得差不多了。

1896 年，在發現放射性後幾年，貝克勒爾基本上退出了放射性研究領域。他於 1897 年發表最後一篇相關論文後，便轉向新的研究方向[10]，並將剩下的科學細節留給其他人推敲。

除了腹部遭到灼傷的那次外，貝克勒爾並沒有因那段短期的放射性研究而產生任何健康問題。他投身這個領域的研究時間較短，再加上他手中鈾樣本的放射性相對較弱，很可能讓他一生中所接觸放射性的輻射劑量相當小，而且也或許都集中在手部。

◆ 熱門的岩石：鈾

根據定義，放射性是指原子在沒有任何光、電，或其他形式的能量刺激下，自發釋放輻射的能力。這是由原子核自身的屬性所決定的，不會受到外力而改變。

鈾是人類第一個發現的放射性物質，並且至今仍然是最為

人熟知的放射性物質。但還有其他數十種元素，以數百種不同的放射性形式存在，這些稱為放射性同位素（radioisotope）。

許多放射性同位素，會與它們非放射性形式的同位素混合在一起，並且難以分離。其中，部分含有天然放射性同位素的元素甚至是構成生命的基本要素，包括在所有生化合成過程中發揮關鍵作用的碳元素，以及在細胞和血液中不可或缺的鉀元素。就這角度來看，所有生物全都具有放射性。在人體內外的放射性物質也一直讓人處於低度的輻射暴露中。

貝克勒爾之所以收藏硫酸鈾，純粹是因為它會發出螢光。而這是他的螢光礦物收藏品中，唯一一種恰好具有顯著放射性的礦物。可以說，要是貝克勒爾沒有硫酸鈾，他就不會發現放射性。

但關於鈾，還有一個貝克勒爾沒有發現的巧合，而且事實證明這更加重要。鈾是極少數也會發生自發性核分裂，又稱核裂變的一種放射性元素──也就是原子核突然分裂成兩個以上較小碎片的自然過程[11]。

自發性核分裂的特性，使得鈾成為發展核彈的關鍵。就此看來，集螢光、放射性和核分裂於一身的鈾元素，可以被視為自然界最幸運，或者可以說是最不幸的巧合！要是在1896年，人類沒有發現鈾的放射性，任何國家都不可能在二戰期間及時研發和部署原子彈，就可完全避免核戰造成的無辜犧牲，或至少大幅延遲。

◆ 放射性衰變：把太多的正電丟掉

為什麼有些元素具有放射性，有些沒有？要回答這個問題，必須先考慮是什麼讓原子穩定——使其不具有放射性的條件。

大部分上過高中物理課的學生都知道，原子核含有兩種粒子，分別是帶正電的質子和不帶電的中子；後者是電中性（neutron）的，也就是沒有電荷。正電荷之間會相互排斥，因此若是少了中子，原子核就難以保持在一起，中子可以將正電荷稀釋到足以讓原子核維持完整和穩定的程度。

事實上，對大多數原子來說，當質子數幾乎等於中子數時，原子核就會趨於穩定[12]。如果質子和中子的比例偏離一對一的比例太多，原子核就無法保持穩定。原子核越不穩定，就越有可能透過放射性衰變，以釋放能量並讓自身趨於穩定。

如果原子核中有太多質子，質子就會轉化為中子；如果有太多中子，中子就會轉化為質子，這個過程稱為放射性衰變。透過衰變，質子與中子便會往一比一的比例靠近，變得更加穩定。如果在一次衰變後，原子核仍然具有過量的質子或中子，這個過程則會再重複幾次，直到原子核最終穩定下來。放射性元素經由一連串衰變，最終達到穩定原子核的過程稱為衰變鏈（decay chain）。

我們可以用碳元素當例子說明這個概念，先來看看碳的一些不同的原子核形式。穩定的碳原子包含6個質子和6個中

子，這稱為碳-12，因為其核內共有12個粒子。如果一個碳原子有6個質子和7個中子（碳-13），還是可以容忍多出來的一個中子，原子仍然是穩定的。但是，如果碳原子有6個質子和8個中子（碳-14），這時中子的負荷量太高，原子便會產生放射性、進行衰變，將一個中子轉化為質子[13]。這便會產生7個質子和7個中子，達到一比一的比例，並獲得一個穩定的原子核。

但諷刺的是，新的穩定原子便不再是碳了！因為元素的化學特性，是由其質子數決定的——所有的碳原子都只有6個質子，以及數量不等的中子。這個新的穩定原子現在有7個質子，所以它已經變成氮原子了。因此，這種放射性衰變的結果便是由不穩定的碳-14原子，轉化為穩定的氮-14原子。這基本上就是放射性衰變的運作原理。而那些由於原子核不穩定，而可能發生衰變的原子，都算是具有放射性的物質。

接下來，我們會談更多關於原子核內的中子，不過在討論碳-12、碳-13和碳-14時，需要先澄清一些經常混淆的常用術語。同一元素（碳）的這三種不同版本，被稱為同位素（isotope），該詞源自希臘文，意思是「在同一個地方」。它們之所以處於相同的位置，是因為它們都帶有6個質子，因此按照前面的定義，它們都是碳。

儘管如此，它們的中子數各不相同，碳-12有6個中子、碳-13有7個，碳-14有8個。元素間若只有中子數不同，仍算是彼此的同位素。這些同位素可以是穩定的（例如碳-12和

碳-13），也可以是不穩定、具有放射性的（例如碳-14）。

帶有放射性的同位素，通常就被稱為放射性同位素（radioisotope）。因此，當我們在繼續講後續的故事時，請記得，放射性同位素就只是元素的放射性版本，因為其原子核內的中子與質子比例不穩定，僅此而已。

還要記住，所有元素都具有能夠成為放射性同位素的質子－中子組合。有些在我們的環境中很常見，而且容易找到；有些則非常罕見，轉瞬即逝，需要透過人工製造才能研究。

◆ 把負電丟出原子，粒子輻射！

你可能有留意到，當碳-14衰變為氮-14時，原子核的電荷也從 6^+ 變為 7^+（質子從6個變成7個）。若你還記得高中物理課的內容，就會知道電荷守恆定律（law of conservation of charge）：電荷既不能被創造也不能被破壞。那麼要如何解釋原子中產生額外正電荷的呢？

但我們尚未提到的是，當碳-14衰變時，其多餘的中子（電荷＝0）會變成質子（電荷＝ 1^+）和電子（電荷＝ 1^-）。因此淨電荷（net charge）維持為零（ $1^+ + 1^- = 0$），因此電荷守恆定律依然成立。

不過，其中帶負電的電子將會以 β 粒子形式，從原子中高速發射出去。這種 β 粒子便是粒子輻射（particulate radiation，又稱微粒輻射）的其中一種代表。

在後續章節中,我們將會討論更多不同的 β 粒子和粒子輻射,現在只需要知道這樣就足夠了:**游離輻射分成兩類,分別是短波長的電磁輻射,如 X 射線;以及粒子輻射,如 β 粒子**。這兩者都具有足夠的能量,可以驅逐鄰近原子軌道上的電子來產生離子,從而產生類似的生物效應。因此,在介紹何謂輻射生物學時,通常會將它們簡單地歸類為游離輻射。所有的放射性同位素都會發射游離輻射。

◆ 製造出浩克的伽瑪射線,滿滿的能量

正如在碳-14 的例子中所看到的,放射性衰變,通常是從原子中放射出具有高能量的 β 粒子。就碳-14 而言,粒子輻射是游離輻射釋放的唯一形式。然而,在其他放射性同位素的例子中,其衰變耗散的能量太大,無法僅由粒子攜帶離開。

在這些情況下,便會出現與粒子同時釋放的電磁波。這種波通常與粒子同時離開原子核,但是其移動方向和粒子無關。我們將這些電磁波稱為伽瑪射線(γ)。使貝克勒爾的底片曝光、成像的,正是鈾的伽瑪射線[14]。

這種伽瑪射線通常難以與 X 射線區分開來,儘管它們的波長往往較短,因此能量更高[15](請參見上一章)。伽瑪射線和 X 射線唯一的差別是,伽瑪射線是從原子核發出來的,而 X 射線是從原子的電子軌道發出的。因此,也可以簡單地將伽瑪射線視為來自原子核的 X 射線。而且,由於在正常情況下

需要發生核衰變才會產生伽瑪射線,因此伽瑪射線也只與放射性相關。

◆ 半衰期:同位素減半的倒數計時

半衰期的概念,有助於更確切地理解放射性同位素的不穩定程度。如前文所述,放射性同位素的穩定性,是原子核的固有屬性,無法改變,因此所有放射性同位素都有其獨特的半衰期。半衰期長的放射性同位素相對穩定,半衰期短的則較不穩定。

此處,我們仍然用碳-14來說明。碳-14的半衰期是5,730年。這意味著,如果我們有1克(約1/4茶匙)的碳-14,那麼在5,730年後,就會變成0.5克的碳-14和0.5克的氮-14——後者是由碳-14衰變而累積出來的。

如果再經過5,730年,就會只剩下0.25克的碳-14(0.5克的一半),並累積有0.75克的氮-14。等過了10個半衰期(57,300年)後,便會只剩下微量的碳-14和將近1克的氮-14。相較之下,在這整段時間內,1克穩定的碳-12便會一直維持在1克碳-12的狀態。

在現實生活中,我們可以利用對放射性同位素半衰期的理解,發展出許多應用。例如,碳-14半衰期的知識,讓科學家可以確定古代生物性製品(例如木製工具)的年代。

由於環境中碳-14與碳-12的比例是恆定的,因此所有生

物都具有相同的碳-14與碳-12比率。然而，當植物或動物死亡時，環境和其組織間的碳交換便會停止，使組織中的碳被永遠困在死亡的那一刻。長時間下來，組織中的碳-14會衰變，但碳-12不會。

因此，碳-14與碳-12的比率將會隨著時間而下降，由於碳-14半衰期是固定的，由此可知，其衰變速率也是固定的。因而在測量生物製品中碳-14與碳-12的比率後，科學家便能計算出該植物或動物的死亡時間。這種確定古文物年代的方法，稱為放射性碳定年法，或簡稱碳定年法，對考古學、人類學和古生物學的進步貢獻卓著[16]。

在身體健康的相關討論中，關於半衰期我們唯一需要記住的重點是：**所有放射性同位素都有它獨特的半衰期，半衰期越短，放射性越強**。一些高放射性元素的半衰期，通常只有幾分鐘甚或幾秒，它們的存在時間太短，不足以對環境輻射暴露值產生任何重大影響。

另外那些半衰期很長的物質，對環境的輻射量也影響不大。只有那些半衰期中等的物質，持續時間足夠長，才足以造成環境輻射負擔。稍後將會對引發這些影響的放射性同位素多所著墨。但首先，我們需要先認識一下史上最了不起的放射性獵人，從他們的故事中認識他們對放射性的發現。

♦ 法國三傑：貝克勒爾和居禮夫婦

前文提到，貝克勒爾必須和另外兩位法國科學家共享 1903 年的諾貝爾獎，這兩位法國科學家後來變得更為出名：瑪麗和皮耶・居禮。這對科學夫妻檔在放射性特性的研究貢獻卓著。事實上，「放射性」一詞就是由他們提出的，他倆的研究，最終遠遠超過貝克勒爾。

居禮夫婦也意識到貝克勒爾所忽略的部分。他們注意到鈾礦，也就是含有鈾元素的天然材料，竟然有遠比鈾本身還要高的放射性。後續，他們也認為自己已經找出個中原因，並正確推測出鈾礦中含有其他放射性元素，其放射性甚至比鈾還要更強。

居禮夫婦從幾噸重的焦油狀瀝青鈾礦（pitchblende）開始，這是鈾礦的主要成分，最終只純化出 0.1 克，大約三分之一片止痛藥大小的鐳。整個提煉過程是採用皮耶設計的放射性度量儀，並透過各種化學處理，將其中的非放射性成分與放射性成分分離。

最終，居禮夫婦證明鈾礦實際上至少含有三種放射性元素。除了已知的鈾之外，還有兩種以前未知的元素。他們將其中一種稱為釙（polonium），以紀念瑪麗的祖國——當時仍受俄羅斯帝國統治的波蘭[17]；並將另一種元素命名為鐳，源自拉丁文中的「射線」。

居禮夫婦的成果，來自他們孜孜不倦的努力付出。他們與

倫琴和貝克勒爾不同，不只靠幾張底片就輕鬆等來諾貝爾獎。居禮夫婦是靠辛苦勞動、耗盡體力才得到這個獎項的。他們可是親自從堆積成山的岩石中，成功提煉出新的放射性元素[18]。

居禮夫婦的科學貢獻，和貝克勒爾的形成鮮明對比，他們發現了兩種以前未知的新元素：釙和鐳，這兩者都具有放射性。而貝克勒爾只是發現一種已知的鈾元素具有放射性。

由於貝克勒爾測試的所有元素，都來自他收藏的已知螢光元素和化合物，因此他不可能發現全新的元素。居禮夫婦則是追蹤礦石中的放射性來源，並將其和非放射性礦物分開、純化出來，最終在元素週期表中添加了兩種新元素[19]。因此，他們的成就橫跨了物理和化學領域。當物理學家繼續研究放射性衰變的機制時，化學家現在也有了兩個具備獨特性質的新元素需要研究。

不久後，化學家就明白鐳應當屬於元素週期表的第二列，也就是鹼土金屬（alkaline earth metals）這個家族。這意味著，鐳與同一列中的鈣元素具有相同的化學性質，而鈣恰好是骨骼的主要成分。

後來發現，因其具備的性質，鐳對人類健康的影響非常大，但在當時鮮少有人關注這一點，甚至連居禮夫婦也沒有留意。他們每天都在接觸高含量的鐳[20]，因此受到的影響最多。

1906 年，皮耶在一次馬車事故中喪生，英年早逝的意外，令皮耶逃過他的研究所帶來的嚴重健康後果。然而，瑪麗又繼續研究了近 30 年，直到輻射耗盡她的體力與健康為止，

後續我們也會談到她的經歷。

◆ 先驅者的局限

對於發現輻射和放射性的一切簡潔闡述，誠如前文所述說的內容，都充滿了現代的後見之明。今日，我們對放射性衰變的認識有許多內容，來自對原子核結構的了解，但那些早期的研究先驅並不知道這些，更無法以此來解釋他們的發現。**這不僅讓他們飽受折磨，還被迫做出連他們自己都知道缺陷嚴重的解釋。**

例如，貝克勒爾有一段時間曾堅持放射性代表某些長命的螢光，這種說法源自於他實驗中，曾暴露在光線下的放射性物質所釋放的能量。瑪麗・居禮則提出，重元素，例如鈾、釙和鐳，都可以吸收我們環境中的背景 X 射線，之後再以放射性形式釋放，這過程類似於 X 射線產生的「不可見的螢光」，而不是可見光。

就連克魯克斯管之父克魯克斯本人也自有一套理論，認為放射性元素是從空氣分子中提取動能，然後在放射性衰變事件中一次釋放出來。不過，這個想法其實相當容易被推翻，因為不久後人類就證明，放射性元素在真空中和真空以外都表現出相同程度的放射性。

放射性元素釋放的能量到底從何而來？這尷尬的問題困擾著所有科學家，讓他們不得不懷疑自己的眼睛所見。科學家們

都很清楚，或至少認為他們自己知道：能量既不能被創造，也不能被摧毀，只能轉化[21]。

早期科學家無法根據後來的發現來詮釋他們當下的發現。因此，如果先驅們未能理解自己的發現，也是情有可原的。此外，其中一位先驅甚至公開承認這一點。因無線電波研究而獲得諾貝爾獎的馬可尼，在 1909 年發表獲獎感言時，便坦承他並不知道自己能將無線電波傳過整片大西洋的真正原因。

馬可尼當下有些尷尬地承認，自己當初的嘗試正是出於他的無知。因為按照古典物理學的預測，這根本不可能成功，由於電磁波沿著直線傳播，所以對一座高約 300 公尺的無線電塔而言，其傳輸距離應該在 160 公里以內[22]，這是地球的曲率所限制[23]。

他以謙虛的語調，輕描淡寫地告訴聽眾：「還有許多有關長距離電波傳輸的事情有待解釋[24]。」看來，就算馬可尼不知道背後的科學原理，但他了不起的地方在於，他並沒有把科學教條奉為圭臬[25]。他比大多數人更清楚：所有的法則都是短暫的。

在馬可尼的例子中，後來發現，無線電波實際上可以透過被電離層反射的方式繞行地球[26]。電離層是大氣層上層的電離氣體層，在馬可尼的年代還不為人所知，後來才由電氣工程師兼物理學家奧利佛・黑維塞（Oliver Heaviside）發現[27]。

正如黑維塞的發現解決了馬可尼的難題，研究放射性的先

驅們，很快將迎來身穿閃亮盔甲、拯救他們於困境的騎士，幫助他們理解所發現的一切。事實上，這位救星也是位貨真價實的騎士——歐內斯特·拉塞福男爵（Sir Ernest Rutherford）——他劍指原子核，揭開其內部結構，讓所有渴求知識的人一睹究竟，令更多人看見其中奧祕。

第 3 章　核分裂，極限的吹毛求疵

「除了原子和虛空之外，什麼都不存在；其他一切都是人類的臆測。」

——德謨克利特（Democritus），古希臘哲學家

1904 年，約瑟夫・約翰・湯木生（Joseph John Thomson）提出一個原子模型，將原子描述為充滿正電的「布丁」，其中散布著帶負電的、「李子」般分布的電子。

英國人對他們的李子布丁蛋糕情有獨鍾，因此當這位英國科學家提出的李子布丁模型，將所有物理物質都集合在這種甜點中，這幅畫面不僅吸引了他們的感官，也激發了他們的民族自豪感。但不是每個人都輕易接受這個畫面，即使在英國也是如此，而且沒多久，這就被證明是錯的[1]。

不過，湯木生可不是個傻子。他確實發現了電子，並於 1906 年因為氣體導電性方面的研究獲得諾貝爾獎[2]。因此，他的想法不容小覷，也就是他對原子結構的設想。

湯木生將原子想像成一個簡單的小球，電子漂浮在其中。這個模型對他很有幫助，讓他做出重大發現。但是，到了該 1900 年代末，布丁蛋糕就再沒什麼新鮮感了。其他科學家逐漸意識到，他們已經從該模型中得到了其能協助理解的一切，並開始尋找一種更新、更好的原子模型。

到了 1910 年，物理學家逐漸明白，原子並不是像布丁蛋糕那樣，內部大半都是空的空間。其中心是一個非常小的、帶正電的原子核，圍繞著該原子核飛行的則是較小的、帶負電的電子。

從那時起我們學到，即使與原子本身的尺寸相比，原子核也非常小。可以這樣試想，假設一個原子好比一座棒球場的大小，那原子核就相當於是棒球場中央，投手手中的棒球。而原子最外層的電子就只有一粒沙子那樣大，其會在上層看台的某個位置隨機移動，而體育場的其餘部分都只是空蕩蕩的空間[3]。

◆ 誠懇的重要

最終，科學家了解原子核是由不同數量的質子和中子混合而成，但這樣的原子核結構很難為人接受。最後，主要靠曾經是湯木生學生的歐內斯特・拉塞福的努力，才讓世人接受[4]。

生長在紐西蘭農場的拉塞福，比起與知識分子來往，更喜歡在自家農場裡獵鴿和挖馬鈴薯[5]（請見下頁圖 3-1）。儘管如此，他仍天資聰穎，家人也努力為他提供最好的科學教育。但

在紐西蘭，他沒有什麼機會一展長才，最後只好來到英國劍橋大學湯木生的實驗室。

在劍橋，他的鄉下背景讓他遭遇到一些偏見和輕視。不過，這位出身農家又身強力壯的人可不是好惹的。在一封抱怨研究生助教歧視自己的家書中，拉塞福寫道：「我真想在其中一個人的胸膛上跳一段毛利戰舞，要是情況沒有改善，我肯定會這麼做[6]。」幸好，後來情況確實好轉了。

圖 3-1：歐內斯特・拉塞福

才華洋溢的年輕拉塞福，後來成為核子物理學之父。他對貝克勒爾發現的放射性著迷不已，於是在貝克勒爾止步的地方繼續研究，率先採用粒子輻射來探測原子核結構。他甚至能夠證明，當原子發生放射性衰變時，它會從一種元素變成另一種，在他以前的科學家，都認為這是不可能的。

最初，拉塞福和馬可尼一樣深受無線電波的吸引，並且很樂於向朋友和室友展示愛德華·布蘭利的電鈴實驗，他能夠在約 800 公尺外按下客廳的門鈴，讓大家驚訝不已[7]。但隨著貝克勒爾在 1896 年發現放射性，拉塞福的興趣也轉往放射性領域。

拉塞福決定搬到加拿大的麥吉爾大學（McGill University）開始他的專業學術生涯，並將研究重點放在放射性領域。麥吉爾大學是個不錯的選擇。對病患進行史上第一次 X 射線診斷的物理學教授兼 X 射線研究員約翰·考克斯便是在此工作，他之後也將與拉塞福在同一個團隊工作。麥吉爾大學還有弗雷德里克·索迪（Frederick Soddy）這位才華橫溢的化學教授，他和拉塞福一樣對放射性感興趣[8]。兩人很快就成為密切的研究夥伴。

拉塞福發現，所有放射性同位素都有不同的半衰期[9]。他還發現放射性衰變可能會讓原子從一種元素轉變為另一種元素（例如從碳 -14 變成氮 -14，詳見第 2 章）。他稱此過程為核蛻變（nuclear transmutation）。

拉塞福在使用這個詞時，心中帶有一些惶恐。因為他很清楚，這個詞過去會讓人聯想到那些聲名狼藉的煉金術士，他們在中世紀想要煉金，試圖將鉛轉化為黃金[10]。然而，這正是放射性衰變所產生的情況：一種元素轉變為另一種元素！

這些關於放射性的研究，最終為拉塞福贏得 1908 年的諾貝爾化學獎。然而，他最傑出的貢獻還在後頭。他描述了原子

核的結構，並提出一種新的原子模型，現在稱為拉塞福模型（請見第 84 頁圖 3-2），不僅取代了過去的李子布丁模型，如果不考慮太多細節的話，基本上可說一路維持至今。儘管他本人並未再獲得諾貝爾獎，但在他的指導下，又有其他科學家獲得諾貝爾獎，而且在很大程度上要歸功於他[11]。

1919 年，拉塞福接替了他的老教授湯木生的職位，擔任卡文迪許實驗室（Cavendish Laboratory）主任，該實驗室本質上就是劍橋大學的物理系。卡文迪許實驗室最初於 1874 年成立，是一間物理教學實驗室，曾培養出史上許多偉大的物理學家，就連寫下預測無線電波存在方程式的馬克士威也曾擔任過實驗室的領導人[12]。

卡文迪許實驗室的科學家，對任何與輻射和放射性有關的事物都相當感興趣。今天我們對輻射的認識，多半都可追溯到這間實驗室，畢竟許多研究都是在那裡展開的[13]。

第一批發現的放射性同位素，如鈾、釙和鐳，都會釋放出相對較大的粒子，這些粒子的性質，科學家尚不清楚。但拉塞福發現，這些大粒子本質上和氦的原子核，也就是沒有電子的氦原子相同，而且都會以非常高的速度運動。

當它們最終減速停止時，會從環境中吸收一些電子，形成氦氣，這是一種比空氣輕的氣體，經常用來幫派對上的氣球充氣[14]。接著，拉塞福將這些大粒子命名為 α 粒子，以便和他之前發現較小的 β 粒子區分。如前文所述，β 粒子只是原子衰變時從原子核噴射出來的高速電子。

α 粒子的特性，是穿透距離短、高能量和帶有雙正電荷（2⁺）。它們會被吸引到負極去，也會因為通過磁場而偏離路徑。因此，它們非常適合在實驗室中操作。此外，它們體積相當大，甚至可以使用微型螢幕在顯微鏡下追蹤它們的路徑。簡而言之，它們是探索原子核本質的絕佳工具，而這正是拉塞福想到的用途。

　　拉塞福希望用 α 粒子當作探針，以證明原子核的存在並測量核的大小。當然，我們不能直接看到原子核和 α 粒子，因此不可能直接進行測量。不過，由於加裝了螢幕，拉塞福便能看到單一 α 粒子的路徑，因此有辦法計數。

　　在把來自鐳源的一束 α 粒子對準一片薄金箔時，大多數粒子會穿過原子內的空間，這時雖然會拉動金的電子，但除此之外，大多例子皆可以暢行無阻地穿過金箔[15]。但其中一些——而且只有一些——又反彈回發射源。

　　拉塞福使用微型螢幕和顯微鏡來檢測這些反彈的 α 粒子，在螢幕上看起來就像閃爍的火光。拉塞福和助理輪流坐在暗室中，透過顯微鏡觀察好幾個小時，仔細記錄他們在每小時觀察時間內看到的閃光數量，也就是反彈率。

　　最終，他們記錄到一個非常小，但很重要的數字。拉塞福對此欣喜若狂。他後來表示，發現這些反彈，是「我一生中遇到最令人難以置信的事，就像往一張薄薄的紙發射一枚 40 公分長的砲彈，沒想到它竟會反彈回來擊中你那樣，真是不可思議[16]！」

第 3 章 核分裂，極限的吹毛求疵　｜　083

但是，究竟為什麼這些 α 粒子會反彈呢？

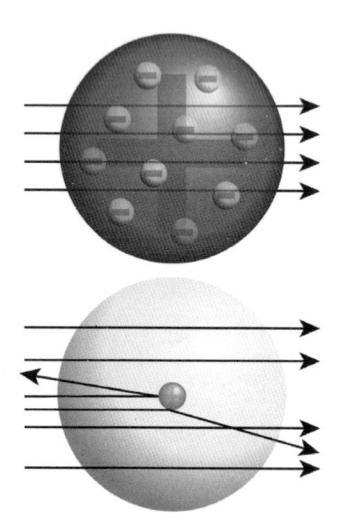

圖 3-2：李子布丁原子模型 VS. 拉塞福模型

上圖為湯木生的李子布丁原子模型，其中電子均勻分布在帶正電的「布丁」裡，這與拉塞福使用金箔的反彈實驗不相符。拉塞福發現，以高能量 α 粒子射向非常薄的金箔時，大多數 α 粒子只是穿過去，但有極少數會反彈回來。下圖是拉塞福對此的解釋：原子的質量集中在一個中心、帶有正電的原子核中，周圍環繞著幾乎沒有質量的電子雲。α 粒子只有在直接撞擊的原子核時才會反彈。這項實驗的啟示是：原子絕大部分的體積都是空的。

拉塞福正確地做出下一個推論，只要 α 粒子直接撞擊金原子核，就會反彈。他進一步推斷，擊中原子核的機率取決於原子核的大小。也就是說，原子核越大，α 粒子撞擊時反彈回來的機率就越高。

根據對閃光的計數，顯示擊中原子核的可能性極低，大多數粒子都沒有反彈，因此他們推測，金的原子核一定非常小。假設金核的大小與反彈的機率成正比，拉塞福估計，金核的大小應為 14 飛米（femtometer），也就是 0.000000000000014 公尺寬。是的，它很小，真的非常、非常小。

在確定原子核的大小後，拉塞福接下來把精力集中在原子核的組成上。他知道裡面一定有質子，因為整體上，原子核是帶正電荷的。但裡面還有什麼呢？沒想到，後來是靠化學家提供了一些看法。

化學家巧妙地利用他們已經熟知的氣體基本特性，測量出不同元素原子核的相對質量。在標準溫度和壓力條件下，相同體積的氣體將具有相同數量的原子[17]。因此，單位體積質量的差異，一定是由其原子核相對質量的差異所造成的[18]。

透過這個方法，化學家能夠估計出他們測量的所有元素之原子核質量，而其間的差異，似乎都是單一質子的質量倍數。例如，氫的質量等於一個質子的質量，氦的質量等於四個質子的質量，而碳的質量等於 12 個質子的質量。這項發現，得出了原子核僅由質子組成的結論。

所有這些看起來都很合宜，拉塞福卻不太滿意這個結論。他意識到一個自己多年來一直嘗試解決的大問題，也就是令人討厭的「電荷守恆」。

大多數原子都是電中性的，也就是說，它們軌道電子的負電荷會被原子核中相同數量的正電荷平衡。如果原子是由這些

第 3 章 核分裂，極限的吹毛求疵 | 085

質子組成的，那麼其中的質子數量就會多於電子，因此將會帶有過量的正電荷，但原子顯然沒有帶正電。那麼原子核怎麼可能只由質子組成呢？根本不可能！

拉塞福對這問題的答案，是提出一種他稱之為中子的新粒子。中子是一種與質子質量相同，但不帶電荷的粒子。如此便可以解決提供所需的原子核質量，又不會增加多餘電荷的問題[19]。

在許多人看來，拉塞福的中子比較像是會計創造出來的噱頭，而不是一個真正的物理粒子，因此拉塞福有責任證明中子的存在，而這將是一個不小的壯舉。

直至那時為止，所有已知的原子粒子，包括 α 粒子、β 粒子、電子和質子都是帶電的，因此可以完全根據其電特性檢測和測量。要如何檢測不帶電荷的粒子是個大問題。除非中子能夠被偵測到，並被證明是真實的物理物體，否則中子將只被認為是拉塞福過度活躍的想像力的虛構產物。

◆ 德法加入戰局，找到中子第一步？

當拉塞福和他的同事詹姆斯・查德威克（James Chadwick）正在思考如何檢測中子時，一份有趣的新報告引起了他們的注意。

德國物理學家瓦爾特・博特（Walther Bothe）和他的學生赫伯特・貝克爾（Herbert Becker）證明，以釙發出的高能量 α 粒子擊中鈹時，鈹原子會吸收一些 α 粒子，然後發射出某

種極為強大的射線。

這些射線不帶電荷，因此博特和貝克爾假設，它們一定是電磁波，而不是粒子射線。他們認為，鈹吸收 α 粒子而產生的多餘能量會以伽馬射線這種強大的能量形式釋放出來[20]。

另一方面，居禮夫婦的女兒、法國科學家伊雷娜・居禮（Irène Curie）和她的丈夫弗雷德里克・約里奧（Frédéric Joliot）成功複製了他們的實驗，並且驗證這項研究結果。他們還證明，如果讓這些伽馬射線再穿過一層石蠟，這些射線將會進一步變成非常高能量的質子。

由於石蠟含有高濃度的氫原子，因此對此的解釋是，伽馬射線撞擊的氫原子核是帶正電的質子粒子[21]。此外，他們還計算出讓伽馬射線把氫原子核打出來，並達到他們觀測到的質子能量，竟然需要 5,500 萬電子伏特（一顆電子的帶電量）[22]！

毫無疑問，這些實驗結果來自兩間信譽良好的實驗室。但他們對原子核的解釋，在拉塞福和查德威克看來太過不可思議，讓他們無法接受。這種極高能量的伽瑪射線以前從未被描述過，而且人們認為它們不可能存在。

儘管如此，這些誘人的線索還是激發了查德威克的想像。要不了多久，他就發展出另一套解釋，並最終還透過實驗證明他的想法。不過這一切都得來不易。畢竟，約里奧和居禮在進行實驗時，有一個他沒有的優勢：他們使用的是自己純化的釙。

釙是一種稀有且珍貴的放射性同位素，卡文迪許實驗室的

科學家無法純化或購買。作為 α 粒子來源，釙遠比鐳來得好，因為它能發射高能量的 α 粒子，而鐳發射的是低能量的 α 粒子。不僅如此，釙釋放出的 α 粒子數量還是鐳的五千多倍[23]。眼下，卡文迪許實驗室的科學家沒有釙可用。然而，馬上就有人伸出援手了，這份來自美國的幫助正在路上。

◆ 美國支援，帶來寶貴的金屬

諾曼・費瑟（Norman Feather）是劍橋大學校友，也在卡文迪許實驗室當過研究生，他對原子核的結構和放射性有著濃厚的興趣。事實上，他曾與查德威克短暫合作過一項測量 α 粒子穿透能力的計畫。他們欣賞彼此的科學才能，一直保持著密切的聯繫。

彼時，美國物理學界在放射性領域的研究方興未艾[24]。隨著這股熱潮，費瑟於 1929 年來到美國，並受聘在巴爾的摩的約翰・霍普金斯大學（Johns Hopkins University）負責放射性領域研究[25]。

在尋找可以研究的放射源時，他十分欣喜地發現大學附近的凱利醫院（Kelly Hospital）有著豐富的放射性氣體氡，全都封裝在小型的密封玻璃安瓿（ampule）。這些安瓿對醫院已經不再有價值，因為它們所含的氡氣已經衰變，無法再用於放射治療[26]。因此，醫院把幾個用於放射性研究的廢氡安瓿都給了他[27]。

在那個年代，即使是部分衰變的氡氣也非常稀有且昂貴，因為產生氡氣所需的純鐳供應量非常有限。當時，凱利醫院擁有世界上最大的純鐳供應——5克，約滿滿一茶匙的量——用來生產封裝在治療用安瓿裡的氡氣。對費瑟來說，獲得老舊的氡氣安瓿著實是一份大禮，更是一筆意外的研究資助。

在約翰·霍普金斯大學工作一年後，費瑟在準備返回卡文迪許實驗室前，順便去了趟凱利醫院，看看他們是否還有多出一些用過的安瓿。沒想到，醫院這次給了他300瓶！他把它們全都裝進行李箱，帶著這些放射性研究領域的珍寶回到卡文迪許實驗室。

在某個時刻，費瑟意識到他擁有的不僅僅是部分衰變的氡氣。他知道，氡-222最終會衰變成釙-210，這正是居禮夫人發現的那種同位素，也是查德威克的研究所迫切需要的物質！他知道舊的氡安瓿裡，應該累積了相當數量的釙，而再過不久，這些珍貴的金屬就會被送到查德威克手中。

在幾個月的時間裡，查德威克從氡安瓿中提煉出釙，並把其裝在一組短小金屬管的末端，相當於做出了一把 α 粒子槍。他將用這把「槍」揭露難以捉摸的中子真面目，並證明它不僅僅是一個核子研究的會計噱頭。

♦ 預言中的中子，終被證明

利用釙的 α 粒子和各種靶元素（target element），查德威克得以展示與高能量伽馬射線完全不一樣的發射模式。雖然這很容易用缺乏電荷的質子來解釋，但這正是中子的定義！

終於，他發現了拉塞福模型中預測的神祕中子。它雖然不帶電荷，但還是可以透過它和其他帶電粒子的相互作用來推斷其存在，因此是可測量的。換句話說，我們最終還是透過它的影子才找到這顆幽靈般的粒子。

這時是1932年，查德威克的導師拉塞福預測中子的12年後，他終於證實了這個神祕粒子的存在。在他的發現後，原子的所有組成都確定到位。質量相同的質子和中子共同構成了原子核的質量，較小的電子在其周圍的軌道上運行。原子核中沒有電子，原子內有很大的空間。查德威克因其成就榮獲1935年的諾貝爾物理學獎。正式宣告李子布丁模型的終結！

在掌握到難以捉摸的中子後，所有主要的粒子輻射也都被辨識出來。我們現在知道，較小的粒子輻射，代表自由移動的質子、中子和電子（β 粒子）。相較之下，拉塞福最初確定的快速移動的氦原子核，其實是由兩個質子和兩個中子所組成，就像氦氣的原子核那樣。

所有這些不同類型的粒子，都帶著巨大的能量在空中飛行，並透過與沿途遇到的各種分子的交互作用來釋放能量。未來人類將會揭示分裂產物（fission product）和宇宙輻射作為其

他形式的粒子輻射，但是在 1932 年，主要的粒子輻射已經根據它們的次原子對應體定義。這些粒子在大小、能量和電荷方面差異很大，而這些差異都可能對健康產生不同的影響。

到了這時，今日人們所熟悉的高能量電磁輻射也已廣為人知。X 射線是從原子的電子層散發，而能量相對較高的伽瑪射線則是從原子核發出。要產生 X 射線，可以像倫琴一樣透過高壓電流製造，而伽瑪射線則是自然放射性衰變的結果，特別是源自原子內衰變的原子核。

除了起源於原子內的不同位置之外，X 射線和伽瑪射線本質上是相同的，都是波長非常短的電磁波。一如預期，由於它們的波長大小相似，因此對人體健康的影響也大同小異。

◆ 把原子切開？

當查德威克忙著用他那把小型 α 粒子槍發現中子時，另外兩位卡文迪許實驗室的科學家，約翰・考克勞夫（John Cockcroft）和歐內斯特・沃爾頓（Ernest Walton）則忙著把事情弄大。他們不滿足於僅是從原子核中噴射出質子，而是立下更遠大的目標——他們想要分裂原子[28]。

考克勞夫和沃爾頓認為，要認識原子核內部的最佳方法，應是將原子核分裂，看看那些碎片的組成。在拉塞福早期的反彈實驗中，除了來自 α 粒子的強烈螢光軌跡外，也有觀察到來自其他類型粒子的軌跡，它們較微弱但有明顯的螢光。

相當正確地,他們假設其他粒子軌跡代表的,是被 α 粒子撞擊出來的成分,也就是從原子核中跑出來的單一質子。他們計算了這些小顆粒的產量,發現它們非常少。然後,他們計算了要大幅增加 α 粒子撞裂原子核,以噴射出更多碎片的釙的用量,但這個數字高得令人沮喪。此外,他們不只是想要將原子分成好幾片,而是想把原子核炸開。α 粒子無法完成這項任務,即使是來自釙的粒子也不夠力。

拉塞福的團隊真正需要的,是某種粒子等級的機關槍,必須是一種能夠向原子核快速發射數億個高能量粒子,好把它炸裂的儀器才行。他們之前使用的鐳和釙的單發槍根本無法勝任。於是,考克勞夫和沃爾頓開始致力於製造這種機槍。

第一個問題是,該用什麼來製造子彈?這似乎很簡單,氫元素是由一個質子和一個在軌道上繞行的電子組成,如此便能達到電中性。若剝離其電子,就只會留下帶正電的質子,而這將會是一顆很棒的子彈。但該如何才能去除電子呢?

事實證明,具有單一質子的氫原子核,對在軌道上繞行電子的控制力很弱。只要用電流穿過氫氣室,便能輕鬆地將氫原子打散,分成帶正電的質子和帶負電的電子,而且還可以用帶負電的陰極來吸引質子。因此,連續的質子來源並不是一個問題,只需要充足的氫氣供應和少量的電力來運作即可。

下一個問題,則是如何將質子射向目標,這個問題比較棘手一點。這裡也是應用同樣的道理,由於質子帶正電,理論上可以透過將目標放置在強電場內靠近陰極的位置,再將它們推

向目標[29]。這只需要將質子流送入粒子加速管即可。

送入的粒子越多，射出的子彈就越多；給加速管的電壓越高，子彈擊中目標時的能量也越大、速度就越快。但是分裂一顆原子，到底需要多少粒子能量呢？或者更重要的是，為了達到所需的粒子能量，管子上的電壓必須有多高？唯一可以肯定的，就是這個電壓勢必相當巨大。這就是問題所在，去哪裡才能弄到這樣的高電壓呢？

所以，問題其實不在於原子是否會分裂。大多數科學家都接受原子核會分裂的觀點。有問題的地方在於：需要多少能量才能分裂它？幾乎每個人都認為，需要極高的電壓才能分裂原子核。

事實上，甚至已經有幾位物理學家用不同的假設計算出所需的電壓。他們提出的電力需求，全都超過 100 萬伏特！在拉塞福的時代，如此高的電壓實在太過驚人。因此，就當時的科技來看，拉塞福分裂原子的目標並沒有被視為瘋狂之舉，只是不切實際而已。

雖然彼時的商業界，已經使用大型變壓器，在工業規模上達到這樣的高電壓。然而，這樣的電壓只能暫時達到，而且非常不穩定。此外，這些商用變壓器的成本和尺寸都遠超過物理實驗室能夠擔負的範圍。因此，卡文迪許的科學家要不是得想辦法籌到一大筆錢，就得另覓他途、想出另一個想法。他們選擇了後者。

第 3 章 核分裂，極限的吹毛求疵 | 093

◆ 神童的驚人假設，斬開原子

　　古典物理學的定律，讓我們能計算出分裂原子所需的平均粒子能量，但這些計算出來的高壓電需求只令人沮喪。然而，古典物理學不再是這領域唯一的標竿與規則，當時出現了一種新的方法，是根據機率來解釋原子核裡發生的事，稱為量子力學（quantum mechanics），正激發物理學家們的想像。

　　量子力學，主要算是丹麥物理學家尼爾斯‧波耳（Niels Bohr）的創舉，這門學說因為能讓物理學家理解古典物理學無法充分探究的複雜原子過程，進而吸引了不少信徒。

　　喬治‧加莫夫（George Gamow）是波耳量子力學的一大門徒，這位天縱英才的年輕人，也在不久後成為拉塞福和其他卡文迪許實驗室科學家的朋友和同事[30]。根據各方資料，加莫夫是個天才兒童[31]，在 1904 年出生於烏克蘭敖德薩（Odessa）。不僅跟李子布丁模型同年誕生，他後來提出的革命性想法，還成功讓卡文迪許的科學家在自己還不到 29 歲時，就成功分裂原子。

　　加莫夫熟悉量子力學，這讓他在原子分裂一事上，具備古典物理學家未能察覺的洞見。他意識到，要用能量較低的粒子來分裂原子並非不可能，只是可能性極小，但並不是零。

　　接著他指出，如果向許多原子核發射極大量的低能量粒子，很可能導致其中部分粒子會讓部分原子分裂，實驗者應該能在螢幕上偵測到這些可見粒子的軌跡。也就是說，若要解決

大海撈針的問題，投進大量的針就可以了。

加莫夫這套量子力學的想法，被稱為穿隧理論（tunneling theory）。用相關想法來分裂原子的可能性，在當時已不是祕密，畢竟他在此之前已發表過一系列論文，並被大多數古典物理學家熟知。

然而，古典物理學家難以完全理解其中意義。就連愛因斯坦（Albert Einstein）也曾苦苦研究量子力學的機率理論，並對機率的本質表示懷疑，才會說出那句被後世一再引用的話：「上帝是不會玩骰子的！」

但加莫夫儘管年紀輕輕，卻是一位受人尊敬的科學家，他的計算結果，令人對在低電壓下分裂原子的可能性感到樂觀。根據加莫夫的計算，只需要 30 萬伏特即可完成[32]。雖然這個電壓仍不是個小數目，不過已經落在可以實現的範圍內。因此，儘管電壓限制會帶來一些潛在挑戰，拉塞福和他的團隊還是決定放手一博。

加莫夫的洞察力降低了電壓的門檻，但要達到 30 萬伏特仍是一項艱鉅的目標。再加上一系列斷斷續續的啟動、技術挫折和工程障礙，讓他們的進度一再延宕。許多加速器設計在測試後才發現不可行，因此需要打造多款原型機，這又耗費了研究團隊更多的時間和金錢，遠超實驗室所能負擔。然而，他們並沒有因此退卻。

到了 1932 年，經過多次失敗後，拉塞福的團隊終於打造出一部質子加速器，並期許這個新發明能順利完成任務。為了

能夠更好的量測，他們將其加速器設計為可承受 70 萬伏特的電壓，也就是加莫夫計算的所需電壓的兩倍以上。

除了加莫夫提供的能量洞見外，團隊更知道，被選出用來分裂的原子也是任務成功的關鍵。他們最終正確地預估出，使用鋰 -7 當作靶元素，將會把成功的機率再提高一倍。

由於鋰的分子量為 7，包含 3 個質子和 4 個中子。如果另一個質子以高能量被打入其原子核，應該會產生一個更大、能量更高的原子核，包含 4 個質子和 4 個中子；然後可能分裂成兩個 α 粒子，每個粒子都包含兩個質子和兩個中子）。因此，鋰 -7 每吸收一個質子，就會發射兩個 α 粒子（這個核反應稱為「p，2α」）等於將 α 粒子產量提高了兩倍！

關於鋰 -7 原子核吸收一個高速質子，而且讓 α 粒子產量加倍的想法非常精妙，團隊注意到這一點確實是後來成功的關鍵之一。稍後我們將會談到鋰 -7 另一驚人的特性——那就是可以吸收一個高速中子，然後發射兩個中子，這個核反應稱為「n，2n」。

鋰 -7 的另一個核反應，讓中子產量增加了一倍，這是當初任何人都沒有預料到的。不幸的是，正是鋰 -7 這種意想不到的反應，日後將會在某一天讓每個人都大吃一驚，並釀成二十世紀最嚴重的核子武器測試事故。但在此時，每個人的腦袋都還沒想到核武那麼遠。

終於，這批科學家等到了真相大白的時刻，即將嘗試將原子核分裂的實驗。他們架好質子機關槍和標靶處的鋰 -7，旁

邊則放置了一面螢幕，這是深得他們信賴的工具，用以觀測有無 α 粒子的出現。他們的想法是，要是質子束真的成功地分裂了鋰原子，應該會釋放出 α 粒子這些核碎片，並可以在相鄰的螢幕上觀察到這個現象。

這個重要的日子，被定在 1932 年 4 月 14 日星期四。那天，加速器達到所需的電壓、注入質子。此時所有的目光都集中在螢幕上⋯⋯它發光了！正對著螢幕的顯微鏡證實了他們的假設：眾人眼前的光是由清晰可見的 α 粒子軌跡產生。當他們中斷進入加速器的質子流時，α 粒子便停止了，這意味著是質子造成這些粒子的。

在進行其他條件的試驗後，進一步證實了他們的構想為真：這些質子正在分裂鋰原子！他們在歷史上又寫下一筆紀錄，考克勞夫和沃爾頓為卡文迪許實驗室贏得了另一座諾貝爾獎[33]。

◆ 憑直覺行事：卡文迪許的輻射安全

儘管所有的工作都與放射性相關，但拉塞福的健康狀況並沒有受到任何影響。不過，卡文迪許實驗室負責人喬治・克羅（George Crowe）就沒那麼幸運了。

該實驗室只有一條與輻射安全相關的規則，那就是處理放射性的人應該戴上橡膠手套，以保護皮膚免受輻射燒傷——在這個年代，放射性對皮膚的影響已被充分證實。然而，克羅經

常無視這項規則，因為他覺得在處理放射性材料的工作相當精細，戴上手套會很麻煩。結果，他的指尖失去了部分知覺，皮膚出現潰瘍，無法癒合。他最終做了多次皮膚移植，最後還得切掉一根手指 [34]。

除了手套之外，卡文迪許實驗室的科學家就沒有採取任何其他防護措施了。這並不是說科學家對自己的安全漫不經心，恰恰相反，只是他們認為主要的潛在威脅都來自觸電！

與立即被電死相比，輻射的長期風險在他們看來似乎相當輕微。這一點跟前文提到的愛迪生電燈泡相同，大家對安全的憂慮都圍繞在觸電問題上。這也是馬可尼和他的團隊在傳輸無線電波時最關心的，就連馬可尼的工人在操作電報鍵時通常也會戴著厚厚的絕緣手套。

當時，科學家們關注的是電暈效應（corona effects），指電子往往會積聚在帶電設備的鋒利邊緣或尖端處，然後像小閃電一樣跳到附近的物體上。與實驗中看不到的輻射不同，電暈有時可以被觀察到，也就是在玻璃管表面那些看似在顫動的藍光，或者像一條蓄勢待發的蛇一樣發出嘶聲。

也許是受到愛迪生電擊動物的啟發，拉塞福後來下令舉行了一次展演實驗，好讓大家記住他們的工作有多危險。在一位醫學教授的監督下，電暈在一隻實驗室老鼠的頭骨上炸出了一個數公分的洞，這讓所有目睹這場展演的科學家都明白電對健康的危害，無不謹慎以對 [35]。與觸電猝死相比，輻射造成的死亡威脅相當遙遠，似乎顯得微不足道。

由於有觸電危險，卡文迪許的科學家們會採取各種預防措施，盡可能遠離帶電設備。不過也有些時候，他們必須待在設備附近才得以觀察實驗。因此，考克勞夫和沃爾頓建造了一座木屋，供他們在實驗期間使用。他們煞費苦心地對小屋做好電絕緣處理，這樣人們待在裡面時就完全不會觸電。

　　為了強化安全措施，他們決定也要確保小屋不受輻射危害，於是在小屋內鋪上鉛箔，還在內部掛上一組螢幕。如果在實驗過程中，發現螢幕發光的現象變多，只需要在下一次實驗前再添加一層鉛箔就好[36]。這就是最原始的輻射防護，但總比沒有好。無論如何，卡文迪許實驗室中似乎沒有人受到輻射的傷害，而對那批科學家來說，更重要的當然是沒有人在實驗期間觸電。

◆ 原子魔術師：質量守恆的詭計

　　除了電荷守恆的困境之外，原子核還有另一個令人煩惱的問題需要解決：質量守恆。化學家都很清楚，物質既不能被憑空創造也不能被憑空消滅。換句話說，化學反應的產物，必須與反應物的重量相同──質量必須守恆[37]。但在核反應時，這條基本科學定律似乎不成立。難道上帝允許核反應有例外嗎？這個可能性也不大。

　　回想一下魔術師從帽子裡變出兔子的老把戲，只是稍微多一些變化。

就跟正常情況一樣：魔術師在帽子的隱藏隔間藏了一隻兔子，並向觀眾展示了一頂看似空無一物的帽子。不過在進行下一步之前，這位魔術師在觀眾面前秤了帽子的重量，並向大家展示，這頂帽子的重量為 2 公斤。然後，他從帽子裡拿出一隻兔子，秤了秤兔子的重量，有 1 公斤。

接著，魔術師準備秤那頂空帽子的重量。觀眾都預期帽子會有 1 公斤重，因為大家都知道 2 － 1 = 1。然而，秤上卻莫名其妙地顯示出 0.5 公斤！這是為什麼？2 減 1 怎麼可能等於 0.5 呢？這才是真正的魔法！但是多出來的重量到哪裡去了？

現在，想像一下，假設從帽子裡出來的兔子相當於從原子核跑出來的 α 粒子。當原子核在放射性衰變期間釋放出 α 粒子時，α 粒子加上剩餘原子核的質量，便會小於包含 α 粒子的原始原子核的重量。這正是放射性原子衰變時發生的情況。似乎出現了質量損失，也就是所謂的「質量虧損」(mass deficit)。那這些質量到底去到哪裡？真的是核子魔法嗎？！

最後，是由愛因斯坦破解了這個魔法背後的祕密。愛因斯坦明白：魔術帽失去的質量，轉變成了兔子的跳躍；也就是說，他意識到：質量是可以轉化為能量的。

愛因斯坦的相對論，本就暗示著質量有可能變成能量；反之亦然，能量也可能變成質量。不僅如此，他還提出一個簡單的方程式來表示能量和質量間的關係：$E = mc^2$。能量（energy，簡寫為 E）等於質量（mass，簡寫為 m）乘以光速（speed of light，簡寫為 c）再乘以自身。

這種關係，意味著質量和能量實際上是同一樣東西，只是形式不同。因此，它們是可以互換的！這意味著，當原子衰變時，它釋放的能量相當於失去的質量。

不過不要太過專注在這個問題上，就連愛因斯坦本人也曾為此苦惱不已。最重要的是，這個理論可以解釋這一切。如果將質量虧損轉換為能量，所得的量恰好會等於放射性衰變過程中散發的輻射能量。也就是說，原子核的部分質量轉化成為能量，並以輻射的形式從原子中散逸。你可能會說，這挺有趣的，但有什麼了不起的嗎？

要是你按照邏輯提出下面這個問題，你就會發現這有多了不起：

如果將一克的物質，好比說一顆方糖完全轉化為能量，會釋放多少能量？你可以利用愛因斯坦方程式自己回答這個問題。

由於光速 c 是一個常數（constant），即它不會改變，都是每秒 299,792,458 公尺，也就是約 3 億公尺。因此，你可以自己計算出一克（即 0.001 公斤）糖的核能總量：

$E = mc^2$

能量＝質量 ×（光速）^{2}

$E = 0.001$ 公斤 ×（3 億公尺／秒）^{2}

$E = 90$ 兆焦耳

90兆焦耳到底是什麼概念[38]？讓我們具體一點來說，這是能點亮1萬顆電燈泡的能量，或是為1,000個家庭供暖一年所需的能量；又或者是將10架太空梭送入軌道所需的能量，或是一枚原子彈所釋放的能量。

懂了吧？這是非常大的能量，而且是絕妙的魔術！那些原子以輻射形式釋放的能量，就是消失的質量。

諷刺的是，那些揭露出物質和能量可以互換的科學家，卻花了很長時間才了解他們這項研究的實際意義。在愛因斯坦發表著名的方程式 E = mc^2 後，收到一位外行人的來信，這位外行人做了一些與前文類似的計算，並得出僅僅是一克的物質就具有這樣強大的能量。那人在信中詢問愛因斯坦，他是否意識到自己已然為全世界提供了潛力巨大的炸彈設計方針。愛因斯坦不曾這麼想過，事實上，他甚至認為這個概念十分愚蠢[39]。

拉塞福也曾被問及透過分裂原子來發電的可能性，但他認為這行不通。沒錯，他的確理解若以12萬5,000伏特的電壓來加速質子，並分裂一顆原子後所產生的原子碎片，相當於以1,600萬伏特來加速質子後得到的能量。

儘管如此，拉塞福仍指出，按照加莫夫的計算，每1,000萬顆質子中，只有一顆能實際打中目標的原子核。其餘所有質子及能量都被浪費了，僅僅為了分裂一顆原子！因此，最終他認為分裂原子非但無法成為能源來源，反而是一個浪費能量的提議[40]。

這些科學家們，不僅能輕易揚棄那個時代的科學教條、克

服了巨大的技術障礙來實現目標、完成自己的科學願景，同時卻又容易將自己研究中顯而易見的含義視為誤導性的幻想，這著實令人驚訝。但不久後，這些科學家們就不得不睜開雙眼看清事實了。

1933年8月12日，在鋰原子首次被高壓電分裂的一年後，一位年輕的匈牙利科學家利奧・西拉德（Leó Szilárd）提出一種幾乎不需要任何能量就可以分裂大型鈾原子的方法——他認為，透過核連鎖反應便能輕易分裂大型原子核，也就是核分裂。

◆ 核分裂：一發不可收拾

對原子核來說，體積太大可不是什麼好事。

前文曾提過，原子核往往具有相似數量的質子和中子，但凡其中一種過量，都可能會讓原子不穩定，因此變得產生放射性。不過，還有另一個重要條件有助於原子核的穩定：尺寸。

還記得前文中，將原子核比喻成棒球的想法嗎？當原子和棒球場一樣大時，棒球大小的原子核，基本上將自得其樂地穩定存在，但事實證明，當球較大時情況就會改變。當原子的質子數超過100時，該核的大小就從棒球的尺寸放大為籃球那麼大，這時由於正電荷密度過大，甚至無法靠中子來稀釋，以繼續保持原子核的穩定。

在這種情況下，大原子核往往會以特殊的方式衰變：**它們**

會自動分裂成更小的核，這個過程稱為核分裂，這是那些特別重的原子核 —— 例如鈾-235 放射性衰變的主要模式。當鈾-235 分裂時，會產生數種分裂產物，包括具有較小原子核的多個原子，通常也會以粒子輻射的形式，噴射出兩、三個中子。

就跟其他形式的放射性衰變一樣，核分裂碎片的質量總和，將再次小於分裂前的原子核質量，而釋放出的能量則取決於質量虧損，就跟前文提過的一樣。這個過程與其他類型的放射性衰變類似，但有一個巨大的例外：**這些被發射出來的中子，又會被附近的其他大原子核吸收，導致它們的分裂，從而釋放更多的中子**。然後這些中子又繼續與其他原子核相互作用，如此下去，無窮無盡。這樣一來，就會產生一連鎖反應，質量虧損不斷累積，並轉化為巨大的能量釋放。

然而，在正常情況下，通常不會發生這種連鎖反應。因為中子具有高度穿透性，比較有可能從放射性物質中逸散出來，而不是與鄰近的原子核產生反應。但隨著可分裂物質的體積、質量增加，可分裂核的數量將變得更多、更集中，這時引發連鎖反應的可能性也會隨之增加。當這種自發性的連鎖分裂反應，達到足以自我持續的程度時稱為臨界（criticality），產生臨界所需的物質質量，便稱為臨界質量（critical mass）。

◆ 臨界奇異點，讓人類掌握核彈與核電

史上第一個人造臨界點，是由義大利物理學家恩里科・費米（Enrico Fermi）達成的。費米是一位才華橫溢的理論和實驗物理學家，因發現超鈾元素——即原子核內的質子數比鈾更多的元素——而於 1938 年榮獲諾貝爾獎。

不幸的是，他在同年被迫與猶太籍妻子一起離開祖國——義大利法西斯政權新制定的種族法律，使得費米的妻子成為國家迫害的對象。費米因此移民到美國，最終被招募參與曼哈頓計畫（Manhattan Project），也就是美國研發原子彈的極機密計畫[41]。

費米的任務，是透過實驗證明核連鎖反應不僅是一種理論上的可能性。他立即著手工作，並在芝加哥大學的斯塔格體育場（Stagg Field Stadium）廢棄看台下打造出一座小型核反應爐。這個反應爐，被稱為「堆」（pile），因為它實際上就是一堆鈾和石墨塊。

石墨，也就是碳，被用來減慢快速移動的中子速度，好讓它們更容易被鈾原子吸收。這座反應爐沒有輻射屏蔽，也缺乏任何類型的冷卻系統，因為費米聲稱，他對自己實驗計算的正確度十分有信心，而根據他的計算，並沒有必要設置輻射屏蔽設施[42]。

到了 1942 年 12 月 2 日，這天實驗正式展開，當累積足夠的鈾、達到臨界質量時，該反應達到臨界，並開始產生核連鎖

反應。而當連鎖反應才剛開始，實驗人員便迅速將其終止——畢竟，這只是一個原理驗證實驗，而該原理現在已被證明[43]。**西拉德 10 年前提出的核連鎖反應假說完全正確，因此，打造原子彈正式成為可能。**

臨界，可說是核電廠和核彈背後的驅動力。所有核子活動最大的危害，就是不受控制的連鎖反應。儘管如此，後續章節中我們也將看到，即使人類失去對連鎖反應的所有控制，核電廠也不會變成核彈。

如果費米失去了對「堆」的控制，就會導致核子熔毀，而不是核彈爆炸。製造核彈要跨越不少重大的科技障礙，這可不是靠意外就能達成的；若想製造原子彈，就必須要按部就班地付出努力。因此，**核電廠面臨的是熔毀風險，但它們絕不等同於未爆的核彈。**

◆ 太陽：最安全的星星、最危險的核融合

在第一部，我們是從太陽及其可見的電磁輻射開始談起。而現在，我們繞了一圈後回到原點，簡要討論太陽的可見粒子輻射。是的，太陽也會產生粒子輻射，而這一切，都是透過核融合達成的。

融合與分裂剛好相反。這講起來也許很離奇，非常大的原子可以透過分裂釋放能量，而非常小的原子則可以透過融合在一起釋放能量。融合反應的機制過於複雜，請恕我無法在此深

入討論[44]。只要記住一個重要的區別，**雖然核分裂可以自主發生，但核融合必須被外力影響才會發生**；也就是說，需要輸入大量的能量才能啟動核融合反應，最終卻會導致更多的能量產出。

雖然核融合反應最後的淨能量是正的，但由於核融合的能量需求非常高，必須達到只在恆星上才可能出現的溫度。所以太陽系中唯一會自然發生核融合的地方，便是溫度極高的太陽，也就是離我們最近的恆星。

太陽上的核融合反應會釋放能量，並以太陽閃焰（solar flare）的形式穿透太陽表面，向太空發射大量高能量粒子。這些來自太陽的高能量粒子構成了宇宙輻射，也是地球所接收輻射的主要來源[45]。

宇宙輻射是背景輻射的一部分。就是因為有它，我們才會在地球南北極的夜間看到極光，分別稱為北極光和南極光。當宇宙粒子被地球磁場偏轉、通過兩極附近大氣的匯聚入口傾瀉而下時，極光便會出現。

宇宙粒子也讓我們暴露在自然的背景輻射中。但即使在兩極，宇宙粒子占我們每年接受輻射的比例也相當小，因為地球大氣層為我們提供了一層保護，使地球生物不至於受到大多數撞擊而來的宇宙粒子影響。

相較之下，外太空的太空人由於缺乏大氣保護，在太空任務期間往往會暴露在大量宇宙粒子中。其中一些宇宙粒子非常大，當它們穿過太空人的視網膜時，他們甚至可以看到一道小

閃光。這不禁讓人想起拉塞福的顯微鏡實驗，在實驗中，他可以看到 α 粒子在螢幕上閃爍，而太空人則直接省略了螢幕——他們的螢幕就是自己的視網膜。

引發核融合反應，需要巨大的熱量，這便是人類無法興建核融合反應發電廠的主因。目前我們仍無法產生足夠的能量，來維持核融合反應所需的高溫，而且地球上沒有任何材料，可以承受維持這些溫度所需的熱量。因此，即使核融合反應的淨輸出能量將大於輸入的能量，如何掌握、利用這種反應，仍存在有相當大的技術障礙。

這就是冷融合（cold fusion）主張引起如此多關注的原因。冷融合聲稱，能透過某種不需要輸入熱量的新機制來進行核融合反應。這意味著，我們可以在不輸入熱能的情況下獲得核融合能量——這將是一項重大的技術進步，使人類能夠獲得有保障、永續、簡單、無限的電力。但到目前為止，所有能達成冷融合的主張都已被證實不可行[46]。

相較之下，確實有基於熱融合的核武存在，它們通常被稱為氫彈，因為它們是基於氫的核融合[47]，有時也稱為熱核彈。

每顆氫彈釋放的能量，是廣島和長崎原子彈的 1,000 倍以上。由於啟動核融合反應，需要極高的能量輸入，因此需要用分裂彈來觸發氫彈。因此，每一顆氫彈實際上都是核分裂和核融合的結合體。

幸好，氫彈還沒有在實際戰爭中被引爆，雖然已有一些國家舉行過相關試爆試驗。1952 年，美國在南太平洋的一座珊

瑚環礁島上，試爆了第一枚名為「常春藤麥克」（Ivy Mike）的氫彈。目前尚不清楚全世界氫彈的具體數量，但很可能有數千枚之多。

◆ 談完歷史後，我們來談談健康

本書的第一部即將結束。現在我們已經知道輻射和放射性間的差異，以及人類發現它們的始末。我們也了解，拉塞福和他的同事如何亦步亦趨地揭露原子核的結構奧祕，從而推翻「李子布丁」這個曾被奉為圭臬的核結構模型。

在這個過程中，我們得知輻射會以兩種形式出現，**可能是不同波長的電磁波，也有的是不同類型的高速粒子。令人驚訝的是，這兩種形式的輻射都可以攜帶能量、穿透物體**，倫琴是第一個觀察到這種現象的人。但這股能量之中，也會有部分留在輻射穿過的物體內，因而在物體內部留下輻射劑量。

然而，隨著故事講到這裡，我們對劑量的認識仍然相當模糊。若要了解輻射的健康風險，就必須進一步了解劑量。我們目前已對核子物理的概念有足夠的認識，足以就輻射對健康的影響進行有意義的對話。

到目前為止，在我們的敘事中，關於輻射對人體健康的影響都只是軼事，而且僅限於二十世紀初發現輻射後，不久從事相關研究的一小群科學家。儘管他們對劑量所知甚少，也對輻射的潛在危險不太了解，但這些科學家大多數都有採取一些有

限的預防措施，保護自己不暴露在輻射中——至少已顧及他們的工作中所能做到的範圍。

如果輻射研究僅限於這一小群研究人員，那麼輻射對健康的影響可能永遠不會成為重大公共衛生問題。然而，放射性材料很快便成為種種商品，並且出現在各種日常消費中。社會大眾暴露於輻射源的情況變得日益普遍。因此，這勢必會對大眾，特別是處理輻射裝置和放射性工人的健康造成影響。確實，沒過多久，這些健康後果就變得相當明顯。

第二部

是死因也是救命神器？
輻射與健康的糾葛

第4章 陷入險境：輻射與職業病

「難怪你遲到了。哎呀！這錶剛好慢了兩天。」
　　——瘋帽客（Mad Hatter）／《愛麗絲夢遊仙境》
　　（*Alice's Adventures in Wonderland*），
　　路易斯・卡羅爾（Lewis Carroll）著

◆ 礦工的神祕疾病

　　如今的後人，都稱穆勒（H. E. Müller）是「那場災難」受害者的發言人。儘管他不是醫師，但他為人正直、備受尊敬，德國施內貝格（Schneeberg）採礦村在 1900 年左右，僱用他追查一種神祕肺部疾病的來源，這個問題在礦工之間相當普遍[1]，而他也沒讓他們失望[2]。

　　在數個世紀之前，人們就發現礦工容易罹患肺病，文藝復興時期的瑞士醫師帕拉塞爾蘇斯（Paracelsus）在其醫學著作中所用的「bergsucht」（意為「山病」）一詞，早已進入口語世界，涵蓋了一系列礦工肺部疾病，現代醫師將其統稱為慢性阻

塞性肺病（COPD）。

但在所謂的「山病」中其實也包括肺癌，以及在礦工中流行的結核病、肺炎等傳染性肺病。在施內貝格的礦工之間，最普遍的山病在臨床病徵上，似乎與其他礦區流行的病症不同。它的症狀沒有那麼大的變異，發病年齡更早，死亡速度也更快。

1879 年，哈汀（F. H. Härting）和海斯（W. Hesse），分別是在施內貝格執業的家庭醫師，和鄰近地區施瓦岑貝格（Schwartzenberg）的公共衛生官員，兩位醫師決定詳細調查這種疾病。

他們對施內貝格的二十多名山病受害者進行驗屍，並發現，其中有四分之三的死亡方式相同。後來發現，這是因為施內貝格山病的臨床症狀比其他地方更明確，它主要來自單一的致命病原──肺癌。**在那個吸菸尚不普遍、肺癌十分罕見的時代得出這項驗屍結果，著實令人震驚。**但到底是什麼原因造成的呢？

當時研判，可能是砷和鎳這兩種已知毒素造成的肺癌，在施內貝格的礦石中，兩者濃度都相當高。另外，鈷和矽的粉塵也被列為可能原因中。問題是，這些物質與肺癌之間並沒有直接的致病關聯。也許是這些因素的某種特定組合才導致疾病。隨著幾十年過去，為施內貝格肺癌調查的確切病因仍沒有明確結論。

公共衛生中有個悲哀的事實：**首個中毒跡象，總會發生在**

因職業而暴露其中的人群裡，不論任何有害物質都是。這是因為，工人通常比一般大眾接觸有害物質的濃度更高、時間更長，而這兩個條件通常也會縮短疾病發作的時間，同時更會加重症狀。

其中一個經典案例，是製帽工人的集體汞中毒事件。十九世紀時，製帽業會使用汞溶液來保護帽子生產製程中所用到的動物毛皮，例如用於禮帽的海狸毛皮。隨著這些帽匠吸到煙霧，汞便開始在他們的體內累積。他們漸漸出現一系列神經系統症狀，當時人們將這些症狀，誤解為精神錯亂的跡象。沒多久，人們就發現帽匠更常罹患精神疾病，英文口語中也發展出「像帽匠一樣瘋」（mad as a hatter）的俗語，用於形容任何瘋狂或愚蠢的人。

我們現在知道，這些帽子工人之所以瘋狂，是因為接觸到具有神經毒性的汞，因此後來才制定出一系列嚴格規定，限制大眾輕易接觸到汞[3]。但汞絕不是唯一一種在工人身上引起疾病的化學物質。早在十八世紀，醫師就對其他職業病的存在十分清楚，例如油漆工人的鉛中毒絞痛（來自油漆中的鉛）、黃銅鑄工熱病（來自金屬氧化物煙霧）和礦工哮喘（由岩石粉塵引起）[4]。

當時甚至認為，癌症也是一種職業病。1779年，外科醫師珀西瓦爾‧波特（Percivall Pott）在一份報告中指出，陰囊癌——彼時，他委婉地以煙灰疣（soot warts）稱之——在英格蘭的煙囪清潔工中相當流行[5]。他主張，他們罹患這樣不尋

常的疾病，是長期接觸煙囪煙灰的可怕後果。

波特推測，由於汗水順著身體流下，導致煙灰積聚在陰囊周圍，增加罹患陰囊癌的風險。甚至在童工中也有發現這種癌症，這引起了社會對煙囪清潔行業，僱用年僅 4 歲男孩的關注。

當時業者之所以僱用童工，是因為他們的體型較小，可以鑽入最狹窄的煙囪內清潔。而 1788 年頒布的《英國煙囪清潔法》（British Chimney Sweep Act）中，將煙囪清潔學徒的最低年齡提高到 8 歲，並要求雇主提供乾淨的衣服，這樣才能保護工人免受煤煙侵害。波特的觀點，則是等到一個多世紀後才透過實驗證實，即煙灰中含有致癌化合物，即今日人們耳熟能詳的「致癌物」。

因此，帽匠和煙囪工人這類勞工，經常成為社會大眾的「礦坑裡的金絲雀」[6]，讓其他人注意到這些隱藏的危險，以便及早採取預防措施[7]。在早年，人們對輻射抱持一種浪漫的觀感。儘管大家並不理解它，也沒有充分認識到其在科技上的潛力，但確實相當欣賞這個新奇玩意的娛樂價值。然而，他們卻缺乏輻射研究人員的安全認知，不清楚輻射暴露可能會造成嚴重的健康問題。

不過，這種情況很快便會迎來改變。同樣也是透過礦坑金絲雀一般的事件，才得以警告大眾對輻射謹慎以待的必要。諷刺的是，在關於輻射的危害上，這次的礦坑金絲雀，竟然是礦工本人。儘管人類早在發現輻射之前，就已記錄和描述過由輻

第 4 章 陷入險境：輻射與職業病 | 115

射造成的種種健康危害，但還需要有人將所有事實拼湊在一起，才能得出礦工患病的原因。

隨著時間慢慢流逝，礦工繼續遭受這場神祕瘟疫的折磨。後來，地質學的一項偶然發現，終於破了這樁懸案。

弗萊貝格礦業學院（Mining College of Freiberg）的卡爾・希夫納教授（Carl Schiffne）對化學家弗里德里希・道恩（Freidrich Dorn）發現的氡-222 十分感興趣[8]，於是決定調查包括施內貝格在內，撒克遜地區所有天然水的氡濃度。根據調查結果顯示，施內貝格水域的氡濃度都異常地高，甚至連礦坑裡的空氣也是如此。

得知希夫納的發現後，當時仍在研究礦井問題的穆勒，立即懷疑氡是礦工肺癌的原因。穆勒知道，過去已透過操作 X 光機的人，確定接觸 X 射線與罹患癌症相關的例子。他也知道放射性物質，例如氡，會發出類似 X 射線的輻射。若結合兩點觀察，便能合理推測氡發射出的輻射可能引起肺癌。

穆勒在 1913 年提出以上觀點時，寫道：「我認為發生在施內貝格的肺癌情事，是種特殊的職業病，工人們很可能是在含有鐳的礦坑中工作時罹患的，那裡的氡濃度相當高。」

兩者的關聯在於，鐳在衰變時會產生氡。當鐳原子在經歷一長串衰變後，就會產生一顆氡原子，該衰變鏈的譜系從鈾-238 開始，最終以穩定的鉛-206 結束。氡被稱為子核（progeny），鐳被稱為其母核（parent）[9]。在這串衰變鏈中，所有的放射性同位素都是固體──除了氡以外，氡是氣體。**這**

就是為什麼只有氡會造成礦工的病症，因為只有氡才會從土壤中逸出，並被人體吸入。

穆勒所提出的假設遭到了許多懷疑，但都無法完全駁回他的觀點。此外，即使不是氡，該情形可能也涉及某種透過空氣傳播的毒素。不管是哪一種，補救辦法似乎都是一樣的。

穆勒的發現，最終促成礦坑通風設備的改善，以及其他空氣汙染相關的預防措施，以減少礦工接觸氡氣或其他空氣中的礦井汙染物。隨著職業衛生方面的改變，大家認為這個問題已被妥善解決。再加上，當時第一次世界大戰才剛開打，相較於戰爭的負擔，氡氣造成的威脅幾乎微不足道。世人也不再擔心氡氣的問題。

直到一戰結束後，瑪格麗特·烏利格（Margaret Uhlig）醫師重新檢視了施內貝格礦坑的氡氣問題。她指出先前採取的補救措施都相當有限，不足以維護礦工安全，仍有相當多礦工死於肺癌。隨著後續多項研究的進行，最終所有剩餘質疑都被一掃而空。

一份針對 1944 年 57 份氡研究的回顧文獻，對此的總結是：「在美國和其他國家，已有越來越多的人相信，長時間吸入氡氣發出的輻射後，可能導致人類罹患肺癌[10]。」從那時起，這一說法便再也沒受到任何強烈的懷疑。

儘管氡會導致肺癌的事實毋庸置疑，不過還是有人會問，在一般家庭中經常也會發現氡的存在，這是否會對居民造成顯著的肺癌風險呢？可想而知，居家環境的氡濃度通常遠低

於礦坑，而且住在家中的居民，在許多方面都與礦工相當不同，這都可能影響罹患癌症的風險。

在第三部中，我們將詳細討論居家環境的氡氣問題。但現在，我們只需要知道氡是第一個與人類癌症相關的放射性同位素就好了。早在 1944 年，它的致癌能力就是被大眾普遍接受的事實。

◆ 蝕骨者

儘管知道自己的工作有使用到放射性物質，法蘭西絲・史普萊特斯托徹（Frances Splettstocher）從不認為自己是與輻射相關的工作人員。她在製錶工廠當工人，雇主是位於康乃狄克州沃特伯里（Waterbury）的沃特伯里鐘錶公司（Waterbury Clock Company）[11]。

法蘭西絲熱愛自己的工作，身邊所有女同事也一樣。對於沒有受過高等教育的 17 歲女孩來說，這可以算是沃特伯里最好的一份工作。此外，工廠距離她的家只有一、兩公里遠。她的父親也在同一間工廠工作，所以每天都可能和他一起走路上下班。

從以上資訊來看，法蘭西絲可說是這間工廠的典型女工代表，她們大多介於十幾歲到二十多歲之間，來自中上階層的工人家庭。在 1921 年，對法蘭西絲來說，生活相當美好。但誰能想到，她會在不久後的 1925 年離世？

法蘭西絲的工作，是用含有鐳的螢光塗料在錶盤畫上數字（請見第 121 頁圖 4-1）。這種塗料是由奧地利移民賽斌・馮・索侯奇（Sabin von Sochocky）於 1915 年配製得出，該配方中的活性成分，是鐳和螢光化合物硫化鋅[12]。鐳發出的輻射會讓螢光塗料在黑暗中發光，因此即使在完全黑暗的情況下，佩戴手錶的人也能看得清時間，確實十分新奇！

而在當時，腕錶本身對男士來說也算是新潮的產品。最初是由瑞士製錶商百達翡麗（Patek Philippe & Company）在 1800 年代末期研發，專為女性設計的產品，男士則通常使用更大、更陽剛的懷錶。

然而，後來人們發現，手錶對於一戰期間在戰壕作戰的士兵非常實用。再加上夜光錶盤，對夜間操作的幫助相當顯著。而由於戰壕中的士兵，與女性氣質完全沾不上邊，因此帶有發光錶盤的腕錶突然之間成了男子氣概的象徵（請見第 122 頁圖 4-2）。

到了 1921 年，雖然戰爭早已結束，但每個人都想擁有這款深受士兵歡迎的新潮高科技玩意。這些手錶的需求量相當大，使得法蘭西絲和同事忙得不可開交。她們是按件計酬的：畫得越快，賺得越多。優秀的工人每天都可以完成多達 300 組錶盤，週薪 24 美元，這相當於今天的 342 美元！這對 1921 年的女性來說，是一筆非常可觀的薪水——當時女性平均週薪資僅有 15 美元[13]。

夜光錶為沃特伯里公司帶來大筆利潤，但他們也面臨來自

奧蘭治（Orange）、渥太華（Ottawa）等其他手錶公司的激烈競爭[14]。當時市場對手錶的需求極高，而且還在持續成長中。1913年時，含鐳夜光手錶的銷量還不到1萬隻，到了1919年，銷量卻已超過200萬隻。一年後，美國人共消費了400萬支夜光手錶！就1920年美國人口才剛超過1億來看，這個數字實在令人震驚。似乎要不了多久，美國將會人手一隻鐳手錶。

然而，到了1925年1月，法蘭西絲的美好時光戛然而止。她變得虛弱無力，還出現貧血的症狀。不僅臉頰一碰就痛，牙齒也開始疼痛。她去看了牙醫，並拔掉一顆看似有問題的牙齒──結果，她的部分下顎隨著牙齒脫落下來。沒過多久，法蘭西絲口腔的軟組織接著惡化，使臉上出現了一個洞。到了同年2月時，她就過世了。

當時在沃特伯里，鮮少有人知道法蘭西絲跟奧蘭治、渥太華手錶工廠的女工，都患有同樣的症狀。在奧蘭治，有四名錶盤工人死亡，八人出現與法蘭西絲類似的症狀。

在法蘭西絲去世後不久，她的同事伊麗莎白·鄧恩（Elizabeth Dunn）在跳舞時無故摔斷了腿。隨後，她的口腔也出現與法蘭西絲類似的症狀，最終於1927年去世。在她之後，又有一名同事海倫·沃爾（Helen Wall）出現類似的症狀，並最終離世。

在康乃狄克州、紐澤西州和伊利諾州，越來越多的錶盤工人相繼生病。據估計，在鼎盛時期，鐘錶業僱用了超過2000

名錶盤工人，其中大部分集中在紐澤西州北部。其中，許多人都罹患了類似的病。

紐澤西州的牙醫，看到如此多的錶盤女工出現骨頭壞死，也開始將這種情況稱為「鐳顎」(radium jaw)，定義了一種新型態的職業病。大眾媒體更為這些女工起了一個帶有貶義的稱號「鐳女郎」(radium girls)，使她們為公眾所熟知。

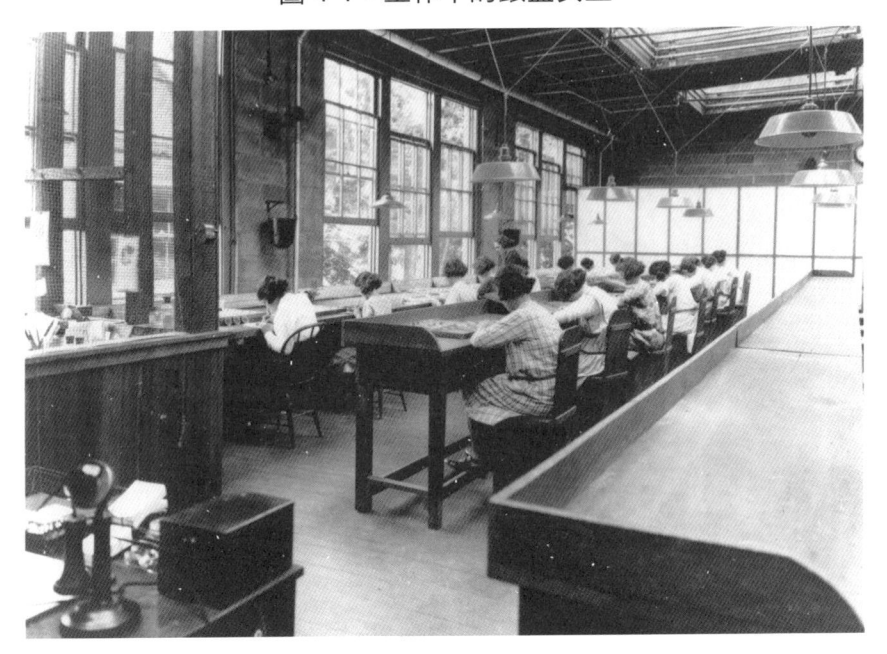

圖 4-1：工作中的錶盤女工

當年，年輕中產階級女性的高薪工作選擇之一，便是成為錶盤女工，負責用放射性的夜光塗料繪製手錶錶盤。但塗漆的過程，也讓她們在無意間攝入少量塗料。由於漆中含有鐳，攝入後會導致女性骨骼接觸到大量輻射劑量。她們後來接連罹患了骨骼病變和癌症，許多人因此死亡。這是公眾第一次意識到攝入放射性材料可能的危險。

圖 4-2：英格索爾夜光懷錶（Ingersoll Radiolite）的廣告

塗鐳夜光手錶的目標客群，主要是男性族群。這則廣告出現在 1920 年 10 月 7 日出版的刊物《青春伴侶》（*The Youth's Companion*）中，這是當時非常受歡迎的男性雜誌。這篇廣告中，還簡述了鐳的精煉過程。

手工繪製錶盤的主要麻煩，是畫筆尖端經常鈍掉，難以繪製精細的數字。因此，女工們時常會把毛刷尖頭放在唇角處扭轉，使筆頭恢復尖銳。事實上，她們在接受公司培訓時，甚至有被教導如何正確這麼做。每一次當她們用嘴唇舔舐筆尖時，都會攝入少量漆料。長時間下來，便攝入了大量的鐳。

據估計，一名典型的女工每繪製一組錶盤，可能會舔舐筆尖四次，每次約攝入 0.001 克的漆料。假如每週工作五天、每天製造 300 個錶盤，每週便可能攝入約 6 克的漆料油漆。一年下來，將會攝入近 300 克的漆料[15]！

儘管各家公司塗料的鐳濃度各不相同，而且確切的漆料配方已被專利保護，不過據估計，這樣的漆料含有約 375 微克的鐳——大約是一隻蚊子頭部的重量。就質量而言，這樣的量相當小，但是該塗料所使用的鐳是從自然狀態的礦石中提煉純化而出，已經過高度濃縮，因此攝入的量非常可觀。

鐳相對不易溶解，大部分會從工人的腸道排出體外，不會被身體吸收。儘管如此，還是大約有 20% 會累積在人體，足以造成不小的麻煩。這些鐳會積聚在骨頭中，並留在那裡。日復一日、年復一年，鐳會持續對骨骼散發輻射[16]。

由於骨骼內覆蓋著組織，而且充滿造血骨髓，那些永久駐留在骨骼內的鐳可能會造成嚴重的健康後果。這一切之所以都發生在骨頭，是因為鐳具有一種對我們來說非常不幸的化學性質：鐳具有趨骨性（bone seeker）。

趨骨性是指什麼呢？放射性同位素除了物理性質之外，也仍然保有其獨特的化學性質。前文曾提過，元素的化學特性由其質子數決定的[17]。因此，質子數不僅決定化學元素的名稱，也決定其反應。

鐳的特殊化學性質，導致了錶盤工人特有的健康問題。鐳屬於鹼土金屬這個化學家族，也就是元素週期表中的第二欄，

而**鈣**也是這個家族的成員，這是骨骼的主要礦物質成分。對鐳女郎來說非常不幸的是，同一化學家族的元素，經常模仿彼此的化學成分。鐳會模仿鈣，因此，當鐳進入體內時，它會進入骨骼，占據鈣存在的位置。

當鐳融入骨骼的礦物質中，便會成為其中永久成分。儘管鐳本身不會直接損害骨骼的礦物質，卻會讓整副骨架都具有放射性，使那些生長在骨骼內的組織持續暴露在高強度的輻射中，這便是造成女工健康問題的主因。

雖然上述案例與肺癌無關，但鐳女郎的疾病，其實和施內貝格礦工的疾病密切相關。不過，她們的問題並不是由氡引起的：鐳塗料釋放的氡不足以構成健康問題，鐳女郎的健康問題，在於她們攝取的是鐳本身。

鐳和氡都會發射 α 粒子，因此會對細胞產生相同類型的傷害，但為什麼會引發截然不同的疾病呢？這單純是因為，暴露於輻射下的組織不同。這些組織病變，是由元素之間不同的化學性質，以及不同的暴露途徑所決定。

礦工之所以罹患肺病，是因為他們周遭的空氣中存在放射性同位素，因此暴露的是他們的肺，其他組織則沒有接觸到。錶盤漆工則大多是骨骼出問題，包括骨癌和血液疾病，因為他們攝入的鐳最終進入骨骼。

後續的篇幅，我們還會提到另一個例子：鍶。它是在核分裂反應中發現的一種危險副產品，也會發射 α 粒子，就鍶的原子序來看，它在元素週期表中和鐳屬於同一家族，可想而

知，它也具有趨骨性，因此可以準確預測其對健康的危害[18]。

鐘錶公司在多次否認、反抗後，在法院的壓力下，最終承擔起錶面工人生病的責任。從 1926 年到 1936 年，沃特伯里鐘錶公司賠償給 16 位患病女性共 9 萬美元作為和解金，相當於今天的 165 萬美元，並預留了相當於今天的 18 萬美元的 1 萬美元準備金，用於支付未來的索賠[19]。紐澤西州和伊利諾州的鐘錶公司也達成類似的和解。

然而，鐳錶盤的塗漆工作仍繼續進行，只是到了 1927 年，漆工們改在通風櫃中作業，並戴上髮網和橡膠手套，且禁止舔舐筆尖。在實施這些預防措施後，就沒有在僱用的工人中檢查到癌症或其他健康危害，儘管他們體內的鐳仍繼續以每年約四分之一微克的速度積累[20]。

單就鐳來說，似乎跟 X 光檢查一樣，人體對其有一定的耐受度，在那之前並不會出現明顯的健康危害。但這個耐受度到底是多少呢？這還有待更多的研究才能確定。

法蘭西絲最終於 1925 年 2 月 21 日去世。她的葬禮在沃特伯里的聖斯坦尼斯勞斯教堂（Church of St. Stanislaus）舉行，遺體埋葬在加爾瓦略山墓園（Calvary Cemetery）。直至今日，她的遺體只剩下骨頭了，但由於鐳的半衰期是 1600 年，所以骨頭裡的鐳含量仍和她過世當天相差無幾。

1925 年 6 月，瑪麗·居禮也得知鐳女郎的健康問題，當時她的朋友瑪麗·「蜜西」·馬丁利·梅洛妮（Marie "Missy" Mattingly Meloney）從美國寫信給她時提及此事。蜜西是一位

女權主義者，在《華盛頓郵報》（Washington Post）擔任編輯，也是瑪麗・居禮科學研究的堅定支持者[21]。

儘管居禮相當擔心其他人的健康，但她並不認為自己暴露在重大風險中，因為她並沒有攝入任何鐳。此外，她的實驗室也採取了一些預防措施來防範放射性汙染。

居禮擔心的是，她在一戰期間投身 X 射線研究時，是否有過度暴露在輻射之下。在倫琴發現 X 射線後不久，居禮就開發了一種攜帶式的 X 光機，她將它帶到前線的戰地醫院，並協助架設裝置。在那段時間，她得知放射科醫師和 X 光機技術人員因過度接觸 X 射線而遭受嚴重傷害，因此失去了四肢和視力，而且可能將面臨更長期的健康問題。

事實上，居禮在她的著作《放射學與戰爭》（Radiology and the War）中曾反對過度暴露於 X 射線，並寫道「受 X 光照射的人並不感到疼痛，因此不會警覺到自己暴露的有害劑量有害」[22]。居禮並不擔心鐳在體內造成的輻射汙染，而是擔心來自外部的伽馬射線和 X 射線，她認為，後者是更大的威脅。

◆ 恭喜，你買到的是假藥！

儘管早在 1925 年，美國報章雜誌就廣為報導鐳女郎的故事，1927 年時還制定了一套勞工保護標準，但顯然至少還有一個人未注意到這件事——埃本・麥克伯尼・拜爾斯（Eben McBurney Byers），他是賓州匹茲堡（Pittsburgh）的知名實業

家，不過真正讓他聞名於世的，還是他高超的高爾夫球技。拜爾斯曾參加多次業餘錦標賽，還曾拿過美國業餘高爾夫錦標賽的冠軍。

1927年秋天，在觀賞完哈佛對耶魯的大學橄欖球賽返回匹茲堡的路途上，他從火車臥鋪上摔了下來，把手臂摔斷了。醫師開給他俗稱「鐳神索爾」的鐳補（Radithor）來幫助癒合。鐳補是一種當時流行的含鐳藥物，由謊稱自己是醫師的哈佛大學輟學生威廉・貝利（William J. A. Bailey）推廣與銷售[23]。

鐳補說穿了，其實只是將鐳溶解於蒸餾水，以每瓶一盎司（約30毫升）的藥水形式出售[24]。鐳補的銷量相當大，並為貝利帶來龐大利潤。每箱30瓶鐳水的鐳成本約為3.6美元，售價卻高達30美元，整整加價了800%[25]。

拜爾斯顯然真的很愛這一味。據他自己的估算，在接下來三年內，他喝下約1,400瓶鐳補，甚至與他的朋友瑪麗・希爾（Mary Hill）分享，讓她也成為這種飲料的愛好者[26]。直到1930年，拜爾斯失去了大部分下顎，頭骨還出現好幾個洞。在1932年3月31日，他悲慘地死去。六個月後，瑪麗・希爾也因類似原因去世。拜爾斯的遺體安息在匹茲堡阿勒格尼公墓（Allegheny Cemetery）中，其棺材內襯有鉛，以保護前去墓園的遊客不會受到輻射傷害。

所有一切悲劇，都可歸結到鐳的趨骨性，自1913年以來，世人就知道這一點，當時英國科學家華特・賽德尼・拉札魯斯－巴洛（Walter Sydney Lazarus-Barlow）發表了一篇研究

論文，清楚證明經口攝入的鐳，最終會進入骨頭之中[27]。

但詭異的是，**大眾普遍以正面的眼光來解讀這項研究**，這主要是因為當時廣泛認為放射性會為身體提供額外的能量，因此有益健康。當江湖騙子聲稱，科學證實鐳水可以增強蠑螈的性慾時，人們還會有其他想法嗎[28]？怎麼可以只讓蠑螈獨享所有的樂趣？

儘管如此，1914 年，馬里蘭大學醫學院（University of Maryland Medical School）的恩斯特・朱布林教授（Ernst Zueblin）回顧了超過 700 篇國際間關於體內放射性治療的科學文獻，並據此發表一篇綜合評論[29]。在談到鐳的治療潛力時，他表示要小心謹慎，並警告說，攝入和注射鐳可能會導致壞死和潰瘍等問題。不幸的是，他的建議並沒有受到重視。

愛迪生甚至早在 1903 年，也公開警告過鐳的健康風險。愛迪生之前的員工威廉・哈默（William J. Hammer）幫他從法國帶回一些鐳的樣品，他在 1902 年前往歐洲旅行時，曾去拜訪居禮夫婦。由於之前在操作 X 射線時導致眼睛受傷，愛迪生已心生警惕，在操作鐳的實驗時都會保持距離，甚至還想測試鐳對昆蟲的生物效應[30]。

儘管已採取預防措施，有一次愛迪生卻忘了自己在背心口袋裡放了一瓶鐳，就這樣隨身攜帶了好幾天。這讓他的員工和家人驚慌失措，但顯然這次意外沒有造成任何不良後果。在接受有關鐳的採訪時，他敦促大家要謹慎行事：「電力發展到目前的規模，是經過好幾個世紀的成果，我們可能需要好幾年的

時間，才能對鐳有明確的認識。」另一次，他公開表示：「鐳可能會產生可怕的結果，只是現在還沒出現，每個處理它的人都應該小心謹慎[31]。」

不幸的是，因為在過去 10 年間，愛迪生不斷長篇大論談及交流電的危險，這時的社會大眾可能已經不太理睬他關於健康的警告。遺憾的是，這一次他是對的。

好在有兩件事，讓鐳補這種保健藥水沒有釀成影響公共衛生的流行病。首先，絕大多數此類產品都成分不實。據估計，**當時市面上 95% 的鐳水中根本不含鐳**[32]**，完全就是一場騙局，對身體健康沒有影響**，無論好壞。第二點，真正含有鐳的藥水，例如鐳補，根本不是尋常百姓負擔得起的，無法當作日常生活中的靈丹妙藥，只有富人才能享受這種奢侈品。

若從公共衛生問題的層面來看，這種藥物造成的實際死亡人數相當少[33]。但鐳中毒襲擊的，恰好是社會經濟階層的兩個極端：年輕的女性工人階級和中年男性貴族。這種跨越社會階層的危害，絕對是不能讓它持續下去的。

彼時，美國食品藥物管理局（FDA）還處於起步階段，並沒有今天所擁有的監管力道。即便如此，聯邦貿易委員會（Federal Trade Commission）還是有辦法讓可疑的企業關門。拜爾斯的去世引起公眾關注，聯邦貿易委員會也追查到了貝利「醫師」，他被迫關閉工廠並停止生產鐳補。

然而，貝利也不是省油的燈，他沒過多久又創辦了一家新企業：腎光（Adrenoray Company），這間公司推出一種腰帶，

第 4 章 陷入險境：輻射與職業病 | 129

能夠將鐳固定在人體的腎上腺附近，以增強活力，並「治療性強度」[34]。

值得留意的是，貝利的鐳供應商，是位於紐澤西州奧蘭治的美國鐳公司（US Radium），他們也是製錶業的漆料供應商。貝利在 1925 年開始銷售鐳補，同一年，鐳女郎的健康問題達到巔峰。這時，美國鐳和貝利對鐳工人的困境都心知肚明，但他們皆否認其健康問題是鐳造成的。

貝利聲稱，他願意一次性吞下相當於手錶工廠一整月生產過程使用的所有鐳。目前尚不清楚貝利是否有兌現他誇下的海口。但應該是不太可能，因為這樣的劑量非常可能致命，而貝利可是又活了 24 年後，才於 1949 年去世，享壽 64 歲，比可憐的拜爾斯先生多活了 17 年。

含鐳塗料的生產商索侯奇則沒有貝利那樣好命。他體內累積的鐳，足以干擾他在實驗室測量放射性，他的手指也嚴重受損。1927 年制定的工作場所防護措施，對索侯奇來說為時已晚。索侯奇和他的實驗室助理維克多・羅斯（Victor Roth）在 1924 年左右，開始出現慢性貧血。在 1927 年，關於鐳的工作場所防護標準正式生效之際，索侯奇和羅斯在幾個月內相繼去世[35]。

鐳錶盤的漆料和鐳神索爾的影響，則在後續多年仍然持續。1980 年代，在美國鐳公司的活動重鎮：紐澤西州的奧蘭治和蒙特克萊爾（Montclair）周圍的一些房屋，陸續發現有氡氣含量過高的情況。氡只能透過測量空氣中的放射性強度來檢

測。大規模的檢驗顯示,這些住家氡汙染,通常是因為土壤中的鐳衰變時自然散發的氡氣所造成,就像施內貝格礦坑的情況。而這種氡氣汙染,在紐澤西州還不少。

不過,這些房屋中的氡氣來源是住宅區所用的沙子,這意味著,建築用的沙子已受到鐳汙染。沙子的來源可追溯到美國鐳公司在奧蘭治的廠房,過去那裡有提煉鐳的加工設備,而這過程殘留的副產物就是氡。

這些屋主對後來接手的安全號誌集團(Safety Light Corporation)提起訴訟。最終法院裁定,安全號誌集團的高層應知悉鐳汙染的危險,卻未知會屋主鐳的存在,構成過失要件。紐澤西州最高法院判定該公司承擔責任,因為「鐳從過去、現在,到未來,一直是極其危險的物質[36]。」

◆ 遲來的保護措施

過去已有無數人,因為在工作場所暴露於輻射而承受災難性的後果,施內貝格礦工和鐳女郎,不過只是早期較引人注目的案例。但是早在他們之前,報章雜誌也報導過許多事件:1896年的手部皮膚炎、眼部刺激、脫髮;1897年的消化系統疾病;1899年的血管退化;1903年的骨骼發展遲緩、男性不孕症;1906年的骨髓病症;1911年有五名放射工作人員罹患白血病;1912年兩名X射線工作人員罹患貧血[37],以及不久後,放射科醫師們罹患的各種癌症[38]。

上述這些報導，再加上施內貝格礦工和鐳女郎事件的調查結果，在在凸顯出制定一套輻射防護標準的必要性。倫琴協會（Roentgen Society）的會員主要由醫療領域 X 射線工作者組成，早在 1916 年就開始推動建立安全作業標準[39]。1921 年，英國 X 射線和鐳防護委員會（British X-ray and Radium Protection Committee）也花費心力，制定輻射的職業暴露劑量限值，他們試圖以理想情況來定義，並以「可重現的生物效應，盡可能以可測量的輻射劑量單位表達」。

考慮到輻射林林總總的已知生物效應，要選擇一組相關的評估指標並不容易。即便如此，最受關注的健康影響還是癌症，當時醫學界對癌症起因的想法深受魯道夫·凡爾紹（Rudolf Virchow）的影響，他是一位醫師和科學家，並做出癌細胞起源於正常細胞的假設——這點相當正確，這是癌症生物學的重大進步。

此外，凡爾紹在執業時，多次目睹非惡性病變轉變成癌性的情況。基於這項觀察，他提出：癌細胞是正常組織受到慢性刺激引起的。事實上，在輻射的例子中，有許多間接證據都證明這一點。放射工作人員通常會因接觸 X 光而導致手部癌症，這已是眾所皆知的事實，而在病發前，這些人通常都會患有多年的皮膚刺激性反應，即放射性皮膚炎。

由於當時認為，病變在發展成癌症前會先出現刺激性反應，因此推論，若是不足以引起刺激反應的輻射劑量，理當不會引起癌症。基於這個原則，皮膚發紅、產生紅斑等表現，便

被視為輻射防護目的的高度相關生物指標。

如果輻射暴露保持在不會引起皮膚發紅的低強度，那麼應該就不會導致皮膚或任何其他組織的癌症。因此，他們最後選了皮膚紅斑作為最相關的可測量、可重複生物效應，並以此當作輻射防護標準的基礎。

第一項任務完成後，委員會轉向討論第二個問題。生物效應需要「盡可能以能夠測量的輻射劑量物理單位來表達」。這個任務似乎比第一個任務簡單。由於X射線是一種游離輻射，而且產生的游離量是由輻射含有的能量決定，因此應能夠透過量測產生的游離量，簡單確定出其劑量。問題就只在於，要如何準確測量游離的數量。

這個答案也呼之欲出，**由於產生的離子主要是電子，因此它們會形成電流。所以，電流將是輻射劑量的良好指標**。事實上，當時已在開發這種測量輻射劑量的方法。為執行這項任務而發明的設備，稱為氣體游離腔（gas ionization chamber）。將這樣的游離腔放置在輻射束中時，氣體游離量就會以通過氣體的電流增加量來表示，這便能顯示輻射暴露的強度。為了紀念X射線的發現者，這種輻射暴露測量的單位，定名為倫琴（roentgen）[40]。

有了適當的工具，科學家試圖確定出以倫琴為單位的最大耐受劑量（MTD），即所能允許的暴露強度[41]。科學家們使用適當的工具展開研究，並仔細分析數據。最終得出的結論，主要基於多年來和輻射接觸，但沒有出現不良影響的人群研究。

1931年，美國X射線和鐳防護諮詢委員會（US Advisory Committee on X-Ray and Radium Protection）宣布了X射線的最大耐受劑量：在任何一天，工人接觸的射線不得超過0.2倫琴[42]。然而，這個劑量限值所根據的人數相對較少，而且暴露程度相當不確定，只是一個「最佳猜測」估計，但在人們得出更好的數據前，似乎也別無他法了。

對瑪麗·居禮的團隊來說，這套以皮膚紅斑作為最大耐受劑量的標準，相當遺憾地來得太晚，無法拯救他們。她的實驗室曾選擇另一項生物效應當作暴露程度的限制，而根據他們的生物評估指標，卻允許更高的耐受劑量。

他們監測的生物效應是貧血，也就是循環血球的抑制。自1921年以來，居禮實驗室中的每個人都會定期做血液檢查，以監測他們的暴露量。當員工的血球數量降得太低時，就會暫時停職，並送往鄉下休養，直到血球數量恢復正常。**這些員工的血球數通常確實會恢復正常，而這更強化了他們心中的錯誤觀念，以為輻射對健康的效應影響是可以逆轉的**[43]。

以貧血來監測工人的輻射暴露量，最後釀成雙重的悲慘後果。首先，這讓接受到的劑量，遠超以紅斑為標準的最大耐受劑量。事實上，居禮夫婦和他們的員工都認命地忍受持續性的皮膚炎，這也被視為他們走在科學第一線必須付出的代價。皮耶·居禮甚至吹噓道：「我對自己所有傷勢感到滿意。我的妻子也和我一樣。你瞧，這些都只是實驗室的小意外。這些小傷不應該嚇到那些以純化放射性物質為工作的人[44]。」

第二點，則是因為居禮夫婦認為，他們的血球數在暫停工作並充分休息後就會完全恢復，因此所有其他健康指標也會跟著恢復。他們甚至認為，血球計數高低起伏的生活，並不會帶來長期後果。在這一點上，他們可說犯下了致命大錯。

1925 年，瑪麗·居禮的貧血變得十分嚴重，當時一場可怕的輻射事故導致她以前的兩名學生——馬塞爾·德梅尼托克斯（Marcel Demenitroux）和莫里斯·德馬蘭德（Maurice Demalander）喪生。這兩位工程師當時在巴黎郊外的一家小工廠建造醫用輻射裝置，因機器中的放射性元素釷，而接觸到高劑量的輻射。

兩人的貧血持續了幾個月，最後在四天內相繼過世。值得注意的是，直到生命的最後幾天，兩人才意識到他們的病症是高輻射暴露造成的。這次的死亡事件震驚了瑪麗·居禮，但她抱持著否認心態。**儘管她接受是輻射造成工程師的死亡，但她將他們的離世歸因於他們因工作繁重，而住在實驗室旁邊的宿舍，因此「沒有機會呼吸新鮮空氣**[45]」。事實上，居禮為她的員工生病編織了各種解釋，但事後看來，這些疾病顯然都與輻射有關[46]。

長時間下來，居禮自己也開始生病，但她試圖隱瞞病情。最終，她自己終於接受這是因為輻射造成的。儘管白內障讓她幾乎失明，她還是抱著日益虛弱的身體繼續工作。在 1937 年的夏天，她已病得十分嚴重，於是前往阿爾卑斯山薩伏依（Savoy）的一家醫療院所休養，但為時已晚。

薩伏依的醫師為居禮做了血液檢查，診斷出「最極端的貧血症」。她的燒雖退了一些，命運卻已無法扭轉。沒過多久，她就過世了。她的醫師後來表示，居禮的骨髓從未恢復正常，無法恢復到正常的血球計數，「可能是因為長期累積的輻射，已經損傷了骨髓」[47]。

根據鐳女郎事件來看，世人普遍認為瑪麗・居禮也是因為工作而造成鐳中毒——儘管這種放射性同位素讓她贏得了諾貝爾獎，並引發了整個市場對放射性的熱潮。1995 年，人們計畫要將她的遺體移到法國國家陵墓「萬神殿」（Pantheon），因此將她的棺木挖出來。

長眠在萬神殿是法國最高的安葬榮譽，許多法國政要都會出席這一活動[48]。然而，有人對移靈過程的安全表示擔憂，認為居禮的遺骨含有鐳。因此，這項發掘任務便交由法國游離輻射防護辦公室（OPRI）來進行。

當她的墓地被打開時，人們發現居禮被葬入一具多層棺材裡。內棺是木材製，中層是鉛，外層又是木材。為了估計其中放射性，他們刺穿棺材，收集內部空氣樣本來測量氡含量。鐳衰變後會產生氡，因此透過測量氡，便可以估算鐳的濃度。而令人驚訝的是，棺材空氣中的氡含量顯示，**居禮體內的鐳含量不足以導致她的死亡。**

顯然，居禮對於鐳暴露的看法是對的，但她本人從未攝入鐳女郎那麼高的鐳含量。事實表明，居禮夫人的輻射疾病很可能是來自外部的輻射源，也許是暴露於伽馬射線和 X 射線的

結果，而不是像她自己所懷疑的，是因為攝入放射性物質，而導致體內暴露於放射線下的結果[49]。

◆ 如何制定劑量限制？想想你的家人！

雖然早已有根據皮膚紅斑所設定的 X 射線的每日劑量限制，但即使到了 1931 年，仍然沒有針對鐳的攝入定出劑量限制。直到了 1931 年 6 月，美國公共衛生部門的科學家團隊在美國醫學會（AMA）的會議上，發表了一份針對在 1927 年 1 月 1 日——即禁止舔舐筆尖的日期——之後受僱的錶盤漆工健康狀況的初步報告[50]。

科學家展示了這些不再用嘴舔舐筆尖的錶盤漆工的輻射暴露劑量和健康數據。他們估計了每位工人體內的放射性劑量，然後尋找可用於評估健康標準的生物變化，就像以皮膚紅斑定出 X 射線接觸劑量限值那樣。儘管不再用嘴舔舐筆尖，科學家發現，工人體內的鐳元素仍在不斷積累，雖然速度慢了很多倍。這可能是因為吸入和攝入工作場域中，仍然存在的鐳塵汙染導致[51]。

根據下顎骨的 X 光影像顯示，這些工人體內的鐳含量只有 1 微克，這是可偵測到的變化，但這些變化並未對他們的健康產生明顯的負面效應，而且也不清楚這些變化是否來自牙科手術。工人的紅血球和血紅素也略低於平均，但差異甚小，不具統計意義。

人體內鐳含量低於 10 微克的錶盤漆工，皆沒有偵測到任何輻射損傷。借用 X 射線防護的最大耐受劑量概念，一些科學家便建議將體內鐳的最高允許負荷定為 10 微克[52]。同時有些人認為應該低於 10，還有些人認為應該定為 0。委員會於 1933 年發布了最終報告，但其中沒有建議最高的身體負荷量。顯然，委員會內部對於 10 微克或更低的含量是否適當，仍有許多爭議。

值得留意的是，直到面臨另一次世界大戰的威脅，才迫使輻射防護社群終於達成共識，訂定出攝入鐳的最大耐受劑量標準。1941 年，正值美國加入第二次世界大戰前夕，為了準備各種軍事裝備，需要生產大量螢光錶盤。美國海軍對鐳安全限值的設定毫無進展感到沮喪，表示一定要制定出最大耐受劑量，作為生產錶盤的保護標準[53]。

在日後大力提倡建立科學輻射防護標準的科學家勞瑞斯頓・泰勒（Lauriston Taylor），便是這方面的傑出倡導者。他在國家標準局──現改名為國家標準與技術研究所（NIST）的支持下，組成了專家委員會，並委託他們制定鐳的最大耐受劑量。

泰勒本人對輻射防護很感興趣。1928 年，他在國家標準局實驗室校正 X 光輻射計，卻不慎導致輻射事故。他當時正在使用高強度 X 射線來校正儀表。在將儀器移入和移出光束時，他忘記換上防護鉛罩。在開啟幾分鐘後，他才注意到沒有穿上防護，不清楚自己是否接觸了致命的輻射劑量。後來估

計，他大約只接受到致命劑量的一半，最終沒有因這次的暴露而產生長期的健康後果[54]。

然而，經歷到這場意外事故後，泰勒的人生也跟著改變。他成為輻射防護領域的先驅，後來成立了國家輻射防護與測量委員會（NCRP），這個委員會一直運作至今，位於馬里蘭州的貝塞斯達（Bethesda），距離 NIST 很近，只有幾公里遠[55]。

該委員會中的一位專家，是來自麻省理工學院（MIT）的科學家羅柏萊・艾文斯（Robley D. Evans），他在測量人體可負荷鐳劑量方面經驗豐富，並建議使用「妻子或女兒」標準來得出可接受的數字[56]。他要求全體皆為男性的委員們在審查錶盤工人攝入鐳的所有相關數據後，**提出即使在他們的妻女體內發現到，也令人感到放心的最大耐受劑量。**

從早期公共衛生團隊提出的 10 微克限制開始，委員會一直向下調整，最後一致同意的是 0.1 微克，即 10 微克的 1%，他們認為在攝取或吸入這樣的劑量時，人體仍是安全的。就這樣，鐳的最大耐受劑量標準終於誕生。

隨著二次世界大戰逼近，輻射防護領域也全面就定位，建立起輻射暴露安全標準的定量方法。工作場所的 X 射線暴露量從此有了限制規定，鐳的最大耐受劑量也是如此[57]。這真是一大進步！或者，至少看起來是這麼一回事。

♦ 發明之母：曼哈頓計畫的防護標準

儘管前文中選定的輻射防護方法，看上去都合乎邏輯也可落實，但也不是沒有招致批評。

前文提過，輻射最大耐受劑量的制定，是根據較少工作人員的數據來推算的，而且並不確定他們的暴露程度。更令人擔憂的是，這取決於兩個尚未證實的假設：首先是**假設實際上，真的存在有所謂的最大輻射「耐受」劑量**；也就是說，人體真的有某個可以承受的輻射劑量，在此範圍下不會對健康造成不良效應。

最大耐受劑量的概念，是從化學領域借來的。化學毒素的劑量標準老早就已制定出來，低於此劑量時，人體可以透過代謝或排泄，而讓外來的化學物質失去生物活性，因此不致造成重大的健康危害；若劑量超標，身體器官將不堪重負，無法再妥善處理化學物質造成的負擔。

當化學物質的劑量達到人體無法中和其有害反應時，便算是具有毒性。即使原本是良性的化學物質，此時也會變成毒藥。這便是帕拉塞爾蘇斯在十六世紀時，首次闡述毒理學的基本原理——沒錯，就是首次描述礦工「山病」的那位帕拉塞爾蘇斯。

帕拉塞爾蘇斯最著名的名言，是「劑量決定是藥還是毒」。意思是，所有化學物質在一定劑量下都會變成毒藥。毒理學家的本領，就是判定人體對各種化學物質的安全耐受劑

量。然而與化學物質不同的是，這時並沒有證據顯示人對輻射的耐受性。

第二個主要假設，是所有輻射劑量的生物效應都是相同的。這一點也沒有可證實的數據，而且有充分理由相信實際情況並非如此。有越來越多證據顯示，不同類型的輻射，在相同劑量下可能會導致不同程度的生物效應。也就是說，生物效應取決於輻射的種類。大家也開始意識到有許多因素可能會影響到生物效應，諸如劑量率、照射時間間隔，和其他照射條件等。顯然，並非所有劑量都會造成一樣的後果。

最重要的是，到那時為止，關於輻射生物效應的研究還很少。儘管彼時人們已在醫學和商業領域廣泛應用輻射，但大家實際上對其產生健康效應的機制一無所知。

許多科學家對這樣的情況感到擔心，包括當時一批頂尖核子物理學家，他們大多數都曾是第一批輻射科學家的學生，如今則是下一世代原子天才的代表人物。他們從自己的老師們身上清楚見識過，遭受輻射會對身體造成諸多不良後果，並也擔心起自己的健康。

在二戰前夕，人類發現核分裂之後，同盟國和軸心國便競相製造核彈。製造核彈的條件取決於足量的鈾，要累積到能夠達到臨界狀態，引發不受控的核分裂連鎖反應，如此便能立即釋放大量能量。

時任美國總統小羅斯福（Franklin D. Roosevelt）接到了愛因斯坦的密函，當中提出警語，表示軸心國軍隊可能已獲得這

種技術[58]，於是他在 1939 年啟動了一項龐大的政府計畫，調查製造這種炸彈的可能性。這個祕密計畫就是後來聞名於世的「曼哈頓計畫」。

曼哈頓計畫招募了當時最優秀、最聰明的核子物理學家，將他們隔離在一處祕密地點，主要是新墨西哥州的洛斯阿拉莫斯（Los Alamos），並派出特務到世界各地購買所有能弄到手的鈾，其中大部分來自非洲[59]。累積和集中如此龐大數量的放射性物質可說前所未有，因此非常令人擔憂。跟這相比，造成錶盤漆工死亡的鐳含量，彷彿根本不算什麼了。

核子物理學家康普頓（Arthur Holly Compton）回憶起 1942 年參與曼哈頓計畫的科學家心態：「物理學家開始擔心，他們知道早期那批從事放射性實驗者的下場，其中沒有多少人能安享天年。而他們現在所用的材料比早期實驗者的活性多了數百萬倍。這樣一來，他們能否預期自己的壽命嗎[60]？」在當時，沒有人可以回答這個問題。

這時美國即將加入二次世界大戰，對核彈的研製已迫在眉睫[61]。曼哈頓計畫不可能等到有夠多的輻射生物學數據，來確保該計畫的安全規範後才展開。於是這批物理學家，決定繼續使用當前的輻射安全標準，甚至參考用於保護錶盤漆工的通風櫃和通風系統設計來建造實驗室[62]。

為了覆蓋所有基地，他們在曼哈頓計畫內還規劃了一項輻射生物學的應急計畫，同時與核子物理研究並行。為了保密，這項輻射生物學研究計畫定名為「芝加哥健康部門」

（CHD），以掩蓋其真正的任務。

CHD 立即注意到現有輻射防護標準的不足，**這些標準純粹是為日常輻射工作設計的，無法防護在曼哈頓計畫中遭受各式各樣輻射的人員**。就拿一件事來說，當時對已知粒子輻射的人體耐受程度所知無幾，更不用說是透過核分裂反應產生的全新粒子了。

此外，就鐳女郎事件來看，攝入或吸入的放射性同位素可能會積聚在身體組織中，產生獨特的病變。事實上，當時對於其他會累積在體內的放射性同位素，是否也有類似趨骨性這種尋找特定器官的特性一無所知。而且正在製造中的一些放射性同位素根本不存在於自然界。

還有另一個大問題，要如何測量每個人實際上所受到的輻射量呢？需要某種小到可以配戴在工作人員身上，或放在口袋裡的偵測器，以便測量在一整個工作日所累積的輻射劑量。這種「袖珍」款的個人用游離腔，早在 1940 年就由維克多倫公司（Victoreen）推出上市，但若掉落或暴露在靜電中，往往會給出不可靠的高讀數。因為這個缺點，工作人員會配戴兩台在身上，但只記錄當中較低的讀數。

將牙科用 X 光片裝在口袋裡也可以粗略監測工作人員的輻射暴露程度，但這個的可靠程度更差[63]。因此，CHD 認為測改進量技術，也就是劑量測定（dosimetry），是他們任務中的一大關鍵，而研究團隊確實在這方面取得了重大進展。

CHD 科學家也對最大耐受劑量的概念心存疑慮，因為這

仍是一組未經驗證的假設。他們接下來又發現，以氣體游離來測量輻射暴露是一種不盡完美的估計，並不是身體組織真正沉積的劑量[64]。他們明白，驅動生物效應的是劑量，而不是暴露量。不同類型的輻射，即使暴露量相同，也可能會導致不同的劑量。他們對劑量比暴露量更感興趣，並努力尋找更好的測量方法。

由於人體細胞大約有 98% 是水，CHD 的科學家認為，在估算人體組織的輻射劑量上，測量水中沉積的能量，會比測量氣體中沉積的多少倫琴單位的能量來得好。於是他們定出一個新的劑量單位，稱為雷得（rad），這是輻射吸收劑量（radiation absorbed dose）的首字母的縮寫，代表特定組織質量中沉積的能量。

在輻射防護的測量單位上，雷得很快取代了倫琴。但沒多久他們又發現，不同類型輻射的雷得單位，對組織損害的效率可能有所不同。為了納入這一點，他們給不同輻射類型的劑量個別的權重因子，這樣才能夠標準化輻射劑量。如此一來無論輻射類型為何，每單位產生的生物效應都是相同的。這些新的單位稱為侖目（rem），這是人體雷得當量（Rad Equivalence in Man）的英文首字母縮寫，也稱為劑量當量單位。

◆ 倫琴？雷得？侖目？毫西弗？

如果你覺得倫琴、雷得和侖目這些單位搞得你一個頭兩個

大,那很正常,即使是專家也對此深感困擾。**這些不斷變化的輻射風險測量指標,一直是向大眾傳達風險程度的主要障礙**,儘管他們都日益關注輻射風險的問題。

前文提及,劑量當量是傳達健康風險訊息時唯一有效的衡量標準,因為這有考量到各類游離輻射的不同生物效應,把它們放置於同一個起跑點。比方說,在比較中子與 X 光構成的健康風險時,可以直接用劑量當量單位。因此,劑量當量單位實際上是衡量游離輻射健康風險所需的唯一單位。如果主要關切的問題只是健康風險,就可以完全放棄暴露量單位和劑量單位。

這種關於劑量當量單位實用性的看法,主要是由瑞典醫學物理學家羅爾夫・馬克西米連・西弗(Rolf Maximilian Sievert)提出,他率先開發出生物學相關的輻射測量方法。並於專門制定科學測量單位標準的國際機構國際計量大會(General Conference on Weights and Measures)1979 年的會議上,定義並頒布了劑量當量的標準國際單位。為了紀念西弗,劑量當量的國際單位便以他的名字命名。

西弗(Sv),以及更為常用的衍生單位毫西弗(mSv),即千分之一西弗,都是在輻射防護領域中非常實用的單位,因為它們與健康直接相關。雖然毫西弗實際上,只是舊有的工作單位毫侖目(mrem)的衍生物[65],但它比毫侖目多了一些實際應用上的優勢[66]。

在一般人類經歷到的輻射中,從背景輻射到致死強度的範

圍內，以毫西弗來表示劑量當量時，不需要用到小數。例如，背景輻射的最低全身劑量當量，約為每年 3 毫西弗，致死的劑量當量則略高於 5,000 毫西弗。因此，如果你只關心人類的健康風險，就無須擔心在這個劑量當量範圍之外的情況[67]。

劑量當量這個概念，在輻射防護領域的重要性再怎麼強調也不為過。不幸的是，「劑量當量」這術語在日常言語中顯得很彆扭。難怪它經常被簡化為「劑量」。事實上，正是基於這個原因，我們在後續章節中也會這樣簡化。

請記住，當輻射量以毫西弗表示時，它是劑量當量的測量值，僅此而已。此外，你也不需要知道它是哪種類型的游離輻射，即可評估以毫西弗表示的輻射劑量及其健康風險，因為所有這些考量因素都已納入這單位本身[68]。

◆ 零容忍的標準，造就成功

劑量當量概念，在輻射防護實踐中的早期應用令人印象深刻，因為發展出這一劑量方法的科學家，其實對其中所涉及的基本輻射生物學原理並不了解。事實上，曼哈頓計畫的輻射防護小組中，帶頭採用此方法的科學家羅伯特・史東（Robert S. Stone）曾感嘆道：「在所有可觀察到的效應下，都是透過輻射的機制在作用，無論其來源為何，都會導致生物體發生變化。要是能夠早點發現這種機制，許多問題就會變得簡單許多[69]。」

雖然輻射保護小組並不知道輻射損害活體組織的機制，但

他們的結論和解決問題的方法，無疑是完全正確的。數十年後的我們，已經掌握到輻射損害活體組織的機制細節，並將於後續章節中探討。這些機制確實解釋了曼哈頓計畫科學家的實證結果。

多年來，劑量等效的概念已得到進一步完善和重新校準。然而，這套方法大致上仍禁得起時間的考驗，一直支持這個基本原則：輻射劑量在經過輻射類型的生物有效性權重因子校正調整後，可以準確預測人類的健康結果[70]。或者更簡單地以帕拉塞爾蘇斯的話來說：「（輻射）劑量決定是藥還是毒。」

曼哈頓計畫的科學家們，對最大耐受劑量有效性產生的質疑，也相當有先見之明。他們決定先把最大耐受劑量的概念放在一旁，並認為在證實最大耐受劑量適用於輻射效應前，他們的工作前提是，將輻射劑量降得越低越好。這群科學家提倡的觀念，是**任何工作人員都不應接受高於完成其工作所必要的劑量**[71]。

至於攝入和吸入放射性同位素的狀況，他們的目標則是零容忍。他們認為，在工作場所實施嚴格的衛生要求，便可以防止工作人員在操作時受到放射性汙染。

◆ 該出錯的事，還是出錯了

雖然曼哈頓計畫的科學家在很大程度上，解決了眼下最迫切的輻射防護問題，為這個動用了數千名工作人員，堪稱世上

最大、最複雜的輻射工作場所，提出一套防護解決方案，但這主要解決的，還是日常工作的輻射危害，其中所有工作人員都會遵守安全規定。

不幸的是，研究炸彈的物理學家卻得挑戰常規職業活動的極限。有時，物理學家的做法太過激進，最終造成了特殊的輻射危害，給他們自身帶來任何輻射防護計畫都無法預見的後果。

1945年8月21日晚上，曼哈頓計畫物理學家哈利・達格利恩（Harry K. Daghlian Jr.）在下班時間後獨自加班。這是嚴重違反安全規範的行為。彼時他正在試驗中子反射磚，這是由一種可以將中子反射回源頭的材料——碳化鎢所組成。當時認為，反射中子可能誘發處於次臨界（subcritical）的鈽達到臨界質量。

對達格利恩來說不幸的是，這個反射方法確實是正確的，偏偏他的手指很滑。他在處理其中一塊磚時，不小心讓它掉進鈽核心的頂部。房內瞬間閃過一道藍光，達格利恩立即知道這意味著什麼：核心已經達到臨界[72]。他也知道自己需要做些什麼，以及這對他的生命意味著什麼。他立刻把手伸進反應堆裡取出磚塊，好讓堆芯恢復至次臨界狀態。接著他向管理單位求助，等待他的命運[73]。

這次的臨界事故，意外釋放出中子和伽馬射線，達格利恩全身都受到輻射影響。據估計，**他全身暴露到的劑量為5,100毫西弗，是每年接觸背景輻射劑量的1,000倍以上。**這樣的劑量導致他後來出現嚴重貧血的問題，最終讓他喪命。

達格利恩伸進核心的手，受到的劑量遠高於身體其他部分，並很快就開始起水泡和壞疽，給他帶來難以忍受的疼痛。他的團隊主管路易斯・斯洛廷（Louis Slotin）每天都去醫院坐在床邊陪伴達格利恩，直到對方最終於 9 月 15 日去世[74]。

達格利恩不僅因單獨工作違反了安全標準，也違反了組裝核心的基本原則：切勿使用如果掉落物質，就會導致臨界狀態的方法。只能透過升高這件物質來測試臨界狀態，這樣一來萬一它滑落了，重力也會將其拉遠，而不會使核心達到臨界質量狀態[75]。

遺憾的是，理當更了解這一點的斯洛廷，似乎沒有從達格利恩的身上學到教訓。一年後，斯洛廷在用螺絲起子將鈹的半球體放在同樣的鈽核上時[76]，螺絲起子意外滑落，讓鈹掉了下去、核心達到臨界，就像達格利恩遇到的一樣（請見下頁圖 4-3）。

短短幾分鐘內，斯洛廷開始嘔吐，這顯示他受到致命劑量、遠高於 5,000 毫西弗的輻射。他被送往醫院，面對自己的命運。九天後，他在達格利恩曾住過的同一間病房過世。

事故發生時，實驗室裡還有另外七人在工作，但只有斯洛廷接觸到致命劑量。七人中的艾爾文・格雷夫斯（Alvin C. Graves）也因輻射病症狀入院治療，但幾週後他便康復出院，這表示他當時接受的輻射劑量，應介於 2,000 到 5,000 毫西弗之間。但不幸的是，這並不是格雷夫斯最後一次捲入致命核子事故。

圖 4-3：路易斯・斯洛廷事故

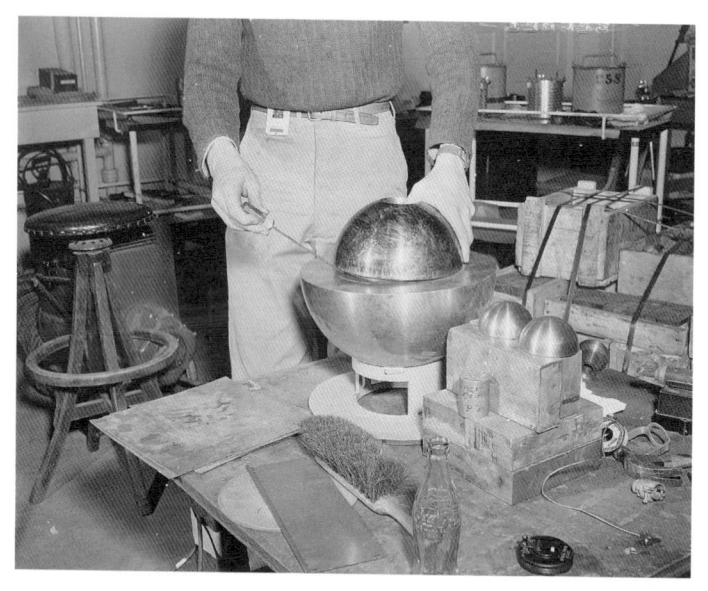

照片中，後人重現造成斯洛廷死亡的事故場景，其中準確顯示出事故發生時，房內每件物品的空間布置。斯洛廷無視安全規則，以螺絲起子當作槓桿，將半球體的鈹降到鈾核心。然而在操作時，螺絲起子不幸滑動並使鈹半球掉落至核心處，讓鈾達到超臨界狀態，導致輻射爆發。科學家在重建事故現場時，確定斯洛廷受到的輻射劑量，絕對超過足以致命的 5,000 毫西弗。

◆ 熱巧克力

鮮少有人知道，曼哈頓計畫並不是二戰期間美國唯一的祕密輻射計畫。還有另一項在軍事意義上幾乎同等重要的計畫，在麻省理工學院的輻射實驗室展開。這項計畫聚焦在改善雷達

的部署，不過它最終產生的影響力更為深遠。

雷達（radar）一詞，其實是個英文縮寫，源自「無線電探測和定距」（radio detection and ranging）。它是一種利用無線電波來偵測飛機和船隻的技術，同時還可以確定它們的高度、速度和運動方向。在現代戰爭中，是監視敵軍動向的必要設備，而在民間活動中，例如航空，也同樣不可或缺。

雷達運用的無線電波特性，跟馬可尼當年將訊號送到大西洋彼岸時所用的完全相同，也就是利用電波的反彈特性。馬可尼的無線電波，是從大氣層的內層反射回來，就像一顆在池塘表面彈跳的小石子，它會在地球表面與大氣層間跳動。除了這種跳躍現象外，當無線電波擊中路徑上的大型物體時，部分的電波還會反彈回到發訊的源頭。

雷達運作的基礎，便是測量無線電波返回發訊源所需的時間。若能夠偵測到反彈回來的無線電波，就可以估計反彈它們的物體大小，又因為這些電波是以恆定速度，也就是光速來傳播，因此還可以透過訊號返回來源的速度，計算出該物體的距離[77]。

在二戰爆發前夕，有好幾個國家都在祕密開發雷達。這項技術的關鍵，是產生微波訊號的磁控管（magnetron）。微波是波長範圍從約一公尺到一公分的無線電波。之所以稱之為「微」（micro）──拉丁文中的「小」或「短」的意思──是相對於其他的無線電波而言，其中有些波的波長，可以有一整座美式足球場那麼長。但若是與 X 射線和伽馬射線相比，微

波的波長還是非常不「微」。

軍方需要大量磁控管來製作雷達，他們與雷神公司（Raytheon Company）簽訂合約，為麻省理工學院的輻射實驗室生產磁控管。雷神公司儘快趕工，竭盡所能地製造大量磁控管，並將其交付給麻省理工。但這種「儘快趕工」所能達到的最佳產能，也就只有每天 17 根，遠遠無法滿足軍方的需求。這時候，該輪到這個故事的英雄出場了。

波西・史賓塞（Percy Spencer）是雷神公司的工程師，也是世界級的雷達管設計專家。史賓塞在 18 歲時開始對無線電技術產生興趣，當年鐵達尼號沉沒時，他聽說是船上的馬可尼無線電傳出求救信號，才成功讓其他船隻前來救援。

此後不久，他進入美國海軍接受海軍無線電培訓，並被送往海軍無線電學校學習。在服完役後，他在一家為軍隊製造無線電設備的私人企業找到工作。後來在 1920 年代，他進入了雷神公司[78]。

雷神公司最初之所以能拿到軍方的磁控管合約，就是靠史賓塞的名聲。史賓塞不久後也發明一種能大規模量產磁控管的方法。他並不是使用機械加工零件，而是像切餅乾麵團的模型一樣，直接從金屬板切割下較小的零件，然後把切出來的零件焊接起來，製成所需的磁控管組件，最後再組裝成磁控管。

這項變動意味著，他們不再需要當時炙手可熱的熟練機械師，一般工人也可以接手磁控管的生產。最終，雷神公司有 5,000 名員工投入生產線，磁控管的產量增加至每天 2,600 根。

當時沒有什麼人擔心雷達設備的健康風險，因為雷達管只會發射無線電波，而不是游離輻射。因此，並沒有制定任何保護措施，來防範雷達發射的微波。後來有一天，史賓塞在使用雷達設備時，發現口袋裡的一塊巧克力融化了！出於好奇，他架設了一組裝置，想用雞蛋做個小實驗。他將高強度微波束聚焦在生雞蛋，看看會發生什麼──結果雞蛋因快速加熱而爆開。

史賓塞後來還將實驗擴展到玉米粒上，結果發現，他可以用微波來製作爆米花──你應該也猜到這起意外的後來走向，我就不再贅述後續發展了。在 1945 年 10 月 8 日，也就是美國在日本投下原子彈的兩個月後，雷神公司的律師申請了一項專利：微波爐。他們將公司的第一項產品取名為 Radarange，也就是雷達範圍（Radar Range）的縮寫，可說是非常貼切。

對史賓塞來說，他相當幸運，因為巧克力棒的融化溫度略低於人體體溫，他在身體的任何組織被微波的熱量燒傷前，就注意到巧克力棒融化。這位微波爐的發明者後來應是自然死亡，享壽 76 歲，顯然並沒有因為多年從事微波爐的工作，而罹患任何燒傷或其他已知的疾病。

在商業界發展一切相關商品時，醫學界也為了醫療目的在開發輻射技術。當時的學界充滿一股興奮之情，儘管職場的輻射暴露，揭示出高劑量游離輻射會增加罹患癌症的風險，但諷刺的是，醫師卻發現**將高劑量游離輻射集中在腫瘤時，實際上可以治癒癌症！**

在過去，除非用手術澈底將患部切割，否則從未有辦法治癒癌症。這是輻射本身高度變化特性的第一個暗示，也是因為類似的特性，讓人們一直以來對輻射和健康的看法越來越複雜。

# 第 5 章 能致癌，也能治癌

「醫生，你醫治自己吧！」
——路加福音第 4 章 23 節（Luke 4:23）

絕對沒有任何人，比芝加哥執業醫師艾米爾・赫曼・格魯貝（Emil Herman Grubbe）更清楚輻射分裂的特質。他是史上第一位認識到，輻射既可以治癒癌症，也可以引發癌症的見證者。不過，他是經歷了慘痛的教訓才明白了這一點。

◆ 以毒攻毒，用輻射對抗腫瘤？

格魯貝和許多人一樣，都是透過電燈泡認識了輻射世界。7 歲時，他被帶去芝加哥的麥克維克劇院（McVicker's Theatre），觀看愛迪生發明的新型燈泡公開演示[1]。也許是命運使然，到了 20 歲時，他真的進入製造燈泡的產業，受僱於一家與德國玻璃吹製工阿爾伯特・施密特（Albert Schmidt）

合作的公司。

格魯貝之所以進入燈泡產業，是因為他早期對鉑礦產生的創業興趣，當時的鉑，也就是俗稱的白金，尚未進入珠寶業，但已被用於電子業，主要是用作穿過玻璃容器的電路。由於這正是燈泡所需要的原料，因此，鉑的主要市場便是燈泡製造業。為了擴大芝加哥的鉑市場，格魯貝決定創立自己的電燈泡公司[2]。

不久後，格魯貝開始思考他的燈泡公司可以生產的新產品，並在施密特的敦促下，開始訂閱期刊《物理與化學年鑑》（*Annalen der Physiks und Chemie*），並從中挖掘想法。正是在該雜誌的某一期，他得知了克魯克斯管，並認為它或許可用在公司的潛在新產品上。據稱，他甚至與威廉・克魯克斯就這項設計展開通信，沒多久後，格魯貝和施密特就開始著手製造克魯克斯管。

為了進入市場，兩人製作出許多克魯克斯管原型。他們的方法，跟愛迪生在尋找最佳燈絲時的做法類似，透過實驗測試不同類型的電極形狀，在反覆的試誤過程中找出哪種性能的款式。

在做這項試驗時，格魯貝的手變得又癢又腫，還起了水泡。大約在同一時間，也就是1896年1月6日至1月19日左右，格魯貝得知了倫琴的發現：克魯克斯管會發出X射線。他懷疑，這正是導致他手部問題的原因。

好在格魯貝是個閒不下來的人，他不僅經營自己的燈泡生

意，還同時在哈內曼醫學院（Hahnemann College of Medicine）上課，準備成為一名醫師。當他雙手纏著繃帶上學時，教授們問起他的健康問題。他向他們描述了自己的克魯克斯管試驗，並告訴他們，他推測 X 射線可能是主因。

其中一位教授約翰·艾利斯·吉爾曼（John Ellis Gilman）對此發表看法，他認為，**要是 X 射線對正常組織有這麼大的損害，那或許可以用來摧毀癌性腫瘤等患病組織**。放射腫瘤學領域，便伴隨著這句話橫空出世[3]。那天的日期是 1896 年 1 月 27 日，距離倫琴發表 X 射線的發現，僅僅過了一個月。

不可思議的是，格魯貝現學現賣，在兩天後就開始用這種方法治療病人！格魯貝的另一位教授魯本·勒德倫（Reuben Ludlam），將他一位棘手的乳癌病人轉介給這位學生[4]。

羅絲·李（Rose Lee）當時已是乳癌末期，在動過兩次手術後再度復發。絕望的她在 1 月 29 日上午 10 點，前往格魯貝的燈泡工廠接受 X 光檢查。格魯貝為她做了第一次 X 光治療，最終總共執行了 18 次。這個療程確實減輕了她的疼痛。儘管如此，一個月後她還是過世了。

後來，陸續有不少癌末患者前來接受治療，儘管大多數病患不久後也都相繼去世，格魯貝卻沒有因此而挫敗。他知道，**那些醫師只把手邊最嚴重的病患轉給他，那些人的病情都已發展到末期，離死亡近在咫尺**。格魯貝希望透過在這些患者身上的某些改善徵兆，讓教授們願意將處於早期階段的患者轉介給他——在這些患者身上，更有可能出現顯著的治療效果。

格魯貝後來回憶道:「數年來我一直使用 X 光治療。大部分轉介給我的病患,都已處於垂死邊緣。在我開始 X 光療程後不久,許多人都往生了。後來,開始有患者出現更明顯的好轉情形,在另外某些情況下,這種結果引起了人們的注目,甚至掀起轟動[5]。」

◆ 致病的因素,也是解藥!

客觀來說,在 1896 年,大多數疾病並沒有實際的治療方法,更不用說癌症了。此外,除了細菌理論,人們對疾病的成因機制尚不清楚,也缺乏可以治療細菌相關疾病的抗生素。雪上加霜的是,當時的醫師分為兩個彼此敵對的陣營:對抗療法(allopathy)和順勢療法(homoeopathy),這兩大陣營對於治療疾病抱持截然相反的哲學。隨著持續的對抗,順勢療法似乎慢慢贏得了這場鬥爭。

對抗療法中,醫師們會使用砷、汞等有毒藥物,還會採用放血等侵入性療法來對抗疾病。患者常因這類治療而病情加重、甚至死亡。對抗療法的基本理念,是「殺不死病人的,會讓他們更強大」。但是多數人並沒有因此變得更強大,只是一個個死去。

至於順勢療法這一派,則以德國醫師薩繆埃爾・哈內曼(Samuel Hahnemann)為首。有一次,哈內曼正在自己身上進行實驗,希望確定服用過量的金雞納樹皮(cinchona bark)是

否會對患者產生影響。

金雞納樹是原產於南美洲安第斯山脈地區的大型灌木，最初被該地區的克丘亞部落（Quechua tribe）作為草藥使用，他們會拿它的樹皮來治療發燒。後來在西方醫學中廣泛使用，成為治療瘧疾的唯一有效藥物[6]。

隨著哈內曼慢慢增加樹皮的劑量，他發現，自己出現了與瘧疾患者相似的症狀。根據這次親身經驗，他推導出關於藥物控制疾病方式的普遍結論，並依此創建名為「順勢療法」的新醫學分支，其主要基於兩項原則。

第一原則：**在健康人身上引起特定症狀的藥物，可以用來治療有相同症狀的病人。**這種逆向做法非常違反直覺，事實上，完全是無稽之談。但無論如何，採用此順勢療法患者的病情，通常都會有所改善；而採用對抗療法患者的病情，則往往會惡化。

順勢療法的相對成功原因，可能無法用它的第一原則解釋，但可能藏在其第二原則背後：**任何藥物的治療效果，都可以透過稀釋來增強**。因此，許多採用順勢療法的醫師，都會將化學藥物稀釋至非常低的狀態，因此提供給患者的劑量中只有微量的藥物。實際上，他們可說根本沒有用上任何藥物來治療。因此，他們之所以能得到比對抗療法還好的結果，最好的解釋是：當對抗療法在殘害病人時，**順勢療法只是順其自然，讓病人自己好起來。**

格魯貝當時在一所順勢療法醫學院接受培訓，因此，他的

教授們也都理所當然地將損害健康個體正常組織的有毒物質，視為處理病變組織的潛在治療劑。就順勢療法的治療理念來說，這本就是他們抱持的心態。在他們看來，X光顯然具有某種治療效果。

由於當時大多數療法，無論是對抗療法還是順勢療法，整體上都沒有什麼效果，因此用 X 射線來對抗癌症這種最可怕的疾病，簡直就是奇蹟。難怪格魯貝會用「引起轟動」來形容他的 X 射線治療了。

◆ 殺死癌細胞的原因，仍然成謎

儘管以放射治療癌症的療效，不久就被廣泛接受，但其背後的生物學機制仍是個謎。有些人認為，輻射將癌細胞轉變回正常細胞；另一些人則推測癌症腫瘤是由細菌或寄生蟲引起的，而輻射殺死了這些寄生蟲或細菌。然而，格魯貝則自有一套看法。

格魯貝認為，X 光照射會對腫瘤造成高度刺激，進而導致其內部的血液容積增加。增加的血液帶來大量白血球，並阻礙了腫瘤循環。由於**缺乏營養，腫瘤便會被餓死**。他的這套刺激假設有個值得注意的地方，其中解釋令人不禁聯想到凡爾紹提出的致癌機制。

你可能還記得凡爾紹的假設：遭受長期刺激的組織，將有癌化的風險。因此根據格魯貝的說法，刺激就是這背後的機

制，既是癌症的病因，也是治療的方法。儘管這是一個統一的假說機制，仍缺乏對輻射如何產生兩種相反生物效應的解釋。背後真正的原理，人們還得等上很長一段時間才會發現。

由於缺乏任何經驗證的生物機制，癌症的 X 光治療只能靠經驗來推動，對劑量、治療次數、和治療間隔反覆試驗。這些治療參數，需要由每位醫師根據自己使用特定設備時的經驗來判斷，因為正如格魯貝警告的，克魯克斯管釋放的 X 射線並沒有標準化。即使在相同的電壓和電流設定下，克魯克斯管之間的 X 射線劑量也可能存在巨大差異。

格魯貝建議他的同行，在治療患者時必須謹慎行事，因為克魯克斯管之間的治療產量相差甚遠，甚至可能是災難性的差別。不僅如此，不同的組織似乎對輻射有截然不同的敏感性，只是尚不清楚確切原因。

格魯貝低估了患者接受 X 射線治療後，皮膚出現的輻射燒傷，並表示這些影響總會隨著時間過去而好轉，就跟居禮夫婦對自身的皮膚潰瘍、貧血的感想十分相似。格魯貝甚至認為，不論是哪種情形的皮膚燒傷，都可以用凡士林處理。

儘管如此，格魯貝還是建議使用鉛箔製成的防護罩，只在腫瘤上方留下開口，儘量減少周圍正常組織所暴露的輻射劑量。然而，他卻沒有向醫師提出在病人照射期間自我保護的建議，想必他自己也沒有採取任何防護措施。

目前尚不清楚，格魯貝為何決定一次僅向腫瘤發送少量輻射劑量。在治療他的第一個病人時，他將劑量分散成 18 次療

程，間隔好幾天才施以一次治療。可能是他擔心病人暴露過量，因此決定透過每次少量、分次的輻射，同時密切監測患者的反應，努力降低劑量過度的可能性，以避免災難性的後果。

但即使在他根據經驗，確定出適當的治療劑量、強度後，格魯貝仍採取多次施加劑量——這很可能只是為了向患者多收治療費用、賺取利潤，畢竟，格魯貝是個唯利是圖的人。

不過，也有可能是因為格魯貝相信，稀釋輻射劑量可以提高治療的效力，畢竟這正是他所受的順勢療法訓練基本原則。無論如何，**他將劑量分次的這項決定，確實是治療成功的關鍵，儘管這與順勢療法的理念毫不相關。**

如今我們已知道，分次少量給予劑量，能夠增強格魯貝觀察到，但無法解釋的現象；腫瘤比正常組織對 X 光更敏感。正是因為這種較高的敏感性，才讓癌症療程成功，但當時人們並不清楚真正的原因。這個問題的答案，要再過 20 年才能找到，而且是在一個意想不到的地方發現的：公羊的睪丸。

◆ 尋它千百度，竟從睪丸找到治癌解答

1920 年代時，法國科學家正急迫尋找一種快速、有效的方法，來取代公羊的閹割手術，因為當時術後的發病率和死亡率都高得不像話。他們認為，或許可以用輻射來試試，因為早在 1903 年時人們就知道，輻射相關的男性工作者會因為生殖器被輻射照射而造成不孕[7]。

科學家們發現，將公羊睪丸暴露在 X 射線下確實能有效絕育。但若是一次給予全部劑量，將會引起嚴重的陰囊皮膚刺激。然而，如果分成數天、數次施以少量的劑量，仍然可以達到絕育的功能，而且不會出現皮膚發炎的併發症[8]，但這是為什麼呢？

後來人們發現，快速分裂的細胞，例如產生精子的精原細胞，對輻射的殺傷力也相當敏感，而且就算將時間拉長，分成多次、少量給予輻射，也僅會給精原細胞多一點點苟延殘喘的時間。相較之下，緩慢分裂的細胞，例如皮膚細胞，一開始就對輻射的敏感性較低，若再將輻射劑量分散在一段較長的時間內給予，這種敏感性可能還會進一步降低。

照射睪丸帶來的最終結果是，分次劑量會優先保護生長較慢的細胞，並損害生長較快的細胞。因此，如果將劑量分成幾次，既可以阻止精子產生，又不會嚴重傷害陰囊皮膚。

這也是醫學界長久以來一直在尋找的，能夠解釋為何在腫瘤放射治療中，將劑量分次給予更為有效的解答！儘管有些男性可能會對此提出異議，但被陰囊包圍的睪丸，其實與被正常組織包圍的腫瘤沒什麼不同。

腫瘤，就如睪丸一樣，內部有快速生長的細胞，用輻射殺死這些細胞時，必然會波及到周圍的正常組織，相當於睪丸周圍的陰囊。因此，當以分次劑量的方式給予輻射時，輻射可以在清除腫瘤之際，減少對正常組織的傷害。這便是背後的細胞機制，也是格魯貝能以分次放射來成功治療腫瘤的原因[9]。

格魯貝在整個執業生涯中，始終堅持放射治療，而他的健康和個人生活，則在這過程中起起落落。1911年，他與出軌妻子的問題婚姻最終以離婚收場，他們沒有生育任何孩子；他後來與另一名女子訂婚，對方卻在婚禮前不久解除了婚約。他獨自一人生活，沒有家人。

到了1929年，他糟糕的輻射防護措施終於讓他嘗到惡果。格魯貝因上唇腫瘤接受多次手術，導致他嚴重毀容——此外，同年早些時候，他還因一場肇事逃逸的車禍，導致左手手腕遭到截肢。在接下來的幾年裡，他對身體的各個部位做了越來越多的手術和截肢，甚至採用電燒的方法，親手切除了自己身上的15個病灶，人們也不確定他是否對自己做過放射治療。

在這段期間，他的放射治療門診慢慢減少。當他的病患看到嚴重毀容的醫師時，很可能會重新考慮是否接受放射治療。1948年，格魯貝正式退休。到了1951年，他因多次手術而嚴重毀容，房東要求他搬出公寓，因為他怪誕的外表嚇跑了其他房客。他又在痛苦中掙扎了9年，甚至曾考慮自殺，最終於1960年去世。根據他的死亡證明，他是死於肺炎，同時患有多發性鱗狀細胞癌，也就是皮膚癌，並伴隨有區域轉移[10]。

多年來，格魯貝對放射治療的貢獻並未引起世人的注意，因為他並沒有發表自己的原始發現。另一方面，也因為格魯貝的形象，他是個浮誇、滑稽的人，喜歡自誇自擂，想像力豐富，會為了自身利益而扭曲、誇大事實，甚至撒謊。因此，鮮少有人會認真看待他講述的冒險故事。

他所提倡，以放射治療優先的主張，多年來也遭到許多人的懷疑——這是可以理解的。但至少就他最初應用放射治療的事實而言，針對歷史紀錄的獨立調查的確證實了他的說法[11]。他確實是第一個用 X 射線治療癌症的人，並且真正獲得部分顯著的成功。更值得注意的是，儘管他堅持錯誤的順勢療法概念，但他還是成功了。

格魯貝的治療方法是正確的，儘管是出於錯誤的原因。要找到正確的原因，還有很長的一段路要走，一直到後來人們發現輻射是如何殺死目標細胞，一切才真相大白。

◆ 進階放射治療：高昂貴重的鐳

格魯貝壟斷癌症放射治療的時間並不長，其他學者也先後發現了與他相同的事物，許多醫師都得出，以 X 射線和鐳來治療癌症，會得到正向的結果——例如科學文獻中，史上第一篇關於「治癒」癌症的文章，便是 1899 年的皮膚癌案例。

不過，相關療法能得到良好治療結果的例子，千篇一律都是針對體表的腫瘤，身體深處的腫瘤則又是另一回事。要如何將輻射深入患者腫瘤組織是一大難題。克魯克斯管產生的 X 射線穿透力並不強，因為它們的能量相對較低，絕大多數的劑量都沉積在覆蓋體表的組織中，處於深處的腫瘤就此逃過一劫。即使分成多次給予劑量也無法解決這個問題。

要解決深度問題的一個可能性，是增加治療時所使用的 X

射線能量，也就是縮短其波長、提升其穿透力（請參閱第 1 章），當時已有部分研究人員在測試這種方法。然而，這項解決方案主要取決於那些研發下一代 X 光機的物理學家和工程師能有多少進展，而這種進步相當地緩慢。

那時的癌症患者，需要一套短期的替代策略，而不能指望未來物理學的進步。事實證明，最好的替代方案，就是直接將 X 射線換成放射性物質，通常是用鐳或氡來照射腫瘤。來自這些放射源的伽馬射線具有更高的能量，比克魯克斯管放出的 X 射線更具穿透力，可以處理那些極深的腫瘤。

採用放射源的另一個優點，是它們非常小，既可以在體外使用也能夠進入體內。當在體外使用時，可將放射源維持在長有腫瘤的身體區域上方，體內使用時則可直接放置在腫瘤內部或表面。

在文獻中，第一批提出在體內使用鐳源的建議者，竟包括一位令人意想不到的人物：電話的發明者亞歷山大・格雷漢姆・貝爾（Alexander Graham Bell）。1903 年，貝爾在寫給一位紐約市醫師的信中提出了他的想法：

> 我知道，X 射線和鐳發出的射線對外部癌症有顯著的療效，但迄今對深處癌症的療效尚未達到令人滿意的結果。我想到，這些深部處理試驗之所以得不到滿意結果的原因之一，在於射線是從外部施加的，因此必須穿過不同深度的健康組織才能到達癌變組織。當然，克魯克斯管的

體積太大了,無法進入癌症腫塊,但沒有理由不使用那密封在玻璃安瓿上的微小鐳片,把它插入癌症的核心,直接作用於病變物質。上述想法,難道不值得來實驗看看嗎[12]?

貝爾確實發現了一些東西:為什麼不將放射源直接照射到腫瘤呢?這種策略,現今稱為近接放射治療(brachytherapy),該詞源自希臘文中的「brachys」,意思是「短距離」,至今仍在放射治療中廣泛使用[13]。

但貝爾的這個想法並沒有表面上看起來那麼獨創,也有其他人想到這一招,問題是,貝爾沒有意識到其中巨大的障礙——**純化的鐳是地球上的稀有物質,即使可以買到,也極為昂貴**。除非有現成且負擔得起的供應來源,否則不可能將鐳用於常規治療。1904 年,另一間奉行順勢療法的醫學院——紐約醫學院院長便如此感嘆:

> 在實務操作上,進一步發展鐳來治療疾病是不可能的……就連居禮教授和其他優秀的歐洲科學家,都無法取得這項材料,其他人要拿到的機率根本微乎其微。奧地利政府已明文禁止攜帶這種元素出境[14],目前我們也還沒有其他已知的來源[15]。

經過一段時間後,歐洲有幾家醫院設法取得了少量的

第 5 章 能致癌,也能治癌 | 167

鐳，將其用於癌症治療，並得到一些成功的結果。然而，美國沒有一家醫院擁有任何用於治療的鐳。1908年時，情況依舊如此……。艾莉諾・弗蘭納瑞・墨菲（Eleanor Flannery Murphy）在這一年被診斷出患有子宮癌。她是匹茲堡著名實業家詹姆斯・弗蘭納瑞（James J. Flannery）和約瑟夫・弗蘭納瑞（Joseph M. Flannery）摯愛的妹妹。

我們先來談弗蘭納瑞兄弟，這兩人位於當時美國財富金字塔的最頂層。他倆從一家成功的企業起步，後來希望將持股多元化擴展其他企業。因此，他們用部分財富購買了一種柔性拉桿螺栓的專利，在鐵路業鼎盛時期用於製造火車[16]。後來，他們的螺栓製造業務需要尋找更好的合金，他們不久後也發現釩合金鋼比所有其他合金來得好。但當時釩的供應短缺，他們便順勢進入了釩的開採業，沒過多久，他們就開始為鋼鐵工業供應釩。

很快地，釩合金鋼在各種工業應用的需求量大增，不再僅限於螺栓，之後更被用來製作巴拿馬運河的閘門，和福特汽車（Ford）的零件。到了1908年，弗蘭納瑞兄弟彷彿擁有了點石成金的能力。由於在企業、螺栓製造，和釩礦開採方面連連得利，他們早已是百萬富翁的身價，此時又翻了三倍。

而當醫師告訴兩人，他們的妹妹的癌症已步入末期時，兄弟倆並沒有就這樣悲慟地接受。醫師表示，唯一還有一線生機的希望，就是用鐳採取放射治療。由於美國當時沒有用於治療的純化鐳，於是約瑟夫立即啟航，前往歐洲去收購，並帶回家

為妹妹治療。

他花了幾個月的時間在歐洲搜尋，拚了命地跟任何人收購鐳，不管價格多高也要救回妹妹。但他能找到的賣家非常少，而且沒有人願意釋出。他灰心喪氣地回到家，陪伴妹妹直到她過世。

1910年艾莉諾去世後，約瑟夫誓言要透過商業化生產用於放射治療的鐳，以此來治癒癌症。他和兄弟成立了匹茲堡標準化學公司（Standard Chemical Company of Pittsburgh），唯一的目的，就是生產用於醫療用途的商業用鐳。在此不久前，人們在科羅拉多州和猶他州帕雷多克斯谷（Paradox Valley）的釩鉀鈾礦（carnotite ore）中發現了鐳[17]。他們的計畫，便是購買這種礦石，並從中提煉出救命的金屬。

但這對兄弟發現，鮮少有投資者願意支持自己。釩鉀鈾礦中的鐳含量相對較少，且沒有已知的商業提煉方法。因此，兄弟倆被迫將所有個人財富投入這項計畫，並希望能成功回本，約瑟夫更是將全部精力投入其中。他在匹茲堡西南方約30公里的賓夕法尼亞州卡農斯堡（Canonsburg）購買了採礦權、採礦設備和一家爐灶工廠，並把它改建為鐳的提煉廠[18]。

到了1913年，這間公司生產出第一批純化鐳，但成本高昂。製造1克的純化鐳，需要500噸釩鉀鈾礦石、500噸化學品、1,000萬公升的水、1,000噸的煤炭和150名工人[19]。不幸的是，由於生產成本太過高昂，因此標準化學公司的鐳價仍高於大多數美國醫院所能負擔的價錢。標準化學公司最終遺憾地

將幾乎所有的鐳出售給不同的歐洲國家，美國的醫院依舊沒有鐳可用。

◆ 需求催生市場：鐳產業的曇花一現

不過，在約翰・霍普金斯大學醫學院（Johns Hopkins School of Medicine）有一位婦科癌症醫師，霍華德・愛特伍德・凱利（Howard Atwood Kelly），他在詹姆斯・道格拉斯（James S. Douglas）的幫助下，成功獲得了標準化學公司的一些鐳[20]。

身為一名醫療慈善家，道格拉斯購買了一批純化鐳，並將其捐贈給約翰・霍普金斯大學用於醫學研究。道格拉斯的動機與弗蘭納瑞兄弟相似——他的女兒因乳癌最終離世，因此，他也肩負著用鐳治癒癌症的使命。

凱利接著嘗試使用鐳治療婦科癌症，並取得了一定成功，他希望為他的私人婦科診所提供更多的鐳，同時希望能大幅降低價格。凱利與身為礦業工程師的道格拉斯合作，遊說聯邦政府將國內的釩鉀鈾礦國有化，以防止其落入可以操縱價格的私人企業家手中，但最終遭到美國國會拒絕。

在被拒絕後，凱利和道格拉斯決定自己純化鐳。他們創辦了非營利的國家鐳研究所（National Radium Institute），並很快與美國礦務局（USBM）達成協議，研究所負責購買釩鉀鈾礦，礦務局則提供純化鐳的技術專業知識[21]。

礦務局開發出來的所有純化技術，都可以自由傳播給其他人。由於兩方的合作不會保留任何機密，並將免費提供提煉鐳的技術資訊，很可能會鼓勵其他人進入市場，進而增加鐳的供應，最終降低成本。此外，該研究所也同意，一旦凱利和道格拉斯拿到足夠的鐳，就會將一切鐳處理設備移交給政府。

　　事後來看，找來礦務局開發提煉技術確實是明智之舉。他們的科學家開發出一種比標準化學公司更有效的方法，使得國家鐳研究所能從每 200 噸礦石中，就生產出 1 克鐳，相較之下，標準化學公司的程序需要 500 噸[22]。

　　到了 1916 年，這間研究所生產了數克的鐳，**每克成本僅 4 萬美元，大約相當於今日的 94 萬美元，遠遠不到市場上鐳價格的三分之一！**在凱利和道格拉斯獲得所需的約 8.5 克鐳後，兩人便解散了這間研究所，並按照承諾，將設備移交給美國礦務局。

　　本次聯邦政府和民營部門的合資計畫大獲成功，其他人也紛紛跟進，追隨國家鐳研究所和標準化學公司。不久後就開發出更新、更有效的提煉和純化方法。鐳的價格隨後更進一步下降，甚至可以在消費品中使用少量的鐳，例如錶盤油漆等。現成可用的純化鐳，迅速發展成為基於放射性的全新消費品產業[23]。從 1913 年到 1922 年，美國主導了全世界的鐳市場，全球供應量之中，有八成都是來自美國。

　　然而，美國鐳產業的鼎盛時期，從 1920 年就開始走向衰落。一方面是因為弗蘭納瑞兄弟都在當年死於西班牙大流感。

更重要的是，在當時由比利時殖民的剛果，發現了更高品質的鐳礦，來自帕雷多克斯谷的劣質釩鉀鈾礦，根本無法與之競爭。

最終，在 1922 年，標準化學公司與比利時生產商比利時鐳（Radium Belge）簽署了一份合約，其中前者同意停止所有鐳開採活動，以換取在西半球擔任後者獨家經銷商的資格[24]。

◆ 靠著鐳，婦科醫師成為傳奇

讓我們回到巴爾的摩，此時，凱利的放射治療突飛猛進。他位於尤托廣場（Eutaw Place）1418 號的私人診所後來不斷擴展，還納入鄰近的住宅，一路從 1412 號到 1420 號為止，當時甚至被稱為「凱利醫院」[25]。

在這裡，凱利擁有用於 X 射線診斷和治療的放射設備，以及五克的鐳，這是當時世界上最多的純化鐳儲備[26]。他的醫院甚至是彼時全美最大的放射治療機構，馬里蘭州幾乎所有的放射治療，都是在那裡進行[27]。

1916 年，凱利向美國婦科學會（American Gynecological Society）提供了他醫院中，使用鐳治療 347 名子宮癌或陰道癌婦女數據[28]。凱利描述了令人印象深刻的結果：「關於鐳治療最引人注目的事實便是，**這種療法經常能清除掉病患已一路擴散至骨盆壁的大片癌細胞**，在這群患者中，超過 20% 的人已被顯著治癒。」這位倍受尊敬的婦科醫師提出的發現，讓近

接放射治療一夜成名，成為大多數婦科癌症的首選治療方法。

凱利通常將自己所有的近接放射治療程序，都簡稱為鐳療法。但實際上，他大部分鐳療法所使用的，都是從鐳庫存中「榨取」出來的氡。固體的鐳會不斷釋出氡氣，凱利接著用歐內斯特・拉塞福送給自己的容器收集這種放射性氣體[29]。

他們將收集到的氡氣裝在玻璃安瓿中，然後放入黃銅膠囊。通常被放在腫瘤內部和周圍的，正是這些裝有氡的黃銅膠囊——有時稱為種子——而不是作為母體的鐳[30]。當安瓿中的氡衰變到不再可用於治療時，醫師就會將膠囊丟棄[31]。

儘管凱利非常了解分次放射療法，也欣然承認以較長時間、分次使用少量鐳可能會對治療更有利，但他並不熱衷於這種療法。目前人們並不清楚他的理由。也許他覺得，如果自己對每個病人都採取一次性治療，便可以治療更多的病人，又或者，是他的外科訓練使他傾向於單一干預程序。

無論他的理由是什麼，可以預料的是，若是他採用分次的近接放射治療，並以此當作標準程序，那他的治療效果可能會更驚人，就像格魯貝以 X 射線治療時的成果。

儘管凱利幾乎專攻婦科癌症，但他絕不認為放射治療的效用，僅限於此類腫瘤。他頗具先見之明地預測，前列腺癌的近接放射治療，可能是相當有前景的領域——果然，直到**在 2012 年時，美國約一半的前列腺癌都採用近接放射治療**。他還建議在治療何杰金氏淋巴瘤（Hodgkin's lymphoma）時，照射鄰近沒有癌細胞的淋巴結，以阻止癌細胞擴散。後續我們將

第 5 章 能致癌，也能治癌 | 173

會看到，這些建議是多麼有遠見。

儘管凱利在職業生涯中取得了巨大成功，但他並非事事一帆風順。特別是，他使用單次高劑量治療，而非分次治療的決定，最終給他帶來了一些麻煩。

1913 年底，紐澤西州眾議員羅伯特・布藍拿（Robert Bremner），希望能治療肩部快速生長的腫瘤。同為紐澤西州人的時任美國總統伍德羅・威爾遜（Woodrow Wilson）聽聞了凱利在放射治療方面的研究，便為布藍拿推薦凱利這位醫師。

然而，當布藍拿最終到達凱利的診所時，**腫瘤已經大到同時在前後肩部增生、幾乎在腋下相接**。1913 年的聖誕節，凱利為布藍拿執行手術，將 11 瓶放射性安瓿植入腫瘤。他開立了高劑量的古柯鹼以減輕手術帶來的疼痛，並將安瓿留在原處 12 小時。

《紐約時報》第二天就此大肆報導，並指出這是「單次手術中使用最多安瓿、鐳用量最昂貴的一次」。文中宣稱這項治療是「美國眼下的最重要治療之一，如果成功改善或治癒，等於標誌著癌症治療的顯著進步[32]。」

不過，這份讚譽還為時過早。這位眾議員的病情急轉直下，顯然是因為接受了過量的輻射。幾週後，布藍拿就在凱利的醫院去世，凱利被指控為行騙的庸醫，還被馬里蘭州醫學協會傳喚，要他親自解釋情況[33]。凱利於是逃往歐洲，以躲避這場不公平的審判，在等待這份憤怒平息之際時，他四處旅行，與多位歐洲鐳專家交談。他後來發表聲明，認為醫學界對他這

位開創者採取了幾近報復的手段[34]。

不久後，凱利就在他的醫院重新開始放射治療的工作。但隨後，在 1919 年，約翰・霍普金斯大學制定了一項新政策，要求醫學院所有教員都必須是約翰・霍普金斯醫院的全職員工。凱利為此無奈辭去教職，以維持自己的私人醫院，並繼續經營該醫院 20 年。

在凱利施行放射治療的這些年裡，他似乎從未因輻射暴露而遭受任何健康後果。他精通輻射物理學的基本概念，也曾向包括拉塞福在內的許多早期歐洲核子物理學家，諮詢處理放射性物質的最佳方式。由於凱利總是以最快速的方式工作：**使用長鑷子拾取鐳源，盡可能待在鉛屏障後面保護自己，將個人的輻射劑量保持在最低限度。**

從今日的角度來看，這些都是輻射防護從業人員，也就是所謂的健康物理學家（health physicists）在落實輻射防護安全時會用上的基本工具，他們通常是以下列方式來盡量減少人體接收到的輻射劑量：

1. 減少暴露於輻射源的時間
2. 增加與輻射源的距離
3. 在放射源與身體間架設屏蔽

凱利的身體一直很健康，並從事放射治療直至八十好幾。1943 年，他感染肺炎，住進巴爾的摩聯合紀念醫院

（Union Memorial Hospital in Baltimore）。並於同年 1 月 12 日去世，享壽 84 歲。他與妻子莉蒂蒂亞（Laetitia）結婚 53 年，一共生養了 9 個孩子，他與她同時住院。在他過世後 6 個小時後，她也於隔壁病房與世長辭。

♦ 治癌的重型武器，加速器！

在鐳治療的全盛時期，以 X 光治療癌症的方式遂退居二線。笨重的克魯克斯管所產生之 X 射線穿透力相當差，無法與鐳的伽馬射線相提並論。但這一切即將改變，因為物理學家手上有了一個新玩具，醫師們也躍躍欲試。

前文曾提過，英國劍橋的卡文迪許實驗室研發出了一種「機槍」，可以用來發射加速的原子粒子流，在 1932 年時，科學家便成功用它來分裂原子。這種儀器的正式名稱是線性加速器（linear accelerator），或簡稱為直線加速器（linac）[35]，因為它能沿著標靶方向讓粒子呈直線加速。

可以想像，若打造一台類似的儀器，在高壓下加速電子，便能產生比克魯克斯管能量更高的 X 射線。但直線加速器並不是醫療環境中，用來治療患者的標配儀器，主要是因為其難以維持穩定的高電壓所致。

不過，這局面在 1930 年代末完全改變。當時加州理工學院（California Institute of Technology）的物理學家查爾斯・克里斯蒂安・勞里森（Charles Christian Lauritsen）建造了一部複

雜的 75 萬伏特變壓器，用於他的直線加速器研究。

勞里森意識到，高壓變壓器的出現可能會讓直線加速器有機會進入醫療領域，於是他聯繫了加州著名的放射腫瘤學家阿爾伯特・索伊蘭德（Albert Soiland），他剛好在附近開了一間診所[36]。

於是，索伊蘭德將他的一名患者帶到勞里森的實驗室接受治療，這不免讓人回憶起格魯貝第一次對晚期乳癌患者使用 X 射線治療的場景。該名男子患有晚期直腸癌，已經不適合使用標準的 X 射線療法，因為較低能量的 X 射線會灼傷他的肛門和陰囊，因此他的病情相當不樂觀。

與格魯貝的首個病例在接受治療後仍死亡不同，索伊蘭德患者的治療效果相當顯著。在接受直線加速器治療後不久，患者的腫瘤便縮小了，僅出現輕微的皮膚反應。兩年後，患者的腫瘤處只剩下一處小病變[37]。醫學界也注意到了這個案例。

然而，與克魯克斯管不同的是，直線加速器是一款價格昂貴的奇特儀器，在首次報導克魯克斯管的醫療應用時，全球都可以用低廉的價格購買這種器具。此外，這時放射性同位素鈷-60 幾乎已取代了鐳，成為體外放射治療的首選同位素[38]。

與鐳相比，鈷-60 具有許多物理和實際優勢，包括經濟實惠。大多數醫師對鈷的臨床表現非常滿意，使用起來也很放心。這些老手對直線加速器這種新玩意不太感興趣，除非直線加速器的價格能與鈷-60 的機器設備相當。

在鐳的例子中，我們看到醫療需求推動鐳的精煉技術發

展，並導致其價格大幅下降，使鐳具備用於醫療領域的經濟條件，甚至可用在手錶、儀表板等軍事設備中。但在直線加速器的例子中，情況恰恰相反。直線加速器的相關技術在二戰中被廣泛應用，軍事研究最終導致製造成本降低，使直線加速器得以被用於醫療。具體來說，是由於雷達研究最終建立起的科技橋梁，使得醫用直線加速器變得可行。

正如前文所提，雷達設備的生產在二戰期間對美國軍方非常關鍵，當時亟需能夠產生極高功率微波的小型雷達設備。最初，科學家們特別為此研發出一款被稱為速調管（klystron）的微波無線電發射器，但最終因為雷神公司的史賓塞發展出的大規模製程突破，導致它仍被磁控管取代。

在戰後，速調管的技術被應用在直線加速器，使用波導（waveguide）——一根可將電子注入其中的銅管——並用速調管發射的微波將電子向下推。這過程有點類似衝浪者被海浪推動的情況，最後產生的，就是一種結構緊密且相對便宜的直線加速器。**其發射的電子能以接近光速的速度運動，能量相當於 600 萬電子伏特。**

這款設備，在當時的要價約為 15 萬美元，約等於今日的 275 萬美元！顯然還需要等上很長時間，才能讓大多數放射腫瘤科醫師覺得有必要在診所配備一台加速器。此外，還必須讓這群醫師見識到，這些奇特的新玩具能為患者帶來什麼改變，他們才願意投入這筆錢。

就跟格魯貝明白的道理一樣，只有處理到最可能受益的患

者，例如早期乳癌患者，人們才會理解到購置 X 光機來治療癌症的真正價值，直線加速器也需要這樣的患者群，才能展示自己的功力。

放射科醫師亨利・卡普蘭（Henry Kaplan）認為，何杰金氏淋巴瘤患者可能就是這樣的族群。卡普蘭比大多數人更清楚，決定癌症治療成功的關鍵因素，是為患者準確準備適當的治療方案。也就是說，只有了解疾病的潛在生物原理，才能制定出最有效的治療方法。他認為，自己已掌握足夠的何杰金氏症的生物原理，可以將它和最適合的治療方法相匹配，而這恰好就是直線加速器療法。

何杰金氏症是一種常見於年輕男性的淋巴結癌[39]，最初是由英國病理學家湯瑪斯・何杰金（Thomas Hodgkin）在 1832 年所發現。他收集了一系列死於一種奇怪疾病的年輕男性屍體，其特徵是胸部淋巴結腫大。當時，他並不知道這是一種癌症，於是何杰金向同事介紹了他對這種「新」疾病的發現，並發表了一篇論文，使他在文獻中成為發現該病症的第一人。

但由於這種疾病是致命的，而何杰金也沒有推薦治療方法，因此他的這篇報告，直到 1898 年之前都沒受到重視。後來，奧地利病理學家卡爾・史騰伯格（Carl Sternberg）才證明，那些受影響的淋巴結實際上含有癌性淋巴球，並確定這種病是另一種形式的淋巴瘤。

何杰金氏症的發展很不尋常，具有獨特的轉移模式[40]。它不像癌症經常隨機轉移到遠處淋巴結，而是以線性方向，順著

淋巴結逐漸擴散，這讓醫師更容易判定患者的疾病範圍。

然而，何杰金氏症的淋巴結通常位於胸部深處，這意味著穿透力差的低能量 X 射線沒什麼效果。不過也正是因為何杰金氏症的這些特徵——位置明確的深處腫瘤——將成為改變直線加速器應用的契機，重新設定遊戲規則。

◆ 對病患挑三揀四，從不是為了成績好看

卡普蘭認為，何杰金氏症非常適合用直線加速器放射治療，因為這基本上是一種局部疾病，而放射治療是一種局部治療，輻射只會消除掉光束內的癌細胞。然而，若癌症已擴散到輻射束之外，治療就只能達成局部控制，**癌細胞的轉移則會導致治療失敗。**

由於何杰金氏症通常是局部的，卡普蘭推斷這應該是可以治癒的，只是需要用上直線加速器發出的高能量、穿透力強的 X 射線，才能實現這個目的。

卡普蘭利用瑞士放射科醫師赫內・吉爾伯特（René Gilbert）和加拿大外科醫師米德瑞德・維拉・彼得斯（Mildred Vera Peters）先前的研究。兩人的研究結果表示，若治療範圍擴大到包括病變的淋巴結和鄰近的淋巴結，採用放射治療法應對何杰金氏症的反應相當好。

然而，由於傳統 X 射線的穿透力有限，難以達成澈底治癒。卡普蘭推斷，如果以穿透力較強的直線加速器之 X 射線，

搭配吉爾伯特和彼得斯的治療方法，只要他選擇病灶高度集中的病患，就能夠治癒疾病。

卡普蘭明白，要是誤判癌症的分期、未能確實將不同期別患者分組治療，將會導致他在以加速器治療的群體中，錯誤地納入更多晚期患者——他希望集中治療的，是早期患者群。

由於處於末期的患者癌細胞分散廣泛，局部放射治療無法達到良好的療效，因此將他們納入其中，將會降低直線加速器帳面上的治癒率。因此，卡普蘭在對癌症患者分期時煞費苦心。他甚至以手術採集淋巴結活體組織來檢查，以確定患者的疾病確實是局部的、適合用直線加速器治療的類型。

儘管這聽起來，彷彿卡普蘭只是在為自己選擇的治療方法捏造好看的數據，但事實上，癌症是一種非常多樣化的疾病，治療方式也有巨大差異。假如為患者選擇了不適合的療法，對任何人都沒有好處。

由於放射治療的效果僅限於放射束的位置，因此真正的問題，不在於特定療法的好壞，而在於這個治療方法能否施用在正確的患者身上。沒有一種癌症治療能滿足所有患者的所有需求。卡普蘭清楚這一點，但他許多的臨床同事，則要花上數年的時間才會意識到這個事實。

卡普蘭遂開始對他已確定是早期何杰金氏症的患者展開臨床試驗，並發現**直線加速器的 X 射線，能夠達到近乎奇蹟般的治癒效果**。在相對較短的時間內，卡普蘭證明了直線加速器的 X 射線，可以持續治癒何杰金氏症。

不久後,在直線加速器的幫助下,有 50% 的何杰金氏症患者得到治癒。截至 2010 年,已有高達 90% 的患者被治癒。當然,其中晚期病例的治癒率較低,但即使對於晚期患者,今天的治癒率也高達 65%[41]。

如今的醫學界,早已完全接受依照癌症患者的特定形式,為其選用治療方式的概念,並認為這是一種強大的治療方法,而卡普蘭是最早意識到這一點的人之一。正是因為這樣的搭配,他才展現出直線加速器在治療癌症方面的真正價值。

如今,根據遺傳特徵和其他分子、細胞因素,來定義癌症患者族群的新興技術正迅速普及。這些進展將會持續提高醫學定義,和描述個別癌症特性的能力,遠遠超出簡單判定癌症產生的器官或組織範圍的方式,變得更為複雜和仔細。

如果這些努力能夠讓患者和療程之間找到更好的匹配方式,即使目前種種治療方案並沒有實質改變,我們也可以預期治療結果的顯著改善。不過,放射治療的選項至今仍在持續擴大中。

直線加速器只是冰山一角。現代放射腫瘤科醫師還配備了一系列產生放射線的工具,並可以根據患者的病症和情況加以選用。無論特定機器的性能如何,其背後所有的設計,都是為了能更精準地將輻射劑量直接投射至腫瘤,並盡可能殺死腫瘤細胞,同時不要傷害到正常組織。現在的挑戰,是要如何善用這些強大的工具,以及施用在哪些類型的患者身上。

◆ 究竟是救命神器？還是千古惡疾？

格魯貝、凱利、索伊蘭德、卡普蘭醫師，以及幫助他們的物理學家，都是癌症放射治療的真正先驅，他們取得顯著的成功，包括首次治癒多種類型的癌症[42]。從他們的時代到目前為止，我們對腫瘤放射生物學的認識，以及準確施用放射治療的技術都有長足進步。癌症放射治療之所以能進步，主要是因為放射物理學和醫學攜手合作、共同前進。

然而，為什麼不是所有的癌症都可以用放射治療呢？如果癌症一直都維持在局部，那麼輻射確實能夠治癒大部分的癌症。不幸的是，**癌症經常擴散到全身，這使得放射治療成為一項永無止境的任務**，要不斷尋找癌細胞，並在其造成損害前進行照射。癌症擴散的機率越高，以輻射治癒的可能性就越小。

在癌症已經擴散的情況下，放射治療就需要搭配化學療法，這種化學療法可以在體內循環，並在殺死轉移到遠處的癌細胞，甚至在出現臨床症狀之前就將其剷除[43]。現代癌症治療，相當於是在放射治療、化療和手術間精心策劃一場複雜的舞蹈，並根據疾病的程度和腫瘤的生物特性，為每位患者找到最佳的聯合治療策略。

但即使是放射線無法治癒的癌症，放射治療也往往會發揮重要作用。它可以縮小腫瘤、抑制疾病的發展，正如格魯貝在他的第一位病人身上看到的，放療還可以緩解疼痛[44]。因此，即使放療無法治癒癌症，它也常常在癌症療程中發揮重要作

用。目前,有近三分之二的癌症患者,在治療的某個階段都會接受放射治療。

接受放射治療的癌症患者,可能會因其正常組織不可避免地接觸到輻射,而出現副作用。有時這些副作用很輕微,例如皮膚刺激;有時,副作用會比較嚴重,例如神經損傷。之所以發生這些副作用,是因為一些正常細胞無辜地被殃及,與癌細胞一起被殺死。當輻射劑量高到足以殺死細胞時,勢必會出現這類併發症的風險。

不過,在大多數情況下,這些治療的併發症都是局部的,因為放射劑量也僅限於局部,並可以透過藥物來緩解。通常,副作用會隨著時間過去而完全消失。不幸的是,有些癌症會永久存在,患者有時為了治癒癌症,還必須付出令人遺憾的代價。

然而,大多數執業的放射腫瘤學家,永遠都不會看到因輻射引起的嚴重全身性疾病,這被通稱為放射線病(radiation sickness,或稱輻射病),因為這通常只在全身受到足以殺死細胞的高劑量輻射時才會產生,即全身的輻射劑量強度大於1000毫西弗。

極少數的放射線病病例是因為一些災難性事故,例如在曼哈頓計畫期間,達格利恩把反射磚掉在鈾核心、導致自己遭受到致命劑量的輻射。但直到1945年美國在日本投下原子彈之前,醫學界從未遇過如此多人,因承受足以殺死細胞的全身劑量輻射引起的放射線病。在那之後,世人也學到了更多關於輻

射如何影響健康的教訓。

第6章 活命的關鍵：距離

「現在，我們將更詳盡地討論生存鬥爭。」
　　　　——博物學家查爾斯・達爾文（Charles Darwin），
　　　　　　　　　　　　《物種起源》（On the Origin of Species）

要從飛機上投下一顆原子彈，同時確保自己不被炸死，可不是一件小事。然而，這就是交付給保羅・蒂貝茨中校（Paul Tibbets）的任務。他將擔任 B-29 原子彈轟炸任務的駕駛，飛往一座尚未確定的日本城市上空投彈，並將飛機和機組人員安全送回美國[1]。

◆ 丟下原子彈，然後安全回家，有多難？

蒂貝茨的任務，是設計並執行一項「安全任務」。但怎樣才算是安全呢？美國飛行員可不是日軍那抱著赴死決心的神風特攻隊，為了讓指揮部繼續執行任務，必須要讓情勢對己方的

飛機及機組人員有利。不過,多少才算是有利?

在第二次世界大戰期間,風險等級不到十分之一,即**飛機損失風險不超過 10% 的任務,便算是安全的**[2]。儘管這種風險等級在大多數情況下,都可說相當高,但在戰爭期間並不算[3]。

當然,要對有史以來第一次原子彈轟炸任務作出精確的風險計算是不可能的。不過,蒂貝茨曾在歐洲和北非戰區服役,且多次成功執行轟炸任務,因此他手中的飛行計畫通常都被控制在十分之一的風險範圍內。儘管蒂貝茨無法精確衡量風險,但他知道如何將危險降至最低。

蒂貝茨是 B-29 轟炸機的專家,他知道它們是善變的野獸。雖然在低海拔地區表現得非常出色,然而一旦到了高海拔,它們的引擎在長途航行中往往會過熱,並且在過載時經常會出現轉向問題。

為了解決這一點,蒂貝茨打算在從南太平洋的天寧島(Tinian Island)基地,一路到日本預定轟炸地點之間的大部分航程,都維持在相對較低的 2,700 公尺高度飛行,最後再爬升到 9,000 公尺高[4]。9,000 公尺是個相對折衷的高度——既高得足以最大限度減少被地面火砲擊落的可能性,但也不至於過高導致空氣太過稀薄,最終干擾轟炸期間飛機的飛行控制。

蒂貝茨還計劃拆除飛機上除了尾砲以外的所有武器,使飛機重量減少約 3,000 公斤,這樣飛機才更有餘裕承擔原子彈帶來的 4,000 公斤重量。重量減輕也有助於提高飛機的飛行速度。蒂貝茨也知道,更輕的重量,能提升飛機的機動性,最重

要的是，還能縮小其轉彎半徑。

既然在空中超重的 B-29，無論如何也無法在與敵機的近距離纏鬥勝出，他們索性放棄重砲以換來更高的飛行速度，而在飛行員嘗試逃離時，交由機尾砲手來負責飛機後方的安全。

但至今為止，蒂貝茨的轟炸計畫仍缺乏安全返回基地的策略。科學家告訴他，距離炸彈震源的最小安全距離，是大約 12.8 公里[5]。飛機的高度在垂直方向上已拉出一大段距離——在丟下炸彈時，飛機高度約為 9.6 公里——剩下的就得靠飛機水平方向上的移動，儘快遠離轟炸現場。

蒂貝茨只需要簡單的三角幾何運算，就可得出飛行水平距離，在約 9.6 公里的高度上，他需要在水平方向上飛行 8 公里的距離，才能在飛機和轟炸點之間拉出足夠的安全距離。

因此，蒂貝茨在轟炸後，必須儘快讓飛機遠離轟炸點 8 公里遠。考慮到釋放炸彈後、飛機重量減輕而提升的飛行速度，以及他逃離該地區的有限時間——從炸彈投下到爆炸約有 83 秒——他計算出他可以飛行的最大距離約為 9.6 公里。不僅以戰爭標準來說足夠安全，而且還多出了 1 公里以上！

話雖如此，要達到所需的距離，還是需要精準的駕駛技術以及更多計算。蒂貝茨那時才剛學到 $E = mc^2$ 這個公式，以及它對原子彈的意義，但他並不太在意這個方程式。他把 $E = mc^2$ 留給物理學家。他還有另一個方程式需要解決：

最佳離去角（angle of departure）＝ 180°−cot（r／d）× 2

在這個方程式中，r 代表飛機的轉彎半徑，cot 是三角函數中的「餘切」（Cotangent），d 則是炸彈投下後的橫向移動距離。也就是說，d 是炸彈從飛機上釋放後，預期水平移動的距離[6]。

乍看之下，蒂貝茨似乎沒有必要使用這個公式計算。直覺上，理想的駕駛策略是順風而飛、接近轟炸目標，在投下炸彈後，再利用順風將飛行速度拉高，繼續直線飛行。

但在實際作業中這個策略會遇到兩個問題。首先，隨著風向的高速移動是有代價的，這會犧牲擊中目標的準確度。為了能將轟炸的精準度放至最大，最好是逆風接近。如此一來，飛機速度會減慢，讓轟炸員有足夠時間在釋放炸彈前調整位置。其次，在不改變航向的情況下投彈，意味著**炸彈向前的動力，會讓它在一段時間內持續緊隨飛機下方前進**，等於是在飛機及機組人員拚命逃離炸彈時，反而讓炸彈緊追在自己腳下。

而最好的轟炸策略，實際上是從逆風方向接近目標，在投下炸彈後立即掉頭迴轉，然後順風加速飛離。這個計畫的問題，是飛機無法立即轉彎。在任一飛行速度下，飛機都有其最小轉彎半徑，實際數據視不同機種而異。現實情況是，飛機在投彈後，炸彈會隨著飛機轉彎而繼續向前移動。到了某個時刻，轉彎的飛機會位於向前移動的炸彈側面，接著飛機的機頭才開始背向炸彈。

在轉彎過程中，飛機在某個時刻會剛好背對炸彈，此時飛行員需要停止轉彎並加速飛離。但最佳的轉向角度是多少呢？

這就是以上方程式發揮作用的地方。蒂貝茨計算出，他所需的角度恰好是155°。

然而，蒂貝茨的飛機究竟要遠離的是什麼？是炸彈爆發後，以光速向飛機襲來的輻射嗎？並不是，真正可怕的東西移動得慢得多。蒂貝茨要躲避的，是炸彈的衝擊波，這會以接近音速的速度向飛機襲來。可能導致飛機墜毀的是衝擊波，而非輻射，這也為他爭取到更多時間來拯救這架飛機。

音速的時速，是每小時1,236公里，比B-29快不了多少，而B-29的最高速度幾乎是音速的兩倍。因此即使爆炸發生後，衝擊波也需要一段時間才能追到飛機，這讓蒂貝茨與核爆投影點（ground zero），或稱原爆點之間的距離更長。

而掉頭的轉角角度，便是這群美國人安全回家的關鍵。一切都取決於蒂貝茨是否有能力駕駛B-29，做出完美的155°轉彎，並儘快將飛機加速到最高爬升速度。這個動作，蒂貝茨必須反覆練習無數次，因為他知道，他和全體機組員的生命都仰賴於此。

儘管隨之釋放出來的輻射，也是原子彈會構成的危險之一，但其主要破壞力，仍然來自撞擊產生的衝擊波，和燃燒作用帶來的火災。這一點與傳統炸彈相似，其效果都是造成人員傷亡或財物損壞。大多數建築物和人造結構都無法承受超過5 psi的衝擊波（psi是衝擊波強度的單位，定義為1磅力在1平方英寸面積所產生的壓力）因此有了所謂的「5 psi法則」，並可根據已知條件來預測炸彈的破壞面積。

從原爆點算起，5 psi 半徑內的所有物體都可能被摧毀，而超過這範圍的結構通常不會受到破壞[7]。由於建築物倒塌和亂飛的碎片才是造成人員傷亡的主因，因此 5 psi 範圍，通常也是人員傷亡最嚴重的地區。

當然，炸彈所引發的火災比較難以預測，有可能會大幅蔓延到這個範圍之外，但通常是順著風勢移動，並可以透過防火線來減緩其速度。輻射僅對那些在衝擊波和火災中倖存下來的人構成威脅。不過輻射的殺傷力，就跟衝擊波和火災一樣，也會遵循一些規則。

♦ 救命拐彎

除了蒂貝茨，同一天，佐佐木輝文也轉了個彎，**一個能救他一命的彎**，但他並不知道這一點，也不需要進行任何計算[8]。畢竟，他每天都會在同樣的地方轉彎。

佐佐木是一名 25 歲的醫師，當時才在日本東方醫科大學受訓完，然後被分配到位於廣島西部的紅十字醫院。每天早上，為了去醫院，他必須先從位於廣島東北方約 50 公里的家搭乘火車前往市中心。然後，他換乘電車，向西前往醫院所在的市郊。這樣的轉車，相當於在行進方向上轉了個約 90° 的轉彎，這使得他直接遠離了廣島市中心。

1945 年 8 月 6 日，佐佐木像往常一樣通勤，並於早上 7:40 到達醫院。這間醫院距離廣島市中心的相生橋有 1,500 公尺。

這座橋中間有個坡道，使其呈現出獨特的 T 形結構，在地圖上（以及在空中）看起來相當明顯，很容易從其他縱橫交錯的河橋之中辨識出來，這些橋橫跨太田川不斷分支的三角洲而建。

據說這座城市的形狀類似左手[9]，如果把左手手掌朝下，手指展開，手背對應的是太田川的主流，之後分流成三角洲上的指狀水道，指尖處伸向大海。這座 T 形橋就位於這隻手無名指的地方。

不久後，佐佐木便抵達醫院，展開一天的工作。他帶著剛檢查過的病患血液樣本，沿著走廊走向醫院的檢驗實驗室。佐佐木懷疑這名患者罹患了梅毒，在當時，得到這種疾病的下場都不好，但他希望在向那位擔心受怕的男子傳達壞消息之前，先將樣本拿到實驗室檢驗，以確定診斷結果。

當天上午 8:15 分，佐佐木正沿著一條有窗戶的磚砌走廊走路時，蒂貝茨完成了 155° 的轉彎，逕直飛離了廣島。佐佐木後來回憶起那一刻，只提到走廊突然之間被一道明亮的閃光照亮。就算當時有發出任何聲音，也沒有留下什麼令人深刻的印象。

◆ 4,000°C 的高溫，頃刻間吞噬血肉

當佐佐木走過醫院走廊時，53 歲的上班族池田茂吉正坐在辦公桌前，開始他在關西石油公司一天的工作。他的辦公桌

位於廣島市中心的廣島縣工業會館。這座混凝土建築距離相生橋僅有 160 公尺。**在炸彈爆炸的聲音傳到他的耳朵之前，池田的血肉就已被完全汽化。**

爆炸發生後不久，池田的妻子和他 11 歲的兒子前往該棟大樓尋找他的屍體。最終兩人只找到池田的骨架，他仍然坐在辦公椅上，只能透過褲子和手錶上的一些碎片來辨認。池田的妻子對著男孩說：「這就是你的父親。」他們收拾了他的遺骸，包括手錶，並把他帶回家[10]。

當天早上，廣島市中心有數萬人都遭遇類似的命運，但其中很少有人留下任何遺骸，除非碰巧待在石造或混凝土建物內部，也就是極少數沒有隨著罹難者一起消失殆盡的建築物（請見下頁圖 6-1、圖 6-2）。

當下爆炸產生的熱力非常強大。原爆點的火球溫度，估計高達 4,000°C，甚至超過了太陽的表面溫度（約 3,037°C）。就好像地球表面突然出現了一顆恆星碎片一樣，這一點當然也不會逃過核彈物理學家的注意。

即使在距離原爆點 329 公尺處墓地的花崗岩墓碑上，也有觀察到雲母熔化的痕跡[11]。由於雲母的熔點是 900°C 左右，科學家據此推測，遠在原爆點 329 公尺之外的溫度絕對也達到了這個數值。而池田所在的位置甚至不到這個距離的一半，他的身體肯定暴露在超過 900°C 的溫度下。

此外，炸彈產生的熱會直接引起火災，更別提掉落在爐灶、電線上的碎片所引發的二次燃燒。爆炸後的強風助長火

焰，形成高溫風暴，吞噬市中心約 10 平方公里的範圍[12]，該地區在戰時居住了這座城市四分之三的人口，約 24.5 萬人[13]。這個大致呈圓形的燒毀區域，若以原爆點為中心算起，平均半徑達到 1,371 公尺之大。

圖 6-1、圖 6-2：撐過核爆的和平圓頂

在原子彈爆炸時，廣島縣工業會館是廣島市中心較高的混凝土建築之一，也是在災難中，少數上層建築足夠堅固而倖存下來的建築物。上圖 6-1 中可見經歷核爆後的大樓圓頂遺跡，它聳立於周圍坍塌的廢墟之上。

右圖 6-2 則是這棟建築今日的樣貌，與周圍城市的重建相比，顯得矮小許多。這棟建築物被保留下來，作為原子彈受害者的紀念碑，目前稱為廣島和平紀念館，或簡稱為和平圓頂。

◆ 接二連三的壞消息：爆炸、失明、燒傷、嘔吐⋯⋯

佐佐木是紅十字會醫院唯一沒有受傷的醫師。他只是摔了一跤，雖然眼鏡碎了、鞋子丟了，但沒有受到嚴重傷害。不過，醫院其他工作人員和患者就沒那麼好運了，包括那位被佐佐木留在大廳的梅毒患者，此時也已一命嗚呼。

該醫院的 30 名醫師中，此刻僅剩 6 人能夠正常工作。護理人員的情況更糟，總共 200 人之中只剩 10 人能夠工作[14]。在當晚天黑之前，這間僅有 600 張床位的醫院，將會湧入陸續 1 萬名受轟炸影響的傷患，這一小批人遠遠應付不來[15]。

佐佐木和其他醫師在處理湧入醫院的傷者時，他們發現了一些奇怪的症狀。**儘管大多數罹難者身上都有遭遇爆炸後典型的割傷、挫傷和擦傷，但也有失明和嚴重燒傷的人，就連那些沒有直接遭遇火災的人也是如此。在一些患者燒傷的皮膚上，還出現穿著襯衫上的花朵或其他圖案**——這些輪廓是被轉印上

去的。

當時醫師們根本沒有想到，這可能與輻射有關，但就在核爆後的第二天，工作人員便發現**醫院備用的 X 光膠捲全都奇怪地曝光了**，線索就此開始一一浮現[16]。佐佐木對放射線病所知有限，不過他確實知道，過度暴露在 X 射線下的工作人員身上會出現這種疾病。

然而，他從未接受過治療這種疾病的培訓，而且當佐佐木在接下來數週嘗試治療放射線帶來的症狀時，他學過的醫療技能幾乎都派不上用場。他只能一個接一個處理病人、用消毒水擦拭燒傷處並盡可能包紮。但無論他怎麼做，傷患還是接連死去。

佐佐木無法解釋他所目睹的奇怪症狀與其致病機制。今日我們已知曉，這些不尋常的眼睛症狀並非因炸彈的火焰或高熱導致，而是因為炸彈發出的強光。雖然原子彈原爆點的溫度與太陽相當，但**它在爆炸時所發出的光，甚至比太陽還要亮**[17]。這一點，美國的物理學家早已預料到。

在爆炸後，蒂貝茨的機組人員立刻戴上了配發的焊接用護目鏡以保護雙眼，避免爆炸強光的傷害[18]，儘管當時只有機尾砲手真的有目睹到炸彈的閃光，這都得歸功於蒂貝茨的正確計算，讓飛機在爆炸發生時朝著遠離爆炸的方向飛行。[19]

強烈的可見光不只會讓人眼花撩亂，它還伴隨著紫外線輻射，這雖然不可見，但同樣會損害眼睛和皮膚組織。這種紫外線輻射的波長，介於不可見的電離輻射和可見光之間，兼具兩

者的特性（請參見第 1 章）。一方面和電離輻射一樣會損害身體組織，另一方面也具有可見光穿透力不高的特性，因此所有破壞性能量，都將留在表面組織中。

其中一名核爆受害者的經歷，可說血淋淋地描繪了紫外線的傷害能力。據稱，在爆炸發生時，有兩名男子正搭乘一輛公車，兩人前後而坐。坐在緊閉車窗旁的男子，在衝擊波擊中公車、震破車窗時，被飛濺的玻璃碎片直接割傷身體。他身後的男子因為窗戶開著而沒有受到玻璃傷害。

於是，那位未受傷的男子攙扶著傷者，並試圖將他帶往最近的醫院，但在路途中，兩人的角色卻互換了。未遭到割傷的男子皮膚開始出現嚴重燒傷的症狀，無法繼續前行，於是變成那名流血的男子，轉而背著燒傷的男子走完剩下的路[20]。

雖然無法證實這則傳聞的真實性，但細節聽來確實煞有介事。車窗玻璃能夠有效地過濾紫外線的輻射，在此情形中，**以光速傳播的紫外線很可能直接照射到未受窗戶保護的人，而在車窗玻璃後面的男子則因此逃過一劫**；同時，以音速傳播的衝擊波抵達得較慢，在紫外線抵達後幾秒鐘才撞擊車窗玻璃。紫外線造成的灼傷在短時間內形成傷口，也顯示第二名男子暴露的輻射劑量極高，一切細節聽起來都很可信。

爆炸發生不久後，佐佐木所在的醫院就擠滿了這樣的燒傷患者，其中一些人還無故開始嘔吐。大多數人懷疑，嘔吐是因炸彈所含的化學毒素所引起，許多人還表示在爆炸後，立即聞到了極度令人作嘔的氣味。

不過,這種氣味其實只是臭氧,是大氣中的氧氣經輻射電離後的產物。每當氧氣因為輻射或電而離子化時,就會產生臭氧,這也是為什麼在雷聲大作的暴風雨後,人們會聞到刺鼻氣味的原因。儘管有些人可能會覺得強烈的臭氧氣味令人噁心,但大多數人的嘔吐是因為身體內部受到輻射損傷所致,而這一切,不過是在更嚴重後果的前奏而已。

儘管佐佐木已盡力照護,但他手下大部分燒傷患者還是接連死去。遭受紫外線輻射的燒傷,意味著他們也暴露在一切類型的炸彈輻射下,不僅包括可見光和紫外線,還包括更高穿透力的電離輻射。

這些電離輻射主要是伽馬射線和中子,它們對健康的影響更加深遠,只是反應時間較慢,但嚴重程度與燒傷不相上下。體內的輻射損傷更難以確認,既然看不到,醫生也就難以處理,但都同樣致命。

◆ 第一波輻射傷員:從大腦開始死亡

接下來的幾天,醫院裡的人開始大量死亡,要移動這麼多的屍體成了最棘手的問題。工人將死者屍體推放到醫院外的柴堆上,並將罹難者火化,收集骨灰後保存起來,交還給離世者的家人。

由於 X 光片全部曝光,其外面的封套也無用處了,醫護人員便把那封套拿來分裝死者的骨灰,並在外面貼上罹難者姓

名，堆放在醫院的辦公室，直到通知到家屬為止。

儘管放射線病的死亡數字仍在增加，人們的死因卻開始出現變化，甚至在原子彈爆炸幾週後，原本健康的人也莫名其妙地生起病來[21]。由於倖存者的延遲發病，**患者之間開始出現謠言，認為原子彈爆炸後釋放出各種緩慢作用的毒素，會讓廣島在 7 年內都無法再住人**[22]。這雖然有部分正確，不過在當時仍是個相當前衛的想法。

儘管在爆炸後的立即搶救階段很難看出，但佐佐木和其他醫護人員後來意識到，共有三波不同的放射性病症，而且每一波的症狀都不同，致死方式也相差甚遠。如今我們已知，這三波放射線病代表遭受不同輻射劑量的三群受害者[23]。

第一種症候群最難辨識，因為它與最接近原爆點的人們相互混雜，皆出現嚴重的身體創傷和皮膚燒傷。然而在身體受傷之餘，這些放射線病患者還會出現噁心、嘔吐、頭痛等典型症狀。出現這些症狀後，會在 3 天內死亡。

儘管確切死因難以確定，畢竟，這些患者通常同時有外傷和輻射損傷。儘管如此，肯定有部分人因為某些遮蔽而沒有受到外傷或燒傷，卻仍在爆炸後的數小時或數天內死亡。這些患者很可能是因體內的輻射損傷而死。

在爆炸時，這些傷患身處建築物內，因此逃過飛濺碎片帶來的身體外傷，但只有待在最堅固的石材、磚塊或混凝土建物內的人，才能避免穿透性輻射的傷害，但當時廣島的建築物鮮少使用這些材料建造。

第 6 章 活命的關鍵：距離 | 199

第一波放射線症候群，出現在最接近爆炸點的人群中，他們受到的最高輻射劑量甚至超過 2 萬毫西弗[24]。經歷到這種強度的輻射劑量時，身體的所有細胞，包括大腦的神經元都會開始死亡。諷刺的是，**神經元是人體少數能抵抗輻射的細胞**，因為它們從不分裂。然而，當劑量夠高，就連神經元都會死亡，**而正是這些細胞的死亡造成傷患迅速離世。**

　　因為大腦主掌所有的生理功能，對身體的運作至關重要。當大腦的神經元開始凋亡、大腦發生腫脹後，昏迷和死亡就不遠了，身體所有系統都會開始逐步停滯。

　　第一波症候群只會發生在那些暴露到高劑量輻射的受害者身上，這又被稱為中樞神經系統症候群（central nervous system syndrome）。這種放射線病無法治癒，唯一不幸中的大幸是，死亡會迅速讓患者解脫。

◆ 第二波輻射傷員：腸胃毀傷，只能等死

　　在第一波死亡浪潮後，醫院的死亡風暴逐漸平息。然而，當早期傷勢最嚴重的人群相繼去世後，第二波死亡潮在一週後便到來。這些患者主要是腸胃出現問題，包括嚴重腹瀉、落髮和高燒等症狀。

　　其中病情最嚴重的病例，還會出現營養不良症候群，這是因為腸道營養吸收不良、腹脹、脫水、內出血，以及細菌透過受損腸壁進入體內造成的各種感染，佐佐木面對這些病患時也

幾乎束手無策。在爆炸發生兩週後,這些患者也相繼離世。

上述腸胃道症狀,可追溯到小腸系統的完全停擺。小腸與睪丸有一些意想不到的共同點,也就是兩者都含有快速分裂的細胞;分別是隱窩細胞(crypt cell)和精原細胞。前文曾提過,精原細胞因為會快速分裂,使得它們對輻射傷害特別敏感,小腸的隱窩細胞也是如此。不過,精原細胞負責產生精子,而隱窩細胞則負責製造一種稱為「絨毛」的構造。

絨毛好似微小的手指狀突起,分布在小腸的內壁組織,讓腸壁看起來像是鋪了一張長絨地毯。這種地毯會增加腸道吸收食物的面積,促進養分進入血液。由於食物在腸道移動時會摩擦這些絨毛,使其迅速磨損,因此需要不斷更新細胞。絨毛底部就是快速分裂的隱窩細胞,它們不斷分裂,以補充在絨毛頂端失去的組織。透過汰舊換新的方式,使絨毛高度維持不變。

一個細胞從絨毛底部到頂部的時間,約為 8 天。因此,絨毛細胞的最長壽命就是 8 天。當隱窩細胞被輻射殺死、無法再產生新的絨毛時,8 天內腸道的絨毛便會逐漸消失。最終,小腸絨毛不復存在,因此這種症候群的平均死亡時間也就落在 8 天左右[25]。

絨毛衰竭的患者,通常被認為患有放射線病症中的腸胃道症候群。這些患者暴露到的輻射劑量較低,不足以嚴重損傷腦細胞。因此,他們不會發展成中樞神經系統症候群。儘管如此,他們接收到的劑量還是足以殺死腸胃道中快速分裂的隱窩細胞。

此處有個重點，**不僅僅是隱窩細胞，而是所有具快速分裂特徵的細胞都會受到相同影響，並失去其分裂細胞群**。首先出現問題的是腸胃道，主要是基於兩個原因：第一，絨毛細胞的壽命很短；第二，因為小腸具有吸收養分的關鍵功能，又能在糞便和腸道、體內臟器間形成屏障，因此對生存至關重要。

　　與中樞神經系統症候群一樣，腸胃道症候群也沒有康復的希望，這些患者不久後就會遭遇與喪失小腸功能的病患相同的問題。死於腸胃道症候群的患者接受到的全身輻射劑量，通常介於 2 萬到 1 萬毫西弗之間。

◆ 第三波輻射傷員：血球逐步死亡，痛苦離世

　　在腸胃道症候群患者全部去世後，佐佐木注意到，死亡人數雖然持續數週的不再暴漲，但在爆炸發生約 30 天後，**部分倖存患者幾乎完全喪失了所有類型的血球**，也就是全血球低下，或稱全血細胞減少，並開始死於相關的併發症。

　　佐佐木和同事們發現，這些患者後續的存活與病情發展，主要取決於兩個因素：持續高燒，或是白血球數降至每微升血液不足 1,000 個，兩者都是非常糟糕的消息。只要出現兩種症狀其一，死亡的可能性便會大幅提升，若是同時出現，病患則必死無疑。

　　當第三種症候群出現後，醫師已相當清楚，他們正在對抗的是放射性疾病。醫護人員遂使用肝臟萃取物、輸血和維生素

治療患者，因為當時認為，這些措施可以提高血球數。他們還發現，青黴素在這些患者身上有某種療效——在失去血液中的許多對抗外部感染的機制後，青黴素可以多少加以補強。

儘管如此，這些醫師對於輻射對血液的影響也只有一些粗略的想法。他們認為，爆炸時伽馬射線穿透受害者的身體，使他們骨骼中的磷產生放射性[26]。而這些放射性磷又會發射 β 粒子，照射骨髓，也就是身體的造血組織，並逐漸將其分解。

這群醫師顯然聽過鐳女郎的故事，也對她們因鐳取代骨骼中的鈣，進而遭遇的健康問題有一定了解。不僅如此，他們也知道過度暴露在 X 光下的工作人員會出現健康問題，像是遲發性貧血等。因此，醫師們很可能將兩種完全不同的情況合併起來，提出綜合性的假設，認為其共同的致病機制乃是骨骼的放射性。

不過，儘管磷是骨骼的主要成分，而且放射性磷 -32 確實會釋放 β 粒子，但磷在受到伽馬射線照射後並不會產生放射性。其實只要透過醫療檢驗，或使用蓋格計數器（Geiger counter）就可以識別放射性汙染，後者只要檢測到原子衰變時便會發出「咔噠」聲，這兩種方式也就能輕易證明他們的假設有所缺陷。但顯然，這個錯誤的想法當下並沒有受到質疑。

現今，人類已得出此情形背後的正確解釋，並知道這些血液問題為何會這麼晚才出現。骨髓細胞的分裂十分迅速，和隱窩細胞一樣，此外，**骨髓細胞更偏向於加速死亡的類型**[27]，**因此在暴露到輻射時比隱窩細胞更為敏感**。然而，這方面的症候

群會遠於腸胃道症候群出現的原因，是因為成熟的血球在血液循環的平均壽命遠比絨毛細胞長，約為 30 天。因此，血液可以繼續發揮其功能，直到出現沒有新細胞補上死亡細胞的空缺為止。

因此到了第三十天，當成熟細胞老化逐步死亡後，由於缺乏替代細胞，便會導致嚴重貧血。佐佐木親眼見證了缺乏血球患者的一切症狀。要是沒有醫療干預，死亡通常近在眼前。這種因輻射引起的急性貧血，被稱為造血系統症候群。罹患這種症候群的人，全身接受的輻射劑量通常不足以殺光隱窩細胞，卻已足以殺死骨髓中部分或全部的造血細胞，約介於 1,000 至 1 萬毫西弗之間。

造血症候群的死亡率，主要由病患暴露的輻射劑量來決定。接觸劑量超過 5,000 毫西弗的人，可能會在 30 天內死亡。而那些劑量接近但低於 5,000 毫西弗的人則可能康復，因為他們通常還有足夠的細胞儲存在骨髓某處，最終會重新生長，並開始再次製造血球。

回想一下，當年瑪麗・居禮和她的工作夥伴經常罹患貧血症，隨後又完全康復，也許正意味著他們暴露的全身劑量，應在 1,000 到 4,000 毫西弗這個範圍內。

與中樞神經系統和腸胃道症候群不同，造血系統症候群有時是可以治癒的，例如透過輸血和抗生素治療，其中輸血的效果尤其明顯，這能夠為患者多爭取 60 到 90 天的存活時間，讓他們有機會恢復自身造血能力。不過，最終還是得看患者的暴

露劑量而定。

　　接觸劑量介於 4,000 到 8,000 毫西弗之間的患者，可能可以透過輸血得到緩解，但那些接觸劑量高於 8,000 毫西弗的患者恐怕就難以康復，因為若接觸到此範圍的臨界點，更致命的腸胃道症候群很可能主導病情的變化[28]。相較之下，那些暴露劑量遠低於 4,000 毫西弗的人，即使不採取醫療干預，也有很大的機會能夠存活，因為正常人體通常能忍受適量的細胞損失，並且完全有能力再生全部或大部分損失的細胞。

　　佐佐木自己的健康狀況又如何呢？爆炸時，他身處的位置距離原爆點 1,509 公尺，再加上他剛好路過有磚牆遮擋的走廊，而非在窗戶，這些偶然的巧合很可能大幅減少了他的暴露劑量。進而使他所受到的輻射劑量，可能遠低於 1,000 毫西弗。

　　當劑量低於 1,000 毫西弗時，罹患放射線相關疾病的機率會大幅下降，若低於 500 毫西弗則幾乎不可能產生放射線病。低於 500 毫西弗的劑量，通常對細胞沒有太大毒性，無論細胞是否屬於快速分裂的類型。

　　放射線病，是一種因重要身體組織中大量細胞死亡而引起的疾病。若是沒有殺傷細胞，就不會發生放射線病。事實上，在出現健康問題之前，大多數組織都可以承受細胞的大量損失。因此，放射線病的實際起點約在 1,000 毫西弗左右[29]。

　　所幸，需要大量輻射才能殺死大量的身體細胞。此外，若是局部暴露於輻射中，即使超過此最低劑量，也不太可能產生放射線病。因為**非暴露在輻射下的存活細胞，可以去拯救承受**

第 6 章 活命的關鍵：距離 ｜ 205

過多劑量的區域。例如，會分裂的血液幹細胞可以進入循環系統，並在受輻射影響的骨髓中重新生長。因此，局部暴露的存活劑量，遠會比全身暴露高得多。

總之，對於任何全身輻射事件，無論是原子彈爆炸還是其他事故，身患放射線疾病的人，都會經歷這三種症候群中的其中一種，具體狀況取決於他們所暴露的劑量。而人們接收到的劑量，又主要取決於他們相對於輻射源的位置。

輻射劑量會隨著距離增加而迅速下降[30]，因此佐佐木醫院內幾乎所有的放射線病患者，在當炸彈爆炸時，很可能都身處原爆點介於 915 公尺至 1,645 公尺的位置。當距離小於 915 公尺時，人們很可能當場死於撞擊效應，而當距離超過 1,645 公尺時，他們接收到的輻射量則不足以引起細胞死亡，根本不會出現任何輻射症狀。因此，這間距離原爆點 1,509 公尺的醫院，可說位置優越，足以收治大量各類型放射線症候群的患者。

◆ 戰爭帶來的無限代價

直到 1945 年 12 月，廣島的輻射症候群逐漸趨緩。那些注定身亡的人已然離世，而傷不致死的人們正在康復的路上。目前尚不清楚當時的醫療干預，對這些結果產生了多少影響，但肯定不大。

本次災難中，受害者得到的醫療支援其實非常少，因為在

這座城市的45間民間醫療院所中，只有3家可以收治病人，兩家軍事醫院被完全摧毀。據估計，當時有90%的醫護人員已遇難或受傷[31]。

但並非每位倖存者都能從放射線病中完全恢復，因為放射線病的副作用揮之不去，包括慢性的衰弱、疲勞等。儘管如此，與燒傷倖存者遭受到的可怕毀容相比，這些副作用就顯得無關痛癢了。因此，那些在放射線病中倖存下來，但沒有留下明顯身體損傷的人，往往只會默默忍受痛苦，慶幸自己沒有被燒傷或死去。然而，他們的問題還沒結束，他們之中的部分人還會繼續經歷輻射的後期健康影響。但此刻，他們只慶幸自己還活著。

沒有人能真正確定廣島原子彈爆炸造成的喪生人數。確切傷亡數字難以估計，因為許多人都沒有留下屍體，而且總是難以確定失蹤者的下落，在戰爭期間更是如此。估計的死亡人數，介於9萬到16.5萬人之間。儘管數字很模糊，但一般認為，在死者中，約有75%死於火災和創傷，剩餘25%則死於輻射效應[32]。

而並非所有死者都是日本人。在當時這座城市，約有5萬名居民是韓國義務兵，占總人口約20%，從事各種強迫性勞動[33]，甚至還有幾十名美國戰俘被關押在廣島市中心[34]，這些美國人最終無一倖存[35]。

第 6 章 活命的關鍵：距離 | 207

♦ 不帶電的中子，摧毀人體的元凶

日本政府在廣島遭到轟炸後並沒有立即投降，於是美國又丟了另一顆原子彈，這次丟在了長崎。

落在廣島的原子彈，使用鈾-235作為分裂材料，爆炸威力相當於1.5萬噸的黃色炸藥（TNT），而長崎的原子彈則使用鈽-239，爆炸當量高達2.1萬噸。鈽-239是一種人造放射性元素，當曼哈頓計畫發現，他們無法純化足夠的鈾-235來滿足製造原子彈的需求時，便把它納入炸彈生產計畫中。

鈽彈使用的引爆裝置與鈾彈不同，是使用內爆而非槍組件觸發[36]，但除此之外它們的基本原理相同。在兩種原子彈的設計上，都是將爆炸裝置在有限空間內引爆，產生足夠的力和速度，推動可分裂材料到次臨界點，然後瞬間產生單一超臨界質量（supercritical mass）。**可分裂材料的超臨界性，將導致大量原子核幾乎同時分裂，從而一次釋放大量能量。**

儘管長崎原子彈的爆炸威力比廣島原子彈高出40%，但廣島原子彈的輻射可能更具殺傷力，因為其輻射能量來自中子的比例更高，而不是伽馬射線。這是由於兩者的核燃料──鈽-239（長崎）和鈾-235（廣島）之間的物理特性差異[37]。

儘管這些差異，對爆炸產生的衝擊波或火焰風暴沒有影響，但中子會增強輻射對人體的殺傷力，中子對人體組織的傷害是伽瑪射線的10到20倍。因此，中子當量更高的炸彈將更為致命。

中子本身並不會直接電離，因此多年來都無法以電離輻射探測器偵測，素有「幽靈粒子」之稱，就此看來，中子成為最致命的電離輻射類型，似乎非常奇怪。背後原因在於，中子的生物效應，是透過一位使者傳遞的：快速移動的質子。

中子對大多數物質都有很強的穿透力，因為它們不帶電荷，因此可以隨意穿過構成原子的所有空間，而不會受到電的干擾，不像其他類型的粒子輻射會受電場的推動和拉動（請回想一下第 3 章提到棒球場的比喻）。當中子最終碰撞到質量更大的典型原子核時，大多數會反彈，其中一個例子，便是拉塞福的 α 粒子撞到金的原子核後反彈，而受到中子撞擊的原子核則不為所動。

不過，並不是所有原子核都像金一樣巨大。事實上，氫的原子核僅由一個質子組成。請記住，質子儘管帶有正電，但其質量與中子完全相同。這就是中子之所以致命的原因。

如果中子有乒乓球大小，那麼典型的原子核大約就像棒球那麼大，或者再大一點。請想像將乒乓球丟向棒球，看看它將會移動多少，應該不多吧？但氫的原子核，僅有另一顆乒乓球那麼大，在被高速中子碰撞時，會推動靜止的質子展開一段高速旅程。這顆帶正電荷的粒子，將沿途奪取所遇到分子中的電子。脫離的電子會導致電離損害。因此**在搭配上氫原子核時，中子就可以間接電離，損害分子。**

生物組織中充滿了氫。不僅是因為身體主要由約 55% 的水分子（H_2O）所組成，當中每個氧核都對應著兩個氫核，還

因為所有的生物分子，主要都是由氫和其他元素所組成。

最重要的是，人體中大約 65% 的原子是氫。這一點在人體對中子的敏感度上意味著什麼？諷刺的是，人體由於氫含量高，因此吸收中子的能力甚至比鉛塊還好。這些被吸收的中子搭配上氫原子的質子核，將對細胞產生巨大的損傷。對活體組織來說，中子確實是個壞消息。如此顯而易見的事實，核彈物理學家當然也了然於心。

在遭受兩顆原子彈襲擊之後，擔心可能還得面對更多原子彈襲擊，日本人無法再承受。1945 年 8 月 15 日，裕仁天皇在向全國廣播的錄音演說中宣布無條件投降，正式結束第二次世界大戰。他向日本人民解釋道：

> 敵人已經開始使用一種極其殘酷的新型炸彈，其破壞力無法估量，會造成許多無辜者喪命。若是我們繼續抵抗，不僅會導致日本民族的崩潰和毀滅，甚至會導致人類文明澈底滅絕。

日本人民首次聽到天皇的廣播，便是讓他們停止戰鬥。而在接下來的 64 年裡，他們都不會再聽到天皇的全國廣播，直到又一場需要天皇本人出聲安撫的核災發生。

◆ 當缺乏真相，人民便會恐慌

有人說，真相是第一個在戰爭中傷亡的[38]。遭到轟炸的廣島和長崎，正是處於這種情況。日本軍方命令東京各家報紙淡化爆炸事件。廣島遭到原子彈轟炸後，東京《朝日新聞》僅以一句話報導，在一篇關於美軍最近轟炸的新聞中，該報紙提到：「這座城市及其周邊地區受到了一些損害。」[39]

此外，美國占領軍在道格拉斯・麥克阿瑟將軍（Douglas MacArthur）的命令下，嚴格審查關於炸彈特性的一切資訊，禁止任何這類消息走漏，因此日本民眾對此一無所知[40]。就連約翰・赫西（John Hersey）詳細描述受害者困境的《廣島》（*Hiroshima*）一書，也都得等到 1949 年才能以日文出版，遠在本書於美國出版的 3 年後、投下原子彈的 4 年後。

因為缺乏可信資訊，彼時在核彈受害者中流傳著一些關於原子彈特性的荒誕謠言。由於核彈的亮度，有些人最初認為，美國人是將鎂粉——過去曾被攝影師用於閃光燈的物質——噴灑在城市上空，然後將其點燃。還有人認為這枚炸彈是一個巨大的「麵包籃」，其中裝載大量會自我散射的普通炸彈。

儘管各式各樣的假消息與謠言漫天飛，又缺乏官方資訊，大多數炸彈倖存者仍在不久後便知道他們到底遭遇了什麼，即使未能準確掌握所有細節。一名女士便描述：「原子彈只有火柴盒一般大。但它的熱量是太陽的 6,000 倍。它在空氣中爆炸，裡面還有一些鐳。我不知道它是如何運作的，但是當

鐳碰在一起時，就會爆炸[41]。」以上的說法，已差不多說中了原子彈的所有特性。

◆ 無聲的傷亡

奇怪的是，當時大家都把注意力集中在原子彈的輻射上，但**這其實是它釋放出的能量類型中，最小的一種。**

在典型的原子彈中，有 50% 的能量轉化為衝擊波，35% 轉化為熱能，僅剩下 15% 以輻射的形式釋放[42]。造成大部分傷亡的，也正是衝擊波和火災。原爆點周圍的破壞環帶，主要是衝擊波損害與火災損害的重疊區，只有在這個區域外圍、損害較輕的邊緣地帶，人們才容易受到輻射影響。

以廣島為例，大多數來自邊緣地區的輻射受害者，都得以存活下來並分享自身遭遇。因此，人類對原子彈爆炸的經驗，多是透過這些倖存者的視角來觀看，而他們主要看到的便是輻射帶來的效應。

我們鮮少聽到衝擊波和火災風暴受害者的消息，因為**他們大多沒能活下來講述他們的故事**。毫無疑問，他們會講述完全不同的遭遇，讓人了解原子彈如何奪走他們的性命。

諷刺的是，隨著原子彈噸數的增加，從原爆點四散的輻射危害就變得無關緊要了。以投在長崎的那顆原子彈來說，即使爆炸規模只有稍大於廣島的原子彈，衝擊波和火災致死範圍都將擴大至超過輻射致死範圍的距離[43]。這意味著**任何受到嚴重**

輻射劑量的人，都已同時被火燒死。

另一個悲哀的事實是，核彈威力一旦超過 5 萬噸 TNT，就不會有人在爆炸中因輻射身亡。不過，這些特大號核彈釋放的放射性物質，及其對健康產生的影響，就是另一回事了。

第 7 章　暴風雪警告：輻射塵壓境

「(我的身體)是鐳。如果剝掉我的皮膚，世界就會在火焰和煙霧中消失，已熄滅的月亮殘骸也會自太空中飄落，如落雪般化成一場灰燼！」

　　　　　　　——馬克・吐溫，〈魔鬼〉(The Devil)
　　　　　收錄於短篇小說集《賣給撒旦》(Sold to Satan)

「我將向你展示一把灰塵中的恐懼。」

　　　　　　——美國詩人 T・S・艾略特（T. S. Elliot），
　　　　　　　　　　　　　　《荒原》(The Waste Land)

　　1954 年 1 月，當日本漁船第五福龍丸從燒津港出海時，船上有 23 名漁民，那是一次非常長的遠洋捕魚之旅。到了 3 月 1 日凌晨，該船已抵達太平洋中部的比基尼環礁（Bikini Atoll）以東約 129 公里處，就在赤道北方一點點。

　　當他們用魚線拉動餌料時，太陽自廣闊海洋的東方冉冉升

起。但在太陽完全照亮天空之前，漁船西方的地平線上突然出現一道閃光，亮度遠超過太陽。幾分鐘後，一陣轟鳴聲傳來，比船員聽過任何一次雷聲都還要大。

不久後，天空開始下雪。然而，這場「雪」原來只是某種粗糙的粉末，就這樣飄落在他們的船上，時間長達好幾個小時。「我們當時沒有意識到這很危險。它摸起來並不燙，也沒有氣味。我試著舔了一口，沙沙的，沒什麼味道。」船員大石又七這樣回憶道[1]。

兩週後的 3 月 14 日，當第五福龍丸載著漁獲返回燒津港時，船上的漁民都已出現了放射線病的症狀[2]。儘管如此，他們還是設法將魚獲卸下並帶到市場。在賣掉魚獲後，漁民開始去看醫生。在聽了漁民們的描述，並檢查他們的症狀後，醫師立即診斷出，這是放射線病。該事件迅速延燒至新聞媒體，放射性漁民也登上世界各大報紙的頭版新聞。

♦ 遠超原子彈百倍的威脅：氫彈

在放射性漁船的消息傳出時，那些漁獲早已到達本地的市場。當居住在大阪的年輕生物學家西脇安了解情況後，立刻拿著蓋格計數器前往魚市。市場裡所有的鮪魚都受到了嚴重的放射性汙染。受汙染鮪魚的消息先是引起了媒體關注，隨之而來的是社會大眾的恐慌，公共衛生官員則試圖從各個市場回收所有受汙染的魚[3]。

同一時間，地方上的魚販買下了所有可用的蓋格計數器，以向他們的顧客證明自家的魚沒有受到汙染，可以安全食用，但幾乎沒什麼用。隨著後續報導指出，裕仁天皇也不再吃魚時，魚類銷售市場徹底崩盤。由於沒有顧客，東京魚市被迫關閉，直到回收所有的放射性魚類為止[4]。

原來這批漁民，在無意間目睹了美國第二次核子試爆，這是一種新型核武，是基於原子核的融合，而不是核分裂的原理研發。這種新型炸彈被稱為氫彈（hydrogen bomb）[5]。

之所以如此取名，是因為該炸彈的能量，源自於氫同位素之間的融合反應[6]。但問題是，氫原子並不喜歡融合，因此需要提供大量的能量，才能使它們聚集在一起。然而，一旦發生融合，原子之間便會釋放出巨大能量，遠大於最初所輸入的能量。最終的結果，便是大規模的爆炸。

由於讓原子融合的能量障礙非常大，因此地球上並不會發生自然的核融合反應，只有像太陽這樣具備足夠溫度的地方才能自然產生。但核物理學家早就注意到，**在廣島和長崎投下的兩顆核分裂式炸彈產生的溫度，便足以與太陽媲美**。他們也從中看到使用原子彈觸發氫彈的機會。因此，氫彈實際上是一種混合爆炸物，其中便使用了核分裂爆炸引發核融合爆炸。

氫彈釋放的能量，遠比原子彈要高出許多，這點令人難以理解。然而，**如果將廣島原子彈的能量比喻為本書的其中一頁，那麼氫彈的能量就相當於 8 本書那麼多**。

若是以造成的損害來比較，要是將近似於廣島原子彈、威

力約 1.3 萬噸 TNT 的炸彈投往美國國會大廈，不到 3 公里內的白宮很可能不會受到什麼嚴重的損害；相較之下，若投在國會大廈上的是一顆威力約 5,000 萬噸 TNT 的大型氫彈，這不僅會摧毀整個華盛頓特區，甚至會殃及 50 公里以外的巴爾的摩市[7]。若此時剛好吹著西南風，那麼**致命的放射性物質將覆蓋到數百公里以外的費城、紐約、波士頓，甚至近 1000 公里外緬因州的班戈（Bangor）**。

自從 1945 年，原子彈的威力首次問世以來，許多人都對比基尼環礁的核彈試驗相當熟悉，這絕非什麼祕密試驗。正如愛迪生公開電死可憐的大象托普西來展現交流電的危險，或者拉塞福炸死那隻倒霉的老鼠來展示電量的危險一樣，美國軍方認為有必要公開展示他們最新核武技術的破壞力。

1946 年 6 月 30 日，在眾多記者、美國政客，和各國政府代表面前，一支由 95 艘美國、德國、日本廢棄軍艦組成的艦隊，便被空投的原子彈摧毀。數週後的 7 月 24 日，此處又試驗了一次水下爆炸[8]。

自 1946 年以來，比基尼環礁及其鄰近的埃內韋塔克環礁（Enewetak Atoll）總共實行了 11 次核彈試驗[9]，其中包括 10 枚原子彈，以及一枚氫彈[10]。1954 年 3 月 1 日，日本漁民親眼目睹的那場試爆，是直到當時為止的第 12 次，也是規模最大的核試爆。

當天，一枚代號為「蝦子」（Shrimp）的大型氫彈被引爆。蝦子所呈現的景象，遠比愛迪生的大象、拉塞福的老鼠，

第 7 章 暴風雪警告：輻射塵壓境 | 217

或任何先前的核子試爆都要壯觀得多[11]。

◆ 只是捕個魚而已，沒想到……

第五福龍丸漁民的治療相當複雜，儘管經反覆清洗、沐浴，他們仍然出現嚴重的放射性汙染症狀。當地醫院完全無法應對，因此醫師們只好計劃將患者送往東京的醫院，然而卻沒有民用火車或飛機願意運送他們。為了打破僵局，美國軍方只好派出兩架 C-54 軍用運輸機前往日本，並將漁民送往東京，而東京大學附屬醫院的醫師，已經準備好接手治療他們。

這些病患被送進隔離病房，並在裡面待上整整一年。起初，他們的主要問題是放射性接觸造成的皮膚表面燒傷。因為這些人接觸的輻射劑量未知，醫師最初並不確定還會出現什麼健康問題。由於沒有明顯的腸胃道症狀，因此排除了劑量超過 5,000 毫西弗的可能性。

然而在幾週後，這些男性的血球數開始急劇下降，就跟那些暴露劑量超過 2,000 毫西弗的人一樣。有些人的**白血球數甚至低於每微升 1,000 個**，也就是當年佐佐木醫師在廣島原爆受害者身上發現的臨界值——這是死亡的預兆。

東京的醫師們，想到睪丸精原細胞對輻射較為敏感，於是測量了這批男性的精子數量，以進一步推斷他們可能接受到的輻射劑量。結果，他們的精子濃度非常低，有些男性甚至根本檢測不到精子，這表示他們接受到的輻射劑量應超過了 3,000

毫西弗。

顯然，這些人都患有放射線病症中的造血症候群，因此治療包括提供抗生素、維生素和持續輸血，直到他們的身體恢復造血能力為止。儘管如此，根據臨床結果，東京大學附屬醫院的都築正男醫師對他們的病情並不樂觀。他向好奇的記者坦言他的擔憂，即「23 名船員中，高達 10% 可能會死亡」[12]。但到了最後，除了一名船員外，所有人都倖存了下來。

1954 年 9 月 23 日，第五福龍丸船上的無線電通信長久保山愛吉去世[13]。儘管他的直接死因被判定為肝功能衰竭，背後原因很可能是在醫院接受的輸血受到汙染，因而感染肝炎，但媒體還是聲稱輻射摧毀了他的肝臟。

事實上，久保山因為輻射致死的可能性相當低，因為肝臟是一個抗輻射能力相當強的器官，不太會受到三大致命輻射疾病，也就是腸胃道、中樞神經系統，和造血症候群的影響。

儘管沒有直接測量漁民所接受到的輻射劑量，但光是從臨床結果來看，就足以推論相當接近正確的事件全貌。漁民們的症狀，如貧血、精子數量低下，但沒有腸胃道症狀等，便顯示出他們接收的輻射劑量，介於 3,000 至 5,000 毫西弗之間。

而這批漁民的皮膚燒傷，並不能當作接觸輻射劑量的良好指標，因為放射性沉降物，大部分是透過 β 粒子傳遞，它們滲透到內臟器官的能力有限。因此，根據皮膚燒傷程度來估計受害者接觸的全身輻射劑量，可說相當錯誤，因為**暴露在外的皮膚所接收到的劑量，將會不成比例地高**！

當時的醫師們，可能還沒有完全理解上述的觀念。從天而降的放射性物質，是醫師還不熟悉的新情況。在那之前，放射性相關的醫療經驗主要與鐳的攝取有關，並不來自核彈的放射性同位素。

此次日本漁民事件與日本先前遭遇原子彈的經驗大不相同。在廣島和長崎，所有放射線病都是因為暴露到來自原爆點的輻射所致，輻射塵（fallout）則未對健康構成重大威脅。但現在，輻射塵是主要，更是唯一的健康問題。這批漁民們並沒有受到爆炸本身的輻射影響。

輻射塵一詞，是指從天空沉降到地球表面的放射性塵埃。最常見的情況，通常都能歸因至核能裝置的爆炸，這些爆炸會將各種放射性同位素噴入大氣中，並在空中與炸彈碎片、灰塵，甚至水蒸氣結合，最後再落回地表。

在廣島和長崎，輻射塵的影響很小，因為兩枚炸彈都是在空中引爆，分別為約 604 公尺和 469 公尺高 [14]。而如果是在地面引爆，將會激起更大的塵埃雲，以及更嚴重的輻射塵。在高空爆炸時，放射性物質會分散到高層大氣中，並滯留在那裡，這樣輻射塵便有時間衰變、稀釋和消散，最終大半沉降在太平洋上空遠離人類的地方。

事實證明，在廣島原子彈爆炸 3 天後，在接近原爆點所得到的輻射讀數便顯示影響不大，於是救援人員立即進入城市，居民也可安全返回該地區。要是真有嚴重的輻射塵問題，救援隊和災民重返家園的時間可能會大幅推遲，直到放射性衰減到

不再構成危險的程度。

◆ 都是天氣惹的禍

「風向不符合預測。」

對於如此悲劇，原子能委員會主席路易斯·史特勞斯（Lewis Strauss）僅給出這個答案，這是當他談到何以禁區外的漁船船員，竟會接收到有毒劑量的美國核彈試驗放射性物質時給出的解釋。

但是，史特勞斯並沒有提到另一件不符合預期的事，那枚炸彈釋放的能量是科學家預測的兩倍之多，當下爆炸的威力等同於 1,500 萬噸 TNT，而不是原先預期的 600 萬噸。之所以會產生比預期更強的爆炸，是因為洛斯阿拉莫斯國家實驗室（Los Alamos National Laboratory）物理學家的計算錯誤。但這些天才科學家怎麼會犯下如此基本的錯誤呢？難道愛因斯坦的方程式 $E = mc^2$ 有所疏漏？

氫彈的主要燃料是氘化鋰（lithium deuteride，擁有一個質子和一個中子[15]），當時的理論物理學家認為，只有氘化鋰的鋰-6 同位素才可能支持核融合反應的發生[16]，而約占總含量 60% 的鋰-7 同位素則是惰性的，並不會參與反應，但他們搞錯了。**事實上，鋰-7 也會促進核融合反應，使炸彈的爆炸威力超過預期的兩倍**[17]。這兩個因素：不可靠的風和凶猛的鋰-7，使得這場代號為「喝采城堡」（Castle Bravo）的試爆，

成了美國核試驗計畫中最惡名遠播的錯誤。

喝采城堡這場災難的核心人物，是阿爾文・格雷夫斯（Alvin C. Graves），他對核事故並不陌生。格雷夫斯過去曾長期與路易斯・斯洛廷共事，在斯洛廷不慎將螺絲起子滑落、造成鈽核進入臨界狀態時，他也在場。

當時，斯洛廷和格雷夫斯都因接觸到過量輻射而罹患放射線病，但只有格雷夫斯康復並繼續從事核彈研究。格雷夫斯和斯洛廷一樣，對風險的容忍度非常高，而且都慣常挑戰安全極限[18]。不幸的是，格雷夫斯顯然沒有記取過去的錯誤。

試爆當天，儘管天氣條件惡化，格雷夫斯還是決定引爆。盛行風向的變化，將會增加順風處輻射塵傷亡的風險，但天氣模型所預測的風險等級仍在可接受的範圍內。於是，格雷夫斯決定不等待風的條件改變，願意冒險，授權原定的試爆按計畫進行。

◆ 這可不是小蝦米

「蝦子」是一顆威力高達 1,500 萬噸 TNT 的氫彈，更是美國史上測試過的最大核武[19]。當年，該枚炸彈在比基尼環礁的納穆島（Namu Island）珊瑚礁上的平台引爆[20]。

比基尼環礁由 23 座呈圓形排列的小島組成，其中最大的一座，便名為比基尼島。該環礁屬於馬紹爾群島的一部分，曾經是德國的領地，但在第一次世界大戰期間被日本人控制，美

國則在二戰後從日本人手中搶得了控制權。

由於此地地處偏遠，美國軍方於是選擇了比基尼作為核武試驗的地點[21]，而向島民傳遞此消息的責任，則落到了馬紹爾群島軍事總督班・懷亞特准將（Ben H. Wyatt）的身上。

在一個週日，懷亞特在 167 位比基尼島居民離開教堂時攔下他們，並告訴他們，有一項能造福全人類的計畫需要他們的島嶼。比基尼人對於美國選擇這座不起眼的島嶼，來擔任人類歷史上如此重要的角色十分驚訝，因此欣然同意了這個要求。

比基尼島的酋長猶大王（King Juda）對懷亞特說：「如果美國政府和世界各地的科學家，想要利用我們的島嶼和環礁來尋求發展，並在上帝的祝福下為全人類帶來良善和利益，我的人民將會歡喜地搬遷到其他地方居住。」軍事總督向他表示感謝，並將離開的他們比擬為「上帝從敵人手中拯救的以色列子民，將會帶領他們前往應許之地[22]」。

1946 年初，在第一次試爆之前，比基尼人已被重新安置到東邊 200 公里的朗格里克環礁（Rongerik）[23]。然而，事實證明，朗格里克環礁並不是一片應許之地。這片環礁一直無人居住，部分原因是其面積相當小，陸地面積不到 1.68 平方公里；另一個原因則是在馬紹爾島民之間的民間傳說，謠傳那座環礁上有惡靈出沒。

遷往朗格里克一事，結束了比基尼原住民在原生土地上的漫長生活。儘管目前並未找到 1825 年以前比基尼居民的書面紀錄，但根據考古發現和人類文物的放射性碳測年法，早在公

元前 2000 年時，就已經有人在這片環礁上生活，據信巨石陣也大約在這一年完工[24]。

朗格里克環礁的植被，遠沒有比基尼島那般茂盛，遷移至此的島民開始出現營養不良的問題，於是他們被重新安置到距離家鄉更遠、位於比基尼島以南 684 公里的基利島（Kili Island）。就某方面來說，這確實算是對他們最大的祝福。

1954 年 3 月 1 日「蝦子」被引爆時，比基尼人已在基利島定居，他們十分幸運，因為在那天，朗格里克環礁剛好位於比基尼島的下風處。而駐守在那裡的 28 名美國軍人就沒有那麼幸運了，他們是那座受詛咒環礁上僅存的居民，駐紮在朗格里克氣象站。

蝦子在當天上午 6 點 45 分引爆，並產生一個直徑約 7 公里的火球，遠在 400 公里外都可以清楚目睹。爆炸還製造出一處超過 1,600 公尺寬、深達 76 公尺、相當於 25 層樓高度的巨坑。蕈狀雲的高度更達到 40 公里，其雲冠直徑為 100 公里。充滿放射性物質的雲，汙染了超過 1.8 萬平方公里的太平洋。

不過，影響的分布並不均勻。爆炸的下風區域承受了絕大部分影響，而上風處的汙染幾乎為零。由於當天盛行西風，潛在致命危險性的輻射塵沉降範圍，遠遠延伸至比基尼環礁以東 370 公里處（請見下頁圖 7-1）。

圖 7-1：「喝采城堡」氫彈事故之輻射塵飄散範圍

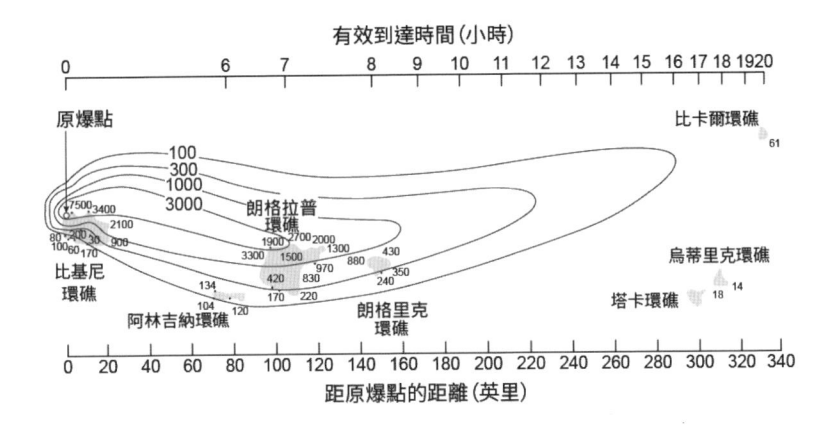

馬紹爾群島的比基尼環礁，是「喝采城堡」氫彈試爆事故的地點，該事故產生預料之外的巨量放射性塵埃，並擴散至遠超出估計範圍。由於這些沉積物的高輻射劑量，就連遠在比基尼環礁以東數百英里外的環礁居民也需要疏散。圖中等劑量曲線顯示的數值是爆炸後 4 天的暴露率，以每小時倫琴為單位。

（資料來源：*The Effects of Nuclear Weapons* 3rd ed., S. Glasstone and P. J. Dolan, eds. Washington, DC: DOD and DOE, 1977）

　　試爆發生後不久，美國軍方意識到放射性物質已經超出劃定的禁區。爆炸 7 小時後，朗格里克氣象站報告顯示急遽升高的放射性。原子能委員會在太空站的輻射記錄儀器，偵測到的讀數也超標。這意味著必須立即撤離朗格里克環礁的軍人，以及附近朗格拉普、烏蒂里克環礁上的島民。

　　此外，比基尼島周圍的禁區必須從 5 萬平方海里擴大到

40 萬平方海里，以避免船隻和飛機遭到汙染。比基尼島周圍劃設的更新危險區域，半徑更達到約 800 公里，相當於華盛頓特區和底特律之間的距離[25]。然而，**軍方並不知道第五福龍丸的存在，因此並未將其攔截**。於是，這艘漁船順利離開該地區並返回日本母港，同時帶回蝦子氫彈造成的放射性汙染[26]。

炸彈試爆 3 天後，部分在下風處的環礁島嶼已經累積超過 1 公分厚、甚至更多的輻射塵。被汙染環礁上的原住民，以及駐守在朗格里克的 28 名美國軍人都被疏散到瓜加林環礁（Kwajalein Atoll），這是世上最大的環礁，也是美國軍事基地的所在地。

由於朗格拉普原住民從落塵接觸到的輻射劑量特別高，大約 2,000 毫西弗，他們的皮膚隨後出現大面積燒傷，白血球數量也隨之下降。其他島嶼上的原住民和朗格里克的軍人，則沒有出現任何症狀。

在瓜加林環礁，受輻射汙染的島民接受了醫師治療，並立即參與由布魯克海文國家實驗室（Brookhaven National Laboratories）的醫師和科學家領導的長期健康研究，也就是名為「人類暴露於高核當量武器輻射塵中大量貝塔和伽瑪射線的反應研究」的健康調查，一般簡稱 4.1 計畫（Project 4.1）[27]。同年 3 月 8 日，試爆後不到一週，輻射專家尤金・克朗凱特博士（Eugene Cronkite1）被任命為該計畫的主導人，但在當時，**還沒有人知道日本漁民已受到汙染**。

當所有人都疏散到瓜加林環礁後，軍方便認定已找到所有

的輻射塵受害者。但隨後在 3 月 14 日，關於帶有放射性漁民抵達日本的報導登上了報紙。日本政府遂要求美軍向醫治漁民的醫師，提供輻射塵成分的詳細資訊。但美軍官員拒絕了，理由是擔心蘇聯科學家會利用這些資訊推斷製造氫彈的原理[28]。

然而，這個藉口似乎過於牽強，因為機密顯然早已外洩。蘇聯當時已經研發出自己的氫彈，甚至早在蝦子試爆前 6 個月的 1953 年 8 月 12 日，就在哈薩克北部試爆過一枚[29]。然而，美方堅持不提供任何關於輻射塵放射性同位素的資訊，因此，日本科學家只能從漁船上收集的落塵中自行分析。

科學家們確定出，其中至少包含放射性的鋯、鈮、碲、鍶，和碘[30]。其中，鋯、鈮和碲等元素並不具有生物效應，因此不用特別關注。然而，鍶和碘則完全不同，它們都具有生物活性。這將對人體健康帶來何種影響呢？

◆ 似曾相識的悲劇，得從過往找解答

公共衛生科學家認為，落塵中的鍶是一個大問題，因為它與鈣、鐳一樣，也屬於鹼土族金屬，**因此有可能會融入骨骼中**。這些透過皮膚、呼吸攝入鍶的漁民，都面臨著成為「鍶男孩」的風險，也就是數十年前鐳女郎悲歌的男性版本。

這樣看來，輻射的黑歷史似乎又在重演。突然之間，30 年前的鐳女郎事件似乎與眼下的鍶問題密切有關。一切早期關於鐳對健康影響的研究，都被找出，而為了評估長期的健康效

應，美國還發起一場全國性的搜尋活動，尋找所有倖存的鐳女郎，讓她們參加後續的健康研究[31]。1956 年，原子能委員會的一位官員總結了這個情況：

> 在遙遠過去所發生的事情，將會讓我們有機會展望未來。當這些人攝入鐳時，並沒有鍶 -90 這樣的東西存在，但今天，她們很可能能幫助我們確定出多少的攝取量是安全的。在我看來，我們正試圖追蹤一項當初根本沒想到的實驗，而這項實驗已產生無法估量的價值[32]。

最終，科學家們找到了 520 名倖存的錶盤漆工，她們所有的醫療、牙科和採檢紀錄都被收集，並轉移到阿貢國家實驗室（Argonne National Laboratory），這是位於芝加哥郊外新成立的國家級科學與工程研究單位[33]。

經過分析後，所有數據都導向同一個概念：鐳和鍶這類趨骨性物質，其行為非常相似，對健康的短期和長期效應也是。只需要依照其放射特徵，例如半衰期、粒子類型、能量等差異加以調整，就足以預測暴露在任何一種輻射時，會對健康造成哪些影響。

另一方面，碘帶來的威脅是針對另一種特定組織。碘會受到人體甲狀腺的吸引，也就是橫跨在鎖骨上方氣管處的蝴蝶狀器官。甲狀腺會利用碘產生調節新陳代謝的荷爾蒙，這是一項非常重要功能。而由於碘在自然環境中相對稀少，在人類飲食

中也很罕見[34]，**因此每當甲狀腺在血液中偵測到碘時，就會將其捕獲並儲存起來，以備將來使用**。在正常人體中，甲狀腺裡的碘濃度可達到血液中的 1 萬倍[35]。

本質上，甲狀腺可說是一塊針對碘的海綿。早在 1895 年，也就是貝克勒爾發現放射性的前一年，世人就已經知道這一點。當時德國生理學家尤金・鮑曼（Eugen Baumann）已在研究報告指出，他在甲狀腺中發現了極高濃度的碘[36]。

有了這點認知，再加上知曉放射性元素的化學行為，就像其不具放射性的同類一樣，理當可以輕易預測到，放射性的碘恐怕不會對甲狀腺帶來什麼好處。但奇怪的是，科學界遲遲沒有意識到放射性碘對甲狀腺造成的獨特危險，也**沒有在受輻射塵汙染受害者進行的後續醫療追蹤中監測這個腺體**。

多年後，美國派往治療輻射塵受害者的醫療團隊成員維克多・龐德醫師（Victor P. Bond）回憶道：「坦白說，關於甲狀腺，我還是感到有點尷尬。當時的主流思想是，甲狀腺是一種抗輻射器官，但事實是，確實有非常大劑量的碘進入到甲狀腺。」龐德的主管兼醫療團隊負責人尤金・克朗凱特醫師對此表示同意，並指出「在醫學文獻中，沒有任何記載可以預測，人體甲狀腺疾病的發生率會這麼高」[37]。

到了 1960 年代，許多遭受輻射影響的島民開始出現甲狀腺病變，在朗格拉普有三例，烏蒂里克環礁也有三例，就當地僅數百人的人口來看，這樣的甲狀腺癌發生率遠高於預期。這也引起了島民對醫療團隊的不信任，因為醫療團隊的領導階層

曾預測，根本不會有甲狀腺癌的發生[38]。如今人們已知道，放射性的碘相當容易引起甲狀腺的癌症。

◆ 銫-137，陰魂不散 30 年

時至今日，輻射塵的成分也不再是國家機密，世上每個國家都知道核彈運作的基本原理。輻射塵的主成分是核分裂反應的產物，即原子分裂時產生的同位素。

儘管蝦子屬於氫彈，但如前文所提，最先用來引爆的一直都是原子彈，而核融合反應的能量，實際上也能催生更多核分裂反應。因此，即使是氫彈，也會釋放大量核分裂反應的碎片。此外，由於在炸彈核心炸裂前，部分連鎖反應尚未完成，導致輻射塵中還含有大量的鈾、鈽等可分裂元素。

可產生核分裂的鈾和鈽原子，大約有 40 種不同的分裂方式，因此理論上可能產生約 80 種不同的碎片，即放射性同位素，不同種類的產量可多可少。其中絕大多數的半衰期非常短，不到 1 分鐘，這些短命的放射性同位素並不會為輻射塵增加任何危害。然而，其他放射性同位素的半衰期，便長到足以引起問題。此外，還有些放射性同位素，例如鍶和碘的同位素，更具有會被生物體吸收的生化特性。

被日本科學家忽略的其中一個輻射塵主要成分，是銫-137。

在元素週期表上，銫位於第一列，算是鈉和鉀的化學近

親，這兩種物質都是重要的人體電解質，可以理解為某種可溶解的鹽。事實上，海水就是一種電解質溶液，人類的體液與其沒什麼不同。

人體非常依賴鈉和鉀，絕大多數組織和器官的生理功能都需要這些電解質。因此，這些電解質在軟組織中分布相當均勻。銫也和鈉、鉀一樣，均勻分布在全身，儘管在肌肉中特別豐富，但它其實並不會尋找特定組織，或集中在某一器官中，因此，這不是銫危害健康的主要原因。

銫-137 的問題其實很簡單：**它會在環境中停留很長的時間，半衰期長達 30 年**。在這片陰霾中，唯一讓人還能懷抱一絲希望的，是銫的溶解度。與鈉、鉀一樣，銫也很容易溶於水，通常在短時間就能被雨水溶解、沖入河流、進入海洋，並被洋流混合、稀釋至非常低的濃度[39]。

好在輻射塵中會嚴重損害健康的放射性同位素很少，分別為半衰期 8 天的碘-131、半衰期 52 天的鍶-89、半衰期 28 年的鍶-90，和銫-137。顯而易見，碘-131 代表相對短期的風險，但鍶-90 和銫-137 的影響，卻可以持續好幾年。

對日本漁民來說，治療過程和疾病本身幾乎一樣糟糕。他們在治療期間接受的大部分輸血都被肝炎病毒汙染，因此他們當中的 17 人，都遺憾地罹患肝炎[40]。更糟的是，**可能因為醫師想掩蓋自身錯誤，從來沒有人告知他們這件事**，也因此沒有接受肝臟疾病治療[41]，最終導致許多漁民死於肝臟相關疾病。

另一項針對他們健康狀況的長期研究，最後也破局了。該

研究原本是為了更加認識放射性同位素引起的疾病，但因為漁民對醫療當局的不信任，使計畫難以延續。後來由於漁民們陸續罹患肝臟疾病，這點也注定會影響研究結果的有效性[42]。

在第五福龍丸事件後，日美關係跌至戰後最低點，特別當美國當局堅稱，由於提供遭汙染的輸血血液，日本醫師應對漁民的健康問題負責後[43]。在經過激烈談判後，每位漁民最後從美國政府獲得5,550美元的賠償，約相當於今天的5.2萬美元，交換條件是，漁民必須同意不再進一步透過法律途徑索賠。

◆ 抗輻射的牛奶、本地產的螃蟹，都慘遭放射性汙染？

撤離家園的朗格拉普島民，最終在未受汙染的環礁上重新定居，他們被安置在馬朱羅環礁（Majuro Atoll）的埃吉特島（Ejit）上。在他們等待返回家鄉期間，美國政府研究朗格拉普島的環境，並監測到環境的放射性等級逐漸下降。到了1957年，當地人終於返回朗格拉普，美方也告知他們，現在島嶼本身已是安全的，當地食物也可以安全食用[44]。但事實證明，**當地的食物並不安全**。

輻射塵除了透過皮膚和呼吸進入人體，另一個主要途徑，便是透過食物的攝取。對那些可以進入食物鏈的放射性元素來說，最關鍵的就是攝取途徑。碘和鍶都屬於這一類。

關於人類透過食物攝取碘的方式，有些好消息，也有些壞消息。大部分透過食物攝取的碘，來源都是乳製品，因為乳牛

在吃草時會獲得碘,其中部分碘進入了牛奶中,哺乳期的小牛在攝取母乳後便可獲得所需的碘,直到牠們能夠自己吃草為止。

而當我們攝取牛奶製成的乳製品時,就為自己的身體補充了碘,碘隨後便會進入甲狀腺。這意味著,如果一頭牛吃下含有輻射塵的草,當我們食用牠的牛奶或乳製品時,就會吸收到具有放射性的碘。**誰能想得到,人們在類似事件發生後,為了抵抗輻射而大量飲用的牛奶,卻可能已被碘-131汙染**,這可真是個壞消息。

好消息是,在經過一段短暫的時間後,半衰期較短的碘-131將會衰變,因此牧草、牛隻,甚至牛奶中都將不再含有危險的碘-131。由於碘-131的半衰期只有8天,因此等待3個月再食用受汙染的食物,便可減少99.9%的放射性暴露。要對付碘-131,最好的措施就是暫時禁食當地食品,尤其是牛奶。

而鍶進入飲食的故事則相當獨特,很容易讓人聯想到鐘錶漆工攝取到鐳的問題。在朗格拉普島民返回家鄉一年後的1958年2月,美國海軍科學家決定測試朗格拉普椰子蟹的放射性汙染情形。結果,他們在這些螃蟹身上發現了大量的放射性物質。

椰子蟹(請見下頁圖7-2)是體型巨大的陸生蟹,實際上更類似龍蝦而不是螃蟹。牠們的爪子力量強大得足以敲碎主要食物來源——椰子的外殼。椰肉富含鈣質,而螃蟹正需要鈣來

維持快速生長的外殼。棕櫚樹則從地下吸收鈣，並將其濃縮在果實中。

我們知道，鍶與鈣的生物化學特性非常相似。毫不意外地，朗格拉普的螃蟹們正因為鍶-90 的汙染，進而產生了高度的放射性。更糟的是，在島民眼中，椰子蟹是十分美味的食材，自從他們返回環礁以來就一直在大量食用。隨後在 1958 年 6 月，當海軍警告朗格拉普島民不要再食用當地的椰子蟹時，無疑是對他們傳統生活方式的另一大打擊[45]。

圖 7-2：慘遭汙染的主食，椰子蟹

這種體型龐大的雜食性陸蟹，原產於南太平洋。牠可以爬上棕櫚樹，用強壯的爪子敲開椰子，並食用其中的椰肉。由於馬紹爾群島土壤中，殘留有因核試爆產生的放射性鍶，後被棕櫚樹吸收、集中在椰子中。這些受到放射性汙染的螃蟹和椰子，相當不幸地，正是馬紹爾群島居民飲食的主要來源之一。

◆ 寫錯的小數點，釀出第三次憾事

比基尼島本島，是大多數炸彈試爆的實際地點，一直到1969年才重新被允許定居。當時原子能委員會藍帶專家小組（blue-ribbon panel）估計，返回的島民將攝入的、遭放射性汙染的本地食物，劑量應在安全範圍內，於是開始讓島民重返比基尼島。

但不幸的是，**該小組提出的返島建議，主要基於一份小數點寫錯位置的錯誤報告**——這個謬誤，將椰子消耗量低估了整整100倍。撰寫該報告的戈登．鄧寧（Gordon Dunning）坦率地承認：「我們確實搞砸了[46]。」

由於椰子是比基尼島民的主要食物，這個差錯意味著，島民實際上將攝入大量的放射性物質，可能比其他任何已知族群都來得多。在1978年人們終於發現問題後，島民不得不再次從家園撤離。

這個小數點錯誤，已經是島民第三度栽在這群專家手中，並承受到災難性的後果。如前文所提，第一個錯誤是洛斯阿拉莫斯的物理學家誤判鋰-7不會促進核融合反應，結果導致氫彈的威力翻倍，讓輻射塵的量遠超過預期，甚至還飄落到已經搬離家園的島民身上。

第二個錯誤，是醫師完全沒有意識到甲狀腺的生理特性，會使島民面臨放射性碘帶來的高風險。就這樣，島民面臨的危險第三次遭到否認或淡化，並默默承受了專家錯誤意見的

代價。

在經過許多折騰後,馬紹爾群島居民依舊生活在受輻射塵汙染的環礁上,呼吸、吸收、飲用、食用大量的放射性物質。在 1960 年代,島民們開始出現甲狀腺癌病例,隨後又陸續診斷出其他癌症,包括白血病,也就是血癌。美國政府的醫師則為其提供持續的醫療照護。

在治療過程中,布魯克海文國家實驗室(Brookhaven National Laboratory)的科學家,收集了島民的健康數據加以分析。同時也收集未受到輻射影響的瓜加林環礁居民健康數據,並將這批人當作未受到輻射暴露的對照組,以便比較數據。

這組數據,至今仍是輻射塵對人體健康影響最大規模的研究,在未來,與輻射塵放射性同位素相關的安全限制,也將會以馬紹爾群島研究的結果為主要基準。馬紹爾群島人之於輻射塵,就好比鐳女郎之於鐳。這兩群人都成了世上其他人「礦坑裡的金絲雀」。

布魯克海文實驗室對馬紹爾群島居民的研究,於 1998 年正式結束。到了此刻,世人對人體吸收放射性物質的風險已有許多認識。目前,美國能源部(DOE)也繼續在馬紹爾群島和美國的診所,為受輻射汙染的馬紹爾人提供一年一度的健康檢查。能源部在向國會提交的年度報告中,也納入島上居民長期健康狀況的資訊。

1983 年 6 月,美國與馬紹爾群島共和國簽訂協議,承認

馬紹爾群島人民因美國核子試驗的貢獻和犧牲。馬紹爾群島設立了核試驗索賠法庭，負責向經判定確認，因核子試驗產生健康問題的人，提供人身傷害和財產損失的賠償。

截至 2003 年，共有 1,865 人獲得超過 8,300 萬美元的人身傷害賠償金，他們聲稱患有的輻射相關疾病共有 2,027 種[47]。到了 2009 年 5 月，美國國會授予的所有資金已全部用罄，然而還有 4,580 萬美元的人身傷害索賠，尚未支付給輻射塵受害者[48]，其中許多人在等待賠償金期間就已身故。

據估計，超過 50% 的合格索賠者在獲得全額賠償金之前就已死亡[49]。這個法庭現在已名存實亡，除非美國國會願意恢復撥款，但從各方面來看，這個可能性都極低。

◆ 在土地上撒鹽

生化武器從未被證明是有效的大規模殺傷性武器，主要是因為它們難以控制。**一旦釋放生化武器，環境便有可能將這些武器製劑重新拋回攻擊者的眼前**。例如第一次世界大戰中，法國的路斯戰役（Battle of Loos）期間，由於風向變化，將釋放往德軍方向的氯氣吹回英國士兵的戰壕中。

此外，如果武器的殺傷力無法被控制，那麼它就沒有太大的軍事用途。在這方面，輻射塵也帶來類似的問題：**它會反過來倒打你一耙**。比基尼環礁核試驗的第一任指揮官，海軍上將威廉・布蘭迪（William H. P. Blandy）在目睹了受到輻射汙染

的戰艦因放射性喪失戰鬥力後，他表示：「這是一場毒藥的戰爭[50]。」

無法控制的輻射塵，是使用核武的主要障礙。但是，如果將不必要的大氣輻射塵降至最低，同時將目標爆炸區域的放射性最大化，則可能讓核武變得更具殺傷力、足以消滅更多敵方戰鬥人員。

此外，放射性的標靶攻擊也可能使敵方土地變得無法居住，阻礙他們的恢復，並遏止敵人未來展開侵略行動。這個概念相當類似古羅馬將軍小西庇阿（Scipio Aemilianus）的策略，據稱他在第三次布匿戰爭（Third Punic War）結束時，在戰敗的迦太基（Carthage）土地上撒了鹽，以避免潛在的第四次布匿戰爭[51]。

中子由於其獨特的物理特性，能夠以另一種方式使大地鹽化。在穿過物質時，若高速運動的中子沒有撞擊到原子核，最終都會減速直至停止，成為「自由」中子。然而，大自然並不喜歡自由中子。中子理應存在於原子核中，而不是在沒有質子相伴的情況下自行漂浮。因此，一旦這些中子停止移動，附近的原子核將會吸收它們。

其中，有些元素的原子核比其他元素更擅長吸收中子。然而，大多數原子核在某種程度上其實都能做到這件事，而且結果也總是一樣。帶有額外中子的原子核，將會偏離穩定原子核喜歡的一對一中子質子比。沒錯，你可能已經猜到了：**大多數富含中子的原子核，都會產生放射性。**

多餘的中子將使原子核膨脹，進而嘗試將中子轉化為質子，並吐出 β 粒子，以緩解消化不良。這些全新的 β 發射體有一系列的半衰期，大部分都很短。然而有些鈷的半衰期，例如鈷 -60，卻能夠長達一年以上，這時間的長度，相當於在土地上撒鹽。

　　利用中子的獨特性質使其他元素產生放射性，便是由物理學家西拉德（Leó Szilárd）於 1950 年提出的全新武器概念，通常稱為鈷彈（cobalt bomb），有時也稱為鹽彈（salted bomb）[52]。

　　這種核彈的彈頭內混合了大量的鈷 -59，這是一種非放射性金屬，能夠非常有效地吸收自由中子。當發生這種情況時，穩定的鈷 -59 會變成具放射性的鈷 -60，半衰期為 5 年。雖說這時間並不會長到讓土地永遠無法居住，但很可能使其在戰爭剩餘時間內皆無法再使用。

　　就目前的資訊來看，鈷彈尚未存在，不過這個概念激發了大眾的想像。在流行文化中經常出現鈷彈或其他類型的鹽彈，包括內佛‧舒特（Nevil Shute）的小說《世界就是這樣結束的》（*On the Beach*）、電影《007：金手指》（*Goldfinger*）和《奇愛博士》（*Dr. Strangelove*），以及電視影集《星艦奇航記》（*Star Trek*）。

◆ 炸彈的重點：能殺多少人？

在討論氫彈及輻射塵問題之前，應該先來談另一件事：**它們的殺敵效率將大幅提高**。氫彈與原子彈一樣，主要靠衝擊波和火焰來摧毀目標。儘管這可能引發殺傷平民的爭議，但敵軍仍然可以建造足以抵禦衝擊波和火焰的防禦工事。因此能夠想像，士兵甚至可能在氫彈爆炸中倖存，然後在遭到轟炸的荒地上繼續戰鬥。**中子則可以跨越這道防線，除掉那些頑強的敵軍戰士。**

正如前文所示，和其他類型的輻射相比，中子對鉛和其他金屬都具有高度穿透性，殺傷力非常高。利用中子的這兩項特性，武器科學家已生產出所謂的增強型輻射彈（enhanced radiation bomb），能夠大幅增加中子的產量。

這是使用原子惰性彈殼、X射線鏡裝置，再加上對核融合炸彈的其他改造來設計而出，在爆炸時將會釋放出最大數量的中子。即使士兵們在當下沒有被衝擊波和火焰殺死，這些中子也將穿透裝甲，並透過放射線病殺死躲藏的士兵。

這種增強型的輻射武器，較常見的名稱是中子彈（neutron bomb），傳說它可以在殺人的同時保住建築物。遺憾的是，事實上並非如此。中子彈對建築物同樣具有破壞性，只是能更有效地找到，並殺死隱藏在其中的任何人。

雖然中子彈仍然算是氫彈的一種，但它們仍被視為用於戰場、破壞力較小的戰術武器（tactical weapon），而不是摧毀後

方城市基礎建設、破壞力較大的戰略武器（strategic weapon）[53]。因為它們僅數十到數百噸的重量，比上千噸的常規氫彈來得小，因此更適合製造，其大小更接近於大型核分裂炸彈。因此，在戰術上可以用單顆中子彈摧毀大城市的局部地區，而大型的核融合炸彈，例如約 5,000 萬噸 TNT 的爆炸威力，則可以完全摧毀約 4,000 平方公里的區域。

◆ 比基尼島的復甦

由於擔心天然食物中仍殘留有放射性，原住民們最後並未返回比基尼環礁。不過在 1997 年，比基尼環礁曾開放短期訪問和旅遊。由於當地的環境輻射，僅是略高於正常的背景輻射值，現在的比基尼群島非常安全，並已成為水肺潛水和飛蠅釣客的熱門景點。

比基尼島，為潛水者提供了探索上百艘不同戰艦殘骸的機會，這些沉沒在環礁潟湖中的艦艇，是過去核彈試爆計畫的一部分。潟湖水域淺而溫暖，水下能見度極佳。而對於飛蠅釣客來說，今天的比基尼島也是個釣魚勝地，大量魚類在毫無人類的干擾下繁衍生息。

第 8 章 直到找到數據，我們才有證據

「當你能夠衡量你所談論的內容並用數字加以表達時，表示你真的了解它，但當你還做不到時，你對此只是一知半解，無法令人滿意。」

——英國物理學家，克耳文勳爵（Lord Kelvin）

「平均起來每個人有一個乳房和一顆睪丸。」

——數學家，德斯蒙德・麥克海爾（Des MacHale）

紫色斑點，是日本原爆倖存者最害怕的事物。

在日本原子彈爆炸後的幾年，倖存者開始明白，如果談到健康風險，他們可還沒有完全脫離險境。**即使是那些從未出現過任何放射線病症狀的人，他們的死亡率仍高於正常值。**

這些人死前都有些跡象，通常是皮膚上出現紫色小斑

點,也就是瘀點。就像西元六世紀的歐洲人,曾經把打噴嚏視為鼠疫的前兆,戰後的日本人也認為皮膚出現紫色斑點是白血病的先兆。但不同的是,只有歐洲人對噴嚏的看法是錯誤的。

◆ 逃過了放射線病,卻逃不過白血病

1945年8月那個充滿災難的早晨,重人文雄醫師在等待電車時,也暴露在原子彈的輻射下。重人在此前不久剛被任命為紅十字醫院的新副院長,一週前才抵達廣島。所幸,他在爆炸中只受了輕傷,隨後便趕去上班,那時他的下屬佐佐木醫師已在忙著救治炸彈受害者。

而最早發現院內所有X光片都因爆炸曝光的人,就是重人醫師。他年輕時曾學習過放射學,並在當下立即明白底片曝光的含義,他也是現場第一批了解到許多受害者身上放射線病問題的醫師。不過,這些都還不是他最初認識到,輻射對健康的唯一影響。

之後,重人醫師在這間醫院工作多年。由於病患都來自附近區域,長時間下來,他目睹了許多在爆炸中倖存的患者。1948年,他首先注意到原子彈倖存者的白血病發病率偏高[1]。**即使是那些過去未表現出任何放射線病症狀的人,有時也會死於白血病。**

最初,重人醫師關於原爆倖存者白血病發病率升高的報告,曾遭到日本厚生勞動省以及美國公共衛生官員的懷疑。美

國人對日本醫師所寫的輻射相關健康問題報告，尤其抱持懷疑態度。他們認為，日本人總是會為了利益誇大這些問題。畢竟，他們可以據此向美國政府要求對受害者的賠償。

戰後的那幾年，**要想提出輻射對健康影響的新主張，門檻相當地高，若是來自日本的則更是如此**。由於重人早已預料到會遭受懷疑者刁難，他細心地保留了自己患者的白血病發病率統計數據，這些資料顯示，白血病的發病率確實在上升[2]。長時間下來，白血病發病率更是達到前所未有的高，最終，世人終於願意接受輻射會導致白血病的說法。

到了1953年，原爆倖存者的白血病發病達到頂峰，並於隔年開始下降。然而從1955年開始，其他類型癌症的發生率開始明顯上升，直到1982年，這些癌症才開始減少。最終看來，在原爆倖存者之間，多種癌症的發生率似乎都有所升高，而輻射被視為一種非選擇性的致癌物，能夠在身體大多數組織中誘發癌症。

這種想法，便將輻射與各種化學致癌物區分開來，因為化學致癌物一般都有針對特定幾種組織誘發癌症，輻射則沒有這樣的差別。幾乎所有組織似乎都存在一定程度的癌症風險。

1972年，19歲的馬紹爾島民勒寇伊・安賈因（Lekoj Anjain）便患上了急性白血病──1954年「喝采城堡」氫彈試爆時，安賈因還是朗格拉普環礁上的嬰兒──當時普遍認為，他的白血病可能是因為輻射暴露所致[3]。

隨後，他被飛機送往位於紐約的布魯克海文國家實驗

室，在那裡診斷出白血病，然後被轉移到馬里蘭州的國立衛生研究院（National Institutes of Health）治療。不幸的是，他的病在當時無法被治癒，到年底就去世了。

19歲就罹患白血病並非前所未聞，但十分罕見。畢竟，白血病發生的中位年齡是65歲。安賈因是首位因輻射死亡的馬紹爾島居民，死因為白血病，這都與日本人的經驗一致。上述事實指向一個論點：白血病是暴露於高輻射劑量的人群中，首先出現的癌症。

◆ 原爆倖存者，研究輻射病大功臣

當原爆倖存者開始罹患癌症時，世人早已有過許多面對高劑量輻射的經驗：鈾礦工、第一批因為使用X射線和鐳而發病的患者、早期放射科醫師、鐳錶盤漆工、日本的兩次原子彈爆炸，以及馬紹爾島的輻射塵。

所有輻射事件都給人們帶來不少痛苦。沒錯，顯然高劑量的電離輻射會導致癌症。但到底有多危險？受到低劑量輻射的人呢？他們也需要擔心嗎？

這些問題的答案，埋藏在不同的輻射受害者族群之間，但這需要動用許多科學家、長年的研究，和大量的資金來收集必要數據，從中找出與癌症風險相關的有用資訊。儘管如此，流行病學家仍看到了巨大的科學機會，可以回答自輻射首次發現以來，大家一直想知道的基本問題，而且還能以可測量的方式

來回答。

在一切對暴露於輻射人群的研究調查中，**最有希望從中獲得精確、可靠發現的，是原子彈倖存者**。為什麼呢？這當中牽涉到的科學原因非常多，超出了本書所討論的範圍，不過我們可以詳細說明兩大主要原因：一，廣島和長崎有大量人口，涵蓋所有的年齡層和性別，而且他們同時受到全身大範圍的輻射暴露；二、根據炸彈爆炸時個人所在的確切位置，並透過建築結構和地形地貌加以校正，便可以準確判斷倖存者接觸的輻射劑量[4]。

正如大多數紐約人都清楚記得，他們在2001年9月11日，世貿中心遭到恐怖攻擊時自己所在的位置一樣，大多數原爆倖存者也都知道原子彈爆炸時他們的確切位置，科學家可以用這些資訊來推測他們暴露的輻射劑量。

這兩項因素：大量群體，以及可靠的個人劑量估算，都能被轉化為良好的統計數據。而良好的統計數據，意味著流行病學研究將有能力回答種種科學問題，而且不必擔心這些研究結果，僅僅是偶然造成的[5]。

要確定任一特定暴露量與特定健康結果間的關聯時，靠的就是統計檢定力。**原子彈爆炸族群遠比先前或之後的任何輻射族群研究，都具備更強的統計檢定力**，而且這套數據，無論是在數量還是品質，都不太可能被超越。

若要掌握眼前深刻認識輻射對人體健康影響的獨特機會，需要做的事，就是追蹤輻射暴露者的一生。接著，就可以

精準確定這些人身上突然出現的健康影響,並進一步測量這些健康影響出現的速度。這可不是一件小事。

如果事實證明,相對於未受輻射影響的對照組,輻射組群體的發病率較高,則可由此推斷輻射是病痛的可能成因。要是這項研究成功,結果將會成為輻射對健康影響的完整目錄。更重要的是,還可以針對每種健康結果做出可靠的估計,推算出每單位輻射劑量的風險!

這是個確定地球上最令人恐懼的輻射,如何影響人們健康的絕佳機會,而精明的科學家當然也明白這個道理。正如輻射科學家羅伯特・福爾摩斯(Robert H. Holmes)博士向記者談到日本原爆倖存者時說的:「他們是最寶貴的一批生還者[6]。」

因此,在經歷了一系列斷斷續續的初始計畫、大量爭議,以及關於誰來支付費用的激烈辯論後,1946年11月26日終於拍板定案,時任美國總統哈利・杜魯門(Harry Truman)指示美國國家科學院,展開原子彈輻射對人類影響的長期研究。

這項指示,最終催生出由美國資助的原爆傷害調查委員會(ABCC)。這項研究工作的基石,是透過大規模的生命跨度研究,不斷追蹤12萬名原爆倖存者和控制組的醫療結果,至今已超過65年[7]。這項計畫,更被認為是針對輻射對人類健康影響的流行病學權威研究。[8]

對人類來說,輻射可能是種新興的危害,但是人對健康風險的興趣並不是什麼新鮮事。世人長久以來都十分留意該如何

衡量因各種活動、接觸各種物質而死亡的風險。

　　事實上，目前已知史上第一個按職業劃分的預期壽命計算方法，是由羅馬法學家烏爾比安（Ulpian）制定的。根據他的計算，人們可以判定各個職業的死亡風險，從而讓人衡量這些職業的危險程度——題外話，當角鬥士可不是個好選擇！

　　後來在十七世紀，一位熱衷於公共衛生統計的倫敦店主約翰・岡特（John Gaunt），決定使用現成的公共死亡數據來計算各種疾病的死亡風險。用岡特自己的話說：「許多人都生活在對可怕疾病的巨大恐懼中，我要記下每種疾病的死亡人數，並將代表每種疾病的數字與整體數據（死亡率）比較，如此一來，人們便能更清楚他們所處的風險。」[9]

　　岡特最後的成品，便是史上第一份生命表（life table），也就是人在每一歲時生存機率的表格。除了滿足世人對預期壽命的好奇心，不久後也有人發現，這份生命表為人壽保險提供了一種合理的定價方式。因此約翰・岡特時常被認為是現代人壽保險業的始祖。公共衛生統計數據似乎比在此之前人們所認識的更有價值。

　　幾個世紀過去後，公共衛生領域的「精算師」更將他們的工作提升到更高的境界，將原本僅是描述性的統計數據，轉變為現今被稱為流行病學的新興科學領域。

　　倫敦醫師約翰・史諾（John Snow）可謂是流行病學之父。史諾是一位醫師和公共衛生倡導者，他相信計數和測量的價值。而當 1854 年霍亂疫情席捲倫敦、導致大量人口死亡

時，史諾針對情勢展開的統計計畫也不怎麼令人意外。

他不僅統計了死亡人數、霍亂受害者人數，更以社區為單位計算死亡率，還精確繪製受害者住所的位置，因此能夠看出，死亡率最高的那些人，很可能都是從公共設施的住宅地下水系統，也就是布羅德街（Broad Street）的水泵取得飲水[10]。因此，他確定受汙染的飲用水源正是導致流行病的原因。

在某個虛構的民間軼事中，據說史諾還把水泵手柄拔掉、切斷了受疾病汙染的水源，迫使居民尋求其他更清潔的水，就這樣單憑一己之力結束了這場流行病。

依循史諾當年的研究方式，輻射流行病學家計算並繪製出與兩次原爆相關的疾病發生率，並透過類比，他們可以證明原爆點正是放射線病和各種癌症的震央，就像布羅德街的水泵是霍亂的震央一樣。

此外，這批輻射科學家甚至走得比史諾更遠。史諾從未根據每人的飲水量，即每單位劑量的風險來衡量個人罹患霍亂的機率。可想而知，輻射流行病學家絕不會犯下同樣的錯誤。

◆ 最嚴謹的病因研究：世代研究

1946年12月6日，當杜魯門總統授權美國國家科學院開始研究後不到兩週，一群美國科學家已抵達廣島並準備開始工作。但首先，他們參加了由該市助理市長山本久男主持的正式午餐會。

該餐會選在原爆點附近、一棟為了取代已全然毀壞的市政廳，而倉促建造的原始建築中舉辦[11]。助理市長為破舊的環境條件道歉，但他仍然宴請了美國人一頓包含前菜、主餐、甜點的豐盛大餐。

　　都築正男醫師也參加了那場午餐會，他是輻射與健康領域的頂尖日本專家，也是未來第五福龍丸遭受輻射塵汙染時，漁民們的主治醫師之一。本地醫師松林鐐三也在場。松林向美國人報告說，他和統計學家狩野正人已在收集廣島原爆倖存者的數據，他們的目標是確定所有倖存者及其在爆炸時的確切位置，並從醫學角度對每個人的傷勢留下簡短紀錄。

　　爆炸發生後的 15 個月裡，在志工的幫助下，他們已記錄了數萬人，據估計有 20 萬名倖存者的資料，並為每個受害者建檔。儘管他們那時還沒有適當的設施來分類存放這些資料，但這群醫師還是找到一間有許多桌子的大房間，並將檔案按照倖存者距原爆點距離來相應堆放。不禁令人想起史諾當年所繪製，記錄霍亂受害者與水泵距離的地圖。

　　他們知道，如果輻射是致病原因的話，那麼長時間下來，群體中可能出現的任何新疾病，應該都會追溯到炸彈震央，也就是原爆點。就這樣，日本人在史上規模最大的流行病學世代研究上，取得了突破性的進展[12]。

　　世代研究，又稱隊列研究（cohort study），這是流行病學家手中最有力、最可靠的一種研究設計。它之所以優越的原因非常複雜，遠超出本書討論的範圍。話雖如此，我們還是可以

透過比較，來了解一下世代研究為何優於其他研究設計。

以下，我們就拿病例對照研究（case-control study）這種略遜一籌的研究類型來做比較，這通常是在無法展開世代研究時的次一等選擇。不過在此之前，必須先了解到底什麼是世代研究以及其作業方式。

為了能夠更加理解世代研究的策略，可以先從「cohort」一字的起源談起，它被翻譯為同世代、同類群、同組群或隊列。這最初是羅馬軍團的基本作戰單位，一個隊列最初有480名新兵，平均年齡在20歲左右[13]。在同一隊列裡的士兵都是同時入伍服役的，而且通常在陣亡後不會有人替換（除非傷亡十分慘重），所以長時間下來，同一個隊列的戰鬥力往往會逐漸減弱[14]。

同一隊列裡的士兵，會共同度過整個軍旅生涯，通常是20年的時光，鮮少會有調動或是人員進出。這群人共同生活，一起吃飯、睡覺、戰鬥，甚至一起死亡。最重要的是，他們也一起變老。因此，在任何一個隊列中，士兵的平均年齡都將20歲到40歲之間，具體歲數則取決於該隊列組成的時間點。

隨著時間過去，體弱多病和能力低下的士兵往往會先死去，只有強壯的士兵才能服完兵役，最後退役去過平民生活。任何有助於增加士兵能力的有益接觸或經歷，例如富含蛋白質的飲食或加強運動，都有助於延長士兵的壽命。相較之下，任何對士兵戰鬥能力產生不利影響的因素，例如醉酒或氣喘，往往會造成壽命縮短。

若將隊列中各個士兵的不同經歷和行為記錄下來，然後再觀察哪些人會出現在病假和傷亡名單上，**便能識別出哪些經歷或行為，會讓士兵面臨生病和死亡的風險。**

例如，酗酒者可能會在宿醉狀態下參加戰鬥，因此降低他們第二天在戰場上的存活機會。這就是為何長期追蹤特定人群，以確定他們的經歷如何影響健康的研究，被稱為隊列研究、同類群（同齡群）研究，或世代研究的原因。從本質上來講，這樣的研究便是在模擬羅馬隊列的傷亡統計數據。

如今，「隊列」一詞的定義更為廣泛，任何一群受到追蹤的人，都可算是一個同類群。稍微思考一下，我們就會理解到一個人可以同時是多個同類群的成員。例如，他或她可能是1955年在某間醫院出生的400名嬰兒中的一名，也是1962年在某一州接種脊髓灰質炎（小兒麻痺）疫苗的5萬名兒童其中一名，以及某特定高中在1973年200名畢業生中的一名。

透過研究不同的同齡群，我們可能會發現，剖腹產嬰兒的猝死風險更高、接種小兒麻痺疫苗的兒童感染腦膜炎的風險更高，或者那些在高中時曾酗酒的人，其發生致命車禍的風險更高[15]。同類群的研究可以為我們提供可靠的健康風險資訊，只要我們提出相關問題，並花時間耐心等待。

原爆倖存者的生命跨度研究，就是一項經典的同類群研究。這些倖存者在爆炸發生後就被招募到研究中，透過他們個人的暴露劑量紀錄與整群人年齡的增長，持續追蹤他們的疾病和死亡。**如果輻射劑量與不同疾病或死亡有關，那麼經過經年**

累月的追蹤，透過此研究，便能輕易地看出這一點。

◆ 心理因素，如何影響研究成果？

現在讓我們將世代研究，與病例對照研究進行比較，說明何以認為前者較好的原因[16]。

病例對照研究，是將患有某種疾病的人（病例）與沒有罹患該疾病的人（對照）相互比較，並詢問兩組人在年輕時曾接觸過何種類型的事物。如果病患們接觸過的某種物質，真的與研究中的疾病有關，我們便會預期病患報告中，接觸這種物質的次數將會多於對照組。

但不幸的是，病例對照研究通常十分依賴研究對象回憶的準確性。問題在於，病患有時比對照組更有可能回憶起接觸的某種物質，單純只是因為病患經常尋求對自身疾病的解釋，並已經考慮過各種可能導致疾病的物質。換句話說，**他們早就準備好回答這個問題了。**

相較之下，對照組並不會考慮他們先前是否有接觸或遭遇什麼特殊情況，因為他們根本沒有理由這樣做！因此，他們往往會回答較少的接觸物質或經驗。例如，你可能很難回憶起兒時的鄰居究竟是否有養過狗，除非你的腿上還留有被那隻狗咬過的傷疤。傷害和疾病往往會增強記憶力，這通常就是偏見影響病例對照研究的破口。

病例對照研究，可能會受到其他過於複雜而無法在此處考

慮的偏差影響[17]。在此我們姑且說，病例對照研究內含的隱藏偏差會讓人懷疑其可信度，除非這些研究結果在不同的研究人群中多次重複。只有這樣，病例對照研究的證據力才是可靠的。

另一方面，世代研究出現偏差的可能性小得多，因為接觸病因的經歷，是早在疾病出現之前就已確定的，因此不涉及回憶影響。由於世代研究不太容易出現偏差，因此一般認為，這是所有人群研究中最準確的方法、是黃金標準。事實也確實如此，**即使有多項病例對照研究都指向同一結論，這也經常僅被認為是一種可能性，除非在之後的世代研究中得到再次驗證。**

由此可以看出，並不是所有研究都有相等的價值。它們的不同之處，在於科學實驗的設計強度。在科學證據方面，我們更看重世代研究，而不是病例對照研究[18]。在科學證據的判斷上，牛頓曾說過一句至理名言：「重要的是實驗的分量，而不是實驗的數量。」正如他說過的許多話，牛頓在這一點也是完全正確的。

當原爆傷害調查委員會團隊看到成堆的文件夾時，他們對日本同行的成就感到驚訝不已。他們後來在報告中指出，日本所累積的數據「在當時的情況下，特別是在相當有限的設施下，看起來既正確又可靠」[19]。

此外，日本人似乎也意識到要及時完成這項工作的障礙，因此相當歡迎美國人的參與，甚至為他們提供了一切發現成果的英文翻譯。因此，這項生命跨度研究計畫得以順利開

展,這在很大程度上要歸功於那些有先見之明的日本醫師、科學家,以及志工們的前期工作。

遺憾的是,日本和美國科學家之間的蜜月期相當短暫。不久後,他們就因為數據掌控和報告發表時的作者排名等細節爭吵。就跟多數科學研究中經常出現的情況一樣,專業的自豪感、內訌和嫉妒,迅速破壞了計畫的進展,並阻礙這項任務的進行。美日科學家之間的諸多不和細節已被詳盡記錄,這裡就不加贅述[20]。

儘管如此,最終兩個團體都承認,他們需要彼此才得以讓生命跨度研究順利進行,因此還是拋開他們的分歧,完成工作。然而,就科學發現而言,這段不太幸福的合作還是孕育出許多成果,至今仍在為輻射如何影響健康提供新見解。

1975年,原爆傷害調查委員會重組成「輻射效應研究基金會」(RERF),並負責管理進行中的生命跨度研究計畫。輻射效應研究基金會是日本和美國政府的合資企業,總部位於廣島,至今仍是輻射流行病學的中心[21]。

◆ 生命跨度研究,用數據說話

生命跨度研究及其研究對象,目前已超過65歲。這項研究確實名副其實地追蹤了許多受試者,從搖籃到墳墓的完整人生過程。世人更從中學到許多新知。現在且讓我們看看這些人,以及他們的遭遇。

第 8 章 直到找到數據,我們才有證據 | 255

這項研究的目標，是盡可能納入廣島和長崎原爆事件的倖存者。並透過澈底搜尋和調查，在廣島和長崎分別確認出 6 萬 1,984 人和 3 萬 1,757 人的身分。失蹤者的人數則難以確認，但這總數僅將近 9.4 萬的人，可能只能代表爆炸發生時研究區域內倖存者總數的一半左右。

在這群人當中，超過 97% 的人接觸輻射劑量低於 1,000 毫西弗，因此真正得到放射線病的人相對較少——全身接觸的劑量，通常要超過 1,000 毫西弗才會產生病變。事實上，94% 的人接受到的劑量甚至低於 500 毫西弗，80% 的人低於 100 毫西弗，而作為比較，美國每年每人的天然背景輻射劑量，平均約為 3 毫西弗。

隨著這群人年齡增長，其中部分成員死於各種疾病，就像我們所有人在變老時都會遇到的情況一樣。除了癌症之外，其他的自然疾病難以輕易判定，其病因是否源自過去的輻射暴露。

截至 2013 年為止，這項研究中有 10,929 人罹患癌症。與對照組的癌症發病率比較之下，在未受輻射影響的 9.4 萬名廣島和長崎公民組成的對照組中，預計只有 10,346 人罹患癌症。因此，多出來的 623 人癌症病例，推測便是由於接觸了過量輻射所致。

而在這 623 例病例中，94 例為白血病，527 例則是其他類型的癌症。因此，在炸彈倖存者的組別中，預期將會比相同年齡、性別分布的參考人群高出約 6% 的癌症病例[22]。

在數據中，我們也能清楚看出輻射誘發癌症風險的劑量反應。也就是說，那些離原爆點較近，並因此受到較高輻射劑量的人，罹患癌症的比例將會比距離較遠的人更高。這種劑量反應的關係相當有說服力，也支持了輻射導致更多其他癌症病例的觀點。

科學家經常將劑量反應數據，當作建立因果關係的標準。這其中的道理很簡單。**如果一件事導致另一件事發生，那麼增加原因（劑量）便會增加後果（反應）。**

比方說，如果吃過量的食物會導致肥胖，那麼在其他條件相同的情況下，吃大量食物的人，就應該會比吃得少的人更肥胖。建立起劑量反應，通常是支持因果關係的重要證據。換句話說，一項能夠證明劑量反應的研究並不能單獨證明一件事導致另一件事，但若無法證明有劑量反應存在時，通常會視為推翻因果關係的證據。

劑量反應數據也為我們提供了其他資訊，讓人能夠確定出反應率。例如，我們可能會覺得每吃一個杯子蛋糕都會導致體重增加1磅，或者每吃一個杯子蛋糕導致體重增加2磅。然而，調查結果卻顯示，「吃下每個杯子蛋糕體重將增加2磅」，這是「增加1磅」的兩倍，這說明比起第一種想法，每個杯子蛋糕對腰圍帶來的威脅是整整兩倍之高。

♦ 只有「過度保護」才是「適度保護」

在經過半個多世紀的統計後，這項生命跨度研究到底得到什麼結果？就癌症而言，多得不得了！

如今我們已得知，每單位劑量電離輻射帶來的平均癌症風險，而且非常準確，至少在較高劑量的情況下。也就是說，**我們現在已知每毫西弗的全身輻射劑量，所增加的終生癌症風險百分比** [23]。

這個數值是多少？每毫西弗是 0.005%[24]。我們可以拿這個數字來做什麼？只要得知全身劑量，就可以將這數字轉換為癌症風險估計[25]。例如，每做一次全身螺旋式電腦斷層掃描，全身所接收到的放射線會為患者帶來多少罹癌風險[26]。此種掃描產生的全身輻射劑量約為 20 毫西弗，所以每做一次掃描，終生罹患癌症的風險會增加：

20 mSv × 0.005 % = 0.1%

接下來則是最困難的部分，要如何解釋這個風險指標？它對我們到底意味著什麼？風險百分比可以有許多不同的解釋方法，不過大多數人認為，以下兩種解釋最容易理解：

一，0.1% 的風險，表示這種輻射劑量會帶來千分之一的罹癌機會。換句話說，如果有 1000 名患者接受了此種掃描，

那麼其中一名患者將預期會因這種掃描而罹患癌症。這種解釋也帶來另一個問題：「千分之一的風險是否很高？」

二，我們也可以將 0.1% 的風險，與罹患癌症的基礎風險相互比較。多數人時常忽略一個不幸的事實：癌症死亡其實相當常見。儘管確切數字尚有爭議，但美國人死於癌症風險的平均合理估計，大約是 25%——重度吸菸者的風險比 25% 還高得多。因此，需要將 0.1% 的輻射風險加到我們共同承擔的基礎風險上。這意味著，你在螺旋式電腦斷層掃描前，因癌症死亡的整體風險約為 25%，掃描後由於接觸到的輻射增加，該風險會提高到 25.1%。這又帶來另一個問題：「風險從 25.0% 提高到 25.1%，有多危險？」

在得知掃描的風險後，你需要問的是：「**我可以接受這種罹癌風險嗎？**」這問題的答案，可能取決於接受電腦斷層掃描對你的好處。如果你的腹部疼得厲害，那麼電腦斷層掃描，很可能是診斷疼痛來源的最佳方法。

這種掃描將會提供醫生豐富詳盡的資訊，可能讓人覺得值得冒險一試。但若你沒有任何症狀，接受這項掃描只為了篩檢可能的疾病，那麼你或許會認為這個風險並不值得。總之，值得與否只有你自己能夠決定。

無論如何，能夠將輻射劑量轉換為風險估計，便能讓人更有效地權衡利害得失。在**得知各種暴露情況的準確風險估計後，我們便擁有了判定各種輻射暴露量是否可以接受的有效工具。**我們也可以比較相同風險等級的不同類型致癌物劑量。例

如我們可以試想：「輻射與抽菸相比，各自的癌症風險為何？」

最重要的是，我們有辦法就控制輻射風險一事上做出明智的決定，不必再使用過去幼稚的方法，例如前文提及的鐳攝入標準。這一切都要歸功於這批「寶貴的生還者」，原子彈的倖存者讓我們從他們的遭遇中學習。現在，我們有責任不愧對這些知識，必須將其充分利用以改善公共衛生。

當你在思考這些風險時，可能會問：「這份根據原子彈倖存者資料所建立的風險估計，和我的處境有多大的相關性？我又沒有接觸過這麼高的輻射劑量！這些根據高劑量炸彈倖存者估計的罹癌率，是否能套用在我這類接觸劑量更低的人身上？」這是很棒的問題！以下我們就來探討一下這個議題。

整體而言，炸彈倖存者接收到的輻射劑量相當高，這點肯定會影響到低劑量風險估計的準確性。儘管經常有人指出，大多數原爆倖存者所接受的輻射，遠不及導致放射線病所需的劑量，但事實是，他們所照射到的輻射仍比一般人，好比看牙科時的 X 光檢查高得多。

當我們在討論每單位劑量的風險時，會假設劑量和風險之間存在某種一比一的關係。也就是說，如果將劑量減半，風險就會減半；如果將劑量加倍，風險就會加倍。但真是如此嗎？一些科學家認為，**在輻射劑量非常低時，這種線性關係並不成立。**

科學家指出，許多實驗室研究顯示，細胞可以修復低程度的輻射損傷，只有**當損害程度超過修復機制可應付的程度時**，

輻射風險才與接觸劑量成正比。這是相當公允的評論，若真是如此，我們根據承受較高劑量的原爆倖存者所建立的風險估計，可能會高估低劑量暴露，例如胸部 X 光檢查的風險。

不過，就算身體的自我修復機制會減少低劑量輻射的危險性，那麼用原爆倖存者的風險來制定輻射防護標準，頂多也只是種過度保護，絕不會有保護不足的問題——我們肯定沒有低估風險[27]。

前文提到的每毫西弗 0.005% 癌症風險率，並沒有考量到人體接收低輻射劑量時細胞修復和保護機制的可能作用[28]。因此，大多數聲譽卓著的科學家認為，在現行的輻射防護和風險效益分析中，輻射風險估計代表的是最糟的情況，因為這一切數據，皆是建立在接收了高劑量輻射的原子彈倖存者數據之上。

目前仍沒有任何可靠的科學證據，顯示我們低估了輻射導致癌變的風險，也沒有任何經驗證的理論基礎暗示這樣的可能性。由於這些風險估計代表的是最壞的情況，因此當我們依此制定輻射劑量限制時，在降低風險上採取的是最為保守的做法，等同於提供了最高層級的保護。簡而言之，**當輻射科學家對某件事不確定時，他們傾向於建議過度保護公眾的政策措施**，以彌補這種不確定性。

正如土木工程師在設計橋梁時，為了確保公眾安全、避免他們承擔額外的倒塌風險，也會採取類似的做法。他們可能會先根據基本的靜態工程原理和材料研究，計算出支撐路基和車

輛交通重量所需的鋼纜強度，然後在建築規範中將鋼纜強度加倍，以防萬一真正的鋼纜施工現場，出現不符合理論強度規範的情況。

實際上，這種建設計畫提供了一段安全邊際，算是某種「性能過剩」(over engineered，或稱過度設計) 的設計。人們也可以用同樣的方式來思考輻射防護標準，這套防護標準使用了最壞情況下原爆倖存者的風險數據，還納入了各種不確定變數的安全因素。

◆ 不嚴謹的研究結論，帶來的只有誤導

在本書第三部，我們進一步探討癌症風險的計算，以及如何使用它們來權衡風險和效益。但現在，先讓我們消化一下本章的主要訊息。

原子彈倖存者的生命跨度研究，是有史以來可信度最高的流行病學研究，它為我們提供了非常準確的每單位輻射劑量癌症風險估計。這項研究非常扎實，在我們的有生之年，應該看不到任何可能超越它的研究。

在此再度說明，重點是要記住**生命跨度研究非常可靠，因為這是一項經過多年追蹤的大型世代研究**。在流行病學中，世代研究這套提供證據的黃金標準相當必要。世代研究的規模越大，證據就越可靠。

就此看來，原爆倖存者世代研究的對象超過 9.4 萬人，而

且是在同一時期招募,更長期追蹤超過 65 年,可說是目前為止人類所能獲得的最佳證據,據此研究結果估計出的健康風險指標非常可靠。

這也解釋了為什麼,流行病學家鮮少關注那些偶爾出現在科學文獻或大眾媒體上、甚至宣稱發現了與生命跨度研究相互矛盾結果的小型病例對照研究。例如,曾有媒體報導近年發表的小型病例對照研究,指出牙科 X 光檢查似乎會導致腦腫瘤,背後風險率高達令人警覺的程度,卻只引起流行病學界集體無奈的哈欠。

這類報告的作者經常忽略掉一個眾所周知的事實:**患有腦腫瘤的人不僅會在報告中於 X 光檢查的次數上灌水,也會膨脹使用吹風機、染髮劑和電動刮鬍刀的情況**[29]。這可能是因為,腦瘤患者在心理上對任何與頭部相關的暴露都很敏感。

那麼,到底是牙科 X 光檢查、吹風機、染髮劑,還是電動刮鬍刀導致了他們的腦瘤呢?很可能都不是。對這種明顯關聯的最好解釋就是,這些病例對照研究皆受到患者回憶或其他偏差的影響。但至少這些是已知的偏差,在精心設計的病例對照研究中,有一些方法能夠統計、調整可預見的偏差,但不可能校正未知的偏差!未知的偏差,便是病例對照研究的致命弱點。

那麼,這些結果相左的病例對照研究,對既有的輻射誘發癌症風險評估有何影響呢?完全沒有。

生命跨度研究是非常有力的證據,小型病例對照研究永遠

無法推翻其發現。隨著生命跨度研究提供更多資訊，我們將有望提高當前風險評估的精確度和正確性，甚至可以利用一些進行中的大型病例對照和世代研究數據，來強化證據的可信度。或者使用針對醫療輻射暴露患者的大型病例對照和世代研究，甚至是針對具有數十年暴露史的放射工作人員大規模研究[30]。

不過，這些研究可能只會提高我們暴露在低劑量輻射時的風險評估準確性，讓我們能確定原爆倖存者的數據，與不同情況、不同速率的輻射暴露十分相關。我們已經掌握到大多數情況的癌症風險資訊，同時，這些資訊的品質都非常優秀。

簡而言之，現在人們對輻射的致癌風險認識，遠比任何其他致癌物都來得多[31]。就此看來，若連像我們這樣關心自己和他人健康的理性聰明人，都無法就可接受的輻射使用與其癌症風險達成共識，那在管理其他癌症危害時，恐怕更不可能同意彼此了。

畢竟，我們對輻射以外危害的認識更少，而且幾乎不可能突然遇上能展開大規模世代研究的機會。然而，在另一方面，假如我們能夠就解決輻射誘發癌症風險的一般原則取得共識，那麼這些原則很可能也適用於類似的風險情形——那些相關數據較少，但同樣需要注意的風險。因此，輻射可說是相當優秀的測試案例，可以幫助我們了解如何應對環境致癌物的威脅。

而由於所有焦點都集中在輻射和癌症上，有人可能會認為，癌症正是推動原爆倖存者研究的科學家的主要著眼點。但實際上，一開始幾乎沒有人對測量輻射誘發的癌症風險感興

趣，那只不過是個附帶的研究。

對原爆倖存者研究的最初目標，是測量其後代可能發生的可怕遺傳效應。畢竟，有不少人做出這類預測。其中一些預測擔心，突變兒童會在人口中爆炸性成長，不過這只是想像力過於活躍的科幻小說家的幻想。

然而，另一些預測則是根據遺傳學家、輻射生物學家，和其他著名科學家實驗室的可靠研究得出。當時的大眾非常關注和擔憂遺傳效應，癌症風險倒是沒受到什麼關注。所幸，當時預測的突變後代並沒有出現，儘管倖存者研究仍在繼續尋找這類資料。

在下一章中，我們將會探討為何有人會預測突變個體的出現，以及為什麼至今都未找到這樣的突變。

第9章 劫後餘生，該不該擔心突變

「當原子彈爆炸，直接殺死數十萬人時，倖存者的生殖細胞已被植入相當數量的突變，導致不少基因死亡。從現在到遙遠的未來皆是。」

——1946年諾貝爾生理醫學獎得主
赫爾曼·穆勒（Hermann J. Muller）

「科學有些令人著迷的地方，在對微不足道的事實加以推測後，竟然能夠從小小的投資，獲得如此大大的回報。」

——馬克·吐溫

赫爾曼·穆勒的出身相當卑微。他是移民到紐約市的歐洲人後代，童年時期最初生活在曼哈頓的哈林區（Harlem），後來又搬到了布朗克斯（Bronx）。穆勒的父親是一位鐵匠，母

親則是家庭主婦，兩人只能供他去擁擠的市立學校讀書，但穆勒十分把握上學的機會。

他從父親那裡繼承了對自然世界，尤其是對生物的熱愛。科學天賦加上勤奮苦讀，讓穆勒贏得了前往哥倫比亞大學修習生物學的獎學金。在大學期間，他的興趣主要專注在遺傳學上，最終獲得了該門學科的博士學位。

此後，穆勒便留在學術界，從學生變成教師，並攀登起學術殿堂的階梯，在一所所大學任教。接著在 1946 年 12 月 10 日，時年 56 歲的他穿上燕尾服、站上講台接受諾貝爾獎。他的人生可說是美國夢實現的美好例子，可不是嗎？不，幾乎不是。

◆ 從豌豆開始，人類發現基因

二十世紀上半葉，是輻射物理學發展的巔峰時期。到 1946 年時，已有 21 人因輻射相關的發現而獲得諾貝爾物理學獎。但穆勒是一位生物學家，他因為發現「X 射線照射會導致突變」而獲得諾貝爾生理醫學獎，並正式宣告放射生物學時代的到來。

然而，**讓穆勒獲獎的實驗，其實早在 1927 年就已完成**，遠早於二戰發生的時間。然而，要等到 20 年後大戰結束、日本遭受原子彈攻擊後，他的實驗才受到公眾注意。這 20 年間，世界發生了巨大的變化，穆勒本人也是。他不再是從前的

那個人，站在台上的他，就好像在代表一個已不復存在的人接受諾貝爾獎一般。

穆勒在 1927 年嘗試回答的問題是：輻射是否會產生可遺傳的突變？

可遺傳突變，是指基因產生永久變化，導致其將改變的性狀——即未在父母身上發現的新性狀——傳遞給後代[1]。穆勒的實驗顯示，輻射可以且確實產生了可遺傳的突變。至少在他研究的生物：黑腹果蠅身上是如此。他為什麼會選用果蠅來研究呢？

在果蠅成為基因研究的首選生物之前，孟德爾（Gregor Mendel）已經使用豌豆做出開創性的遺傳實驗。孟德爾的生平大家都很熟悉，他人生中所做的一切幾乎都是失敗的。

他未能成為教區牧師，因為他太神經質，無法去探望生病的教友。他在維也納大學學習了兩年自然史，但未能通過教師資格考試、拿到證書。他甚至坦承，他在 1843 年加入位於今日捷克布爾諾（Brno）的摩拉維亞布倫（Moravia Brünn）奧古斯丁修士會，主要原因正是為了逃避謀生的壓力[2]。

彼時，修道院院長可能因為孟德爾的自然史背景，因而指派他負責園藝工作，這十分適合孟德爾。在休閒時間，他開始讓表現出相反性狀的豌豆植物之間雜交，例如將光滑的種子與帶皺紋的種子、綠色與黃色的種子、高莖與矮莖的種子相互配對。

後來，孟德爾得到了令他困惑的發現：**雜交產生的後代，**

往往只具有其中一種親代植物的性狀，但不會有介於中間的型態[3]。例如，6 呎高的高莖植物和 1 呎高的矮莖植物雜交出的後代，不是 6 呎高就是 1 呎高，絕不會出現 3 呎高的。這現象對孟德爾來說可能是新聞，但當時的植物學家早已注意到這一點，儘管他們無法對此提出很好的解釋。

但孟德爾和約翰・史諾一樣，相當看重計數和測量的價值。因此，他詳盡記錄了豌豆雜交實驗的細節。在無法從事園藝活動的冬天，他的娛樂就是研究這些紀錄。有一天他注意到，**無論自己雜交的性狀是哪個，後代中這兩個性狀總是存在某一固定的比例關係**，而其中確切的比例，取決於雜交的子代是第一代還是第二代。無論著眼的性狀為何，該比例都依循一致的固定模式。

1865 年孟德爾在布倫自然史研究學會（Brünn Society for the Study of Natural History）例會上報告了他的發現，但學會裡沒有人對孟德爾提出的這些比例感興趣。他發表在學會會刊的報告，就這樣被歷史遺忘。

到了 1900 年時，三位各自獨立研究的植物學家，在實驗不同種類的植物，並觀察不同的性狀時重新發現了這些比例。然而，在隨後展開文獻檢索時，他們失望地發現，孟德爾早在 35 年前就已經發現了這些比例關係[4]。話雖如此，他們還是證明了孟德爾提出的比例並不僅限於豌豆。不過，這會不會僅限於植物呢？

孟德爾的比例，最終與他在著作中揭示的其他遺傳概念一

同被彙整，成為宏大「孟德爾遺傳原理」（Mendelian principles of inheritance），這是一組定義遺傳性狀如何從一代傳遞到下一代的規則。孟德爾原理，可說對遺傳學帶來了革命性的影響。不過由於這些原則已超出本書的討論範圍，在此不再贅述。

不過，我們可以簡單理解為，這些原理解釋了遺傳運作的一定機制，並顯示出可遺傳的性狀，也就是離散的訊息單元——基因（gene），會從親代傳遞給子代。

孟德爾的研究顯示出，某些版本的基因，也就是變異（variants）[5]是顯性的性狀，例如光滑種子、黃色種子和高莖，而其他遺傳變異則是隱性性狀，例如皺皮種子、綠色種子和短莖。**當顯性基因存在時，它就會抑制隱性基因的表現**。因此，隱性基因只能在沒有顯性基因的情況下才會表現出來。

孟德爾的基本結論是，父母雙方都各自向後代貢獻同一基因的不同版本，並極具洞察力地發現，某些變異型比其他的更具優勢。豌豆讓他意識到，是基因在控制遺傳。但是，在那個時代，基因只是個抽象的概念，科學家僅能夠預測後代特徵的分布，並沒有其他進展。

孟德爾確實是挖掘到了某些重要線索，但若要進一步發展下去，就需要比豌豆或任何植物更好的實驗生物。於是，黑腹果蠅登場了。

♦ 果蠅的好，誰發現？

湯瑪斯・亨特・摩根（Thomas Hunt Morgan），是哥倫比亞大學著名的生物學家，當時許多人認為，哥倫比亞大學擁有全美最頂尖的生物系。而**摩根則是首批注意到，果蠅是動物遺傳研究理想對象的其中一人**[6]。

在許多方面，摩根與他未來的門徒穆勒截然不同。也許是因為成長背景差距甚遠，兩人的個性也大相徑庭。穆勒因自身的移民背景而總是感到不自在，但摩根可說是家世顯赫。後者父親的家族來自威爾斯，後來在肯塔基州定居，開設了商店和貿易線，並迅速就成為該州一大富有家族。

不僅如此，摩根幾乎所有家族成員都是曾參與獨立戰爭或南北戰爭的軍中豪傑。尤其是他的叔叔約翰・亨特・摩根（John Hunt Morgan），他在家鄉萊辛頓（Lexington）幾乎被視為為了南方聯邦英勇犧牲的英雄。

摩根的母親也有貴族血統，她是馬里蘭州霍華德世家的一員。霍華德家族長期參與馬里蘭州的政治，摩根的外祖父還曾擔任過該州州長。他的外曾祖父法蘭西斯・史考特・基（Francis Scott Key）則是美國國歌《星條旗》（*Star Spangled Banner*）的作詞者。摩根本人並沒有特別在意這些家族事蹟，他鮮少談論自己的背景，反而更喜歡討論他真正熱愛的生物學。

摩根著名的「果蠅室」（Fly Room）是他從事果蠅基因研

究的實驗室[7]。此前，他曾用數十種不同類型的動物展開遺傳研究實驗，但每種動物都各有其缺點。最終，他選擇了果蠅，他認為這是最實用的遺傳學研究對象，下文我們將會細說其原因。

摩根天生就愛發問，而他的博士訓練，更讓他成為徹頭徹尾的懷疑論者。1886 年，他進入了巴爾的摩甫成立 10 年的約翰・霍普金斯大學，並成為那裡的第一批研究生。這間大學的研究生計畫，在當時採用了新穎的教育理念，**完全以進行研究為前提——不僅沒有安排正式的講座課程，教室更只有實驗室**。

研究生在開始自己的原創研究之前，需要先安排一些練習，大學要求他們選擇在自己研究領域內發表的重要研究，並試著**重複該項實驗，以驗證或推翻這些研究結果**[8]。他們可以質疑所有的科學教條，在無法加以重現或複製前都不會輕易接受。

抱著這種心態，摩根會去懷疑孟德爾在豌豆身上的發現能否套用在動物身上，也就不足為奇了。摩根決定重複孟德爾的遺傳實驗，但使用果蠅而非豌豆作為模式生物。當時，他並不期待會做出什麼新發現。

然而，摩根很快就證明自己對孟德爾研究的看法是錯的。使用果蠅模型來重複實驗時，他驚訝地發現，果蠅的特徵在世代相傳時，完全符合孟德爾的遺傳原理：孟德爾看到的高莖豌豆與矮莖豌豆的遺傳模式，與摩根觀察到的長翅果蠅與短

翅果蠅的遺傳模式完全相同（請見下頁圖 9-1）。

在所有果蠅第二代的雜交後代，以及子代及親代雜交產生的後代之間，牠們的性狀比例也和孟德爾的實驗結果相同。摩根隨後分析了果蠅的其他特徵，發現這些性狀也展現出類似的情況。此時，摩根也正式成了孟德爾學派的信徒。

然而，摩根所做的不僅顯示出孟德爾在植物方面的研究可以在動物模型中重複。他還將孟德爾的遺傳原理升到全新的層次。他提出令人信服的證據，表示基因從一代傳到下一代的模式，與染色體的傳遞模式相對應，他對此所下的結論是：**基因不再只是一種科學概念，而是確切位於染色體上，也就是在細胞核中發現的線狀結構之上的物理實體。**

後來證明，他的這番遺傳見解完全正確，也為他贏得了 1933 年的諾貝爾生理醫學獎。基因是真實存在的物理實體，有可能被分離出來，加以操縱和研究，也有可能遭到損壞。

穆勒在取得大學學位後，留在哥倫比亞大學攻讀博士學位，摩根則成了他的指導教授，兩人最後合著了名為《孟德爾遺傳機制》（*The Mechanism of Mendelian Heredity*）的書[9]。許多人認為，本書是孟德爾遺傳學說的開創性教材，遠比孟德爾本人所寫的報告更清晰地闡明了他的原理。

摩根甚至說服穆勒，果蠅是研究遺傳的最佳工具。儘管如此，這兩人永遠都不會成為朋友。穆勒覺得他的導師沒有對自己優秀的想法給予足夠的認可，而摩根則屬於注重數據的人，他認為要產生想法相當容易，因此更傾向讚揚那些真正付出努

圖 9-1：豌豆和果蠅中的基因傳播模式，驚人地相同？

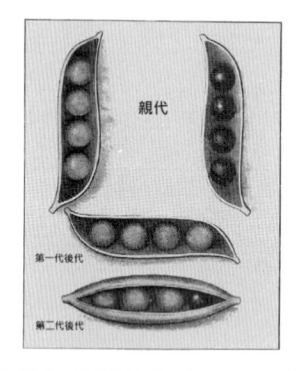

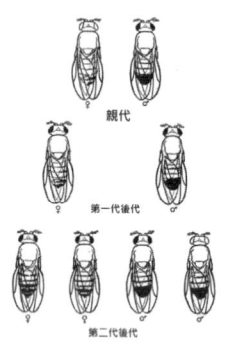

摩根在果蠅中發現的遺傳模式，與孟德爾在豌豆中發現的完全相同，這意味著遺傳學的基本機制適用於所有物種，無論是植物還是動物。當孟德爾將黃豌豆（圖中淺色豌豆）與綠豌豆（圖中深色豌豆）雜交時，第一代後代全是黃色的，但到了第二代時，有四分之三的豌豆是黃色，四分之一是綠色。

摩根在果蠅的雜交實驗中發現，其眼色性狀也有這樣的比例關係。紅眼果蠅（圖中深色眼果蠅）與白眼果蠅（圖中白色眼果蠅）雜交的第一代後代皆為紅眼，第二代則有四分之三是紅眼，四分之一是白眼。這些發現，最終讓果蠅成為研究輻射遺傳效應的標準動物模型。

力，產出用於檢驗假設所需數據的學生。諷刺的是，儘管摩根出身貴族，但他對工人們的認同遠比知識分子高[10]。

　　摩根和穆勒之間一直持續劍拔弩張的緊張關係，最終兩人還是分道揚鑣。儘管如此，兩人的餘生仍致力於果蠅研究。果蠅到底有什麼特別之處？

◆ 10 天產出 500 隻後代，實驗轉眼得到結果！

如果你想要養寵物，那就買一條狗。如果你想要吃肉，那就去養豬。但若你想做遺傳研究，那就給自己弄一些果蠅吧！

果蠅在研究中展現的優點，在於數量。牠們從出生到能夠繁衍的時間非常短，**僅需要 10 天左右，每一代都可產生約 500 隻的大量後代**，而且相當容易飼養和操控。只要給牠們一塊香蕉吃，再給牠們一個小罐子當作家園，牠們就能活得很好。此外，果蠅也十分容易區分性別，只需要觀察腹部上是否有一個小點就好。最重要的是，牠們和狗或豬不一樣，並不會咬人。

果蠅模型，讓科學家得以展開無法直接在高等動物或人類身上觀察到的遺傳研究。想想看，人類平均約需要 20 年才能繁衍一代，因此自 2000 年前以來，人類的世代也才差不多過了 100 代而已。

相較之下，果蠅在不到 3 年的時間，就能產生大約 100 個世代。而且**單一對果蠅的後代，在經過 100 代之後，產生的個體數量將會超過地球人口的好幾倍**。簡而言之，如果需要在短時間內獲得大量個體，果蠅就是個好選項[11]。如果你想研究的是可遺傳的突變，這一點尤其重要。

這些可遺傳突變有時是良性的，甚至有利於個體的存活，但大半時候都只對後代有害。在自然狀態下，突變在所有動植物族群中都會隨機發生，不過非常罕見。摩根花了兩年的時間才在實驗室飼養的數十萬隻果蠅中，找到了他的第一個突

變體：一隻白眼果蠅[12]。

所以，如果想要找到突變體，就得非常努力地找。這就是為什麼果蠅對於研究突變的人來說相當理想，因為可供查看的數量相當多。只要你有耐心坐下來一隻隻觀察，而且屁股坐得住，甚至有機會發現最罕見的突變。

這不僅讓人想起拉塞福的原子反彈實驗，會從金箔上反彈的 α 粒子非常少，還得在暗室中透過顯微鏡觀察數小時才能加以測量。儘管如此，突變就跟 α 粒子反彈一樣，對科學的進展非常重要，因此也值得耗時尋找[13]。

不過，穆勒對果蠅的突變率極低一事感到沮喪[14]。稀少的突變，導致遺傳學研究的進展緩慢。再來，一隻接一隻地檢查果蠅，絕對是件苦差事，而且我們到底在找什麼呢？突變會以各種形式出現，在篩檢時，科學家永遠不知道自己在尋找的是什麼樣的改變。若想取得實質進展，他們需要改變篩選突變體的方式。

後來，穆勒想到了一個絕妙的主意。就和所有其他遺傳學家一樣，他知道大多數基因突變的表現，通常都會被掩蓋。染色體多半都會成對出現，其中一個來自父親，另一個來自母親。**除非基因在兩條染色體上都發生突變，否則正常基因的存在，通常會掩蓋這些突變，也就是說，大多數突變都是隱性的**，因此在後代身上看不到突變的性狀。但 X 染色體是個例外，即女性的性染色體。

在女性的身上，X 染色體以一對 XX 的形式存在，與非性

染色體相同。然而，在男性身上，X 染色體則是與 Y 染色體形成不同的 XY 配對。Y 染色體比 X 染色體小得多，並且只攜帶與男性相關的基因，**因此 Y 染色體上沒有 X 染色體的基因，不會掩蓋住 X 染色體的突變**[15]。這樣看來，X 染色體就是篩檢突變的理想目標。即使是 X 上的隱性突變也能夠在雄性後代身上顯現，因為雄性只有一條 X 染色體（請見下圖 9-2）。

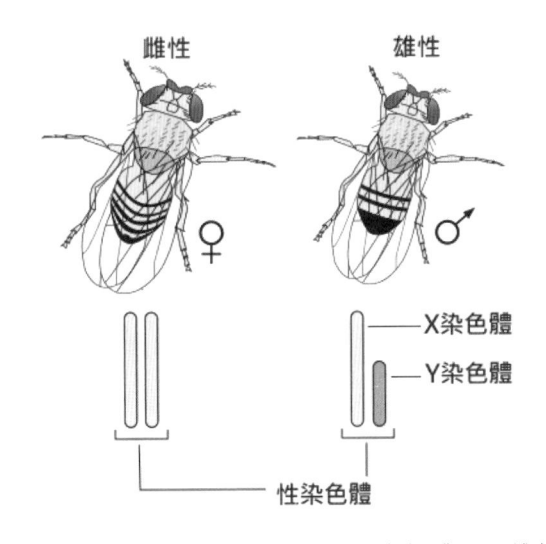

圖 9-2：染色體的不同，讓雄性突變更明顯

與許多其他動物類似，雌性果蠅帶有兩條 X 染色體，而雄性果蠅只有一條。這正是穆勒成功發現輻射誘發果蠅突變的關鍵，他利用了兩性之間 X 染色體的數量差異：雌性的 X 染色體上帶有兩份基因，但雄性只有一份。穆勒利用這種遺傳性別差異，透過實驗研究雄性果蠅身上 X 染色體帶有的致死突變。他的雄性果蠅突變檢測法，大幅提高了篩檢突變的靈敏度，就連極低劑量的輻射誘發突變也能夠測量到，這對於預防輻射誘發的人類癌症具有重大意義。

穆勒見解中的第二部分，是與最有可能產生突變的類型有關。他推斷，由於 X 染色體相對較大，上面可能攜帶有許多必需基因。X 染色體上的必需基因若產生突變，通常會導致後代死亡，但雌性的後代不會死亡，因為牠們的第二個 X 染色體上正常版的基因，將會隱藏突變的效應。相較之下，雄性則沒有這樣的機會。**對雄性來說，其唯一的 X 染色體上的重要基因若發生突變，那牠就必死無疑。**

將一切彙整起來，便可以歸納出，在果蠅交配的後代中，若母方傳遞了 X 染色體致死突變，那子代中就應該會有雄性夭折。也就是說，雌雄的性別比例不會是典型的 1：1，因為帶有突變 X 染色體的雄性將無法生存。這時，孵化出的子代將會以雌性為主。

在體認到這一點後，穆勒篩選並測試了 X 染色體的致死突變，這時的他已不再需要用珠寶商放大鏡檢查每隻果蠅。在這項新的篩選方法中，他只需計算孵化出來的雌雄性別比，就可以得知是否帶有突變體。

若性別比低於 1：1（雄性比雌性）的後代，便意味著 X 染色體致死突變存在的可能。諷刺的是，這些假定的致命突變並不是透過突變體的出現而確定，而是透過它們從未出現。這些 X 染色體致命突變的後代，是「消失的雄性」。

穆勒的這套性別比例檢定法，為突變篩檢方式掀起一場革命，將研究節奏加快了好幾個數量級。透過揭露這種連鎖致死突變，突變頻率高到足以測試不同的化學和物理因素，看看它

們是否會改變背景突變率。

這種快節奏的方法，讓科學家有機會能夠深入了解涉及突變的潛在機制，這一直是這項研究的基本目標。可惜，因為在穆勒所嘗試的第一次性別比篩檢實驗中顯示，輻射並不會誘發突變。**一直要等到 6 年後，穆勒才決定測試輻射是否會改變突變頻率。**

穆勒測試的第一個因素是溫度。他將果蠅置於不同的溫度下，結果顯示，突變率隨著溫度的升高而些微增加。劑量反應曲線的形狀顯示，溫度對突變率的影響並不是呈直線的線性關係，而是呈現彎曲的曲線，這意味著溫度和突變率之間存在的是指數關係[16]。

當時人們已十分清楚，化學反應的速率會隨溫度呈指數變化，因此穆勒推斷，細胞中突變產生的潛在機制必定是化學反應，而非物理反應。因此，他開始測試各種化學物質，找出每一種的突變率。他之所以略過輻射，單純是因為這是一種物理因素。他當時並沒有意識到，輻射會與細胞的生物化學相互作用。

儘管如此，穆勒最終認為，在沒有測試輻射的情況下就將其略過是個錯誤。這主要是因為先前的報告指出，輻射會損害染色體[17]。**能夠損害染色體的東西，怎麼可能不對突變率產生影響？**這似乎不太可能，所以穆勒找了一位朋友，並在他的實驗室安裝一部 X 光機，然後用他的性別比篩選法測量突變頻率。最後，得到了令人震驚的發現。

穆勒一開始用的輻射劑量相對較高,但發現這會導致果蠅不孕,所以他根本沒有得到任何後代。既然沒有後代,就不可能有突變,因此他將輻射劑量調降到略低於會造成果蠅不孕的臨界值[18]。結果他發現,**這種輻射劑量會大幅提高突變率,將近正常突變率的 150 倍!**

接著他進一步將輻射劑量減半,並發現突變體的數量也減少了一半。當他再次將劑量減半時,再次發現突變體也跟著減半。簡而言之,由於穆勒的果蠅數量很多,所以無論將輻射劑量調至多低,他都會檢測到突變體,即使突變的頻率極小。又因為他可以照射和檢查的果蠅數量龐大,因此無論突變頻率多麼低,他都能夠發現突變體。他唯一要做的,就是篩檢更多的果蠅。

無論突變發生的頻率多低,透過這種篩檢方式,穆勒得以測試在低劑量輻射情況下的罕見突變。最後,穆勒得到的結論是,**只要有照射輻射,無論劑量多低,果蠅都有產生可遺傳突變的可能性,而且突變的頻率與照射劑量成正比**,也就是存在線性關係[19]。

因此,不存在不會發生突變的耐受劑量,不管劑量多低都會引發突變。針對所有健康效應的耐受劑量概念,曾是一面用來保護輻射專業人員的盔甲,但如今,這面盔甲出現了第一道裂縫!後面還會出現更多的裂縫,不過在果蠅中發現的可遺傳突變是第一個。這時的放射生物學領域,顯然發生了一場典範轉移,而且每個人都感受到了。

♦ 親愛的史達林同志，讓工人放棄生育吧！

穆勒完成輻射實驗後不久，美國就發生了經濟大蕭條，這對他的打擊很大。他一生都在財務上掙扎，而且對資本主義和美國感到徹底幻滅。

這時，穆勒已在德州大學任教，他的一些學生向他介紹了共產主義，而他則幫助他們發行一份地下學生報紙《火花》（The Spark），向更多大學社群宣傳共產主義的優點。始終熱衷於社會實驗的穆勒，眼見蘇聯正在蓬勃發展，並認為他們偉大的共產主義實驗是這個世界最大的希望。

1933年，穆勒受到俄羅斯遺傳學家朋友尼古拉·瓦維洛夫（Nikolai Vavilov）的邀請，前去蘇聯生活和工作。這是一項重大的榮譽，因為瓦維洛夫是當時蘇聯赫赫有名、廣受敬重的科學家。於是，穆勒滿懷熱情地移民到了莫斯科，滿心以為自己會在那裡找到烏托邦。

後來，穆勒在蘇聯科學院遺傳學研究所擔任高階遺傳學家。到1936年時，他對自己的地位充滿信心，甚至直接寫了一封信給時任蘇聯領導人約瑟夫·史達林（Joseph Stalin），闡述他的生物革命觀，以增強共產主義的社會革命。

穆勒將這場生物革命稱為「積極優生學」（positive eugenics）。這項計畫呼籲滿懷熱情的無產階級人民放棄自行生育，改使用國家提供的精子進行人工授精，這些都是經過認證、具備優越「基因配備」的精子。

穆勒在信中這樣向史達林寫道：

確實，今天的我們有一種根植於過去資產階級社會的傳統觀念，即我們的孩子必須來自我們自己的生殖細胞。但隨著對重大社會責任、生殖義務，以及將生殖與性行為兩者分離觀念的逐漸發展，這樣的感受將逐漸被其他同樣強烈、實際的感覺所取代，並推動一種類型更高級家庭的形成[20]。

他接著向史達林承諾，計畫將帶來立竿見影的效益：

20年後，這將會為國家利益帶來顯著的成果。如果那時在我們的國界之外，資本主義仍然存在，那麼我們新一代的年輕幹部便是重要的資產，他們不僅會因為社會和環境手段而變得強大，還可以透過遺傳學手段得到補強，這勢必會為我方帶來相當大的優勢。

穆勒在信中附上了他最近出版的《走出黑夜：一位生物學家對未來的看法》（*Out of the Night*），該書詳細闡述了他的積極優生計畫細節[21]。史達林讀了這本書，但他並不高興，因為這本書充滿了孟德爾的思想。

當時，有一位反對孟德爾遺傳原理的遺傳學家特羅菲姆・李森科（Trofim D. Lysenko）似乎能左右史達林的意見，

並讓他相信孟德爾原理具有反共產主義色彩[22]。由於孟德爾本人是天主教僧侶，這也犯了共產社會中無神論的大忌。

而即使拋開這些問題，這本書對蘇聯人來說還有個大問題，那就是**它否定了在一生中獲得可遺傳特徵的可能性**，例如：鍛鍊可能會讓你的身體更強壯，但不會讓你有更強壯的後代[23]。

在此之前，蘇聯人已依此澈底改革他們的農業方法，還制定出一套計畫來「教導」植物如何適應蘇聯的嚴冬，以便生產出更耐寒的種子。**這些農作物如果不能繼承後天習得的特徵，便意味著蘇聯的農業改革注定將失敗**。雖然時間確實會證明這一點，不過在這個時間點，蘇聯人對任何針對其農業政策的批評都十分敏感，即使是間接的批評，如穆勒的這本書也一樣。

因此，穆勒的積極優生學提案胎死腹中，除非它能夠想辦法納入獲得特徵的遺傳，但顯然這是不可能的。穆勒的這封信和這本書，讓他陷入自己無法處理的政治難關。如今，他在新家園的生活變得岌岌可危。

史達林譴責穆勒的書不適合共產主義公民，並採取行動壓制它。由於擔心自己的生命安全，穆勒匆匆離開了蘇聯，在歐洲不同國家旅行了幾年，隨身還攜帶著 250 種不同品系的果蠅，最終在 1939 年身無分文地回到了美國。

他先在阿默斯特學院（Amherst College）找到一個非終身的職位，但那裡沉重的教學負擔限制了他的研究活動。最終，他在印第安納大學（Indiana University）找到了長期的學術家

園，並在該校認真地恢復了研究。

共產主義並沒有創造出穆勒所預見的烏托邦。他發現，共產主義社會政策汙染了遺傳學，這主要是由於李森科的緣故。雖然李森科和他的偽遺傳學在共產主義社會蓬勃發展，但瓦維洛夫，也就是那位最初邀請穆勒去蘇聯的真正的遺傳學家，在面對蘇聯當局打壓孟德爾遺傳原理時，可沒有逃到美國的選項。

瓦維洛夫於是成為蘇聯當局「標記」的人物，不僅因為他對遺傳學抱持著「資本主義的觀點」，也因為他與穆勒的親密友誼。1940 年，瓦維洛夫在烏克蘭實地考察時，發現他的研究助理全數失蹤，並在一瞬間，被持有逮捕令的安全警察團團包圍。

安全警察們遂指控瓦維洛夫是英國間諜，並將他判處死刑。最終在科學同行的抗議下，他的刑期被減為 20 年的監獄勞動改造。1943 年，他因營養不良死在監獄裡 [24]。穆勒對此感到悲痛欲絕，他的辦公桌上一直擺著瓦維洛夫這位好友的照片 [25]。

共產主義將孟德爾學派政治化，並扭曲了遺傳學。沒過多久，穆勒便會發現遺傳學同樣也能扭曲社會政策，只不過這一次，他也必須分擔一些責任。

♦ 達爾文的兄弟，宣揚突變的進化論

當穆勒在蘇聯時，美國對遺傳學的興趣日益濃厚。儘管大眾對孟德爾遺傳原理一無所知，但大多數受過教育的人都知道，基因是某種生物成分，可以將特徵從一代傳給下一代。

好比說，如果一個女人長了個大鼻子，就像她的父親一樣，那就可以推測這涉及到某種基因，而這基因是從父親傳給女兒的。儘管大眾和科學家都仍不清楚基因是什麼組成的，但自從 1920 年代以來，世人已經確知基因位於父親精子和母親卵子內的染色體中。

人們也認識到，某些扭曲的相關特徵，可能來自於基因發生突變，而且這些基因會代代相傳。當時的人對突變基因的遺傳及其對後代的影響，開始有了粗淺的認識，這主要是著名的博物學家查爾斯·達爾文的影響。

達爾文的物種演化理論，基於這樣的假設：**攜帶有利性狀突變的個體，生存機率較高，而攜帶不利性狀突變的個體，死亡機率較大**。達爾文認為，透過優先選擇具備有利特徵的個體，物種在世代傳承之際，將會變得越來越適應環境。

達爾文的名聲在某些領域非常負面，因為他所提出、關於新物種如何形成的生物機制，與《聖經》中關於創世的描述相矛盾，並冒犯了上帝身為萬物創造者的角色。達爾文在 1859 年發表理論時，引起一陣科學界和宗教菁英的激烈爭論。然而，在美國並沒有真正引起社會爭議，直到有人質疑達爾文的

學說是否適合在公立學校教授,才出現許多波瀾。

這些爭議最終在 1920 年代鬧上法庭,發展非常戲劇化,並受到報章雜誌的廣泛報導。其中最著名的一場審判,是 1925 年田納西州科學教師約翰・史科普斯(John Scopes)的「猴子審判」[26]。

就是**因為有這樣的事件,當 1939 年穆勒回到美國時,幾乎每個人都聽過演化論,即使他們不太清楚基因到底是什麼**。大眾也知道,大多數的突變都是有害的,通常會導致畸形,而隨著突變受到關注,人們也擔心自己的後代出現類似情形。

優生思想的發展,進一步提高了大眾對遺傳缺陷的認識,這些觀念就跟穆勒當年在蘇聯推廣的十分相似。優生學並不是穆勒所獨創的,他只是利用自己的科學資歷來加以推廣。優生學運動,實際上是達爾文的表弟法蘭西斯・高爾頓(Francis Galton)的創意,他對達爾文理論對人類的影響很感興趣。

根據高爾頓提出的結論,人類這個物種已不再受制於適者生存的定律,因為**人類的社會制度,使得身體最不健康的個體都能夠生存和繁殖,這使得有害的基因持續留在人類的基因庫中**[27],**而不是被天擇淘汰**。他認為,這導致了人類基因的退化。

前文已提及,穆勒是優生學的信徒。他不只想推廣遺傳學的基礎科學,也一直相當在乎要如何將其研究落實到實際生活中。不論是不是科學家,倫琴發現的 X 射線實際應用,對每

個人來說都顯而易見。然而，果蠅遺傳學的發現跟人類的關係則稍顯模糊，穆勒將優生學視為實踐自身研究的應用方法，並期望透過這種工具對人類產生更廣泛的影響。

遺憾的是，穆勒對優生學的認識，就和他對共產主義的認識一樣天真。他提倡積極優生學的概念，鼓勵擁有良好基因的男性捐贈精子，而具有社會意識、擁有良好基因的女性則自願成為精子的接受者。他堅信，一旦人們意識到他們實際上是後代遺傳訊息的儲存庫，便會選擇有利而非損害未來後代的生殖行為。

然而，消極優生學（negative eugenics）也能夠達到相同結果，而且更直接。穆勒承認消極優生學同樣有效，但他認為這種邪惡的優生學形式在「文明」社會中將永遠不會被採用。積極優生學需要大眾自願和持續的合作，而消極優生學，**則可能強迫那些帶有不良遺傳形式的人絕育，甚至加以閹割或謀殺**。回顧過去，實在難以理解何以穆勒和其他提倡優生學的傑出科學家，會如此天真地相信社會永遠不會走向消極優生學。

真正的現實是，**優生運動最終試圖透過阻止那些明顯帶有不良基因的人繁殖後代，藉此改善人類基因庫**。在落實這項運動時，優生學的狂熱分子提倡將所有他們認為基因不良的人強制絕育[28]。

納粹德國當年便是利用優生學觀念來合理化自身作為，不僅在剷除他們認為更弱的猶太人和吉普賽人的行動上，還包括他們對雅利安德國人的迫害，他們認定其中某些人帶有遺傳缺

陷，好比患有精神障礙的人。

　　諷刺的是，按照納粹的標準看來，穆勒本人也是基因不良族群，因為他的母親是猶太人。後來，納粹的優生政策遠遠超出了強制絕育的範圍[29]，並以此當作施行各種暴行的理由，包括大規模處決所謂的「不適者」[30]。

　　納粹的暴行使優生學成為勘比髒話的名詞，而其背後所謂的科學基礎，在相當程度上也早已被戳破，顯示出其中存在的嚴重缺陷[31]。因此，後來鮮少有人再提起優生學了。

　　儘管如此，優生學還是有些帶給後世的良好影響，對那批見證了1930、1940年代優生學全盛期的普羅大眾來說，人人都清楚地了解，若基因庫受到汙染、出現各種突變，便可能導致畸形和患病的後代。

　　光是知道這些突變會透過隨機的遺傳錯誤進入基因庫，就已經夠令人擔心，再想到輻射可能產生的額外突變負擔，還會永遠傳遞下去，並產生任何不幸被隨機分配到基因庫中的壞基因，其帶來的生病和畸形可說更加駭人。

　　繼承到不好的突變，就像是玩抽鬼牌時抽到鬼牌一樣。輻射誘發突變的效應，就好比在一副牌中加入更多的鬼牌，增加了每個人抽到鬼牌的機率。當時的人相信，由於輻射據稱能汙染人類基因庫，因此每個人都面臨到生育出缺陷後代的風險，即使是那些從未直接接觸輻射的人也是如此。

　　這是在日本引爆原子彈後數年大眾的心態。當原爆受害者生育後代時，大家都預期社會上可能會出現一批怪物，而穆勒

的公開聲明,更是完全沒有減輕他們心中一絲一毫的恐懼。

◆ 就像共產黨和優生學,穆勒根本不了解輻射

在 1946 年獲得諾貝爾獎後,穆勒擺脫了默默無聞的狀態,直接進入了公眾視野。他利用了自己的新名氣,將過去擁抱共產主義和優生學的醜事拋諸腦後,開始向熱心的公眾講述他的研究將如何應用於社會[32]。

1949 年 3 月,穆勒在華盛頓特區的美國市長會議上發表論點,告訴眾人他預料日本將迎來一波死亡潮,比原子彈爆炸造成的還要多。他說,這是**由於日本人的後代將帶有令人衰弱的遺傳缺陷,這可能會影響整個人口長達數千年**。簡而言之,在日本投下原子彈為世界帶來了基因災難。

穆勒提出警告:「隨著原子能的日益普遍,即使是為了和平時期的目的,確保人類胚胎質(即基因庫)的問題將變得格外重要。最終要避免其受到這種額外的、永久性汙染源(即輻射)的影響[33]。」

一位諾貝爾獎得主發出這樣的警告,當然會讓世人停下腳步細聽。但是,**正如穆勒對共產主義和優生學的看法一樣,他對輻射的看法也錯了**。各大新聞媒體報導了他對市長們發表的可怕預測,但這些全都沒有發生。

儘管穆勒承認「即使在果蠅這邊,目前我們對許多突變率也只是非常粗略地認識,要用這些來論斷人類的狀況還言之過

早」，但穆勒還是根據他的果蠅數據估計輻射將在人類身上引起的突變，並做出可怕的結論。

穆勒將自己在果蠅研究中的最新發現，與理論遺傳學家丹佛斯（C. H. Danforth）提出的方程式結合，發現即使是隱性基因中，也存在他所謂的「部分顯性」（partial dominance）現象。這意味著，想從族群中消除這些有害突變的速度將會更慢。

穆勒最後對此所下的結論是，**每個新出現的突變最終都會導致至少一個後代的死亡**。他還估計「每十個生殖細胞中就會出現一個新的突變基因」。如此突變率高得離譜，並意味著輻射暴露將在人群中引發高度突變，勢必造成非常巨大的影響。

儘管穆勒承認他對人類突變率的研究處於「無知狀態」，但他仍然認為有必要「保持安全」。其他科學家擔心，穆勒這番對人類的推論遠超過果蠅數據的證據力道。

英國醫學委員會放射學委員會主席便告誡穆勒：「**在沒有任何事證的情況下，將昆蟲實驗結果直接用於解釋人類的情況，不免令人感到遺憾**。在缺乏證據的情況下，若能提供適當的附帶條件，再來討論這些結果在人類族群的適用性，將會大幅提高該論點的強度。」

但穆勒拒絕對他主張中，人類可遺傳突變風險的說法加上任何補充說明。相反地，他還反駁道：「舉證責任在另一方，要由那些希望表明人類在這些問題上不像果蠅的人提供[34]。」

由於當時並沒有果蠅以外的任何數據，因此不可能有人能

夠質疑穆勒的主張。在沒有數據的情況下，關於果蠅數據是否可以等同於高等生物的爭論，不過都是空談。只有數據才能解決問題。好在，有了來自曼哈頓計畫的芝加哥衛生部門（Chicago Health Division）協助，數據很快就出現了。

◆ 從鼠到人，安全的劑量到底是多少？

1941 年，有鑑於穆勒於 1927 年在果蠅研究中的發現及其引起的擔憂，曼哈頓計畫的芝加哥衛生部門收到一項新的祕密任務[35]，力求確定出一個人每天可吸收輻射量的上限，讓他們不至於增加生出異常孩子的機率[36]。

於是科學家們展開了一項遺傳突變計畫，以小鼠為材料複製穆勒的果蠅輻射研究。這項計畫由唐納‧查爾斯（Donald R. Charles）領導，在紐約州的羅徹斯特大學（University of Rochester）進行。

研究人員先找來超過 5,000 隻雄性小鼠和兩萬隻雌性小鼠，並培育出數十萬隻後代後，透過 170 種容易突變的特徵加以檢查[37]。在篩檢出某些可能是突變引起的畸形時，就會讓這些小鼠雜交、產生後代，以確定這項缺陷是否可以遺傳。如果缺陷是可遺傳的，就算是真正的可遺傳突變。

他們的發現也令人難以安心。測試中小鼠接觸的最低劑量為 130 毫西弗[38]，**接受該劑量輻射的雄性小鼠與未受輻射的雌性小鼠繁殖之後代的突變率，大約是自然背景突變率的 3 倍。**

在最高劑量（2,380毫西弗）的測試中，**輻射誘發的突變率幾乎是背景值的9倍**。該輻射劑量已無法再提高，因為只要超過這個值，就會造成小鼠不孕。9倍已是相當高的數據，但仍遠不及穆勒在低於果蠅不育臨界值劑量下，所觀察到的150倍突變率。

當時學界對這些發現的解釋是，輻射增加的突變率會有實際限制，突變程度的上限，是由引發不孕的臨界值劑量所決定。一旦造成不孕，就不會產生後代，無論是正常的個體還是突變的。

在小鼠研究的結果發表之際，正值生命跨度研究計畫中，關於原爆倖存者的遺傳突變研究設計時期。於是，穆勒應邀擔任這項計畫的諮詢顧問。他和生命跨度研究計畫中可遺傳突變計畫的首席流行病學家詹姆斯・尼爾（James V. Neel）一同研究。

若是人類的突變率與小鼠相似，那在原子彈倖存者的後代中預計會有怎樣的發現呢[39]？他們估計，日本大約有1.2萬名出生的兒童，其父母雙方之一曾暴露在原子彈輻射中。他們估計，這批父母的平均暴露劑量約為3,000毫西弗（但實際上，平均劑量不到300毫西弗）。利用這些假設，再加上小鼠的突變率，**他們估計會有36～72名新生兒會因原爆而出現異常**。這些並沒有包括1.2萬名新生兒中，因為預期背景值產生的可遺傳突變（約120名，即1%）。

這意味著，在廣島和長崎這兩座承受原子彈爆炸的城市

中，預計在 1.2 萬名兒童中，僅有 192 名（1.6%）以下的兒童會出現遺傳異常，而在未受原子彈影響的控制組城市吳市中，則只有 120 名（1.0%）兒童會出現遺傳異常。

就這些數字來看，穆勒開始懷疑無論設計得多麼精密，都沒有一種流行病學研究可以檢測到這麼小的差異（1.6% 對上 1.0%）。於是他告訴其他科學家，這項計畫中的流行病學研究「不論從一般大眾和科學公眾的角度來看，都是一種危險的情況，他們傾向相信，**要是最後研究不能證明影響的存在，那就表示沒有影響** [40]」。

既然以人類做研究很可能最終得不到結果，於是穆勒建議以動物做一項平行研究，也許是用猴子，這樣便可以更嚴格控制所有科學參數。這樣的研究將會有更高的靈敏度，以達到檢測這種預期差異所需的水準。

不過基於各種實際考量，他們很快就認定大規模的猴子研究是不可行的，因此小鼠再次成為唯一的選項。當時他們決定，再進行一項比羅徹斯特研究更大規模的小鼠研究，並以貼近人類輻射暴露的條件來照射，這樣便可以解決所有問題。因此，巨型小鼠計畫誕生了 [41]。

這項計畫最終是由田納西州橡樹嶺國家實驗室（Oak Ridge National Laboratories）的學者，連恩・羅素（Liane B. Russell）和威廉・羅素（William L. Russell）來執行，一共動用了 700 萬隻小鼠。這項小鼠研究的規模，幾乎是人類生命跨度研究的 100 倍。

這項巨型小鼠計畫耗時 10 年才完成，而生命跨度研究仍在進行中。一如當初穆勒的預期，生命跨度研究一直未檢測到顯著增加的可遺傳突變，倒是小鼠研究確實顯示出顯著的增加，但僅有兩倍，而非當初羅徹斯特小鼠研究中所發現的 9 倍。為什麼會有如此大的差異呢？

橡樹嶺的研究結果，大致上與羅徹斯特當年的研究一致，不過後來因為納入一些非常關鍵的事實，大幅降低了大家對輻射的焦慮。

首先，研究人員發現，將小鼠暴露的劑量率從每分鐘 900 毫西弗（羅徹斯特的劑量率）降低到每分鐘 8 毫西弗（更接近輻射從業人員實際接觸的劑量率），**突變率將會急劇下降**[42]。

第二點，如果雄性小鼠在接觸輻射後，沒有立即與雌性小鼠交配，突變率也會急劇下降。**接觸輻射和交配的間隔時間越長，突變率將會越低**。如果延遲交配幾天，突變率就會下降，甚至在照射後兩個月內，突變率都會持續下降。

對此現象的可能解釋是，在這段延遲期間將會有新形成的精子取代那些受到輻射損傷的精子，而在照射兩個月後，幾乎所有受損的精子都會被替換。此外，當接觸輻射劑量率較低且受孕時間延遲時，輻射後的細胞修復過程可能會減緩突變的產生。

在劑量率和輻射後受孕間隔這兩個修正因素中，若針對減緩放射從業人員環境的遺傳突變風險，劑量率的降低顯然更為重要。根據在較低劑量率試驗中收集到的新數據，需要**高達**

1,000毫西弗的輻射劑量，才會造成可遺傳突變的自然背景率加倍，而不是過去羅徹斯特在高劑量試驗中推算出的 80 毫西弗。

此外，在人類的例子中我們顯然無法控制輻射暴露和受孕之間的時間間隔，但在生活中的現實情況是，這些男性工人的後代鮮少是在生殖器受到相對高劑量輻射後立即受孕的。反觀羅徹斯特的實驗，所有小鼠都在接觸輻射後立即交配。這一點也會顯著減少現實生活中，人類可遺傳突變的發生率。因此，這些在小鼠身上的新發現，大幅減緩了早期果蠅研究引起的巨大焦慮。

最後，在為了防範可遺傳突變而制定輻射防護標準時，唯一參考的數據，便是這項發現輻射與突變關聯的小鼠研究，和沒有發現兩者關聯的人類研究。儘管生命跨度研究的結果，並未找到輻射與突變的關聯，但這項研究顯示出**人類對輻射的敏感度，並沒有明顯高於小鼠的敏感度**，而且可以根據小鼠研究的數據，來制定用於防止遺傳突變的輻射劑量限制。

諷刺的是，在制定防止遺傳突變的確切劑量上限時，又有不同爭議爆發。因為在人類身上，輻射引起遺傳性突變的敏感度，遠遠低於輻射引發癌症的敏感度。因此，在制定保護人類的劑量限制標準時，要考量的是誘發癌症的劑量，而非引起可遺傳突變的劑量。

換句話說，為了預防輻射誘發癌症而設定的劑量限制，便足以預防可遺傳突變出現的危險。在預防癌症時，我們便已同

時預防了兩種危害。

◆ 原爆後的悲慘孩童，是缺陷還是突變？

然而，有些人仍然無法接受原爆倖存者的後代中，不可能出現大量突變個體的說法。畢竟，受到原爆輻射的孕婦產下的孩子，都有不同的出生缺陷，主要包括頭部尺寸偏小以及智力缺陷。這些孩子難道不算是突變嗎？

他們確實不是。我們必須了解，並非所有先天缺陷的兒童，都是帶有新出現可遺傳突變的個體。事實上，這樣的例子相當少，特別是在子宮內接觸到高劑量輻射，進而導致出生時便有缺陷的孩童。

當人體接觸劑量高到足以導致細胞死亡時，就會造成成人體內的關鍵組織細胞死亡，並出現放射線疾病，而且也可能殺死正在生長、發育中的胚胎關鍵組織細胞，進而導致出生缺陷。

上述情形，算是一種胚胎的放射線病。由於胚胎中有許多不同類型的組織正在發育，每種組織在懷孕期間的敏感時期各有不同，因此孕婦在暴露到輻射後，可能導致新生兒出現各種類型的缺陷。

至於具體會出現哪些損害，主要取決於接觸輻射時的懷孕天數。但出生時具有這些缺陷的孩子，通常不會同時具有生育能力、繁殖率，或突變率的遺傳缺陷，因為他們並非基因突變

體——也就是說他們的畸形是不會遺傳的。這點時常遭到人們誤解，需要將兩者區分審視。

重點在於**高輻射劑量會殺死任何部位的分裂細胞**，不論是在成人的骨髓（導致貧血）、腸壁（導致腸胃道失能）、發育中的胚胎（導致出生缺陷），或睪丸（導致精子數變少或不孕）。這些健康效應本身並非基因突變的證據，突變發生的過程完全不同，且通常不會伴隨細胞死亡的情況，因為死亡的細胞無法將自身基因傳遞下去。

睪丸輻射和對精子的影響，是本書中一再出現的不幸主題，但我們卻沒有提到輻射對女性卵巢及卵子造成的後果。這是因為，最初人們尚不清楚輻射對卵子有何影響，因為從男性那裡獲得遭輻射照射的精子，遠比從女性身上獲得卵子容易許多。

不過如今，人類已對輻射影響卵巢、卵子的方式有了許多認識，而且**由於卵子產生的方式，輻射對女性造成的影響似乎比男性更加嚴重**[43]。男性在一生中，睪丸的精原細胞都會不斷產生精子，相較之下，卵子只在胚胎發育過程中產生，因此女性在出生當天，就會擁有一生中的所有卵子。

長時間下來，有些卵子會在月經週期中排出、通過輸卵管到達子宮，大部分則隨年齡增長而隨機死亡，約在 55 歲左右全數消失。卵巢中女性荷爾蒙雌激素的發揮取決於有活力的卵子的存在，完全喪失卵子意味著雌激素的喪失，隨之而來的便是更年期。

輻射將會殺死卵子，加速卵子完全消失的時間，導致提早停經。相較之下，睪丸中的雄性激素——睪固酮的分泌，並不需要活體精子的存在，因而即使用輻射對男性執行澈底、永久的絕育，也不會停止睪固酮的產生。

　　因此，若對女性採取輻射絕育的效果，相當於閹割女性，等同切除卵巢，直接導致卵子和荷爾蒙一同消失。但用輻射對男性絕育並不等同於閹割男性，與切除睪丸的後果相差不少，因為其雄性激素濃度和性慾都將保持正常，第一性徵和第二性徵也都會完整保留下來。

◆ 儘管有功有過，仍引出遺傳學界未來

　　科學，有時可能是種自我腐化的過程。

　　外界人士經常認為科學研究神祕又難解，為了讓世人了解其實用性，科學家有時會向公眾發表論點。在多次重複後，便讓科學家開始對自己的言論深信不疑，進而以這些言論推動科學發展的方向，而不是以科學推動言論。

　　穆勒雖然沉迷於自己的說詞，但當他堅持科學研究時，就能發揮所長，達到最好的狀態。這是他所受的訓練，也是他的天才所在。穆勒曾經思考果蠅突變體難以測量的原因，並發揮智慧，最終以 X 染色體突變檢測解決這個難題。

　　後來穆勒還注意到，一類新發現的病毒——噬菌體——可以感染細菌，這也為遺傳學帶來革命性的新工具，使其能夠往

前更進一步發展、抵達新的境界。最後，**這成了發現基因的方法。**

噬菌體的行為，就好比有自主能力的基因，能夠在環境中獨立移動、不受任何細胞環境的阻礙，然後在突然之間感染細菌細胞，劫持這些細胞的內部機制來複製自身基因。就跟基因一樣，病毒也可以產生突變。穆勒意識到果蠅在基因研究中的霸主地位即將迎來終結，便大膽預測實驗遺傳學將轉往的新方向：

（病毒提供了）全新的角度來解決基因問題。它們是可過濾的，在某種程度上是可分離的，能夠在試管中加以處理，並可以在處理後研究它們對細菌的影響，藉此認識其特性。將這些病毒稱為基因可說相當輕率，但目前我們必須承認，基因和它們之間還沒有發現任何區別。因此，我們不能斷然否認，也許我們很快就能在研缽中研磨基因，並在燒杯中將其加熱。屆時，我們遺傳學家必須成為化學家，同時又兼具動物學家和植物學家的角色？希望真是如此[44]。

在穆勒的所有預測中，上面這段最有先見之明。至少這個預言，在日後將被證明是正確無誤的。

穆勒還為輻射防護做出另一項重大科學貢獻，他讓人重新思考「耐受劑量」的概念，這個想法由來已久，主張輻射的每

一種健康影響都有一臨界值,只要低於這個劑量,就絕對沒有風險。

今天科學家們已得知,這個概念僅適用於會殺死細胞的輻射效應。當劑量不足以殺死細胞時,就不會產生這樣的效應。但是在遺傳性突變和癌症等方面,就不是由細胞死亡與否來決定其效應,因此耐受劑量的概念在此毫無意義。低劑量輻射與其效應的風險,是由破壞活細胞內特定生物結構的機率所決定的,而這正是我們接著要處理的問題。

穆勒一生都致力於遺傳學教育,直到退休。他每年都會教授一門名為「突變與基因」的課程,這門課在印第安納大學生物系學生之間非常受歡迎。其中,穆勒對一位高瘦的年輕人特別有印象,他是他所教過最聰明的學生,但性情也有些緊張,在表達自己的想法時常會有困難[45]。

讓人意想不到的是,在不到 5 年的時間裡,這位不善言辭的學生將與人合寫出一篇足以撼動整個生物學界的論文,為孟德爾、摩根,甚至穆勒本人的研究提供全新的視角。這位年輕人,就是詹姆斯・華生(James D. Watson)。

華生在 1953 年的革命性發現將果蠅推離遺傳學的舞台中心,並為基本的遺傳問題提供新見解,這可是穆勒夢寐以求的成就。華生的發現,更有助於闡明當時仍然處於未知的輻射生物效應機制[46]。

第10章 輻射的傷害，直指DNA

「我立刻感到不對勁，但說不出是哪裡出錯了，一直到我盯著這些示意圖數分鐘之後，我才發覺鮑林（Linus Pauling）的模型中，磷酸基團上沒有離子。鮑林的核酸就某方面來說，根本不是酸，一代巨擘竟然落掉了中子化學！」

—— 詹姆斯・華生

「科學家永遠不會對自己以外之人提出的理論，展現任何善意。」

—— 馬克・吐溫

大部分的人，都誤以為DNA是由詹姆斯・華生和法蘭西斯・克立克（Francis Crick）發現的。其實不然。他們發現的是DNA的結構，而他們確定出來的結構，澈底翻新了人們看待遺傳學的方式。

不過，若是你從未聽聞華生、克立克，甚至DNA，那也

沒關係。這部分的內容有點超前，現在先暫時把 DNA 放在一旁。以下關於輻射損傷細胞內部結構的故事並不是從 DNA 開始的，而是要從膿說起。

◆ 一切生物的源頭：蛋白質

膿，是一種黏稠的淡黃色物質，會從感染的傷口中滲出、浸透出繃帶之外。它主要的成分是白血球，主要作用為攻擊外來的入侵者，如細菌、病毒或酵母菌等微生物。在激烈的戰鬥中，白血球會經由血流湧向感染部位，在那裡大量繁殖複製，自行提供增援。由於數量龐大，經常會讓感染區域腫脹，並從傷口的孔洞中滲漏出來。

1869 年，也就是孟德爾發表他的豌豆遺傳學這篇開創性著作的 4 年後，弗里德里希・米歇爾（Friedrich Miescher）開始研究人類白血球的化學成分[1]。彼時米歇爾剛畢業於瑞士巴塞爾大學醫學院（Basel University Medical School），但他對於成為執業醫師生涯興趣缺缺。

他的舅舅威廉・希斯（Wilhelm His），正好是該醫學院的著名生理學家，曾為胚胎神經系統發育研究做出重大貢獻。他向米歇爾建議，指出除了行醫，他也可以從事生物學研究，並向他的這位小外甥傳達自身的信念：理解生物學的關鍵，在於確定細胞的化學成分。於是，十分欽佩舅舅智慧的米歇爾，決心致力於細胞化學的研究。

他搬到德國蒂賓根（Tübingen）附近，這座城市是當時的科學研究重鎮之一，並開始在阿道夫・斯特雷克（Adolf Strecker）的實驗室工作。斯特雷克是一位揚名國際的有機化學家，是史上第一位合成出人工胺基酸的人。

胺基酸是由單體（monomer）分子相互連接成聚合物（polymer）般的長鏈分子，也就是蛋白質。蛋白質有各種形式，是所有細胞和組織的主要分子，負責組成和調節的功能。因此，我們可以說**斯特雷克成功合成出了生命的基礎分子**。米歇爾選擇與斯特雷克合作絕對是明智之舉，並從他身上學到許多化學知識。

然而，過了一段時間後，米歇爾就對合成胺基酸這份苦差事感到厭倦。他開始認為，蛋白質才是掌握生命奧祕的關鍵，而不是組成它們的胺基酸。於是，他離開了斯特雷克的研究室，並開始與生物化學這個新領域的先驅菲力克（Felix Hoppe-Seyler）一起工作。

菲力克是第一批直接研究蛋白質的研究人員，並從希臘文「*proteios*」一字創造了「蛋白質」的英文名詞「protein」。該希臘文原本的意思是「基礎或主要的東西」。因此顧名思義，蛋白質在生物分子中占據了重要的地位。

米歇爾推論，生命所需的最基礎化學成分，應能從最基本的細胞類型中輕易分離出來。由於白血球是所有已知人類細胞中最小、最簡單的一種細胞，因此他決定利用它們來研究。

白血球通常聚集在淋巴結這種位於腹股溝、腋窩、頸部的

小橄欖形免疫腺體中。米歇爾招募了一批志願者，嘗試用針筒從他們的淋巴結提取白血球，但他取得的量根本無法達到需求。接著他靈機一動，想到**傷口的膿液中滿滿的白血球**。於是他決定去醫院收集新拆下來的廢繃帶，並將膿液刮下來，取得當中的白血球。

白血球到手後，米歇爾先是研發出一套清洗白血球碎片的方法，然後他設計出將蛋白質與脂質——細胞中另一種主要化學成分——分離的技術。在這些過程中，米歇爾發現了細胞中另一種豐富的物質，它既不是蛋白質，也不是脂質，最終他進一步證明，這種物質完全來自細胞核，因此將其命名為核質（nuclein）。

米歇爾對核質做了元素分析，發現它是由碳、氫、氧、氮、磷所組成。實際上，這些元素與在蛋白質中發現的元素大致相同。然而，這些元素在核質中的比例與在蛋白質中的大相徑庭。蛋白質僅含有微量的磷，但核質含有大量的磷；核質完全不含硫，硫卻是蛋白質的主要成分。米歇爾最後下的結論是，核質和蛋白質是完全不同的生物分子，具有完全不同的結構，而且可能具有獨特的功能，不論這些功能是什麼。

可惜，米歇爾在核質方面的研究僅止於此，沒有更多進展。當時生物化學家的工具，只能研究含有數十個原子的小分子，還無法研究含有許多原子的大分子。核質也是一種長鏈聚合物，是擁有數百萬顆原子的巨大分子。要是缺乏進一步探究其結構的技術，就無法深一層了解其生物作用。

因此，十分可惜的是，米歇爾發現核質後發表的論文與孟德爾的豌豆基因研究命運一樣，儘管耐人尋味卻被束之高閣、乏人問津，有待下一代科學家用更強大的分析工具，重新審視這些塵封在古早文獻中的報告。

◆ 科學世家的烏賊王子

威廉・勞倫斯・布拉格（William Lawrence Bragg），外號威利（Willie），是個俊美的孩子，個性非常善良體貼，不僅是母親眼中的寶貝，也是父親的驕傲和喜悅。儘管他天性害羞、謙虛，但他的智力天賦，在任何與他相處過的人眼中都再明顯不過。

威利的天才贏得長輩的關注，讓他有機會參與成人的對話，這又進一步啟發了他年輕的心靈。但是在同儕中，他的天才卻讓他成了霸凌的目標，這也加深了他年輕時的孤獨感。

威利最初熱愛的學科是生物學，在這方面，他算是有些背離了家族傳統。他的父親威廉・亨利・布拉格（William Henry Bragg，以下稱老布拉格）是澳洲最著名的物理學家，過去曾在英國劍橋的卡文迪許實驗室接受湯木生的訓練，這位英國人在十分年輕的時候，就獲得了澳洲阿德萊德大學（University of Adelaide）難能可貴的教授職位。

他之所以得到這份教職，很大程度上得歸功於他的導師湯木生的影響力。老布拉格於 1886 年初抵達阿德萊德，當時正

值實驗室訓練開始受到重視、被視為培養科學家關鍵環節的年代。因此，大學行政主管非常樂意為年輕的新教授提供最先進的科學實驗室。

這間實驗室不僅配備有最新穎的設備，還有大片窗戶，讓他能獲得進行光學實驗所需的陽光。實驗室裡還有四打高品質的透鏡、一打稜鏡和各種鏡子。這間實驗室，是教授牛頓光學的理想教育設施，這正是老布拉格的專長之一[2]。**老布拉格隨後便展開阿德萊德大學的物理教育改革，這為他在澳洲科學界以及澳洲上流社會贏得了一定的聲譽與威望。**

威利的外祖父，則是查爾斯・托德（Charles Todd）。**托德是天文學家、氣象學家和電氣工程師，在澳洲的知名度甚至比威利的父親還要高。**他與愛迪生是同時代的人，而且就跟愛迪生一樣，致力於將電力引入他的國家。

可以說，威利的父親和外祖父都是澳洲科學界的領導人物，兩人都期待威利在物理學領域取得重大成就，且都對威利的科學生涯產生深遠的影響，這種影響力引導他朝著一個與自己心愛的生物學相差甚遠的方向發展，至少在當時看來是如此。

威利後來回憶起這段時期，提到他父親的「睡前故事總是一樣的，老是在講原子的性質，我們從氫開始，講了元素週期表的很大一部分」[3]。然而，那時的威利對物理學漠不關心，在空閒時間都在澳洲的家附近探索自然世界，這個國家擁有一些世上最獨特的野生動物，其中大部分仍未被發現。

威利熱愛大自然，加上他沒有朋友，因此他經常獨自在海灘上長時間散步，後來還發展出收集貝殼的嗜好。事實上，在短短幾年內，這位小男孩已經累積出一份南澳洲最好的貝殼收藏，而且對南澳洲海洋生物的各方面非常熟悉[4]。因此**當威利生命中第一個科學發現是一個全新的物種，可能也不太令人意外了。**

有一天，威利在海灘上找貝殼時，卻發現了烏賊的骨頭。烏賊不是魚，牠們與章魚的親緣關係密切，屬於「頭足類」這種特殊的軟體動物。牠們也是海洋中首屈一指的偽裝藝術家。不知何故，牠們有能力操縱自己皮膚的圖案，並修改光的反射，能輕易模擬所處環境中遭遇的大半物體的外觀。在融入背景後，牠們就可以逃避掠食者的魔爪。

烏賊的骨骼是由單一、多孔且脆質的骨頭組成，形狀和大小類似鞋拔。大多數人其實都看過烏賊骨頭，不過不是在海灘上，而是被養鳥人士掛在鳥籠中，主要提供兩種功用：一方面讓鳥啃咬順便磨喙，另一方面提供鈣，也就是骨骼的主要成分，亦即飲食中必須的養分。

當威利看到海灘上的遺骸時，立即認出這是烏賊骨頭，但無法確定來自哪個物種的身體部位。由於這與威利曾見過的任何烏賊骨頭都不一樣，所以他把這根骨頭拿給當地的一位專家確認，**專家不僅證實了威利的預期，而且還發現這屬於尚未鑑定出來的未知物種**，身為發現者的威利有權為這個新物種命名。於是，這隻烏賊就冠上他的姓氏，成了布拉格烏賊

（*Sepia braggi*）。

威利對此感到興奮不已，他本想終其一生繼續探索澳洲的荒野，在這個仍然擁有原始環境的國家，做出更多的自然發現，但事與願違。威利後來表示：「要不是因為家族裡如此強大的物理學傳統，生物學可能會成為我一生追尋的方向，而不是物理學[5]。」

無論好壞，威利都像以他為名的烏賊一樣，需要融入周遭環境，而在那個時空背景下，要想當個能生存下去的科學家，威利的環境是物理學，而不是生物學。

◆ 越簡單的結構，有時越強大

儘管核質的功能一直不為人知，但在發現核質的最初幾十年裡，偶爾會引起不同化學家的好奇。這些化學家對解開這個謎團，各自做出一小部分的貢獻，最終破解核質的化學成分之謎。

到1920年代晚期，當生物學家也開始對核質感興趣時，儘管化學家還沒有定論其確切的結構，也早已對核質的化學性質提出一套簡潔的描述。核質分子似乎是一條非常長、含磷酸鹽的聚合物，化學家將其稱為核苷酸，以反映這物質源自於細胞核。

每個核苷酸僅由三個成分組成：核鹼基，是類似蜂窩狀細胞的單環或雙環結構；去氧核糖，是種不尋常的環狀醣結構，

具體來說，是種缺少一個氧原子的五碳醣；磷酸基，也就是與氧原子結合的磷原子。

更重要的是，核苷酸會利用它們的磷酸基與相鄰核苷酸上的醣形成鏈節，就像是狂歡節在跳的康加舞（Conga）一樣：大家用雙手搭起來，形成一條人龍，就像這條鏈中的所有核苷酸都面向同一個方向。

奇怪的是，在這條巨大的聚合物中只存在有四種不同化學形式的核苷酸，分別是胞嘧啶、胸腺嘧啶──這是種單環核鹼基形式，統稱為嘧啶類；以及鳥嘌呤和腺嘌呤──這兩者是雙環核鹼基形式，統稱為嘌呤類。

化學家也確定出這些磷酸基有帶電。也就是其上的磷酸基，並不含任何帶正電的氫離子，以中和其帶負電的氧原子。這意味著整條核苷酸鏈帶，都具有高度負電荷。這種因缺乏正氫而帶負電的分子，稱為酸。因此，他們可以合理地將其描述為核酸聚合物。

為了反映化學性質上這層新的認識，核質得到了一個與其化學性質更貼切的新名稱：去氧核醣核酸（deoxyribose nucleic acid，現在稱為 deoxyribonucleic acid），意思是來自細胞核中的酸，源自於去氧核醣這種醣類。由於全名實在太拗口了，所以大多只用其英文縮寫稱呼它：DNA。

聚合物化學聽起來似乎不大簡單。確實，這有點複雜，特別是想要在立體空間中，表現 DNA 的化學結構時。然而基本上來說，**DNA 就是一條非常長的分子鏈，而且只有四種不同**

類型的鏈接，因此當時大家認為它的構造太過簡單，不可能用來編碼複雜的遺傳訊息。如果基因的字母表只有四個字母，要如何寫出生命的故事呢？

要了解當時的人為何認為，看似簡單的 DNA 不可能是基因，有個非常簡單的方法，那就是**思考蛋白質作為載體，傳遞遺傳訊息給後代的潛在優越性**。

由核苷酸組成的 DNA 只是一條線性聚合物，在某種程度上類似於蛋白質的結構，只不過蛋白質是胺基酸的線性聚合物，而非核苷酸的聚合物。DNA 只有四種非常相似的核苷酸，彼此之間只有細微的差別。相較之下，**蛋白質在形成聚合物鏈時需要使用 20 種胺基酸**。這 20 種胺基酸在結構、電荷、溶解度等方面截然不同。

有了這份優勢，蛋白質只要以無數不同的順序，將這些截然不同的胺基酸連接在一起，就可以獲得各種相異的蛋白質結構，從犀牛角一路到人類眼睛的水晶體。但 DNA 則不是如此，其結構似乎大同小異，無論在不同類型的細胞之間，還是在不同物種間。**怎麼可能用這樣一個形式固定的簡單分子，就足以編碼地球生命的遺傳複雜性呢？**

乍看之下，簡單分子只能做簡單的事情，而複雜分子則可以從事複雜的任務，這樣的推論似乎很合理。事實上，正是這種直觀的想法，讓科學家推測 DNA 必定是某種簡單的核內支架或骨架，讓複雜的基因附著在其上，當中應當有蛋白質。

即使在當時，這種認為簡單事物缺乏資訊的假設也是相當

幼稚的論點。然而，許多生物學家卻將其視為理所當然，並接受這種毫無根據的假設，認為簡單的結構將會限制其功能。不過要不了多久，接下來的科學發現就會證明他們是錯誤的，這種簡單結構，可不是 DNA 的弱點。

◆ 手骨斷裂，帶來未來的新見解

早在威利發現他的烏賊之前，他就已經在科學史上留下一筆紀錄。不過，他應該更希望這份名聲落在別人身上才對。

威利是澳洲第一位接受診斷性 X 光檢查的人。他的遭遇與蒙特婁槍擊案受害者圖爾森·康寧差不多，就在倫琴發現 X 射線幾天後，一位當地物理學教授就用克魯克斯管照射康寧受傷的腿，並獲得影像。

不過在威利的例子中，事件的攻擊者是他的弟弟，而凶器是輛三輪車，拍 X 光片的教授則是他的父親。當時 6 歲的威利正騎著他的三輪車，他的弟弟鮑伯（Bob）跑向他，並跳到他背後，導致三輪車翻車，還壓碎了威利左手肘的骨頭。

家庭醫生認為，這種骨折無法修復，因此建議將手臂固定在最不嚴重的地方，讓它自己變硬。威利的父親，也就是赫赫有名的老布拉格教授，和母親的醫生兄弟「查理舅舅」（Charles Edward Todd）都認為這計畫不可行。於是他們發揮了自己的專業才能，試圖挽救威利的手臂[6]。

那時是 1896 年初，老布拉格才剛得知有 X 射線，也就是

在幾個月前倫琴才剛發現的新玩意。事實上,老布拉格也在嘗試使用克魯克斯管重現倫琴的結果,就像許多物理學家同僚幾個月前,在科技設備較充裕的地區所做的一樣。

老布拉格教授親自測試了這項設備,用自己的手骨拍出高品質的X射線照片,因此他知道,克魯克斯管的X射線可以顯示骨骼結構[7]。而查理舅舅則為他提供了乙醚麻醉的專業知識。

於是,**兩位連襟攜手合作,設計出一套結合麻醉、物理操作,和X光的治療方案**。他們的想法,是每隔幾天對威利實施麻醉,並在男孩失去知覺時操縱他手肘部位的骨頭往各個方向彎曲。這樣做的目的,是讓他的骨頭能夠正確地對齊,防止肘關節融合與硬化。

他們定期以X光檢查威利的手肘,以評估是否有改善。威利很害怕手臂被扭轉,而等到他看到閃爍奇怪光芒的克魯克斯管時,X射線更是令他心生恐懼。然而,在他大膽的弟弟鮑伯自願先拿自己的手肘成像、證實這種操作的安全性後,威利終於克服自己的膽怯,願意接受X光檢查。

最終,這項計畫成功了,威利的手肘功能得以保留,儘管使他的左臂此後變得比右臂稍短一點。雖然如此,整個經歷對他來說仍然是一種創傷,縱使威利當時年紀還很小,但在幾十年後,他仍能鉅細靡遺地講述整件事的始末。X射線能夠揭示隱藏結構的力量,從此給威利留下深刻的印象。這也是他第一次體悟到,**物理學和生物學可以結合起來,揭示事物的形式和**

功能。

♦ 新插曲：不需要性行為的遺傳

從 1915 年，摩根將果蠅的基因傳遞與染色體的傳遞方式連結起來後，大家普遍接受基因位於細胞核內，特別是在染色體上的觀點。

另一個為人熟知的觀念，則是基因會在繁殖過程中從一代傳到下一代。不過，到了 1928 年，細菌學家弗雷德里克・格里菲斯（Frederick Griffith）發現了一些關於基因傳遞的現象，令遺傳學家大感震驚。

格里菲斯的實驗顯示出，**經高熱滅菌的死菌株在與活菌株混合後，活細菌的後代會帶有死細菌的一些遺傳特徵**。就好像死亡組織的碎屑中，也存在有自由飄動的基因，最終被活菌所吸收，然後改變了這細菌的基因組成！

這不僅意味著，基因的傳遞可以在沒有性行為的情況下發生，也可以在沒有生命的情況下傳遞。基因實在太奇怪了！這些裸露在外的基因到底是什麼？何以在脫離細胞後仍具有活性？當時推測，它們是某種類型的蛋白質顆粒，但大半的問題還是個謎。

♦ 為了成就與兒子，澳洲不宜久留

老布拉格教授就此涉足 X 射線領域的原因，單純僅是因為可憐的威利意外折斷了手臂，但這份偶然的骨折事件，實際上中斷了這位物理學家進行中的無線電波研究——他當時的主要科學興趣所在。

事實上在 1895 年 8 月，就在發現 X 射線前 4 個月，距離威利摔斷手不到一年的時間，老布拉格在他的實驗室工作，為物理課程準備無線電波的示範實驗。這時年方 24 歲的紐西蘭人歐內斯特．拉塞福，在事先未知會的情況下就去拜訪了他。

當時，拉塞福正準備前往英國展開劍橋大學的學業旅程[8]，還獲得了劍橋獎學金競賽的第二名——這份獎學金開放給英國各地區的學生爭取，當時的紐西蘭仍屬於英國的一部分。

不過，由於最初的第一名無法答應該獎項的條款，因此大學在最後一刻將獎學金改發給拉塞福。拉塞福獲得獎學金的消息傳來時，他正在自家農場的馬鈴薯田工作。據說，他立刻拋開鏟子，大聲嚷嚷道：「這是我挖的最後一顆馬鈴薯[9]！」幾天內，他就將啟航前往英國，不過趁著船停靠在澳洲阿德萊德的機會，他想去拜會一下知名的老布拉格教授[10]。

當拉塞福出現時，布拉格正在操作他的赫茲波振盪器。巧的是，拉塞福也帶了自己的玩具，並向布拉格展示他製作的電磁探測器。之後他在劍橋就是使用這個裝置，展示在沒有電線的情況下讓遠處的電鈴響起，就像愛德華．布蘭利 4 年前首次示範的情況一樣。

於是，這兩人整個下午都在談論無線電波，就這樣找到了志同道合的朋友，並維持終生的友誼。拉塞福在阿德萊德短暫停留的期間，應該沒有遇到當時才6歲的威利。就算他真的見到他，這位聒噪、愛交際的紐西蘭人也絕對不會想到，這位安靜、害羞的小男孩，最終會成為自己在卡文迪許實驗室的科學接班人。

儘管老布拉格十分享受與拉塞福交流的時間，但他的到來也顯示出，**當時科學環境落後的澳洲絕不可能跟上潮流、保持在科學界第一線的新知**。事實上，老布拉格的實驗室甚至沒有中央供電系統，他必須用自己的小型發電機為實驗供電。當老布拉格用克魯克斯管拍攝第一張X射線照片時，愛迪生已經在紐約國家電氣博覽會上，展示他最新發明的螢光鏡、向目不轉睛的觀眾展示骨骼內部即時移動的X光影像了[11]。

對布拉格來說，可悲的是，他的研究只不過是分別用光、無線電波和X射線重現牛頓、馬可尼和倫琴的發現。他也直到很晚才意識到貝克勒爾發現了放射性[12]。

然而，身處在幾乎被地理隔離的狀態也是有好處的，這份孤立迫使布拉格成為儀器製造大師。他和他的技術助理亞瑟・羅傑斯（Arthur Rogers）對科學儀器的設計和建造都有相當高的造詣，這項技能，在日後將會帶給老布拉格很大的好處。

拉塞福對他這位澳洲朋友的困境深表同情，多年來兩人一直定期通信，討論最新的科學進展，並盡可能分享實驗試劑給他。而老布拉格儘管有這些條件限制，還是做出了一些進展。

第 10 章 輻射的傷害，直指 DNA | 315

繼瑪麗‧居禮夫人觀察到 α 粒子射程有限，實際範圍取決於它們含有的能量後，老布拉格也發現，在沿著 α 粒子行動的路徑上，電離率將會在粒子耗盡所有能量前達到最大值，之後就完全停止。

這種在粒子軌跡的最末端釋放所有能量所達到的電離高峰現象，現被稱為布拉格尖峰（Bragg peak），該發現多年來一直研發出種種應用，最近期的應用領域便是放射治療。這種類型的治療策略，是使用質子加速器來治療腫瘤，在設計上與卡文迪許首次分裂原子所用的加速器類似。

由於在組織中，質子的射程取決於發射能量，而且已經確定出確切的數值，**因此可以定位光束並調整粒子能量，好讓質子剛好停留在腫瘤內部，而不是腫瘤之外的正常組織中。**這意味著，布拉格尖峰引起的細胞損傷主要會停留在腫瘤內，應該能帶來更好的標靶效果，只去除腫瘤的細胞。

這是格魯貝、凱利、卡普蘭，和其他早期癌症放射治療研究人員都夢寐以求的，他們一直盼望有一天能夠精確地決定破壞腫瘤的放射劑量，在摧毀內部腫瘤的同時，又不會破壞周圍的正常組織。事實上，正是因為布拉格尖峰的效果優異，能在殺死腫瘤細胞的同時避免傷害到正常組織，目前世界各地的許多放療門診，都安裝有此種質子加速器。

儘管發現了布拉格尖峰，也在澳洲做出其他研究進展，老布拉格仍注意到，自己所處的偏遠位置終究會阻礙到研究。不管是怎樣的科學發現，通常需要 6 個月的時間，消息才會傳到

澳洲。這意味著，他將永遠落後於其他位於科學重鎮的科學家6個月。

老布拉格知道，如果他想躋身物理研究的最前線，他必須回去英國。更重要的是，他認為待在澳洲會讓他的兒子威利和鮑伯缺少接受高等教育的機會。他希望兒子也去他曾就讀的劍橋大學。因此，他決定試著在英國的一所大學尋找一份合適的教職，然後舉家搬到那裡。

◆ DNA VS. 蛋白質，誰是基因的真身？

米歇爾相信，研究最簡單的身體細胞——白血球——是揭開生命基本化學成分最容易的方式。秉持米歇爾的信念，許多遺傳學家都相信，研究最簡單的生命細胞，也就是病毒，將會是了解基因基本化學組成最好的方式。

還記得前一章中，就連穆勒本人都意識到自己的果蠅研究有所局限，不得不承認病毒提供了「破解基因問題的全新角度」嗎？因此，許多遺傳學家後來都成了病毒學家，不久後，其中兩位學者共同合作，**最終解決了遺傳學中的大問題：基因究竟是由蛋白質組成的，還是 DNA 組成的？**

病毒的構造非常簡單，甚至不攜帶自身繁殖所須的分子構造，而是將基因注入宿主細胞，欺騙這個細胞動用其生殖機制來複製病毒的基因，就跟複製自身的基因一樣。那麼病毒是會將蛋白質注入細胞？還是將 DNA 注入細胞呢？這問題，可以

透過放射性找到解答。

如果在含有放射性元素的介質中培養病毒,這些放射性同位素就會融入病毒的分子組成。就跟攝入鐳的錶盤工人一樣,因為鐳的化學成分類似於人類骨骼中的鈣,最終這些同位素會進入他們的脊柱中。

同樣的道理,餵給病毒的放射性磷,也會進入構成病毒DNA「骨架」的磷酸基團,放射性硫則會進入蛋白質中的硫。由於DNA不含硫,而蛋白質僅含有少量的磷,因此**用磷酸鹽或硫的放射性同位素對病毒標記,就可以得到具體的結果,依此推測進入細胞的究竟是DNA還是蛋白質!**

以上便是病毒學家阿爾弗雷德・赫希（Alfred Hershey）和瑪莎・蔡斯（Martha Chase）所做的實驗,他們想要以此解決基因到底是由何種聚合物組成的問題。他們用放射性磷酸鹽和硫標記病毒,然後檢查病毒在繁殖時,是將哪種放射性同位素注入寄主細胞中。最後發現,這些細胞只含有放射性磷,意味著病毒只注入DNA而非蛋白質。最終證明了,基因是由DNA組成的[13]。

♦ 重返英國,邂逅X射線

1909年,英國里茲大學（University of Leeds）物理系主任決定退休。這時拉塞福已從麥吉爾大學的第一份教職,一路爬升到里茲附近的曼徹斯特大學（University of Manchester）

擔任物理學教授。他說服里茲選拔委員會將這個空缺給老布拉格，這正是老布拉格一直在等待的機會。他立即接受了職位，並預訂了前往英國的船票。

抵達後，老布拉格立即前往曼徹斯特拜訪拉塞福，在那裡，他們重溫了多年前的第一次相遇。這次，拉塞福擔任東道主，向老布拉格展示他最新的科學奇觀，包括他設計用來收集自鐳液散發出的氡氣的幫浦。這個氡氣幫浦的設計，與拉塞福後來提供給凱利醫師的設計類似，凱利後來就是以這種方式收集氡氣，用於他的近距離癌症放射治療[14]。

威利不負他父親的願望，最終進入劍橋大學就讀，並開始在卡文迪許實驗室學習物理學。他在學術上早已做好了充分準備，足以順利適應劍橋的課業。事實上，**他早在 16 歲起就一直在阿德萊德大學修習大學課程**。當威利進入卡文迪許時，這間實驗室仍是由他父親的老導師湯木生負責，並一直持續到 10 年後，拉塞福接替他的位置為止。

然而要是威利以為，來到劍橋就可以擺脫被霸凌的日子，不用重複他在澳洲飽受欺壓的童年，那他就大錯特錯了。

在劍橋，他也遇到針對外地人的偏見，跟多年前拉塞福的經歷一樣。在同學眼中，威利是二流學生，眾人也普遍對澳洲人有所誤解，認為他們是荒地原住民和英國流放罪犯的後代。

只不過，威利和拉塞福一樣具有學術研究的天賦，而且**就跟拉塞福迅速超越瞧不起他的同儕一樣，霸凌威利的那群人，很快就跟不上他的腳步**。不過這反而火上加油，讓其他學生更

不喜歡他。此外，就像他的學長拉塞福，威利也贏得了競爭激烈的獎學金，甚至在肺炎臥床期間參加了一場數學競賽，還拿到最高分。

後來在 1912 年，威利 22 歲時，在第一年於卡文迪許的研究工作中，他就有了一項重大發現，進一步拉開他與同儕的距離──他發現了過往從未有人注意到的 X 射線新特性：它們會彈跳！（請見下圖 10-1）

圖 10-1：掌握 X 射線反射原理的男人：威利・布拉格

威利在卡文迪許實驗室研究期間，發現 X 射線會從晶體上反射，就像光從鏡子上反射一樣。他不僅發現了這一現象，還以數學方式加以描述，最後由此整理出的布拉格定律（Bragg's law）獲得 1915 年的諾貝爾物理獎，當時他年僅 25 歲。至今，威利仍是有史以來最年輕的諾貝爾獎得主。（資料來源：照片由 AIP Emilio Serge Visual Archives、Weber Collection、E. Scott Barr Collection 提供）

威利解決的 X 射線問題，長期以來一直困擾著物理學家。狹窄的 X 射線束在穿過晶體時，會產生神祕難解的效應。**晶體是一種特殊類型的固體，當中所有單個分子，都在立體空間的三個維度上完美地排列。**

此外，晶體還具有非凡的自組能力。比方說，假設將一種特定化學物質溶解在水中、形成溶液，然後讓水蒸發，這時留下的分子在凝固時，便會規則地自行組織成行列。

驅動晶體形成的力，主要與熱力學定律有關，如熵、焓等，在此我們就不深入探討，只需要知道我們周圍有晶體的存在，像是食鹽、糖粒等小晶體。不過晶體也可以有更大的尺寸，例如冰糖和鑽石等。

基本的要點相當簡單，若是一化學溶液蒸發成晶體，你就至少可以確定兩件事：一，該溶液基本上不含有其他分子，因為若是有分子汙染物，便會破壞結晶過程；二，形成晶體的分子，具有非常規則的結構，因為若不是如此，它們就無法均勻排列。

當細長如雷射筆光束的 X 射線瞄準晶體時，大多數 X 射線會直接穿過晶體，就像一般情況，並在晶體後的底片上形成一個點。到目前為止，這一切都沒什麼不尋常的地方。

不過有些科學家注意到，**在光束線之外也出現好多個小曝光點，並以規則的圖案排列。**在此之前人們已確定，X 射線不能用傳統的光學透鏡加以彎曲或聚焦，顯然晶體中有什麼不為人知的蹊蹺。

威利思考這個問題已好一陣子，突然有一天他意識到，晶體中的原子有些獨特的特性，與其他固體不同。在晶體中，因為有規則的分子結構，所有組成原子都沿著天然的薄面或幾何平面排列，就像桌面一樣。

以常用的食鹽，也就是氯化鈉為例，鈉原子的連續平面與氯原子的平面相互交替。而在僅由碳、氧和氫組成的糖粒中，其所含的三種原子也會沿著自己的平面排列。是沒錯，但那又如何呢？

威利可能也有同樣的反應，不過彼時他剛完成自然科考試，其中很大一部分都關於光和光學。為了準備考試，他曾複習過光學的課堂筆記，還特別去聽了物理學大家威爾森教授（C.T.R. Wilson）的講座。

威爾森在講座中描述，白光是一組波長範圍有限的電磁脈衝組成的[15]。這些光脈衝就像網球一樣，會從鏡面反射回來。於是威利假設，X 射線中波長較短的脈衝，應該會從晶體內原子片形成的鏡面反彈或反射。此外他還提出，**當 X 射線穿過晶體時，底片上出現的其他點是「由於 X 射線脈衝被晶體中的原子片反射所導致」**[16]。

威利甚至認為他可以證明自己的假設。某些類型的晶體，有沿著其原子片破裂的傾向，留下的原子表面就像鏡面一般。雲母就是這樣的一種晶體，它是一種矽酸鹽礦物，在許多種類的岩石中都有，會形成看似閃閃發光的斑點。

威利展示 X 射線從雲母片反射到底片上的情況，就像光

線從鏡子反射一樣。此外,當他改變入射角時,反射角也會依循光線反射的物理定律變化。他將沖洗出來的照片交給湯木生,上面的斑點便是雲母反射 X 射線的證據。

不僅湯木生很高興,當威利的父親得知兒子的成就時,更自豪地寫信給拉塞福:「我的兒子從雲母片上得到了美麗的 X 射線反射,就跟鏡子反射光一模一樣[17]!」接獲消息後,謹慎的拉塞福立刻讓他最近招收的兩位門生莫斯利(Harry Moseley)和達爾文(Charles Darwin,博物學家達爾文的孫子、優生學家高爾頓的教子)重複和驗證威利的發現。

隨著兩人迅速就完成了任務,並證實了威利的主張,拉塞福也沉浸在興奮之中。就跟他曾經發現,α 粒子從金箔上反射的角度與金原子核大小十分相關一樣,威利也意識到 X 射線從晶體上反射的角度,可以用來推估晶體內原子面之間的距離。這兩者都是科學史上的重大發現。

要充分理解威利的洞見對科學有多重要,必須認識一下他的 X 射線晶體反射理論的實際應用:

試想一下,你在夜晚時待在家中黑暗的房間,並有一扇朝外的窗戶,你手上還有一支雷射筆。假裝這道雷射光束是一道細長的 X 射線,而那扇窗戶是雙層玻璃的——包括兩塊玻璃板,以及中間充滿空氣的空間,就像隔熱窗。

現在,你以 45° 角將雷射光往窗外射去,瞄準外面的一棵樹。你會在樹上看到雷射穿過玻璃的一個點,**但如果你注意垂直於窗戶的牆面,應該也會看到另外兩個點。其中一個是由光**

第 10 章 輻射的傷害,直指 DNA | 323

束從內窗玻璃反射形成的，另一個是由外窗玻璃反射形成的。 如果這扇窗是三層玻璃的，你則應該會觀察到三個點。這就是威利的發現。他注意到 X 射線在穿過晶體時發生的情況，晶體內的多層原子面，就好比天然的「玻璃窗」反射這些 X 射線。

讓我們先進一步假設，知道窗戶兩塊玻璃間的實際距離很重要，但你無法直接放一把尺到窗戶中測量，這時你會怎麼做？威利注意到，兩片玻璃間的距離，與牆上兩點間的距離，以及它們與窗戶表面的角度有關。

利用他驚人的數學技能，威力寫出一個簡單的公式，能夠根據底片上 X 射線點反射的距離，來確定晶體內兩片原子面間的距離：

$$n \lambda = 2 d \sin \theta$$

其中，d 是原子面之間的距離，θ 是入射角，λ 是 X 射線的波長，n 則表示某個整數的術語，對應於所謂的反射階的波干涉概念，這已超出本書範圍，在此不再贅述。我們不需要理解這個方程式，只需要明白它的含義（請見右圖 10-2）。

這個簡單的數學關係，就是布拉格定律。基本上是在說，X 射線的反射跟光的反射很類似，反射角取決於輻射的波長。

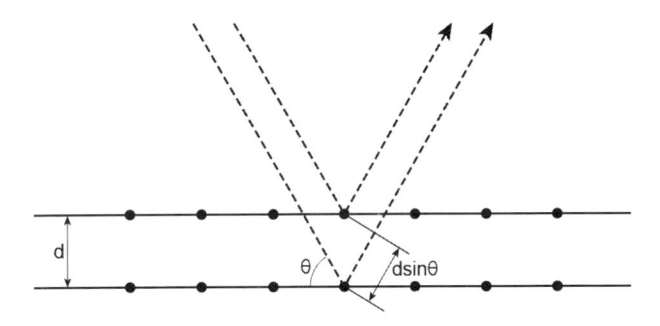

圖 10-2：穿透萬物的 X 射線，怎麼反射？

當入射的 X 射線沿虛線箭頭進入晶體時，可以從任何一片原子層反彈。經測量反彈角度，就可以計算出原子層間的距離（d）。透過布拉格定律，我們可以精確地確定任何一種可結晶分子的原子距離，並為日後華生和克立克發現 DNA 結構，提供了必要的線索。

我們應該對此感到驚訝嗎？仔細想想，光和 X 射線畢竟都是電磁波，僅是波長不同而已。儘管如此，這項發現在當時還是令人大開眼界，而且在現實中具有極為重要的意義。布拉格定律最終將發展成一項強大的工具，能據此認識所有可結晶分子的三維結構。

實際上，**物理學家甚至可以說拯救了處於困境中的生物化學家**，並提供他們一種研究三維分子，而不只是平面二維分子的方法，即使要研究的分子非常大，就像多數生物分子那樣也沒有問題。

威利把他的反射角想法，告訴了他在光學、儀器製造領域都經驗豐富的父親，於是兩人一起建造出一組能測量 X 射線

反射角的裝置，主要模仿了牛頓測量光折射儀器的原始設計。不過布拉格父子的儀器並沒有像牛頓那樣測量通過稜鏡的光折射，而是測量晶體的 X 射線反射。

之後，這對父子開始照射不同的晶體，並從 X 射線的反射角來推測其原子結構。在接下來的兩年間，他們確定出一種又一種的晶體結構，從最普通的食鹽，一直到鑽石[18]。這項工作對未來分子結構和原子間鍵長的認識貢獻卓越（請見右圖 10-3）。

威利最初在劍橋哲學學會（Cambridge Philosophical Society）的會議上發表他的發現，並提及以 X 射線照射晶體的反射特性，與可見光在鏡面反射的相似。演講後不久，他就將論文發表在該會的《會刊》（*Proceedings*）上。

值得留意的是，當威利解釋 X 射線在晶體中的表現時，更直接拿出聽眾們非常熟悉的教科書作為類比——由亞瑟・舒斯特（Arthur Schuster）所著的《光學理論導論》（*An Introduction to the Theory of Optics*）。本書大量借鑑了牛頓最初的光學理論。於是，**輻射的研究就此回到原點，回到了光學研究的領域**。

如今我們已知，射線在進入內部有多個堆疊平面的物體時，會沿著這些平面產生多次反射，這個原理被稱為布拉格反射（Bragg reflection），以紀念威利的貢獻。但遺憾的是，**大家經常對此誤解，以為這是他父親的發現**，也就是因發現布拉格尖峰現象而聞名的老布拉格。

圖 10-3：推算晶體結構？就靠 X 射線

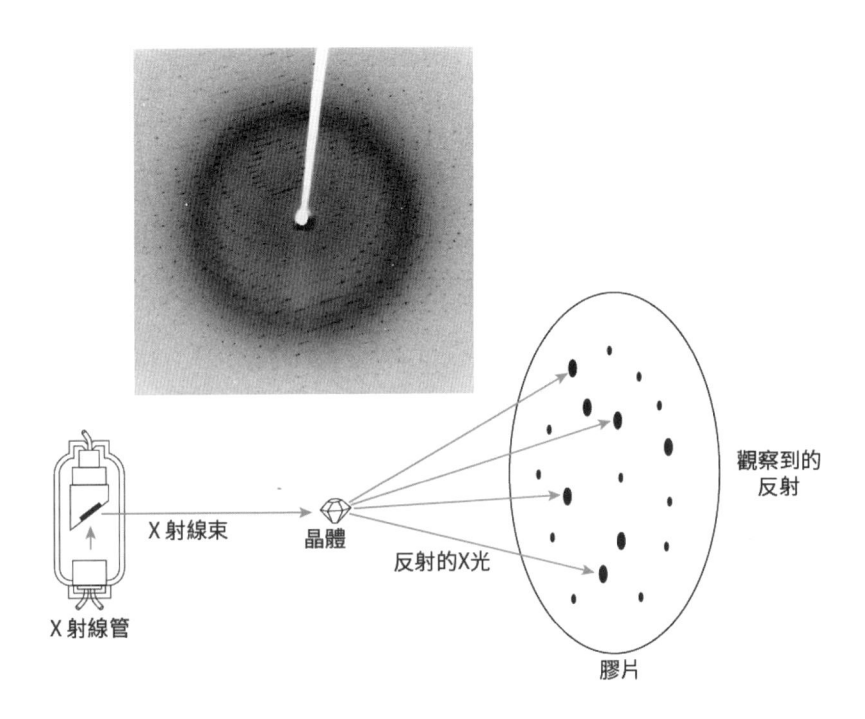

射線晶體學的技術，主要是引導一道很窄的 X 射線穿過晶體。當 X 射線打到晶體結構內的各個原子平面時，將會從不同角度反射而出。反射的 X 射線會在底片上產生斑點。透過分析底片上斑點的分布，便可以推算出反射角的角度，之後便可將這些數值套用在布拉格定律中，計算晶體內部原子平面間的距離。

上圖顯示從雞蛋白溶菌酶（lysozyme）中純化、結晶而出的簡單蛋白質薄膜，同樣的方法也可以用來計算複雜的大分子。（資料來源：弗萊恩德博士〔Gert Vreind〕提供的晶體學技術影像）

在科學界，這對父子檔的貢獻經常被混為一談，甚至已成了永恆的難題，儘管兩位都時常就此事澄清，指出他們只是同姓而已，依舊難以化解誤會。甚至有人認為他倆是同一個人。不久後，威利也開始改用他的中間名勞倫斯，希望能減少世人的混淆，但顯然沒什麼幫助。即使到了今天，許多科學文獻也經常混淆這對父子[19]。

◆ 命中紅心，直指細胞核

當遺傳學家致力於確定基因的化學物質時，輻射生物學家則忙著研究輻射是否會破壞基因，從而導致生物效應，並發現了壓倒性的一致證據。科學家證明，**若要用輻射殺死細胞，必須照射其細胞核，也就是基因所在的位置。**

若是以輻射照射一整顆細胞，並移植另一個細胞中未經輻射影響的細胞核進入細胞中，便能挽救這顆細胞，避免其死亡。如此看來，是否會產生生物效應的唯一決定性因素，便是輻射是否照射到細胞核。

此外，在顯微鏡下可輕易觀察到，輻射能夠破壞細胞核中的染色體，而且所產生的生物效應強度，與染色體斷裂的程度成正比。同樣地，保護染色體避免斷裂的化學物質，也能減輕輻射的生物效應。簡而言之，**基因損傷與生物效應之間存在有直接關聯。**既然已經確定基因是由 DNA 所組成，按照這個邏輯，輻射生物效應的作用標靶，顯然就是 DNA[20]。

當在科學領域使用標靶（target）一詞時，並不是指輻射實際上真的鎖定DNA並加以毀損。而是表示輻射若要產生某一生物效應，那勢必得擊中（損壞）DNA。其他生物分子，例如蛋白質，也同樣容易被輻射損壞。事實上，細胞中大量的損傷都發生在DNA之外，但只有在DNA受到損害時，產生的生物效應才會相對嚴重。

現在重新回顧這一切，背後原因似乎很清楚：**細胞中的所有其他分子都是可替換的，而DNA——發出所有命令的細胞指揮——則控制著這些汰換過程**。因此，若是DNA受損，有可能就不會發生替代，細胞隨之便會喪失控制能力，功能降而出錯，有時這將會導致細胞死亡，有時則會導致細胞突變。

若這種突變恰好發生在生殖細胞中，則可能產生可遺傳的突變。若這些突變發生在體細胞中，結果則可能是癌症。具體的健康效應，是由受輻射影響的細胞類型和輻射劑量所決定，不過最終的原因，都是因為DNA受到損壞[21]。

◆ 心靈空虛的天才

儘管弟弟鮑伯在兒時造成他的手肘意外，威利仍和他十分親近，而且除此之外，威利也沒有其他親密朋友了。威利總是被同儕排擠，深感孤獨。不過，當他遇到魯道夫‧「塞西爾」‧霍普金森（Rudolph "Cecil" Hopkinson）時，一切都改變了。

塞西爾是劍橋大學電機工程系的學生，他的父親是英國電力產業的領銜人物，就跟威利外祖父在澳洲的工作類似，只是規模較小。儘管塞西爾具有貴族血統，但他沒有其他劍橋學生的自命不凡，並和威利一拍即合。

有趣的是，他們對彼此的吸引力正是來自兩人的差異，因為塞西爾為人大膽、喜歡冒險，而威利則相對溫和。塞西爾的性格，其實更像威利的弟弟鮑伯。然而與鮑伯不同的是，塞西爾成功讓威利走出他的內心世界。

威利後來回憶道：「塞西爾給我的，就像是在一片乾涸之地上的水源。他帶我一起冒險，增強了我向來非常缺乏的自信心[22]。」塞西爾引領威利去滑雪、打獵、開帆船，和其他充滿活力的戶外活動。有了鮑伯和塞西爾這對勇敢的二人組在身邊，威利已能享受兒時被殘酷剝奪的同儕樂趣。儘管他不再感到孤獨，但接著，戰爭爆發了。

◆ 從毛皮理出頭緒，DNA 是否是螺旋？

到了此時，DNA 已成為生物學家關注的焦點，因為這既是基因的材料，又會受到輻射損傷，再也沒有人懷疑它的重要性，畢竟，這已然成了理解生命運作的根本要素。雖然當時科學家仍不確定它的實體結構，也不知道它是如何自我複製的。

取得下一個突破的，是來自劍橋大學的另一位畢業生威廉·阿斯特伯里（William Astbury）。阿斯特伯里是里茲大學

的紡織化學家,專門研究纖維紡織品的結構,包括羊毛和動物皮毛等。

羊毛和皮毛,均是由蛋白質構成的長纖維,並不會形成晶體,因此就傳統意義來說,並不適合用 X 射線來做晶體分析。儘管如此,阿斯特伯里發現,**若將纖維拉伸,它們的排列多少會出現有序的結構,這就跟在晶體中發現的高度有序結構類似。**

阿斯特伯里相當熟悉 X 射線晶體技術,因為威利的父親,正是他讀博士期間的指導教授。在跟著老布拉格研究時,他對酒石酸(葡萄酒中的一種主要酸類)做了一些 X 射線晶體研究。**既然拉伸的纖維類似晶體,他便決定放手一搏,將 X 射線晶體技術用在纖維上。**

儘管他沒有得到與真實晶體相同的高解析度圖像,但阿斯特伯里的纖維 X 光片依舊有不錯的表現,得以排除一些與結果不一致的假設結構,縮短了需要考慮的可能結構清單。

其中有個結構,他始終無法根據所得數據中排除,那就是螺旋結構。事實上,在改變施加在纖維上的力時,阿斯特伯里就可以改變底片上斑點的分布。當時他認為,若施加力量拉伸螺旋,將會導致原子分離,斑點的移動恰好與這樣的想法吻合。

當阿斯特伯里發表他的研究結果時,吸引了其他科學家的興趣,有些人指出,DNA 也是一種可拉伸排列的纖維材料。因此,阿斯特伯里從一位同事那裡取得了純化 DNA 樣本,並

重複了他在羊毛樣品上的分析步驟。令人驚訝的是，他得到了類似的結果。

這些資訊再次顯示，可以透過拉伸來改變結構的規則，但他的數據不足以確定原子間的距離。儘管如此，其他人還是受到啟發，決定繼續往這個方向研究，嘗試取得純度更高的DNA樣本來展開X射線晶體學分析[23]。

◆ 戰壕中的諾貝爾獎

當第一次世界大戰爆發時，塞西爾、鮑伯和威利都加入了英國軍隊，去往前線戰鬥。塞西爾和鮑伯被分配為戰鬥人員，威利則因為科學背景，被指派負責一項科技計畫，其目標是根據炸彈發射時的聲波加以三角測量，以確定敵方大砲的確切位置[24]。這項任務必須親上前線，並在不同位置放置麥克風來收集聲波數據。因此，三人都冒著生命危險在前線盡責。

在可怕的戰況和傷亡不斷增加的情況下，威利認真執行他的工作，但他的憂鬱情緒卻與日俱增。接著他又接到毀滅性的打擊。消息傳來，他深愛的兄弟鮑伯在土耳其的加里波利戰役（Battle of Gallipoli）陣亡。他的腿被敵人砲火炸斷，不久後就去世了，並在一艘醫船上被當場海葬，令威利備受打擊。

不過沒多久，威利就收到了好消息。**他和父親因在X射線晶體學方面的研究，共同獲得1915年的諾貝爾物理獎。**這個消息令所有人驚訝，因為當時一直有傳言指稱，該年的諾貝

爾獎將頒給愛迪生和特斯拉，以肯定他們兩人分別在直流電和交流電上做出的多項電氣發明。名氣相對較小的布拉格父子和他們製造的小型 X 射線反射儀，竟然贏過了當時世上最著名的兩位發明家！

然而這時戰爭仍在繼續，威利覺得這樣的獎項有些無謂，戰友們也抱持同樣的觀點，他們並沒有佩服這位傑出的戰壕夥伴，反倒開始輕蔑地稱威利為「諾貝爾哥」（The Nobbler）[25]。威利的才智再次讓他遭受同儕的蔑視，不過，他的上級確實注意到了這一點。威利後來在一封家書中打趣道，「將軍們現在會謙虛地詢問我對事情的看法」[26]。

隨著聖誕節即將到來，儘管戰事還沒有迎來尾聲，但佳節本身就足以讓威利和戰友享受一頓簡單的聖誕晚餐，甚至包括家人送來的李子布丁。然而當他們吃飯時，遠處不斷的槍聲仍提醒著他們，並不是每個人都能享用布丁[27]。

新的一年並沒有讓戰事緩和，反而一直持續下去。一天，威利接到了令他相當難過的消息：塞西爾戰死了。他曾參與法國路斯戰役（Battle of Loos），當時英軍釋放的毒氣被吹回到自己的防線。塞西爾雖在那場災難中倖存下來，但幾天後在路斯郊外的戰鬥中受了重傷。

在被送回英國後，他在痛苦中持續徘徊，最終於 10 週後的 1917 年 2 月 9 日在家中去世[28]，年僅 25 歲。塞西爾的死重創威利的內心，當威利回憶起塞西爾時說道：「他是你能想像到最熱心、最忠誠的朋友[29]。」威利也在給母親的信中寫下：

「我對此感到非常絕望[30]。」此後，威利再也沒有這樣親愛的朋友了。

威利最後撐過了戰爭。他回到劍橋大學，但校園也遭受了巨大損失。在戰爭的 5 年中，劍橋畢業生約有一半受傷，四分之一死亡。戰後的劍橋，每個人都在哀悼，悲傷之情溢於言表。沒有兒子的拉塞福，為他年輕的門生哈里·莫斯利哀悼，他和鮑伯一樣在加里波利喪生。拉塞福堅稱，才華橫溢的莫斯利之死，是一場國家悲劇。

美國物理學家羅伯特·密立根（Robert Millikan）後來這樣評價莫斯利：「就算戰爭只有扼殺這條年輕的生命，除此之外沒有傷害其他任何人，光是這一點，就已經是歷史上最可怕、最無法彌補的一項罪行[31]。」

威利能活下來確實是個奇蹟。身為少尉，他必須要躲過許多子彈。在戰爭期間，**一名少尉在前線的平均生存時間，最短時甚至只有 6 週**[32]，但威利成功在前線工作了兩年多的時間。

戰後，威利成為曼徹斯特大學的教授，接替了拉塞福的職位，拉塞福在 1919 年因湯木生從卡文迪許退休，而前往接替主任一職[33]。威利後來結識了塞西爾的堂妹愛麗絲·霍普金森（Alice Hopkinson），並認定她就是自己的靈魂伴侶，也許因為他們兩人都對塞西爾的離世悲痛不已。

他們情投意合，婚後育有 4 個孩子，兩男兩女。這對夫婦，一個在大學當教授，一個則是家庭主婦，就這樣過了近 20 年的平靜生活。不過，後來的另一起死亡將會改變了這一切。

◆ 戰火無情，科學巨擘接連離世

有種說法是，沒有任何一個手術是小手術，事實上也確實如此。

拉塞福後來於 1937 年去世，享壽 66 歲。彼時他仍是一位多產的科學家，卻死於疝氣手術的併發症——即使在 1937 年，這種手術也早已司空見慣，他的離世十分可惜。

拉塞福是個善良、慷慨的人，身後留下了一位慈愛的妻子，以及許多忠實的朋友、同事和昔日的學生[34]。儘管他經常善意地嘲笑理論物理學家，但他與他們中的大多數人都保持良好關係。例如**愛因斯坦就相當景仰他，並稱拉塞福是「第二個牛頓」**[35]。

拉塞福的骨灰最後埋在西敏寺大教堂（Westminster Abbey），離牛頓的墓很近，如此安排相當恰當，因為在約 200 年前，就是牛頓開啟了可見光輻射的研究，進而開創了後來所有一切。

拉塞福的意外去世，也空出了卡文迪許實驗室主任一職。最後，他們找上了威利。1938 年，他再次接替拉塞福的位置，擔任實驗室主任，就像先前接替他在曼徹斯特的教職一樣。不過他任職沒多久後，德國就入侵了波蘭，英國再次陷入戰火。

隨著戰爭如火如荼地展開，威利被英國軍隊召回服役，繼續他利用聲波定位敵方大砲的研究。與此同時，他年逾 70，

卻仍精神抖擻的父親，再度因為他的舉動聞名於世。老布拉格在德國空襲期間前去皇家學院的防空洞，與受驚的居民交談，並試圖鼓舞民心。

這場戰爭對英國來說並不順利。盟國遭受重創，但美國選擇袖手旁觀，試圖維持孤立主義政策。直到日本偷襲珍珠港，美國才開始全力反擊，分別於 1941 年 12 月 8 日與 11 日對日本、德國宣戰。美國的介入最終扭轉了軸心國的戰局，但威利的父親並沒能親眼見證。

1942 年 3 月 10 日，距離戰爭結束僅剩 3 年時，老布拉格突然生病並去世。隨著父親過世，威利除妻子以外的所有知己都已離開人世，但威利已習慣了這樣的生離死別，並選擇堅持下去。當美國在廣島和長崎投下原子彈，徹底結束第二次世界大戰時，拉塞福和老布拉格已分別去世 8 年和 3 年了。

拉塞福生前，曾拒絕與諾貝爾化學獎弗里茨・哈伯（Fritz Haber）握手[36]，因為後者曾在一戰期間，致力於研發化學武器，儘管英軍也曾使用此類武器對抗德國人。像拉塞福這樣偉大的人道主義者，若是活下來，並看到他心愛的核分裂被用作武器使用，不知會作何感想。

◆ 人人都想爭第一，DNA 研究的大競逐

二戰澈底打亂了 DNA 結構的相關研究，一直到 1950 年代初期，事情才算得上真正恢復正軌。

有人可能認為，卡文迪許實驗室憑藉其在 X 射線晶體學的專業，應當能搶得先機，不過**那裡有兩項嚴重阻礙 DNA 研究的因素。**

首先，**卡文迪許的生物學家已投入蛋白質結構的研究**，他們致力於透過 X 射線晶體學確定蛋白質分子的結構，並正處重大突破的邊緣。然而，他們當時的關注點是肌紅蛋白和血紅蛋白的結構，而非基因，畢竟當時或之後都沒有證據顯示，蛋白質是基因結構的一部分。要是能解決蛋白質結構的問題，最終將有可能為卡文迪許再增添幾座諾貝爾獎。總之，這些進展絕對有將實驗室的注意力從遺傳學上分散。

其次，在不遠處的倫敦國王學院（Kings College），也早已有莫里斯・威爾金斯（Maurice Wilkins）和他的同事羅莎琳德・富蘭克林（Rosalind Franklin）從事對 DNA 結構的 X 射線晶體學研究。

當時英國的社會禮儀，依舊要求科學家尊重彼此的研究領域，因此對 DNA 結構感興趣的卡文迪許科學家們，只得說服國王學院的科學家向他們透露所願意分享的任何數據。

事實上，在卡文迪許僅有兩位科學家熱衷於 DNA 結構研究，他們都是這間實驗室的新人，一位是具有遺傳學背景的美國博士後研究員詹姆斯・華生，一位是在卡文迪許的研究生法蘭西斯・克立克，後者在戰前曾涉足物理學，後來才轉向生化結構領域的研究。

兩人都明白破解 DNA 結構對遺傳學的重要性，且都對現

況感到沮喪，因為卡文迪許沒有特別關注這方面的研究，而國王學院的科學家，在 DNA 晶體學研究的發現則相當緩慢。

更糟的是，**諾貝爾獎得主萊納斯・鮑林也對 DNA 產生濃厚的興趣**。鮑林是當時蛋白質結構界數一數二的傑出人物，他過去發現的 α 螺旋，幾乎是所有蛋白質的主要結構特徵。在鮑林對 α 螺旋的研究中，他結合了模型建構和 X 射線晶體學兩種方法，正確推導出 α 螺旋的結構，沒有理由懷疑，他不會以這套模式成功找出 DNA 的結構。

鮑林曾寫信給威爾金斯，要求確認後者手邊 DNA 的 X 光片，這不禁讓威爾金斯感到脊背發涼，深怕被超前一步。不過鮑林的運氣也沒有比華生和克立克要好，他最終依舊沒能看到威爾金斯的相片。

若單獨觀看模型建構和 X 晶體學，仍無法決定 DNA 明確的結構，因為在模型建構中，有太多可能的結構要考慮，但並沒有明確的方法來判斷哪些構型可能是正確的。而 X 射線晶體學中，拉伸纖維的數據還不夠精確到足以計算出定義結構所需的所有角度。

不過 X 光片還是有一定的清晰度，足以消除一些與數據相悖的理論模型。因此，晶體學資料能夠減少需要考慮的模型數量，有助於推論出正確的結構。這基本上就是 1951 年該領域的學界研究情形，而**就在這一年，華生和克立克聯手發現了 DNA 的正確結構**。

◆ 雙螺旋？三螺旋？簡單漂亮的結構是否存在？

讓華生和克立克魂牽夢縈的 DNA 分子，竟然也是一種螺旋結構。

螺旋結構有點類似旋轉樓梯。DNA 的螺旋結構，是由核鹼基（即每一層的「階梯」）圍繞自身旋轉而成。鮑林發現蛋白質會形成螺旋，其中的階梯則是胺基酸。

華生相當贊同當時流行的一個理論，即**螺旋結構是所有聚合物中最有效的結構構型**[37]。華生和克立克想知道，DNA 的 X 光片圖像是否與螺旋構造吻合。只要他們確認了這一點，就可以放棄所有其他構造，專注於研究核苷酸模型──卡文迪許室的機械房，特別用金屬板為他們訂製了這樣的模型──直到兩人找出可行的結構為止。他們要怎麼知道自己找到了正確的結構？關於這一點，他們也不太確定，但他們堅信「真正的結構理當既簡單又漂亮」[38]。

就這樣，倫敦的威爾金斯實驗室，與劍橋的華生、克立克雙人組，跳起微妙的舞步。與此同時，華生和克立克也注意到厄文·查戈夫（Erwin Chargaff）發現的數據，顯示 DNA 內含的核鹼基會相互配對，即腺嘌呤會與胸腺嘧啶配對，而鳥嘌呤與胞嘧啶配對。

同時，兩人也考慮了多條 DNA 鏈相互纏繞的可能性，有點像是編繩索的型態，但這根「繩子」到底由多少股組成呢？如果幸運的話，這個數字會很小，不要超過三股的話最好！

然而,他們最擔心的事情還是發生了。鮑林發表了他發現DNA結構的報告!他提出的結構是三股纏繞在一起,核鹼基朝外,磷酸鹽主鏈則在內部。不過華生很快就注意到鮑林的錯誤。DNA的磷酸基團已被離子化,帶有負電。若是皆位於內部,**來自不同主鏈的負電荷將會相互排斥,迫使主鏈分開。**

此外,鮑林的DNA結構更無法解釋查戈夫所發現的鹼基配對。鮑林其實相當接近正確答案,但他提出的DNA結構卻完全錯誤。在鮑林發現自己的錯誤,並重新嘗試解決問題之前,華生和克立克還有時間尋找正確答案。

最終,華生得到了他所需要的資訊。在與國王學院的威爾金斯討論鮑林提出的結構,以及他犯下的愚蠢錯誤時,威爾金斯頓時放鬆了警覺心,給華生看了一張富蘭克林拍的DNA的X光片。

華生不是晶體學家,正如他後來自我調侃地說:「我甚至連晶體學最基本的布拉格定律都不知道[39]。」儘管如此,他知道的已經足夠了。克立克曾向他描述DNA螺旋結構的X光片應該呈現什麼型態,而富蘭克林的照片正與克立克的描述相符。最重要的是,富蘭克林得出的晶體學數據顯示,**螺旋結構的直徑應該是由兩股相互纏繞形成的,也就是雙螺旋。**

將這一切組合起來:雙鏈螺旋、成對的鹼基,和外部由磷酸鹽構成的主鏈,一切都毫無疑問地指向同一個結論:兩條鹼基鏈以某種方式在內部相連,形成一種能讓磷酸鹽主鏈以無限重複的模式相互螺旋的結構,令人不禁想到理髮店的旋轉招牌

燈。

兩人在卡文迪許實驗室用金屬製的核苷酸模型研究了數天後，終於找出一個能解釋所有數據的唯一可能結構。他們將最終的 DNA 結構，定為雙螺旋的「B 型」，而不是最初考慮的「A 型」。

他們之所以**推翻 A 型**，是因為該結構需要使 DNA 脫水才能形成，而這顯然與細胞中 DNA 被水分子包圍的事實不符。因此，A 型不太可能是 DNA 天然狀態下的正確結構。此外，他們也較不喜歡 A 型，因為它不夠「漂亮」。

不過，除了美好的架構外，還有一些特性能夠證明，華生和克立克提出的 DNA 結構是正確的，那就是**它在功能上相當簡單**。

每個遺傳學家都知道，基因會在細胞繁殖過程中複製。蛋白質的複雜度相對較高，因此主張由它們負責攜帶複雜遺傳訊息的說法，不可避免地會受到質疑。蛋白質本身的複雜性將構成障礙，讓遺傳訊息難以輕易複製。

相較之下，正如形式遵循功能的說法，華生和克立克的雙螺旋結構，是依靠鹼基配對讓兩股鏈連結，同時也可作為模板，將所需的資訊複製到另一股上。**換句話說，這兩股並不相同，而是彼此互補的。**

就像沙灘上的手印與手掌互補一樣，DNA 的其中一股也會與另一條互補。而正如手相師會透過解讀一人的掌紋來了解他的命運，印製出來的掌紋，應該也同樣能提供關於該人命運

的相同訊息。

總之，華生和克立克的雙螺旋結構，足以解釋所有的數據，而且在物理上相當漂亮、在功能上也相當簡單。這怎麼可能不是真相呢？隨後，各個實驗室陸續得到解析度更高的 X 射線照片，全都顯示出華生與克立克的 DNA 結構模型正確無誤，而且事實上，這種結構真的十分漂亮。

◆ 科學家的戰場，從學術燒到個人聲譽

然而，華生和克立克隱瞞了大半的 DNA 研究，沒讓威利知道，因此威利一直認為這兩人是在研究蛋白質結構。

這兩人之所以誤導威利，部分原因是因為他們擔心知道的人越多，相關資訊就越有可能洩漏，並讓鮑林或其他競爭對手搶得先機。他們也知道，**威利並不贊成卡文迪許的科學家插手國王學院小組的研究領域。**

然而，與鮑林不同的是，當時華生和克立克在學界仍然人微言輕，並沒有足夠的影響力讓他們的發現得以迅速發表。他們還需要透過威利，才能取得全球頂級科學期刊《自然》（*Nature*）編輯群的注意，並搶在鮑林之前發表論文。一旦鮑林意識到自己關於磷酸鹽電荷的錯誤，並將其修正，憑藉他崇高的科學界聲譽，肯定能快速發表發現、搶得頭籌。

威利認為，華生和克立克的發現相當合理，並同意寫一封信給《自然》編輯群，強調他們將提交的報告十分重要。事實

上,這其實很難算是一篇研究報告,因為**它總共只有一頁,當中甚至沒有包含任何數據。**

然而,這簡單的一頁紀錄就已包含所有重要資訊。鮑林若是讀到,肯定後悔到哭出來,因為他已經如此接近真相。儘管如此輕描淡寫的做法,在華生的科學生涯中相當罕見,這篇論文仍含蓄地總結道:「我們並沒有忽視自身的假設,核苷酸的特定配對,其實明顯意味著遺傳物質可能的複製機制[40]。」

後來,威利鼓勵兩人寫一本科普書,講述發現 DNA 結構的過程,並分享這份科學發現的興奮給大眾,華生也隨之開始動筆。最後的成果本來預定將由哈佛大學出版社出版,書名為《幸運的吉姆》(*Lucky Jim*),**卻遭到包括克立克和威爾金斯在內許多人的批評**。克立克與威爾金斯雖然因這項發現與華生共同得到諾貝爾獎,卻認為這本書的內容既不正確,且冒犯了除了作者之外的所有人[41]。

克立克告訴華生,這本書顯現出「針對該主題既天真又自私的觀點,幾乎不可信」,而且「其中歷史觀堪比最糟糕的女性雜誌」[42]。本書對威爾金斯的合作夥伴富蘭克林來說尤其侮辱,她生前曾遭受華生的粗暴對待,後來死於癌症[43]。哈佛大學也因此取消本書的出版。

為了應對這場風波,華生軟化了他的文字風格,最終改由雅典娜出版社出版,並將書名定為《雙螺旋》(*The Double Helix*),序言由威利撰寫。事實上,就連華生本人也相信,要不是有威利的序言支持這本書,他的作品根本不會出版[44]。

不少科學家都對威利願意用自己的聲望支持這本書感到震驚，就連一直在專業上與威利保持良好關係的鮑林，都無法理解威利何以容忍華生的惡意與好大喜功的作風。威利的妻子愛麗絲（Alive）也對書中描述感到憤怒，因為華生將她的丈夫形容成一位「對過去充滿好奇心」的人，「根本不知道DNA這三個字代表什麼」、「只樂於展示他巧妙的影片，講述肥皂泡如何相互碰撞」[45]。

她強烈反對威利為這本毫不尊重他的書作序，但習慣了年輕競爭對手出言不遜的威利，倒是泰然自若地以哲學思考承接一切，並表示本書只是「華生個人的印象，而非歷史事實」，並解釋道：「問題往往比他當時意識到的更為複雜。」對於其他自認被華生冤枉的科學家，他安慰道：「必須記住，這本書並不是歷史，而是對未來某天將被載入史書的正史的自傳式貢獻[46]。」

俗話說，所有的宣傳都是好的宣傳，也許在某種程度上，這也解釋了威利對華生這本不討人喜歡的書的容忍。或者，也許他對於終於有人發現DNA結構感到非常高興，即便本書由八卦軼事所組成，也絲毫不減他心中喜悅。

華生對於威利表態支持該書，則有一番自己的解釋：「解決DNA結構的問題，為（威利）布拉格帶來了真正的快樂。由卡文迪許，而非其他研究室所提出這點，無疑是其中一項因素。更重要的是，這個答案出乎意料地巧妙。此外，他遠在40年前開發的X射線技術，正是讓人得以探索生命本質的重

要關鍵。」[47]

如果威利的目標是為了宣傳卡文迪許的名聲，那他確實成功了。這本書隨即在市場上暢銷，堪稱是史上最受歡迎的科普書。自 1968 年出版以來，就持續再版，並衍生出多種版本。最新的一版是在 2012 年，英國廣播公司（BBC）甚至還將其改編成了電視劇[48]。

X 射線，倫琴多年前發現的道具、具有穿透力的神祕輻射，不僅揭露了他妻子手掌的骨骼結構，最終還被用作揭露 DNA 結構的工具。諷刺的是，這樣工具同樣也是損害細胞的元凶，畢竟，DNA 也是輻射的生物性標靶。

要是最初人類沒有發現 X 射線，很難說我們現在能否得知 DNA 的結構。值得注意的是，在尋找基因結構的過程中，人類不僅了解到基因的材料是 DNA，還得知輻射會破壞 DNA，進而導致細胞死亡、突變和癌症。

如今，我們甚至知道如何利用輻射來損害 DNA，以此來治療癌症。這是一項重大的科學成就，而且是在相對較短的時間內就達成的里程碑。這個了不起的故事其中提到了許多英雄，但其中大多數貢獻卓著的人，姓名甚至沒有被歷史記載。

威利後來於 1971 年去世，享壽 82 歲。他度過了漫長、充滿成就的一生，享受過勝利的喜悅，也經歷過痛徹心扉的難關。他在 25 歲獲得諾貝爾獎，是當時最年輕的得主，到今仍未有人打破這項紀錄。他的得獎原因，是發現 X 射線在堆疊的原子平面之間反射的現象，就像光線從堆疊的玻璃面反射一

樣，這種現象被稱為布拉格反射。

然而，**威利最自豪的發現，很可能是他人生的第一個成就，也就是他在童年時鑑定出的新品種烏賊**，他甚至僅僅靠內部骨骼的獨特結構就鑑定出了結果。諷刺的是，威利可能一輩子都未曾見到他發現新物種活體樣本，因為這種特殊的烏賊物種只棲息在海洋深處。儘管如此，光是透過烏賊的內部結構來了解牠，可能就足以讓威利心滿意足了。

2013 年，加州大學聖塔芭芭拉分校的科學家發現烏賊、章魚和其他頭足類動物，是如何利用反射光線融入周圍環境，作為一種偽裝技巧[49]。牠們皮膚內的細胞似乎能夠將細胞膜折疊成褶皺，形成堆疊的膜平面，並能隨意調整角度，以改變身體對光的反射。這項新發現的偽裝細胞，被命名為可調式布拉格反射器（tunable Bragg reflector），以紀念最初發現這種反射現象的威利，也就是威廉・勞倫斯・布拉格。

◆ 輻射這種奇光，我們了解了多少？

隨著第二部進入尾聲，我們在此部分已探討輻射對健康的各種影響，並了解到**輻射所造成的疾病，主要由兩個因素決定：輻射的劑量大小，以及暴露到輻射的確切組織類型**。

超過 1,000 毫西弗的高劑量輻射，將會導致暴露組織中的**細胞死亡**，至於這所造成的具體健康後果，則取決於死亡細胞類型的正常功能。在種種放射線病中，大多數都很罕見，因為

幸運的是，鮮少有人會經歷到如此高的劑量。

若在低於 1,000 毫西弗的較低劑量輻射下，就不會有細胞死亡的問題，主要會出現的是細胞突變。突變往往是癌症和遺傳性突變的先兆，令人擔憂。且與罕見的放射線病相反，癌症和遺傳性突變在人群中的自然背景值，遠比大多數人所意識到的要高。輻射以相對較小的增量提高這些偏高的背景值，這些增量也與輻射劑量成正比。但**輻射並不會產生任何新型的癌症，或輻射特有的可遺傳突變。**

無論具體的健康影響或接觸劑量高低，輻射造成健康效應的標靶都是相同的，也就是細胞的 DNA。在高劑量時，輻射會造成 DNA 大量受損，導致細胞死亡。低劑量時，輻射對 DNA 的損害較少，且大部分會由細胞內的修復系統修復。然而，**某些 DNA 損傷會擾亂編碼的遺傳訊息，從而產生突變**，這樣的可能性雖然有限，但也確實存在。我們無法完全預防這種情況，只能降低其發生的風險。

低劑量的輻射，是否會造成顯著的健康效應？這在很大程度上取決於一個人的運氣。如果你不想抽到鬼牌，那就得讓莊家少發幾張牌。同樣地，若是不想罹患輻射誘發的癌症，就得盡可能減少暴露。

不幸的是，這說起來簡單，做起來可沒那麼容易。因為要是你過度警覺，硬是要降低暴露的輻射量，也可能無法享受一些輻射技術帶來的好處。那麼，我們到底該怎麼做呢？本書接下來便將討論這個問題。

第三部

食品、電力、行動網路，哪些輻射值得你擔心？

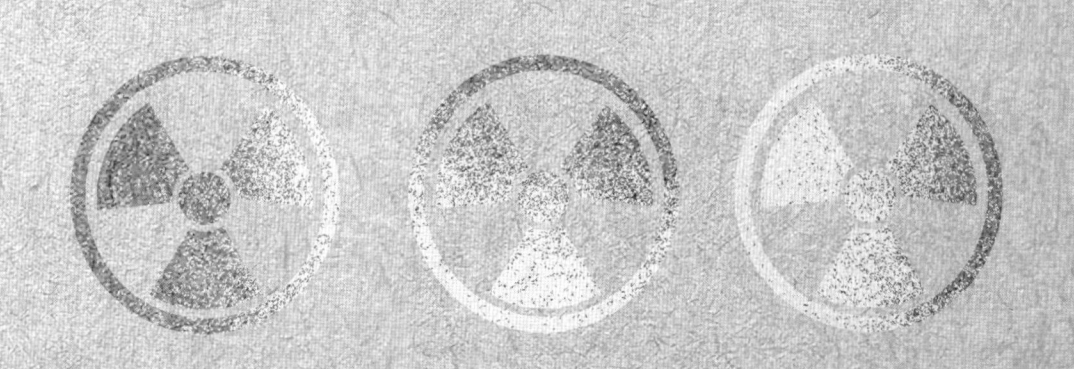

第 11 章 你家的房子，防氡氣嗎？

「這可能是當今最嚴重的公共衛生問題之一。」
——維儂・霍克（Vernon Houk），
前美國公共衛生局副醫務總監

「先掌握事實，然後你就可以隨意扭曲這些事實。」
——馬克・吐溫

　　1984 年 12 月 2 日，在賓州波茨敦（Pottstown）附近參與建造利默里克核電廠（Limerick nuclear power plant）的工程師，史丹利・瓦特拉斯（Stanley J. Watras）來到了工地。

　　這座核電廠，距離他在博耶敦（Boyertown）的家大概只有 10 公里，按計畫，將在 3 週內開始發電，施工人員剛剛在電廠門口安裝了輻射探測器，這是該設施的標準安全措施，以確保工作人員在離開核電廠時，身上沒有任何放射性汙染。

　　沒想到，當瓦特拉斯當天到達時，一走進工廠就觸發了探

測器警報。在接下來兩週內,他每天早上都會觸發警報。調查後才發現,他的衣服竟然沾染了來自家中的放射性物質[1]!

當核電廠安全人員前去瓦特拉斯的家查訪時,發現了一件他們想都沒想過的事。**瓦特拉斯那棟樓中樓房舍中所含的氡氣,竟然比一般鈾礦的還高,約有 20 倍之多!**吃驚的技術人員,隨之檢查了鄰近房屋的氡氣濃度。對此感到驚恐萬分的瓦特拉斯說道:「我們的房子可能是全世界汙染程度最高的,但我們的隔壁鄰居卻沒事[2]。」怎麼會這樣?

◆ 地下水的隱形、輻射版本

瓦特拉斯的房子,位於瑞丁峰(Reading Prong),**那裡的地質充滿鈾礦**,一路從賓州東南部的瑞丁鎮,延伸到紐澤西州北部,再延伸到紐約州南部。氡氣正是鈾衰變過程中產生的放射性氣體,並從該地區的地面冒出,與地面空氣混合。

事實上,早在 1908 年,人們就已經知道氡氣會從含鈾地層中冒出。那時,地理學家卡爾·希夫納已在德國撒克遜繪製出史上第一張氡氣地理分布圖(請參見第 4 章)。這張地圖讓人發現,施內貝格礦坑空氣中的氡含量相當高。然而,**地質學家並沒有注意到,氡氣外洩的情形會分散得這麼遠**。

有些地面位置幾乎沒有漏氣,但在相隔幾百呎外的地方,卻可能會有大量氡氣流出。後來發現,地下氡氣就像地下水,正如地下水會聚集在凹處,並沿著基岩裂縫流至遠處,並

通常以天然泉水的形式分散在地表，氡氣則是沿著地面斷層傳播，以「氣泉」的形式出現。而瓦特拉斯的家，剛好就蓋在一處氡氣泉的上方。

瓦特拉斯一家之所以能發現家中有氡氣，純粹是因為史丹利碰巧在核電廠工作，並有受到放射性監測，加上他剛好穿著聚酯纖維製成的衣服。聚酯纖維容易產生靜電，而靜電會將空氣中受氡氣汙染的灰塵吸附到衣服上。

瓦特拉斯一家的案例，讓人們首次意識到家庭環境中的天然氡氣濃度，甚至可能高於礦坑[3]。還有多少房屋是建在氡泉之上？更重要的問題是，這會對居民造成多大的危險？

♦ 屏住呼吸！氡氣怎麼毀掉肺？

瓦特拉斯一家在當年1月搬進這棟房子，所以他們接觸氡氣的時間還不到一整年。然而醫師告訴他們，根據美國國家環境保護局（EPA）的風險評估，**短暫接觸氡氣，將會提高他們在10年內死於肺癌的機率，是一般沒有接觸人群的7倍之高**。他們的3個孩子：6歲的邁克（Michael）、3歲的克里斯多夫（Christopher）和1歲的辛西婭（Cynthia）可能活不到成年[4]。

這家人立即選擇搬家，並試著正常生活。瓦特拉斯如此解釋他們當時的心態：「如果我們一直擔心這個問題，很可能活不了多久，畢竟我們連醫師講的是否正確都無法得知，光是憂

鬱和心理壓力就足以殺了我們[5]。」

自1944年以來世人就確信，吸入大量氡氣會帶來巨大的肺癌風險。氡氣的風險，似乎僅限於肺癌，目前尚未有發現其他疾病與氡氣有關。這聽起來相當有道理，因為只有肺部組織在吸入這種放射性氣體時，會接觸到顯著的輻射劑量，從未有人質疑這些基本事實。

但在之後，事情變得越來越模糊。因為**還有另一個比氡氣更大的威脅，也就是大多肺癌的主因：吸菸**。香菸的煙霧讓一切統計資料也陷入迷霧之中，讓人看不清真相，勢必需要重新檢視所有的氡氣數據。專家小組因此評估了相關礦工的大量數據，希望能準確判斷出因為氡氣暴露所造成的肺癌風險，同時排除掉吸菸這個因素[6]。

除了前文曾提到的施內貝格礦工外，科學家還展開了多項現代的同類群研究，針對歐洲各國，以及中國、北美的含氡礦山，其中也包括科羅拉多州的礦山——即帕雷多克斯谷礦區的所在地，也就是當年匹茲堡的弗蘭納瑞兄弟，以及巴爾的摩的凱利、道格拉斯曾開採釩鉀鈾礦，並提煉出純鐳的地方（請參見第5章）。

此外，科學家也針對居家環境氡氣導致的肺癌風險展開病例對照研究。不過這些研究的實驗設計，在方法學上有嚴重缺陷，所以最終得到的結果並不可靠，對於量化癌症風險的價值有限，因此針對礦工的同類群研究，最終成為風險評估的主要數據來源[7]。

但即使幸運地展開了好幾組同類群研究——在流行病學家眼中，這相當於是發現了金礦——但專家小組的分析工作仍遇到阻礙。**因為大多數礦工都有吸菸，而吸菸引發肺癌的風險甚至遠高於氡氣。**

對研究氡氣如何影響礦工肺癌發生率的流行病學家來說，如何將吸菸與氡氣這兩個因子分開，便是眼下最大的挑戰。不僅是因為，不論是在礦工還是非礦工之間，吸菸習慣都非常普遍，更是因為吸菸會提高氡氣導致肺癌的風險，而且是大幅提高。因此，吸菸者往往是對氡氣特別敏感的一群人。

在任何一項風險評估過程中，最重要的任務就是辨別出整個族群中，可能需要給予特殊保護的敏感次群體。保護普通人的標準並不足以保護這些高敏感的個體。例如大多數人不會受到花粉困擾，但對花粉高度過敏的人，可能會因此發生過敏性休克。在設定環境毒素和致癌物的暴露限值時，必須特別考慮敏感族群，因為**監管機構選定的限值，必須要能保護每個人，包括最敏感的人。**

實際上，這意味著為了提供充分保護，針對敏感次族群所設定的暴露限值，對正常人來說相當於提供了過度保護。在設定氡氣限值時，最需要保護的次族群便是吸菸者，而不吸菸者則能享有過度保護。

目前尚不清楚吸菸者對氡氣更敏感的原因。這可能是因為，氡氣和香菸煙霧中的化學物質，會以不同的方式損害DNA。例如，氡氣的電離輻射往往會破壞DNA，而香菸煙霧

中的高反應性化學物質，例如苯芘，往往會附著在 DNA 上，形成化學家所謂的「巨大加成物」（bulky adducts），也就是在 DNA 結構上的大量化學添加物。

這些**不同形式的 DNA 損害，可能會阻礙彼此的修復過程**，好比說 DNA 斷裂會阻礙巨大加成物的修復過程，而巨大加成物也會阻礙斷裂的修復。因此，當同時出現兩類的 DNA 損害時，可能比單獨出現一類損害的後果更為嚴重。

吸菸者對氡氣較為敏感，另一個可能原因是他們的肺部已經受損，因此支氣管不再能夠有效清除吸入的空氣微粒。氡氣通常會附著在灰塵和其他類型的粒子上，並跟著它們一起進入肺部。非吸菸者的肺能夠有效將粒子從肺部排出，使其進入喉嚨，隨後這些粒子便會混在唾液中，隨著吞嚥過程，透過糞便排出體外。

然而，吸菸者會慢慢失去執行這項功能的支氣管內壁細胞，因此粒子往往會滯留在肺部。以氡氣的例子來說，這可能意味著充滿氡氣的粒子將會長時間停留在吸菸者肺部，導致該部位接觸到更高的輻射劑量，遠超過非吸菸者，即使兩者吸入的氡氣含量完全一樣。

目前尚不清楚這兩種機制哪一種是正確的，有可能兩者都是，或者都不是。科學界還未找到強而有力的證據，用以準確解釋為何吸菸者對氡氣更為敏感。儘管如此，他們因吸入氡氣而罹患肺癌的風險肯定較高，約莫是一般人的 6 到 8 倍。

◆ 哈伯定律：要不降低濃度，不然就減少接觸

若想設定輻射劑量的限制，首先要能夠加以測量。大多數類型的輻射暴露劑量測量，都相對簡單、直接。然而，由於氡是一種氣體，測量肺部的輻射劑量就沒那麼簡單了。儘管如此，肺部的輻射量還是有辦法測量，只是必須用上數學模型，並且搭配一些關於肺部生理學的假設。

這有點類似前文中鐳女郎的情況，當時羅柏萊・艾文斯在估算她們骨骼中鐳的滲入量時，根據的是骨生理學假設。不過，肺部的生理學非常複雜，而且在建立劑量模型時需要的許多參數都無法直接測量，只能使用估計值。

不僅藉助多個生理假設，還用上了估計參數，無疑增加了模擬肺部氡氣劑量的不確定性，並損害結果準確性的可信賴程度。要是沒有可靠的劑量估計，風險評估就一定會失敗。好在，還可使用另一種策略。

另一個方法，是利用一種簡單的數學關係，這稱為哈伯定律（Haber's rule），專門用於氣態的危險物質：

$$D = C \times E$$

其中 D 是劑量（dose），C 是濃度（concentration），E 是暴露時間（exposure time）。由哈伯定律來看，劑量與空氣中有毒物質的濃度、暴露於此物質的持續時間成正比。學界用的劑量測定模型，可能會給出更準確的劑量估計，不過在預測氣

體帶來的健康風險上,哈伯法則的準確度似乎已足夠,不需要動用到那些由複雜統計概念建立起來的繁複劑量模型[8]。

哈伯定律還透露出其他資訊。正如前文所提,暴露到輻射會導致生物損傷,因此我們要對劑量加以限制。這要如何達成呢?在我們多少能掌控氡氣濃度的情況下,好比說在礦坑中,我們可以測量礦坑空氣中的氡濃度,然後限制礦工在特定濃度下的工作時間。

在無法控制暴露時間的情況下,好比一家人持續住在受氡氣汙染的房屋中,我們可以假設最壞的情況。即透過將居家時間最大化,同時限制房屋內的氡氣濃度,確保其不超過劑量上限,這樣也可達到相同目的。因此,控制家庭空氣中的氡濃度,是限制居民輻射劑量的有效手段。這也是美國環保局為保護大眾免受住宅氡氣威脅,而採取的策略。

基於上述種種原因,氡氣是少數通常不以毫西弗為單位來測量的一種輻射危害,而是根據哈伯定律來制定的特有輻射劑量單位。由於大半數據都來自礦工研究,因此專家選來計算氡氣導致肺癌風險的單位,是工作基準月(working level month,簡稱 WLM)。

儘管 WLM 一單位,有其本身嚴格、確切的定義,不過就本書討論而言,可以將其簡單定義為一般礦工在典型氡氣汙染礦坑中,工作一個月可能暴露到的氡劑量[9]。簡而言之,這就是礦坑的氡氣濃度,按照哈伯定律來計算,就是將工作基準(WL),乘以以月為單位的暴露時間(M)。

更正確地說，**這是在衡量暴露量，而非劑量**。前文說明過，電離輻射的劑量，是以毫西弗為單位來測量。不過 WLM 應該會與真實的劑量成正比，因此可以用作實際劑量的替代值。

以 WLM 來表示暴露到的氡劑量，還有另一個實用的優點。也就是可以將其作為參考基準，用於描述其他的氡暴露情況，例如生活在受氡氣汙染的房屋中，便可以將其換算成等量的礦工工作時間。

◆ 再低的劑量，都有風險

「劑量決定是藥還是毒」，還記得帕拉塞爾蘇斯的這句名言嗎？若要判定構成健康問題的氡氣濃度，我們還需要劑量反應數據。既然肺癌是大家最關注的健康影響之一，科學家通常會繪製由肺癌發生率對上「劑量」（即 WLM）的點陣圖，並試圖從中找出線性關係，擬合出一條直線。

該擬合線必須是直線，不能是曲線。因為本次事件中的流行病學家，在估計體內氡暴露造成的癌症風險時，使用了與原爆事件中流行病學家估計外部暴露癌症風險時相同的假設，也就是假設**癌症風險與輻射劑量成正比，無論這些劑量有多低**。亦即，再微小的劑量都有風險。

流行病學家將此稱為癌症風險評估的「線性無低限」模型（linear no threshold，簡稱 LNT），又譯作線性無閾值模型。

採用這種線性劑量反應假設來估算氡氣暴露量，可以確保體內和體外輻射風險評估的一致性。而保持一致，始終是評估風險時的良好策略。

LNT 模型有其合理的機制，與前文提到的放射線病不同，在放射線病例子中，輻射必須造成一定數量的細胞死亡，我們才會看到其對健康的影響，科學家認為這與誘發癌症的機制不同。

大多數科學家認為，暴露於任何致癌物質都存在罹癌機率，因為沒有一種致癌物的劑量，能夠低到不會損傷 DNA 的程度，而 DNA 損傷就是癌症的先兆。因此，至少從概念上來說，**即使輻射僅與一個細胞的 DNA 發生作用，也可能導致該細胞變成癌細胞。**

這種情況發生的機率確實極低，但並非不存在。因此，流行病學家在談論致癌物時並不採用臨界值或低限的概念，只是假設風險與劑量間的線性關係，無論該劑量有多低——**他們認為兩者的關係中，並不存在臨界值。**

就跟前文中，談論以原爆受害者資料來計算癌症風險時提到的，並非所有科學家都贊成線性模型，有些人堅信採用 LNT 的輻射防護，有誇大低輻射劑量誘發癌症之虞，他們的論點也不無道理[10]。但相較之下，沒有一位聲譽良好的科學家認為 LNT 風險評估方法，會有低估低劑量風險的問題。

換言之，**LNT 模型通常被認為是最保守的，因此也是在確定癌症風險時最負責的方法**，因為它所根據的假設，是基於

低劑量時的最高理論風險。由於這種低劑量風險估計，位於整個合理預測範圍的最頂端，因此基於 LNT 模型所設定的劑量限制，將可以為大眾提供最高程度的保障。

因而，公共衛生專業人員的中心教條，便是採用 LNT 作為評估輻射致癌風險的預設模型，也不接受任何與 LNT 模型相左的結果，除非有壓倒性的證據表明它並不適用，但這種情況也極少發生[11]。

◆ 礦工若吸菸，罹癌機率將超過 5 倍

接下來，我們終於深入討論氡氣的風險評估。不過，對風險評估方法基礎的深入認識也十分必要。了解風險評估中採用的方法和途徑，有三項好處。

首先，這讓我們理解風險評估的優點；再者，也能認識其缺點；最後，是由此衡量對其準確性，我們能抱有多大的信心。現在我們已了解氡氣風險評估的由來，就讓我們來看看最終的數字吧！

科學家對吸菸者每一單位 WLM 肺癌風險的最佳估計約為 0.097%，非吸菸者則是 0.017% 左右[12]。**簡單來說，在典型的鈾礦工作一個月，吸菸礦工罹患肺癌的機率會增加約 1,000 分之一，不吸菸的礦工罹患肺癌的機率會增加 6,000 分之一。**

還有另一種表示風險的方式：在每 1 萬名吸菸礦工中，在礦坑工作一個月後，預計其中將有 10 人最終會因接觸氡氣而

罹患肺癌。相較之下，1萬名不吸菸的礦工在此工作一個月後，預計其中只會有將近 2 人（1.7 人）罹患肺癌。

以上可以清楚看出，吸菸者因氡氣而罹患癌症的風險要高出許多。許多人認為這種描述風險的方式比較直觀，也更容易理解，能夠立即看出發生不良後果的比例，也可比較暴露於風險中的人群，和未暴露於風險的人群之間的差別[13]。

◆ 正常居家的可接受風險，是礦工的 2%

你可能會說，前面這些內容都是關於礦工的，那在我們一般人的居家環境呢？以下是美國環保局對家庭氡氣風險的邏輯。

美國環保局訂定，**家庭環境的氡氣劑量不應超過典型礦工環境的 2%**。也就是說，家庭空氣的氡氣濃度應等於或低於 0.02 WL（4 pCi/L；150 Bq/m^3）。由於即使在室外，空氣中的平均氡濃度也有 0.0025 WL，因此追求遠低於 0.02 WL 在實務上十分困難（也極其昂貴），而且並沒有實際上的必要。

對於終生居住在氡氣濃度 0.02 WL 房屋中的居民來說，罹患癌症的風險有多高呢？根據美國環保局計算，如果一個人一生中每天都住在這棟房屋中，每天在房屋中的時間長達 17 小時（約一天時間 70%），並且活到 75 歲，且有吸菸的話，此人因為家中氡氣導致肺癌的終生風險是 6.2%，但若不吸菸，則僅有 0.73%[14]。那麼，這樣的風險究竟有多嚴重？以下我們

將進一步探討這個問題。

◆ 害一需治數：多少個受害者，才會出一個倒楣鬼？

除了找來 1 萬名礦工，並追蹤他們的健康狀況外，還有另一種談論風險的方法，就是直接提出以下問題：「有多少人在接觸到這一特定劑量後，會造成其中一人的身體健康受到影響（比方說罹患肺癌）？」

換句話說，**需要有多少人暴露在一危險因素中，才會造成一人受到傷害**？當以這個問題為出發點來評估風險時，這樣的風險度量被稱為**害一需治數**（number needed to harm，簡稱 NNH）[15]。

這種表示風險的指標尚未被廣泛利用，但具有很高的價值，因為它展現風險大小的方式較為淺顯易懂，還可以比較暴露於各種危險因子之間的風險高低。以下就以一個例子來說明 NNH 值如何發揮作用，我們以美國環保局的暴露限值，來描述居家氡氣濃度的肺癌風險。

若以 NNH 重新計算終生居住在氡氣限值房屋中的肺癌風險，吸菸者和非吸菸者分別為 16 和 137。這意味著，**在這類含有氡氣的房屋中，每 16 名終生吸菸的居民中，預計會有 1 人因接觸氡氣而罹患肺癌，而要有達 137 名不吸菸的終生居民，才會有 1 人會罹患肺癌**。可以看出，NNH 值越低，風險越大；所以吸菸者住在受氡氣汙染的房子裡比非吸菸者危險得

多。

我們必須記住的是，NNH 並沒有什麼神奇之處，這只是多種描述風險的統計方法之一。不過有研究顯示，以 NNH 來描述風險，可以讓不同背景的人更容易理解複雜的風險情形，並幫助他們對個人風險有更準確、更實際的理解[16]。

以下將討論 NNH 以及與其剛好相反的 NNT 的諸多用途，NNT 是**益一需治數**（number needed to treat，即需要治療幾個患者，才能使一位患者受益）的英文縮寫，這是一種益處量測，有時用於評估各種醫療的有效性。

後續還會談到如何將 NNH 和 NNT 結合，權衡接受特定放射診斷程序的利弊。最後還會說明如何自行計算 NNH 和 NNT，以備不時之需，在風險評估人員無法提供我們這些數值時加以運用。

不過，現在先讓我們從 NNH 和 NNT 來思考，以此澄清其他風險指標，例如**勝算比**（odds ratio）和**相對風險**（relative risk）經常引起的混淆[17]。在做風險決策時，混淆可不是個好的開始。

◆ 聽起來很糟的數字，有時被誇大了

如果你認為，前文所述的氡氣風險等級仍然相當高，請再考量以下這一點。**在非吸菸者的一生中，罹患任何類型致命癌症的機率約為 25%**，這個數字仍然令人遺憾的高。

根據前面引用的數據，居住在氡氣達住宅限值的房屋中，僅會將風險從 25% 增加到 25.73%。不過若是吸菸者的話，除了可能接觸的氡氣外，他們罹患致命癌症的基線風險本來就已接近到 50%，取決於他們的吸菸量。在吸菸族群中，他們一生罹患致命癌症的風險則約從 50% 上升到 56.2%。

另外，我們還得將另一個事實納入考量：**幾乎沒有人符合美國環保局的極端暴露假設**。典型的美國人並不會一輩子都住在同一間房子，可能會歷經十幾間不同住所。由於房屋受氡氣汙染的情況相當少見，因此在這些住所中，其中任何一處氡氣超標的可能性都相當低。

此外，在一個人平均 75 年的壽命中，超過 70% 時間都固定待在同一棟房子的機率也相當低。因此在美國，很可能沒有任何一個人的住房氡氣汙染，達到環保局設定的最糟假設，也就是在 75 年壽命中，長達 70% 的時間都住在同一間房屋。

因此，居住在環保局暴露限值 0.02 WL 房屋中的居民，實際受到汙染的劑量可能也低於理論最壞情況的十分之一；同樣地，他們罹患肺癌的風險也將低於上述計算風險的十分之一。

◆「理論上」，他們應該會去世

根據美國環保局的風險評估數據及其基本假設，理論上，居家環境的高濃度氡氣每年將會導致多達 2.1 萬名美國人死亡[18]。這相當於美國每年 16 萬肺癌死亡人數的 13%，占每

年所有類型癌症死亡總數 58.5 萬人的 3.5%[19]。**但這些「理論上」會死的人，究竟是誰？**

請記住，吸菸者罹患氡誘發肺癌的機率，是非吸菸者的 6～8 倍，並且還得考慮到美國的吸菸人口約為 18%[20]。吸菸者和非吸菸者間巨大的敏感度差異，再加上吸菸者在美國相當普遍，使我們可以做出另一個預測：**大多數氡誘發肺癌的受害者，都是目前在吸菸，或是過去曾吸菸的族群。**專家小組一再強調，吸菸與否將會大幅影響個人因氡而罹患肺癌的風險。

而在非吸菸族群中，氡誘發肺癌死亡的情況其實相當罕見。即使接受美國環保局的估計，即美國每年有 2.1 萬例肺癌死亡與在居家環境暴露到氡氣有關的說法，但其中約有 1.9 萬人是吸菸者。死亡的非吸菸者只有 2,000 人，僅占美國每年癌症死亡總數的 0.3%。

每年 2,000 人死亡，意味著氡誘發肺癌的發生率在非吸菸族群中，約為每年流感死亡人數的 1/10[21]。簡而言之，如果你不吸菸，卻還是死於氡氣誘發的肺癌，那確實可以說非常倒楣了。

◆ 用恐懼推行政令，環保局的功與過

當美國環保局在 1980 年代首次公布氡汙染的相關指南時，大眾接受的速度相當緩慢。明明這些人過去曾對家中石棉、甲醛的汙染恐慌不已，卻似乎沒有對氡氣感到特別不安。

社會心理學家表示，這可能是因為氡氣算是一種自然危害，而非人為危害[22]。不知出於何種原因，大眾對天災的恐懼似乎遠低於人禍。無論這種漠不關心的確切原因為何，環保局的警告並沒有受到民眾重視。於是他們加強宣傳力道，展開了一場聚焦於極端情況的宣傳活動，**並且淡化、甚至隱瞞了氡氣導致肺癌的風險，主要限縮於吸菸族群的事實**[23]。

美國環保局大力推廣的說法是「氡氣是目前已知引發肺癌的第二大因子，僅次於吸菸」。這種論調其實有誤導之嫌，儘管這樣的陳述完全正確，但等於是在暗示非吸菸者罹患肺癌的主因與氡氣環境有關，這樣的解釋便相當錯誤。

據估計，在非吸菸者罹患肺癌的原因中，氡氣約占26%。其他已知的原因是二手菸（27%）、職業接觸空氣中的致癌物質（4%），或室外的空氣汙染（2%）。**實際上，在非吸菸族群中，誘發肺癌的最大因子是由未知的其他因素所引起的（40%）**[24]。

事實上，香菸煙霧，即使是二手菸，也會對非吸菸者造成傷害。氡氣在所謂的「已知原因」排名第二的唯一原因，便是目前仍不清楚造成非吸菸者罹患肺癌的主要原因。

總之，非吸菸者罹患肺癌的情況很少，而氡氣誘發非吸菸者罹患肺癌的例子則更加罕見。看到這裡，發現什麼端倪了嗎？吸菸對你的健康極為有害。如果你想預防肺癌，戒菸吧！如此一來，你在很大程度上也連帶解決了氡氣的致癌問題。

許多科學家和風險評估人員認為，美國環保局是**透過刻意**

扭曲事實來推廣政令，並且採取恐嚇手段實施公共政策。最終導致這間機構和科學界之間相當醜陋的爭鬥，並持續蔓延到公共領域，導致許多人做出錯誤的結論：家庭氡氣的風險根本是個假議題；這情況與氣候爭議相當類似，導致許多人總結道，全球暖化也只是一則編出來的故事。

然而，就跟全球暖化一樣，氡氣風險也不是嚇唬人的故事。它們都是真實的。只不過，美國環保局在政令推廣時肯定誇大了房子的氡氣風險，至少在最初幾年是如此[25]。

為何美國環保局會對解決住宅氡氣暴露問題如此熱衷？背後原因至今都仍不清楚。有些人認為，這背後有政治動機。例如有人指出，解決居家環境的氡氣汙染問題，只是時任美國總統雷根（Ronald Reagan）與其政府為了凸顯政績的便宜行事之舉。這足以讓政府在對抗環境危害方面顯得積極主動，卻又不必真的對抗工業汙染[26]。

還有些人指出，反氡氣法規是為了政客的個人利益，其中包括參議員法蘭克・勞滕貝格（Frank Lautenberg）。他在紐澤西州蒙特克萊爾的家，正好位於會排放氡氣的垃圾掩埋場上方。

這座垃圾掩埋場，是在半世紀前由美國鐳公司位於奧蘭治附近的錶盤工廠，慷慨送給蒙特克萊爾家族的一份「禮物」。在這間公司及其所有員工離開多年後，這片土地仍然會向上方的房屋釋放氡氣[27]。

無論動機為何，美國環保局的氡氣恐慌政策顯然都不是基

於科學推動的。事實上，許多協助環保局撰寫報告，並且被該機構引用在自身報告的科學家都認為，環保局的國家氡氣政策具有誤導性[28]。

以上美國環保局的舉動，讓部分科學家對這間機構失去了信心，其中就包括美國科學促進會（American Association for the Advancement of Science）前科學顧問暨重要學術期刊《科學》（Science）雜誌編輯菲利浦・艾貝爾森（Philip H. Abelson）。

1991 年，艾貝爾森發表了一篇文章，嚴厲批評美國環保局的氡氣政策和這間機構本身。他在文中建議，**不應該讓環保局繼續主導氡氣風險評估研究，並應交由美國國家衛生研究院負責**。

他合理地指出環保局的氡氣政策「為數百萬人帶來了不必要的焦慮」，而且「（環保局）並沒有將氡氣對吸菸者和非吸菸者的影響區分開來，這一點是不可原諒的」[29]。艾貝爾森對環保局的蔑視顯而易見：「美國環保局的一大弱點，就是它似乎沒有學習能力[30]。」

30 年後，這類言論早已平息下來，美國環保局仍肩負保護大眾免受氡氣風險的責任，而且它似乎已記取教訓。今天，當人們造訪環保局的公共氡氣網站時，會發現網站準確描述氡氣風險，並坦率承認氡氣汙染主要是吸菸者面臨的問題。

然而，環保署並未放寬家庭氡氣 4 pCi/L（150 Bq/m^3）的基準，這仍然與世界衛生組織（WHO）推薦的全球住家氡氣

濃度最新報告一致，其中建議不超過 8 pCi/L（300 Bq/m^3），最好是能夠降到 2.7 pCi/L（100 Bq/m^3）[31]。在世界衛生組織的報告中至少有指出「向公眾傳達這則訊息十分重要，即大多數與氡有關的肺癌死亡，都發生在目前或曾經有吸菸的族群身上」[32]。

◆ 大家都說你會死，誰能不怕？

瓦特拉斯一家，可能是環保局嚴重誇大氡氣風險下的主要受害者。他們在政令宣導之後，都堅信自己命在旦夕，即使搬家到更安全的環境後，也承受著巨大的心理壓力。

事實上，**他們因接觸氡氣而罹患癌症的風險只不過略有增加，離宣告死期還差得遠**。若將他們接收的資訊視為醫學診斷，那麼這種錯誤的預估，就是所謂的偽陽性，即誤判致命疾病的檢測為陽性。

下文，我們將探討診斷放射學如何解決偽陽性的問題，這樣的誤診通常會造成個人和整個醫療保健系統付出龐大的經濟和心理成本。類似的狀況也出現在環保界過於保守的風險預測，他們雖然並沒有為所造成的後果負責，但也同樣帶來巨大的社會成本。

那麼瓦特拉斯一家後來怎麼了呢？在他們搬出這棟房子後，美國環保局將其用作各種氡氣修復技術的測試實驗室。數個月後，環保局已將氡氣濃度降至建議限值的 4 pCi /L，於是

瓦特拉斯一家又搬了回去。

30年後，他們的孩子現在已經長大了，其中沒有一人死於肺癌。儘管**根據當年環保局對他們做出的風險估計顯示，瓦特拉斯全家理應都會死於肺癌**。為何當年會對瓦特拉斯一家的可怕預測，會這麼脫離現實呢？

這就是在風險評估中，使用多項高度保守假設的代價。

乍看之下，誇大風險以避免低估風險，似乎是相當謹慎的做法。然而，在面對每個不確定的風險參數時，若全都採用最高估計值，將之加總後，結果可能會讓得出的風險難以置信地高，甚至達到違反常理的程度[33]。

比方說，據美國環保局風險估計，只要在瓦特拉斯家居住一年，吸菸者因氡氣罹患肺癌的終生風險就已高達56%[34]。此外，由於這個人本來就有吸菸習慣，這又會再提高15～50%的罹癌風險，取決於他的吸菸程度。**最後加總起來，這個吸菸者罹患肺癌的機率，竟高達100%**。

但正如紐約大學環境醫學系教授娜歐米·哈利（Naomi Harley）所指出的，在所有的紀錄中，即使是氡氣暴露量最高、幾乎人人吸菸的礦工，肺癌死亡率都從未超過50%[35]。如此看來，我們勢必得質疑居家環境若被氡氣汙染，將會導致超過50%罹癌風險的估計。

◆ 下一步，該怎麼辦？

在第三部的第一個章節中，我們透過思考居家的氡氣汙染，並權衡輻射的風險和益處。為什麼從氡氣開始？主要基於以下三個原因：氡氣是最早發現的一種輻射危害；我們已確定暴露的族群，也就是礦工和住宅受氡汙染的居民，並測量了他們的暴露情況；近一個世紀的同類群研究，確定了可能會造成人類健康問題的輻射劑量範圍。

在專業人員用以評估健康風險的 4 項基本標準中，包含了以上 3 個要素。最後一個，則是正確描述風險程度，給那些和調查結果有利害關係的人，這些人通常又被稱為「利益相關者」（stakeholders）。

這些利益相關者，會牽涉到包括衛生專業人員、政府監管者以及廣大公眾等族群。事實證明，最後這一點是專業風險評估人員和風險管理者面臨的最大挑戰。**即使專業人士正確完成任務，他們的訊息在到達公共舞台之時也經常被嚴重扭曲**，這就是氡氣事件遭遇的悲劇。

要是這一點做得不夠完善、不夠穩妥，風險評估表就會搖擺不定，這張表所支持的所有立法、監管、公共安全措施，也都將搖搖欲墜，或是造成社會大眾過度恐懼、甚至恐慌的危險，進一步加劇問題的嚴重性。

還有另一個原因，促使我們選擇以家中的氡氣作為風險效益分析的第一個例子，因為**在分析該事件利弊的方程式中，益處的衡量相對簡單，就是 0**！

住在受氡氣汙染的房子裡絕對沒有任何好處，因此，氡氣問題相當簡明：在沒有任何好處的情況下，我們可以接受多大的風險？在下一章中，我們會探討放射診斷技術，這有可能為身體健康帶來巨大的好處，還將進一步探討，這將會如何影響風險效益平衡的方程式。

第12章 X光檢查，反而讓人生病？

「數據可以證明任何事情……甚至是事實本身。」
　　──諾艾勒・莫伊尼漢（Noel Moynihan），英國醫生、作家

　　科羅拉多州的韋爾（Vail）山區，散發著令人振奮的清爽空氣，滑雪者順利完成一次長距離的滑雪，途中沒有發生任何事故。13歲的馬修・皮斯卡托（Matthew Piscator）甩過那些危險的斜坡，現在正前往暫時安全的纜車，準備返回山頂，展開他在洛磯山寒假第一天的第二趟滑雪。

　　當他接近纜車線時，馬修突然減速，使出類似踩剎車的突轉動作，這是玩滑雪板的人衝向高點的技巧，但顯然他還沒有完全掌握好。在馬修快速轉彎時，滑板確實照他的動作停了下來，身體卻沒有跟上改變方向的腳，於是他往後摔倒，並立即將左臂後伸，想藉此撐住身體。**但他還是重重跌了下去，同時聽見清脆的斷裂聲**。在那個當下，馬修立即明白他的假期結束了，甚至在他意識到疼痛以前。

如果你想斷手斷腳，去韋爾度假可能是個不錯的選項。這個城市的醫務人員每天都在處理骨折意外，他們也知道該如何處理。滑雪巡邏隊在幾分鐘之內就固定住馬修的手臂，並將他拖行至度假村的醫療中心。

　　顯然，馬修的骨頭斷了，他的手腕上方看起來似乎出現了第二個手肘。這種不自然的彎曲，只有在前臂的兩根骨頭（橈骨和尺骨）都斷裂時才會發生。手臂的 X 光檢查證實了雙重骨折，而醫師也能由此判定他的症狀相當單純，並沒有碎裂，因此可以將之輕鬆固定。

　　在注射麻醉劑，將斷裂的骨頭重新排列對齊後，醫生便從馬修手腕到手肘處打上了石膏。在開給馬修止痛藥後，醫生就讓他離開了。不過，他的寒假畢竟還沒結束。當天下午，他又再次踏上雪地，只是這一次，他坐在狗拉雪橇上欣賞山間風景，並由專業的雪橇手負責控制。

◆ 只是照個 X 光，不會罹癌吧！

　　馬修的滑雪板事故，與超過 100 年前威利・布拉格在騎三輪車時發生的意外並沒有什麼差異，治療斷臂的方法也幾乎沒有改變，依舊是透過 X 光影像來檢查骨骼。這兩個男孩，日後也都恢復了手臂的全部功能，這一點在沒有 X 光檢查之前是不可能的。這兩個男孩都做了 X 光檢查，也都因此受益，沒有比這更好運的事了。

不過，做 X 光檢查會為這對男孩帶來多少罹癌風險呢？以威利的例子來說，我們對他所暴露的輻射劑量一無所知，只能確定，**肯定比馬修的劑量高得多**。現代 X 光機的輻射量只有昔日克魯克斯管的一小部分。因此，威利罹患癌症的風險理應會高於馬修，而他確實在 82 歲時死於癌症，不過死因是前列腺癌，這實在難以用手臂遭受過輻射照射來解釋。

馬修的 X 光檢查，則讓我們能夠準確估計他因此罹癌的風險。今日在以 X 光檢查手臂斷裂時，會對患者造成的「有效劑量」（effective dose）約為 0.001 毫西弗。這是在本書中我們第一次提到「有效劑量」這個詞，它是什麼意思呢？

前文提過，目前關於輻射暴露的癌症風險估計，主要都是根據原爆倖存者的研究。不過大多數放射診斷程序，僅會暴露於人體的一小部分，這就與全身都暴露於輻射的原爆受害者大不相同[1]。

在馬修的例子中，他僅有左臂暴露於輻射，因此他的罹癌風險，遠低於全身都接受相同劑量的情況。我們要如何得知馬修因部分身體暴露，進而導致的較低風險？這很簡單，我們只要問：「在一個人的整個身體中，一隻手臂代表多大一部分？」

事實上，**手臂約占全身重量的 5%。因此，若馬修手臂接受到 0.02 毫西弗的劑量，就相當於全身受到 0.001 毫西弗的劑量**，並可由此來估計相關風險。有效劑量的含義簡單來說就是如此[2]。是以全身劑量的癌症風險，來表示局部身體在接收相同等級輻射時的罹癌風險。

認識有效劑量相當重要，因為透過這種方式，我們就能使用最可靠、來自原爆倖存者的風險估計，計算局部身體在接受放射診斷時所承擔的相關風險。那麼，馬修在一生中的某個時刻，因手臂 X 光檢查而罹癌的風險到底是多少呢？

如第 8 章所說明，根據原爆倖存者研究結果，因全身輻射暴露而罹患致命癌症的風險，約為每毫西弗 0.005%。因此，馬修這輩子因手臂 X 光檢查而罹患癌症的風險為：

$$0.001 \text{ mSv（有效劑量）} \times 0.005\% / \text{mSv}$$
$$= 0.000005\%（=2000 萬分之一的機率）$$

這意味著，馬修因為手臂照射 X 光而罹癌的機率，比贏得大樂透頭獎的機率還低。我們已經知道害一需治數（NNH）其實就是機率倒過來的說法，因此接受 X 光檢查手臂的害一需治數，就是 2,000 萬人。

換句話說，**2,000 萬個像馬修這樣摔斷手臂的男孩中，只有其中一人會因為隨後的 X 光檢查而罹患致命癌症**。美國每年有多少人手臂骨折呢？大約是 1,300 萬人。那麼，當手臂 X 光檢查的 NNH 為 2,000 萬時，我們會預期這些骨折者中有多少人罹患致命的癌症呢？一個也沒有！有多少人會因為手臂 X 光檢查而受益呢？全部！現在你已掌握到所需的所有資訊，可以自行決定是否值得在骨折時，冒著罹癌的風險做個 X 光檢查了。

當然，生活中的意外不只有弄斷手臂而已。這個故事有多少部分，可以被轉化為其他放射線攝影程序呢？事實證明，至少在風險評估方面，大部分層面都適用。

劑量師（dosimetrist），也就是估計輻射劑量的專業人員，已計算出幾乎所有標準放射診斷的有效劑量。一般大眾在各種書籍和網路上，也都可以找到這些有效劑量，通常還是以表格形式呈現。

其中一些表格，會以百分比或機率顯示出相應的癌症風險。可惜的是，很少有表格會顯示NNH，不過我們現在已知道如何根據風險百分比計算。大多數輻射診斷，其NNH都非常高，表示致癌風險相當低。因此，單就放射診斷來看，**了解其風險並不是問題，量化益處則是另一回事**。你恐怕難以找到這方面的比較表格，這是為什麼呢？

事實證明，放射診斷的好處遠比風險難以捉摸，因為這方面的風險，早已簡單、客觀地被定義為終生罹癌的風險。但接受放射成像的益處則較難定義。如果放射診斷學的所有好處，都可被簡單定義為「恢復手臂的功能」，那事情就好辦了！

量化益處時會遇到三個問題：

一、放射診斷的效益範圍非常廣泛，從早期發現、早期治療，一路到為訴訟提供醫療紀錄等。

二、不同的人對益處的看法並不完全相同。

三、量化輻射益處的研究，嚴重落後於衡量其風險的研

究。

基於這些問題，在權衡放射診斷的風險與益處時，難以找到完整的量化效益尺度。在大多數情況下，風險是被高度定義和量化的，但益處則見仁見智，莫衷一是。

儘管如此，有一件事倒是可以確定：**在使用放射診斷來查找臨床病症的原因時，其好處幾乎總是遠大於風險**，相當程度上，這是因為風險非常低。唯一的例外，是醫師要求實施不必要的放射診斷，在這種情況下，患者只會面臨風險，卻沒有任何潛在的益處。這種情況確實得當心。

◆ 以火攻火，用輻射檢查癌症的成效是？

當馬修回到他在馬里蘭州貝塞斯達的家中時，他的手臂已經康復了。隨著春季棒球賽季到來，他幾乎回到最佳狀態，並回到捕手的位置，絲毫不受手臂傷勢的影響。但現在，輪到他的母親去做 X 光檢查了。

馬修的母親特蕾莎（Teresa）非常注重健康。她吃得很均衡，經常鍛鍊身體，而且總是提心吊膽的。她主要擔心的是自己的健康。特蕾莎已年過 50，她的一些朋友和熟人，在過去幾年中陸續罹患各種類型的癌症。她知道，罹患癌症的風險會隨著年齡增長而增加，所以她不想冒這個險。

特蕾莎是癌症篩檢的倡導者，特別是子宮頸癌和乳癌，畢竟這兩種癌症是女性的主要殺手。然而，除了她的年齡之外，

她並不屬於任何一種癌症的高危險群，但她覺得「癌症這件事，小心謹慎一點總是好的」。而就這方面來說，她確實相當幸運。

貝塞斯達是美國國立衛生研究院的所在地，其院區位於大華盛頓特區／巴爾的摩都會區的中心地帶，那裡有不少全美國最好的醫療保健系統和醫院，所有機構都提供癌症篩檢。

特蕾莎從 40 歲開始，就定期接受乳房 X 光檢查，曾經有過一次得到偽陽性結果──圖像上出現了陰影，但結果證明什麼都沒有。然而，乳房 X 光檢查的陽性結果、後續的追蹤檢查，以及乳房外科醫師的諮詢，種種事務都對她的情緒造成負面傷害。

儘管從理智上來說，**特蕾莎知道大多數陽性乳房 X 光檢查的結果，都不是真的罹癌，也就是偽陽性，但知道這件事並不會讓整段經歷變得更輕鬆**。雖然如此，當輪到她檢查時，她鼓起勇氣，再次接受乳房 X 光攝影，並小心翼翼地等待結果。

特蕾莎對乳房檢查的高偽陽性率理解，實際上比許多醫師都來得好。在繼續醫學教育（Continuing Medical Education）會議上，160 名婦科醫師被問及，若是一名 50 歲女性的乳房 X 光檢查結果呈陽性時，那她實際罹患乳癌的機率有多高，有 60% 的醫師表示約 80～90%[3]。然而，事實上只有 10%。

在你直接下結論，認為婦科醫師對乳房 X 光檢查不太了解之前，應該要知道，放射科醫師也好不到哪裡去，他們始終高估 X 光檢查識別癌症的能力。一些執業數十年的放射科醫

師都沒有注意到，大多數乳房 X 光檢查呈陽性的患者並未罹患乳癌[4]。

除了其他擔憂外，特蕾莎還得擔心她接受 X 光檢查時暴露到的輻射，反而會增加她罹患乳癌的機會，這讓她更堅持她的篩檢計畫。除了隨年齡日益增加的乳癌風險之外，她接受癌症篩檢次數的累積也會增加罹癌風險。更糟的是，她後來又聽說，乳房 X 光檢查在拯救生命上的效力甚至不如預期！

特蕾莎的情況確實比馬修複雜。不過在風險評估方面，要確定乳房 X 光檢查的風險，並不比確定手臂 X 光檢查風險更困難。隨便上網搜尋一下，就可以找到結果。

對於平均尺寸乳房的女性來說，典型乳房 X 光檢查的有效劑量約為 0.5 mSv[5]。和前文中的計算方式一樣，只需要將有效劑量乘以致命罹癌風險的毫西弗數字，即可得到這項檢查造成的整體罹癌風險：

$$0.5 \text{ mSv}（有效劑量）\times 0.005\% \text{ /mSv}$$
$$= 0.0025\%（= 4 萬分之一的機率）$$

以 NNH 來說，這意味著在每 4 萬名接受乳房 X 光檢查的女性中，只有一名會因這項檢查而罹患癌症。由此可知，若一名女性每年接受一次乳房 X 光檢查，連續 10 年下來，這一系列的篩檢便會將 NNH 提高到 4,000，換句話說，風險增加了 10 倍。

我們該留意到的第一件事是，**乳房 X 光檢查比手臂 X 光檢查的致癌風險高**。這是因為，乳房 X 光檢查需要比骨骼 X 光更高的解析度。解析度的提高，意味著更多的輻射和更高的劑量，風險也連帶提升。在計算乳房照射的有效劑量時，也得校正其靈敏度，因為乳房組織的輻射敏感性比其他組織稍微高一些[6]。

與手臂 X 光檢查相比，乳房 X 光檢查還有另一個差異，那就是**對乳房來說，益處和風險的性質是相同的**。修復斷臂的代價，是罹癌的風險，而乳房 X 光檢查的好處和風險都是乳癌——不論是發現乳癌，還是導致乳癌。

既然益處和風險相同，有些人認為，可以將風險益處分析簡化為數字。如果發現癌症的機會大於罹癌的風險，那麼好處就大於風險，問題就到此為止。所幸，就乳房 X 光檢查而言，已有大量研究量化了乳房 X 光檢查的好處。也許有人會認為，那麼只要計算一下，是否就可以得知乳房 X 光檢查帶來益處的機率？

◆ 女性的頭號殺手，每千人才揪出一例？

遺憾的是，一直以來判定乳房 X 光檢查到底會產生多少益處，一直都是項不小的挑戰，而且飽受爭議。因為在相當程度上，**這項檢查的益處取決於年齡**。當女性年齡越大，發現癌症的可能性就越高，因此益處也就越大。隨著年齡增長，發現

乳癌的可能性增加，則是因為乳癌在老年女性中更為常見，而且在老年女性的乳房檢查中更容易看到癌細胞的生長，因為年輕女性的乳腺密度較高，難以發現腫瘤。

在這裡我們不需要深入討論這些細節，這些是專家小組在決定女性乳房 X 光檢查的建議年齡時應該考慮的問題。這也是為什麼，乳房 X 光檢查的建議年齡一直在慢慢調高的原因。

不過就本書的目的，我們只想知道乳房 X 光檢查在一般人群中挽救生命的整體成功率。這最終會帶來怎樣的社會效益？或者更簡單地說，我們想知道乳房 X 光檢查是否符合我們的預期，能夠成功預防女性因乳癌而死亡？

關於乳房 X 光檢查的爭議，正是來自這個問題的答案。因為不幸的是，這項檢查並沒有達到預期效果，沒能拯救大眾原先期望的生命數量。以下就以一些近年發表的數據進一步說明。

如果 1 萬名 50 歲的女性接受每年一次的乳房 X 光檢查，連續 10 年，那最後將會篩選出 10 例可治癒的乳癌患者。但若我們換個方式來問這個問題：**需要以這種方式篩檢多少女性，才能挽救一條生命**，也就是問益一需治數（NNT）是多少[7]？要得到這答案相當簡單，就是把 1 萬名接受篩檢的女性，除以救活的 10 條人命即可，也就是說，NNT 是 1,000。

正是 1,000 這個數字讓許多人失望。原本預計 NNT 將遠低於 1,000，也就是說，並不需要篩檢這麼多女性，就能發現一例致命的乳癌。就乳癌是女性頭號殺手這點來看，這種致命

的癌症竟然會這麼難以篩檢，似乎有點違反直覺。在乳房 X 光檢查篩檢推廣 40 年，並收集大量倖存者的軼事證詞後，研究人員的發現相當令人震驚，乳房 X 光檢查在拯救生命這方面，並沒有良好的效果[8]。

不過還是要注意一點，1,000 這個數字並非沒有爭議[9]。特別是，有人指出乳房 X 光檢查有越來越準確的趨勢，因此過去關於這方面的長期研究，勢必會低估當前的益處。

以上變化，是標準的「移動目標」（moving target）論點，它假設你永遠無法準確評估任何當代技術的價值，因為當你分析數據時，這項技術又有了更新的進展，已經不可同日而語。不過就算這種移動目標論是正確的，也不可能對 NNT 數量產生多大的影響。

無論如何，越來越多的乳癌倡導團體開始接受這樣的觀點：1,000 的 NNT，即使不完全正確，也與事實相差不遠。不過，先讓我們回到乳房 X 光攝影的輻射相關風險效益分析上。

儘管乳房 X 光檢查似乎成效不彰，需要連續 10 年，每年篩檢 1,000 名女性，才能挽救其中一人，但至少會挽救一條生命。此外，如果篩檢 4,000 名女性，才會造成其中一名女性因輻射而罹患乳癌（NNH），但只需要對 1,000 名女性進行篩檢，就能防止一名女性因乳癌死亡（NNT），這意味著發現癌症的機會還是高於導致癌症的機會。

所以乳房 X 光檢查還是利多於弊吧？沒錯，如果輻射誘發的乳癌是篩檢造成的唯一危害的話，那麼上述這一切推論都

是正確的。不幸的是，在這樣連續 10 年、每年一次的乳房 X 光檢查中，儘管會挽救一條生命，**但在這 1,000 名接受篩檢的女性中，會有 613 名受試者（61%）在這 10 年間至少經歷一次偽陽性**，就像特蕾莎那樣[10]。

在此重申一下，所謂的偽陽性，是指乳房 X 光檢查將實際上沒有癌症的情況判讀為罹患癌症。哈佛醫學院附屬布萊根婦女醫院（Brigham and Women's Hospital）的乳癌醫師南希・基廷（Nancy Keating）表示，乳房 X 光檢查的偽陽性很常見：「如果妳選擇參加篩檢計畫，就應該要假設，這種情況會發生在妳身上[11]。」

乳房 X 光檢查的偽陽性反應，將會啟動一系列的後續醫療程序，每一項或多或少都會對患者造成傷害。事實上，**在參與 10 年篩檢計畫的 1 萬名女性中，約有 940 名（10%）最終將接受不必要的活體採檢和手術**，其中一些人會遭遇術後併發症，包括感染，甚至可能死亡。

乳房 X 光檢查輻射風險的重點是：如果在風險效益分析中，僅考量輻射誘發的癌症問題，那麼這項篩檢將會得到認可，儘管其效益沒有比處理骨頭斷裂時來得好。然而，如今引起乳房 X 光篩檢爭論的問題不僅僅限於輻射風險，還包括偽陽性造成的一系列傷害，這導致醫學界重新思考定期接受乳房 X 光篩檢的必要性。

乳房 X 光檢查的問題相當多，其中只有一小部分缺點，與輻射導致癌症的風險有關。事實上，一般都認為這類檢查的

輻射風險很小，就連批評乳房 X 光檢查的大眾，都覺得沒必要特別提出。

不過，在你對乳房 X 光檢查的用處下結論之前，要謹記一件事。如果女性有乳癌危險因子，那麼上述探討的篩檢情況就不再適用。由於攜帶危險因子，尤其是乳癌家族史的女性，接受篩檢的機率比一般女性更高，因此她們有望從乳房 X 光檢查中獲得較多益處。乳癌風險因子越多，受益程度也應當會越高。

為了避免讓你以為，在放射線篩檢中只有乳房 X 光會遇到偽陽性的問題，下文我們將談談肺癌的情況。一項針對肺癌放射篩檢的研究發現，許多吸菸者在出現任何症狀前，就已患有早期肺癌。換言之，儘早將其篩檢出，應該會帶來更好的治療反應和更高的治癒率，這算是個好消息吧？

然而，這也是問題所在。因為**在非吸菸者中，也發現了相同數量的早期肺癌，然而，這個族群的肺癌死亡人數要少得多**[12]。這樣的發現意味著，大多數透過放射篩檢發現的肺癌先兆，永遠都不會發展為疾病。似乎不是所有的癌細胞都會繼續發展、惡化下去，而目前沒有人知道其中原因。

我們真正需要做的癌症篩檢，是能夠區分壞腫瘤和無威脅的腫瘤（大多數的情況）。但是光靠 X 光根本無法做到這一點，X 光只能發現腫塊，也就是異常的組織增生，但無法預測哪些腫塊最終會發展成疾病。

◆ 一張照不清楚，多照幾張有幫助嗎？

如果說，乳房和肺部的放射診斷可以發現其中的癌症，那為什麼不索性篩檢身體的每個器官，一次性篩檢全身呢？這正是螺旋式全身電腦斷層掃描（spiral whole-body CT）背後的邏輯，它能夠為沒有明顯症狀的患者做全身疾病篩檢。這類掃描儀，被稱為螺旋式斷層掃描，因為它們會以螺旋路徑圍繞人體，並產生電腦生成的內臟 X 光影像。

這種螺旋式全身電腦斷層掃描，與傳統的掃描不同。當醫師使用傳統的電腦斷層掃描（不一定會使用螺旋技術）時，是為了查看人體橫切面的「切片」，通常會根據症狀來推測患病部位並加以掃描，例如咳嗽的患者可能是肺部出問題，頭痛的患者可能是大腦。

其中關鍵在於，**掃描的影像僅限於醫師感興趣的部位，並且只有特定器官的幾個橫截面會接收到輻射劑量，而非每個器官**。也就是說，僅有少量的組織會暴露於輻射。

電腦斷層 X 光產生的橫切面影像，類似於用切片機切出的香腸薄片。這些切片就相當於影像，比起整條香腸，只有切片的部分會接觸到輻射。當然，拿香腸與人體比較有點太過簡略，但實際上並沒有相差太多。大家可能都看過冷盤香腸切片上某些奇怪的缺陷。這是香腸壞掉的跡象？還是只是肉質的正常變化？這便是判讀電腦斷層掃描的醫師所面臨的挑戰。

由於標準的電腦斷層掃描切面相對較薄，因此接受到輻射劑量的組織僅占身體的一小部分，使得此種掃描的有效劑量，

遠遠小於用 X 光檢查局部組織的劑量。

不過，螺旋式全身電腦斷層掃描則完全是另一回事，因為成像設備會圍繞身體旋轉，將整個身體切成數百個二維影像，然後由電腦堆疊起來，重建出所有器官的三維影像（請見第 389 頁圖 12-1）。

由於這過程是對整個身體的成像，因此有效劑量將等於實際身體劑量，通常約為 20 毫西弗[13]，幾乎是乳房 X 光檢查有效劑量的 40 倍，手臂 X 光檢查有效劑量的 2 萬倍！當然，這意味著螺旋電腦斷層掃描的癌症風險，分別是乳房 X 光檢查和手臂 X 光檢查的 40 倍和 2 萬倍。

不過，在這裡我們得暫停一下，稍微解釋掃描儀之間的差別。用於篩檢疾病的全身診斷電腦斷層掃描儀，和在機場用於檢查旅客行李的全身掃描儀完全不同。儘管兩者都是使用 X 射線，但機場掃描儀的劑量幾乎可以忽略不計。

診斷用的掃描儀，會讓患者接收到約 20 毫西弗的輻射劑量，相比之下，機場的掃描僅會讓旅客接收到 0.000001 毫西弗。事實上，從機場掃描儀接收到的 X 射線劑量，相當於是乘客在高空飛行 12 秒所接受到的宇宙輻射劑量，或站在地面 1.8 分鐘所受到的背景輻射。

說來也是相當諷刺，**當旅客在機場大排長龍等待安檢掃描時身體累積的輻射劑量，就已高於走過掃描儀幾秒鐘所接收到的輻射劑量**[14]。

你可能已經猜到，螺旋式電腦斷層掃描的功效沒有比乳房

X光攝影好到哪裡去，它們在發現身體其他部位危及生命癌細胞這方面，和乳房X光檢查發現乳房中的致命腫瘤差不多，同樣也會有偽陽性的問題，不過這兩者之間也有很大的差異。

乳房X光檢查的背後至少有40年的研究，其利弊得失已經做過許多衡量。儘管其成效不如預期，但仍然挽救過生命。將螺旋式全身電腦斷層掃描作為癌症篩檢工具的益處，則完全基於假設。目前沒有證據顯示這些掃描可以挽救任何人的生命。

你可能會問：在宣傳廣告中，不是有人聲稱在做了螺旋式全身電腦掃描後發現癌症，並因此獲救嗎？難道他們的命，不能算是因為篩檢而得救的？**也許是，也許不是。因為他們的癌細胞也許永遠不會發展至為他們帶來任何症狀的程度。**

就算癌細胞日後繼續發展，直到癌症症狀出現，也許還是可以治癒；又或者就算發現了，也無法真正治癒，在一段時間後又復發成腫瘤。關鍵是，沒有人能確切知道，是否真的能透過癌症篩檢來挽救女性生命。事實上，沒有人能夠確定哪些人是真的因為癌症篩檢而獲救，哪些人不是。

我們能夠討論的，只有患者的平均情況，並據此來推斷這對個人的益處。關於這一點，真相完全由數字決定。這就是為何需要統計數據的原因。關於螺旋式全身電腦斷層掃描的事實是，目前仍缺乏證明其益處所需的統計數據。在這一點上，其所謂的益處純粹是理論上的。

圖 12-1：全身電腦斷層掃描，可看到任何部位與深度

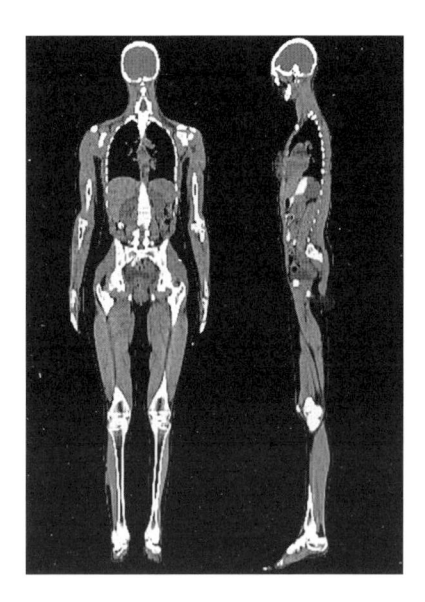

有時，醫生會使用全身性的 X 光掃描來尋找和診斷患病部位，透過這種技術，將一系列在正面或側面的人體二維影像累積起來並生成，醫生便能獲得任何所需的身體切片影像。也可以透過電腦將一系列二維影像組合、著色和重建，以產生立體影像，醫師可依此查看體內器官在任何深度的結構，而且可以從任何角度觀察。這類重建的 3D 圖像也有影片格式，請參見 QR Code：

（資料來源：此處顯示的 2D 圖像來自網站 http://radiologystudio.com/，感謝曹新華博士〔音譯：Xinhua Cao〕慷慨提供本書使用。）

因此，在評估風險和益處的方程式中，全身電腦斷層掃描的益處確實令人質疑。讓我們快速計算一下，螺旋式全身電腦

斷層掃描的風險評等：

20.0 mSv（有效劑量）× 0.005% /mSv = 0.1%（＝千分之一）

這意味著，每次掃描的 NNH 為 1,000，也就是說，如果一名男子共接受了 10 次篩檢掃描，在經過多次掃描後，他的有效劑量將會是 200 毫西弗（10 乘以 20 mSv），NNH 值為 100（1,000 除以 10）。**該劑量和風險等級，與原爆倖存者研究中部分低劑量受害者所接受的輻射相當**。事實上，在當年的壽命研究中，大多數人所受到的劑量都低於 200 毫西弗[15]。

之所以將篩檢的輻射曝露量與原爆受害者相比，並不是為了要嚇唬誰，而是要凸顯一個時常被低估的觀點。儘管我們認為原爆倖存者是高劑量受害者，事實上許多人確實也受到高劑量的暴露，但絕大多數者參與長期原爆倖存者研究的人，也就是實際上我們使用的癌症風險估計主要資訊來源，並沒有接受到足以引發放射線病的輻射量。

事實上，在原子彈爆炸時他們並沒有出現輻射症狀，這群人主要承擔的健康後果，是罹患癌症的風險增加。他們是普通人，就像其他普羅大眾一樣，皆擔心自己是否會成為少數因多年前接觸的輻射，而罹患癌症的不幸者。

現在讓我們把所有的危害（NNH）和益處（NNT）整合在一起。接受多次全身電腦斷層掃描的 NNH 約為 100，這也是目前為止我們在放射診斷中看到的最大癌症風險，而眼下尚

未確定這種掃描的 NNT，但不太可能低於乳房 X 光檢查的 1,000，因此使用全身 CT 掃描來篩檢癌症的價值似乎有待商榷。

同時請記住，在考量 NNH 的數值時，數字越高越好，這意味著在越多人接觸到此種情形時，才更可能有人受到傷害。相反地，NNT 的數字則是越低越好，因為這意味著不需要治療很多人就能讓一人獲益。

因此，NNH 和 NNT 的數字意味著，從整體來看，這種掃描更可能傷害受篩檢的人群，而不是使其受益。這並不是說，這種掃描對於已出現疾病症狀的患者沒有價值，只是那些「容易擔心的人」應該要對此特別謹慎。

◆ 放射篩檢的兩難，要找出病灶還是安心度日？

放射診斷有許多種類型，在此我們無法逐一檢視。儘管如此，本書所選出的三種：手臂 X 光、乳房 X 光篩檢、螺旋式全身 CT 篩檢，和所有其他放射診斷一樣，屬於下列兩類用途的其中一種：在已出現臨床症狀的病患身上尋找病因，或者是篩檢無症狀者是否有疾病。

在第一類中，只要所選的檢查方式適合臨床症狀，益處幾乎總是大於風險。因為如果沒有找到病因，後果可能會十分嚴重，包括手臂失去功能或死於癌症，而局部身體輻射成像的風險也相當低。

第二類,則是在為杞人憂天的人群篩檢,這時我們應該冷靜下來好好思考。這種篩檢的好處是否真如其所聲稱的這麼高?其中的 NNT 與 NNH 的比值為何?除了輻射,還有哪些額外的危險?在做決定之前,我們更需要諮詢經驗豐富的醫師。

放射線篩檢,本身便是個很複雜的議題,特別是對有家族病史的人而言。可以說,家族病史本身就是一項臨床發現,光是得知這一點,就更應該接受放射線篩檢。但每個人——患者和醫師都需要了解,**除了前文討論的偽陽性結果外,這類篩檢也有偽陰性問題。**

以乳房 X 光檢查為例,偽陰性是指一份乳房 X 光檢查報告中,沒有發現受檢者其實患有乳癌 [16]。儘管偽陰性造成的問題比偽陽性小得多,而且發生的頻率也較低,但確實會發生。對每一名因接受篩檢而獲救的女性來說,仍有 6 名女性儘管做了篩檢,依舊難逃死亡的命運 [17]。女性群體也需要理解,參與乳癌篩檢,並不能保證後續的乳癌存活率。

♦ 要是活不到癌症出現,就別煩惱了!

儘管存在各種細微差別,但與權衡放射治療的風險和益處相比,衡量放射成像程序的風險根本就是小菜一碟。因為放射療法,主要用於治療已患有癌症的人,光是這一點就足以改變一切。

每位患者和每種癌症都並不相同，即使是同一患者的同一種癌症，也會隨時間改變，對放射治療產生不同的反應。此外，放射治療通常會與手術和化療搭配，因為癌症是可怕的敵人，這也讓整件事變得更加難解。

儘管權衡放射治療的風險和益處存在這些複雜性，但在計算大多數癌症患者的放射風險時，基本上都充滿爭議。在考慮是否接受癌症放射治療時，需要權衡許多臨床和個人問題。然而，一般而言，對於第一次罹癌的人來說，放射治療所導致的續發性風險，並不是主要讓人擔心的問題。**因為由輻射誘發的癌症，通常要在 10～30 年後才會出現。**

就此看來，因為理論上至少在 10 年內不會出現的癌症風險，而放棄能夠真正治療癌症的方法是沒有意義的。畢竟眼下死亡的風險，遠大於日後死亡的風險。此外，對許多老年人來說，第二個癌症的潛伏期多半都超過他們的自然壽命。因此，他們很可能根本活不到發展出第二次癌症的年歲。只有對預期壽命較長的年輕癌症患者來說，續發性癌症才是需要考慮的問題。

若樂觀一點來看待這個情形，我們應該高舉雙手、迎接續發性癌症風險成為患者主要擔憂的那一天。因為這意味著放療的效果相當成功，讓人有充分理由擔心患者在數十年後的健康情形。好消息是，我們似乎正在朝這個方向邁進。

目前，美國有超過 1,200 萬的癌症倖存者，這是 1971 年的 3 倍，而且每年還繼續增長約 2%[18]。隨著人口增長，續發

性癌症診斷數量也逐漸增加，醫學界將開始承受癌症治療成功所帶來的二次煩惱。希望這種趨勢能夠持續下去，讓放射治療引起的續發性癌症風險，足以成為本書下一版主要著墨的問題。

第13章 讓腦袋壞掉的，真的是手機電磁波？

「沒有證據不等於證據不存在。」
——馬丁・里斯（Martin Rees），英國數學家，
前英國皇家學會會長

「事實不容易改變，但統計數據相對之下更具靈活性。」
——馬克・吐溫

　　斯卡波羅（Scarborough）是緬因州南部一個傍海的小鎮，約有兩萬居民。這片如今的度假地區，過去曾爆發過多起小衝突，主要因為當地的阿貝納基印第安人（Abenaki Indians）不滿歐洲前來的居民侵占他們的土地。這地方對新移民的吸引力，主要來自其優良的農地和漁獲，非常適合發展漁業和農耕，又有豐沛的溪水為鋸木廠提供動力，因此儘管不斷

受到攻擊威脅，這批新住民也不打算離開。

彼時這個小鎮需要的，是發布警報、讓大家知道即將遭受襲擊的方法。那是遠在電信業出現的好幾個世紀以前，人們可沒有太多選項，不過他們看到了斯科托山（Scottow Hill）的潛力，那是該地為數不多的高地。

定居者在山頂上建造了一座木塔，在發生緊急情況時就會點亮塔頂。鎮民只要注意斯科托山頂的篝火，當看見火光時，他們就知道要藏身躲避，因為危險迫在眉睫。

如今，阿貝納基印第安人不再是威脅，篝火塔也早已消失，取而代之的發送手機訊號的基地台，其功能也與過去類似，是為了保持居民間的重要通訊。

◆「科學」證實，基地台讓你得癌？

這座塔台雖然也能夠保護居民遠離危險，但效果並不是很好。

它是斯卡波羅小鎮上 3 座基地台的其中一座，但鎮上的手機訊號仍然不穩定。當地居民唐納・戴伊（Donald Day）十分擔心家人安危。他說，在冬季天黑後，開車穿越冰冷的斯卡波羅沼澤時，訊號時有時無，這已是個安全問題。戴伊支持市議會的提議，即建造另一座基地台來強化手機訊號的覆蓋範圍。

但其他居民也有他們的安全顧慮。艾莉莎・巴克瑟（Elisa Boxer）擔心手機基地台會影響居民健康，並在 2014 年夏天的

鎮議會會議上，向委員發表了一份聲明：「在社區中興建手機基地台，這個社區就會開始生病；當它蓋在學校附近時，那就會變成一所生病的學校，師生會成為癌症群體的一部分。」

巴克瑟接著聲稱，已有「科學」證實，手機基地台發射的無線電波與癌症有關。另一位鎮民蘇珊・弗利—弗格森（Suzanne Foley-Ferguson）也有同樣的擔憂。她說，手機訊號基地台的位置需要「盡可能遠離任何住宅區」。另一位居民凱倫・坦蓋（Karen Tanguay）也表示，需要進行更多研究，才能弄清楚手機訊號對健康的危害。

最後，鎮議會選擇迴避爭議，這場會議的結果便是將手機基地台的提案發回給條例委員會。「我很高興它被送回了委員會，」鎮議員威廉・多諾萬（William Donovan）說：「儘管我們已在許多層面展開工作，但我認為公眾需要有更多的了解。」如果戴伊想要確保家人的用路安全，在寒冷的夜晚開車時，他就得繞過斯卡波羅沼澤，因為那裡短期內都不會有手機訊號[1]。

◆ 手機的嫌疑，雖然低但不是零

2011 年，位於法國里昂的世界衛生組織下屬部門——國際癌症研究署（Agency for Research on Cancer，簡稱 IARC）宣布，他們的專家委員會認定**射頻電磁場（radiofrequency electromagnetic field）**，即無線電波，應被歸類為「可能的致癌

物」。

　　這項公告主要依據的，是一項大型同類群研究和五項小型病例對照研究[2]，世界各地的新聞機構都注意到了這項聲明，令反手機陣營宣告勝利，而讓手機的支持者大喊犯規。

　　實際上這個委員會內部對裁決的意見也十分分歧，其中大多數科學家認為，他們掌握到的數據足以宣稱這是「可能的」，但依舊有少數科學家認為數據還不夠，甚至不足以做出這樣的結論。

　　手機基地台彷彿向現代科技致敬的一座座紀念碑，隱約出現在我們周遭，並成為引發社區憂慮的焦點。但對人來說，**我們接收到最高的無線電波劑量，實際上是來自使用手機本身，而不是基地台**。因為儘管手機輸出的能量較弱，但手機卻會被放在頭部旁邊。

　　眾所周知，健康風險是由劑量決定的。因此，如果無線電波會導致癌症，那麼最有可能找到關聯的地方，就是接受最高劑量的組織。也就是說，如果不能證明手機會導致頭部癌症，那基本上就不可能證明，接受輻射遠小於頭部的其他組織癌症是由無線電波引起的。因此，大多數手機安全的研究，都集中在頭部癌症，更具體地說，就是腦癌。因為大腦的體積相當大，也吸收了大部分無線電波能量。

　　這項同類群研究規模龐大，在 1982 ～ 1995 年間，追蹤了 42 萬名左右的丹麥手機用戶[3]，遠比原爆的研究規模還大，當時後者追蹤一共 12 萬名倖存者和對照組受試者。而丹麥的研

究最後顯示，腦癌和手機的使用沒有關聯。

前文已解釋，同類群研究是流行病學的黃金標準，鮮少會被不太可靠的病例對照研究取代。在一般情況下，這樣大規模的同類群研究如果沒有找到關聯性，就會排擠並讓人不再採信那些規模較小的病例對照研究，偏偏這項同類群研究的設計出了問題。

主要問題是，他們從未實際測量受試者暴露到的輻射劑量。這項研究沒有使用與劑量直接相關的暴露指標，而是僅將與電信業者綁約的使用者，當作一人暴露到手機無線電波的指標。這當中也許有人是使用方案買了手機但從未拿來用，也可能有不是用戶的人，卻在使用其他人的手機。

這項研究的一大弱點，就是假設手機用戶就是真正使用手機的人，而且還假定他們接收的劑量與租用手機服務方案的時間成正比，這導致委員會中一部分人質疑這項研究的可信度。這項劑量測定問題，也使這一龐大同類群研究的結果遭到擱置，並為其他擁有更好劑量資訊的病例對照研究敞開了大門。

幾項病例對照研究顯示，神經膠質瘤（glioma）這種特定類型的腦癌與手機使用可能有所關聯，但他們沒有找到證據，足以證明手機使用與腦膜瘤（meningioma）、唾液腺腫瘤（salivary gland tumor）、白血病或淋巴瘤之間存在關聯。

遺憾的是，大多數這類病例對照研究本身也有缺陷，包括對所有病例對照研究的持續關注。換句話說，研究設計背後可能存在隱性偏差。不過確實有一項大型病例對照研究被認為足

夠可靠，值得認真關注，那就是 INTERPHONE 研究，這是迄今為止最大的手機病例對照研究，將 2,708 例神經膠質瘤患者，與 2,972 例健康個體的對照組相互比較。

此研究是以手機使用時間，作為大腦接受無線電波劑量的相對衡量標準[4]。該研究發現，**那些手機使用劑量在最高十分位數的人（總時間 >1,640 小時），即前 10%[5]，和從不使用手機的人相比，罹患神經膠質瘤的風險顯著增加了 40%**。

此外，這種大幅增加風險的情況，僅在暴露至少 7 年的患者身上出現。暴露時間較短的群眾並沒有風險增加的情況，這項發現與先前的想法一致，即如果這兩者間確實有關聯，那麼在預計發現腫瘤之前，應該會有一段滯後期或潛伏期，就像所有致癌物一樣。這是一項令人擔憂的發現。

不過在檢查較低輻射劑量的風險時，情況就顯得非常模糊。在較低劑量的族群中，不僅沒有風險增加，在某些劑量區間，甚至有明顯發現預防神經膠質瘤的保護作用！因此，這些數據並不支持明確的劑量－反應關係。這種從保護轉變為風險升高的質變引起了更多疑慮，擔心這項研究的結果出了錯。

儘管在劑量與風險間的關聯，在不同族群之間出現了跳躍的轉變，但要是接觸劑量最高組別的風險研究結果真的可靠無虞，那該怎麼辦？此外，儘管這是一項病例對照研究，還是可能受到各種類型的偏差影響，但似乎並沒有回憶偏差的問題。因為研究中，每個人的手機使用時間是根據電話紀錄所得到的客觀評估，而不是訪談患者來評估其手機使用行為。

在沒有找出任何偏差的情況下，委員會認為他們別無選擇，只能接受這個結果，即手機使用頻率最高的那十分之一族群，罹患神經膠質瘤的風險會增加40%，並承認無線電波「可能」致癌。

40%聽起來很糟，但到底有多糟糕呢？讓我們計算一下NNH，這樣會更容易理解它的風險等級。

我們採用最保守的假設，即假定「國際手機使用研究」的高劑量結果是真實的，而且每位手機用戶都與最高劑量組（即前10%）的使用者具有相同的風險，即他們提出的40%。

換句話說，我們要問的是：如果同類群研究中的420,095名丹麥手機用戶，而不僅僅是那些用量最多的人，都因為使用手機而增加了40%罹患腦癌的風險。這意味著什麼呢？

這表示在這420,095人中，不論使用手機的時間長短，約有2,500人會在一生中的某個時刻罹患腦癌，或其他神經系統癌症[6]。如果這群人都是終身手機使用者，而且他們的手機使用確實會增加自身40%的罹癌風險，我們預計在這群人中，將出現3,500個癌症病例，而不是原先的2,500例（即多出1,000例）。

將420,095人除以多出來的1,000個額外病例，我們得到的NNH為420；這意味著，**在420名終生手機用戶中，只有1人可能會因為使用手機而罹患腦瘤**。儘管如此，鑑於美國有大量的手機用戶（91%的成年人和78%的青少年）[7]，這意味著手機誘發的腦癌可能會在全國尺度上看到大幅增加──如果

手機確實會導致腦癌的話。

◆ 理論上的上千名受害者，哪去了？

如果手機確實會導致癌症，那這批患者到底在哪裡？

事實上，美國的腦癌發生率在過去 40 年來一直保持相對不變——在此期間，成年人的手機使用率從 1980 年的 0%，增加到 2013 年的 91%，增幅最快的一段時期是 1995～2005 年間。如今，美國的行動裝置數量比全國人口還多。

當過去吸菸開始流行，而且捲菸市場出現爆炸式成長後，人們沒過多久就觀察到肺癌發生率大幅增加，直到吸菸趨勢下降後，不斷攀升的肺癌發病率才開始消退。為什麼手機上沒有出現這種模式？因此，我們不得不問：「**若是手機真的會導致我們罹患腦癌，那受害者到底在哪裡？**」

數據顯示，無論性別和年齡，神經膠質瘤的發病率都沒有增加的趨勢[8]。在使用手機數十年後，我們的神經膠質瘤發病率，仍與手機發明前是相同的。因此，即使理論上用手機可能會導致腦癌，似乎也沒有造成太多的病患。

由此看來，就算暴露程度最高的族群，會導致罹患神經膠質瘤的顯著風險，但也不會直接促成神經膠質瘤整體發生率的顯著增加。換句話說，如果只有接觸劑量最高的前 10% 受到影響，我們可能在整個人口中看不到這樣的增長。而這就是要點所在。

然而如果情況真是如此,這仍然意味著無線電波誘發的神經膠質瘤,對多數人來說並不會構成重大的公共衛生威脅,而且每年引起、能夠歸因於手機的相關病例可能很少,甚至完全沒有。

無論如何,神經膠質瘤並不是正在成形的公共衛生威脅,因此似乎沒有理由相信,我們即將面臨手機引起的腦癌激增危機,任何在過去 40 年間引入的其他新科技也不會有這樣的問題。

◆ 手機訊號 VS. 無線電,小巫見大巫!

部分人擔心,現在就判斷手機是否會導致癌症,可能還言之過早。

正如我們在電離輻射研究中發現的,在接觸電離輻射後,還得經歷一段潛伏期,癌症才會出現。不過,**潛伏期的長短與癌症類型有關,與致癌物類型沒有關係**。

在日本遭受原子彈攻擊後的 5～10 年間,民間開始出現電離輻射誘發的腦瘤症狀。因此,如果手機會誘發腦腫瘤的話,理當也會有同樣的潛伏期。目前人們還沒有看到發病率上升,也許只是等待的時間不夠長……也許吧?

然而,並不是只有手機會釋放無線電波。自馬可尼的時代開始,電信領域就已經在使用無線電波,早期電信工作者接觸的輻射劑量非常高,因為馬可尼誤以為提高傳輸距離的唯一方

法，就是將無線電輸出功率調至最大。

根據前文中數個故事，這些第一線工作人員，往往是最先承擔接觸有害物質後果的族群，因為他們接觸的時間最長，劑量也最高。然而，就過去 100 年無線電波的歷史來看，相關工作人員的罹癌風險並沒有增加。相較之下，電離輻射工作人員的癌症發生率，在發現 X 光的幾年後就變得非常明顯。

手機發射的無線電波能量，與早期無線電工作人員接觸到的相比，可說是小巫見大巫，他們其中甚至有許多人都是在正在發射訊號中的塔台上工作，而且頭部正好位於無線電波的路徑上。所以，如果連在這批工作人員身上都沒發現癌症，為何人們會預期，手機將在一般大眾身上引發癌症呢？

◆ 找出病因的那把尺

流行病學一直面臨著同樣的困境，**它本來只是一門衡量關聯（associations）的科學，世人卻希望拿它來推斷因果（causation）關係。**

要證明一件事導致另一件事極其困難，即使在因果關係看起來無比明顯的情況下依然如此。要證明植物生長和陽光之間有關相當容易，但若要嘗試證明陽光能讓植物生長，事情就變得十分棘手了。

當然，因果關係的問題博大精深，牽扯到的不只是流行病學，甚至超出一般的健康科學。這也為公共衛生領域帶來特殊

的困境,因為**當你不知道造成健康問題的原因時,就很難真正將其解決**。

流行病學家第一次認真解決因果關係難題時,他們能想出最好的方法,便是設下一系列標準。如果滿足這些標準,就可以認定某特定可疑因素,被強烈認為是引起傳染病的主因。

該標準被稱之為柯霍氏法則(Koch's postulates),由羅伯特・柯霍(Robert Koch)於1884年所制定。該法則的誕生,最初是為了幫助識別導致結核病、霍亂和炭疽病的微生物,此後科學家就一直以此作為辨識傳染病病因的標準。

近數十年來,我們則將柯霍氏法則應用在一種特殊病毒的辨識上,現被稱為人類免疫缺陷病毒(human immunodeficiency virus,簡稱 HIV),就是導致愛滋病(AIDS)的病因——這個論點最初也受到許多人懷疑。

1965年,英國的著名流行病學家奧斯汀・布拉德福德・希爾(Austin Bradford Hill)則制定了另一套標準,可用於證明致病的環境因素,類似於以柯霍氏法則來確定傳染病源的方法[9]。

希爾提出的希爾因果關係標準(Hill's criteria of causation)一共有9項指標,然而,一般很難出現同時滿足9個標準的情況。不過目前普遍認定,滿足的標準越多,其因果關係的證據力就越強。

在本章我們無法一一檢視所有標準,只會就前五個,也就是一般認為最重要的加以討論,這些標準也都與手機和癌症最

為相關。包括：兩者關聯的程度應該要相當大；多項研究都得到一致的關聯性結論；應合乎時間順序，也就是暴露時間應先於疾病發生，且中間有合理的時間跨度；解釋應具連貫性，也就是不應與其他已知事實相互矛盾；應存在有劑量反應關係。

當流行病學研究的發現滿足這 5 項標準時，那所懷疑的致病環境因素就具有非常充分的證據力。以手機的例子來說，目前我們還離希爾的 5 項標準差得非常遠。

首先，**手機與癌症之間的關聯程度並不大**。所謂風險增加 40%，是相對較弱的關聯。以吸菸與肺癌為例，兩者間的關聯性足足增加了 2,000%[10]。

第二，**手機與癌症之間的關聯，在不同研究中並不一致**。有時風險似乎有所增加，有時卻看似沒有風險，有時甚至認為有保護作用。

再來，是時間性。通常人們會將這一點簡單理解為，暴露於病源的時間必須早在發病之前，這似乎是很直觀的認知，不過實際上也可以將此定義延伸為，從暴露到發病之間必須有一充分的延遲期，而且要合乎已知的潛伏期。

以癌症為例，其潛伏期至少為 5 年。**在「國際手機使用研究」中，他們發現使用手機與癌症間的關聯，在接觸手機 7 年後才出現，因此符合這項時間性標準**。然而，時間性從未被明確研究過，而且一般會將過早出現腫瘤的個體從研究中剔除。

第四，無線電波是一種非電離輻射。前文提及，非電離輻射的能量不足以破壞化學鍵，若不會損壞鍵結，那就不會損壞

DNA。它們頂多只會產生熱量。這就是為什麼微波、雷達或無線電波等非電離輻射帶來的主要健康問題,都與過度加熱造成燒傷有關。

推測非電離無線電波和 X 射線、伽馬射線、中子射線、α 粒子等其他電離輻射一樣會導致癌症,與目前已知的科學機制不符,目前僅發現環境因素是透過破壞細胞 DNA 導致癌症的。

手機發出的無線電波太弱,甚至不會造成熱損傷,更別說是破壞化學鍵了,網路上流傳所謂以手機來煮蛋的影片,全都是偽造的!雖有幾篇零星的報告聲稱,可以用無線電波來損害 DNA,但其結果無法重複,因此不足以採信[11]。

如果無線電波真的會導致癌症,那勢必是透過一種獨特且未知的機制,而且不涉及對 DNA 的任何損害。這真的有可能嗎?當然不能排除這樣的可能性。但若真是如此,那表示我們對環境致癌物積累至今的一切認識,都將澈底轉變。這可是從 1915 年,北海道大學的科學家在兔子耳朵塗抹煤焦油、試圖探討清理煙囪與陰囊癌的關聯,並最終發現煙灰中含有損害 DNA 的化學物質,一路累積至今的龐大認識[12]!

簡而言之,就過去 100 年來證明 DNA 是致癌物作用目標的觀點來看,我們無法解釋無線電波要如何導致癌症。

最後,**手機與腦癌之間沒有明確的劑量反應關係**。事實上,那份發現會增加 40% 罹癌風險的研究,同時也發現接觸輻射劑量較低時,會為受試者帶來 20% 的保護作用。要是我

們接受這結果,並承認兩者間的劑量反應關係確實如此,那就等於接受小劑量的無線電波實際上甚至有益健康,但目前幾乎沒有人會願意接受這種說法[13]。

根據希爾的標準,手機顯然完全不能被納為致癌物。但這是否意味著手機不可能致癌?不,這僅僅意味著手機並不符合流行病學研究中所預期看到的致癌物條件,甚至連最低標準都沒達到——如果它真的會致癌的話。

簡而言之,流行病學本身永遠無法證明因果關係,它只能提供強有力的證據,證明環境因素導致某種特定疾病。以希爾的標準來看,手機致癌的證據非常薄弱,意味著它們致癌的可能性相當低。

要證明因果關係十分困難,但是和證明某樣東西不會導致疾病相比,這根本算不了什麼。鮮少有科學家願意做這樣的嘗試。挑戰高難度任務的精神非常高尚,但硬去嘗試不可能的任務,就太過愚蠢了。

◆ 無線電波的致癌程度?類似咖啡、醃菜,或做木工

國際癌症研究署的潛在致癌物分類系統有個大問題,那就是無法完全排除致癌風險。畢竟,誰能肯定某種特定的環境因素絕對不會導致癌症呢?這種標準可說相當不合理。事實上,國際癌症研究署的致癌物分類甚至不允許這種做法。

對於任一種化合物,該組織的標準最多只表示其「可能不

會導致人類罹癌」（4 級），而**在研究署專家小組曾評估的上百種物質中，只有一種獲得這項認定**，那就是用於製造尼龍的己內醯胺（caprolactam）。根據國際癌症研究署分類系統，潛在致癌物實際上可分為 5 級：

1 級　　對人類有明確致癌性
2A 級　對人類致癌可能性極高
2B 級　對人類致癌可能性略低
3 級　　尚不能確定其是否對人體致癌
4 級　　可能不會使人類罹癌

與孤獨的己內醯胺相比，被分配到 2B 級的無線電波屬於「對人類致癌可能性略低」，它在這一等級中有許多同伴。在 2B 級的三百多種物質中，包括蘆薈葉萃取物、咖啡、汽油機廢氣、滑石粉、醃菜，甚至包含木工這項職業。幾乎每個人都會接觸到其中幾種，它們和無線電波一樣都屬於可能致癌的物質。

此處的重點是：當媒體在報導無線電波時，不應該強調它們被列為「有可能致癌」這一等級（2B 級），而是應該要著重在它們沒有被列為 1 級致癌物，甚至沒有被歸類在「極可能致癌」的 2A 級[14]。

◆ 手機風險眾說紛紜，好處卻由你說了算

唯一比手機的風險更具爭議性的，是手機的好處。

行動電話既被美化又被妖魔化。正如戴伊所擔心的，當汽車失控、滑出結冰的道路、陷入沼澤時，手機是非常有用的求助工具，且很少有人會對此提出質疑。但當年輕人一邊開車、一邊透過電話討論週末聚會的價值就沒有那麼大了。手機對你的價值是高是低，該由你自己決定。

在風險方面，你可以選擇接受手機致癌的論點，並採用腦癌風險增加 40% 的最壞情況估計值，如此一來，你使用手機的 NNH 就是 420。如果你認為採用最壞情況來估計是最合理的做法，請思量這個數據一段時間，再決定手機為你帶來的好處是否值得這樣的罹癌風險。

手機的美妙之處，便是控制個人風險的方法實際上操之在己。如果你對這樣的風險等級感到憂心，實際上也可以靠自己降低風險，同時仍保留手機的益處。

正如前文提及，帶給人體輻射劑量的主要是手機本身，不是手機基地台，而首當其衝的正是我們的大腦。所幸，手機可以透過耳機來使用，不見得要將手機緊靠在頭的旁邊。使用耳機這種替代方案，幾乎可以將頭部接收到的輻射劑量減少到零，如果手機沒有持續緊靠身體其他部位，那麼其他器官也不會受到影響。

此外，改使用免持藍牙設備也能在相當程度上消除威

脅，因為**藍牙訊號明顯弱於手機訊號本身**。因此，只要在通話時改使用耳機或藍牙，便無須擔心癌症。

你也可以認為，目前幾乎沒有可靠的證據顯示手機會導致癌症，因此繼續正常使用，只擔心其他有證據顯示對健康有害的暴露來源就好。無論如何，**請不要等到手機被證明絕對安全的證據出爐才做決定，因為那一天永遠不會到來。**

這是你的決定，繼續拖延做決定的時機並沒有意義，不妨今天就下定決心。科學永遠無法保證安全，就像知名演員克林・伊斯威特（Clint Eastwood）說過的：「如果你想保證所有事情都不出差錯，去買部烤麵包機吧！」

◆ 神經系統病變，算不算間接證據？

有一部分人，除了抱怨無線電波有引起癌症的可能外，還聲稱它會引起頭痛和其他神經系統症狀。他們聲稱自己患有「突發性環境電磁場不相容」（IEI-EMF，或稱電磁波敏感症）。

醫學界並不認為電磁波敏感症是一種真正的疾病，並認為若確實出現這些症狀，很可能是由其他原因所引起的，不然就是身心症所導致。不過在這些人當中，確實有些人為了完全躲避無線電波，而搬到西維吉尼亞州的格林班克（Green Bank），並聲稱待在這座小鎮就可以得到解脫。

該鎮位於美國國家無線電靜區（National Radio Quiet

Zone），面積約 3.4 萬平方公里，位於維吉尼亞州和西維吉尼亞州邊境的山區鄉村[15]。**在這個靜區內，禁止使用手機和任何無線電波傳輸設備**，因為它們會形成背景噪音，干擾到位於格林班克、專門用來測量太空深處低無線電波輻射的國家無線電天文台（National Radio Astronomy Observatory）[16]。

該靜區於 1958 年劃立，長住當地的居民皆表示不會想念手機，因為他們從未真正認識過手機，而且十分享受靜區內對科技產品的禁令，確保了該地區的鄉村風格長久保留。而電磁波敏感症患者們，也表示居住在格林班克緩解了他們的症狀，相當開心能以捨去現代便利設施為代價換取健康。

不幸的是，就算真的有電磁波敏感症這種病，這些患者也只能自成一格、被單獨歸為一類，因為罹患人數實在太少，不足以引起醫學界的關注。目前醫學界已進行過 7 項雙盲臨床試驗，但結果均為陰性，意味著無線電波與患者症狀之間並沒有發現關聯[17]。

雙盲研究之於臨床試驗，就像同類群研究之於流行病學，兩者都是證明臨床病症存在或治療效果的黃金標準。在雙盲研究中，醫病雙方都不會得知受試者獲得的是真正的治療還是安慰劑，雙方都處於「盲目」狀態，以此避免引入任何偏差。直到研究結束時才會解盲，這時會區分治療組和安慰劑組的患者並分析結果。

由於沒有一項雙盲研究能證實電磁波敏感症的存在，這表示，患者聲稱的神經系統症狀與無線電波之間並沒有關聯。這

樣一來，我們是否可以排除無線電波會引起神經病症的可能性？

正如在癌症的例子所討論的，我們無法這麼做。不能因為缺乏證據就否定因果關係的存在。關於手機引起電磁波敏感症的可能性，只能說，**目前仍缺乏高品質的臨床證據支持，只有個人證詞和不可靠的非盲研究提出所謂的證據**。同樣地，這也不符合希爾因果關係標準。但就一致性來看，主張無線電波會引起電磁波敏感症也許更容易自圓其說，至少比癌症的例子好。

因為在癌症中，對 DNA 的損傷似乎是因果關係的必要條件，而無線電波可能引起神經病症的觀點似乎更站得住腳，也符合已知的神經系統機制。人腦是複雜神經元網路中心，並在全身傳輸和接收電訊號，無線電波有可能會與這套電路系統產生交互作用。

無線電波是否真的干擾了這些人的神經迴路？若是如此，那麼他們的身體是否有什麼獨特之處，讓他們容易出現症狀，絕大多數的我們卻沒有受到影響？這些問題可能永遠得不到答案。因為表示自己罹患這種病症的人實在太少，因此無法展開大規模研究，目前也沒有證據顯示他們所聲稱的症狀是真實的。

另一方面，癌症就是癌症，絕對不是身心症狀。但頭痛或其他疼痛則是一種自我報告的症狀，難以記錄或驗證。在科學家能夠不靠患者訴說的自我報告測量、驗證可量化的神經生理

數據前,醫學界不太可能認真看待電磁波敏感症。這意味著,定居在格林班克可能仍是這批患者緩解病症的唯一選擇。

♦ 離胯下遠點!無線電波和不孕也有關?

手機還引發了另一個引起世人關注的常見問題:把手機放在褲子口袋裡會導致不孕嗎?

自從有男性士兵告訴他們的另一半,從事雷達任務導致他們不孕以來,無線電波會導致男性不孕的錯誤謠言,就一直揮之不去。穆勒早在 1940 年代時,就以果蠅實驗戳破了這項謠言[18]。

從原子彈研究和動物實驗來看,若要造成不孕,必須殺死大量產生精子的精原細胞,而且即使如此,這種情況通常也是暫時的。無線電波並不會殺死細胞,**因此無線電波導致不孕的論點似乎站不住腳。**

儘管有零星報告指出無線電波確實導致不孕,但這類研究尚未被重複或驗證。至於所謂的不孕症應當視為手機的風險還是益處,也很難說,這完全取決於個人觀點。畢竟若人們不小心懷孕了,肯定不能把責任推給手機剛好沒電了吧?

第 14 章 病從口入！核食的安全性怎麼核實？

「根據『全球研究報告』，近來在加州的魚貨抽檢發現，沿海海域出現受汙染的北方黑鮪⋯⋯此外，加州、奧勒岡州和華盛頓州海岸的銫-137 濃度也有所上升⋯⋯在阿拉斯加，由於放射性同位素影響，紅鉤吻鮭數量也明顯下降。」

——《自由之聲》（*Liberty Voice*）記者，
瑪麗莎・科利（Marisa Corley）

「不要在有人認識你的地方講釣魚的故事，尤其不要講那些在他們熟悉的水域裡釣到的魚。」

——馬克・吐溫

丹尼爾・馬迪根（Daniel Madigan）是位熱衷釣魚的海洋生物學家。他對魚類很感興趣，尤其是馬林魚（marlin）、旗魚和鮪魚這類大型魚。「這裡是深海，突然間就能看到這些大

傢伙。」他讚嘆道。他認為在公海與這些大型遠洋魚類相遇的時刻令人著迷，但這也讓他想知道：「為什麼牠們會在此時此刻出現呢[1]？」

這些海洋巨獸過著神祕的生活，其中有些種類會長途遷徙，但目前並不清楚這段旅程的細節。馬迪根希望能改變這個狀況。他在史丹佛大學霍普金斯海洋站（Hopkins Marine Station）進行博士研究，這裡主要研究許多海洋物種的遷徙行為，包括大白鯊、革龜、黑腳信天翁和北方黑鮪等。

其中大部分的追蹤是靠安裝電子發射器，這需要在捕獲個體後加以標記，並將其毫髮無傷地釋放。這可不是件容易的事，尤其當遇到相當巨大的個體時。

◆ 魚肉裡的同位素，彷彿 GPS

在博士研究時期，馬迪根想另闢蹊徑，探索另一種追蹤方法，試圖利用魚肉中非放射性碳和氮同位素的特定組合，判斷魚在遷徙途中的位置[2]。說得更簡單一些，**他想知道海洋的每個特定區域中，是否會在海洋居民身上留下特定的同位素特徵，好比一種「簽名」**，這樣科學家便可以藉此來確定動物的原始位置。

這似乎是個合理的想法。事實上，人類學家早已採用類似的策略，透過人類遺骸中牙齒的同位素組成，追蹤古代人類的遷徙模式。例如，人類學家能從牙齒中的同位素推定，在英格

蘭南部出土的某具遺骸實際上是在斯堪地那維亞半島長大的，這意味著他可能是維京入侵者，而非英國本地人。

這類同位素特徵研究是一種追蹤研究。在追蹤研究中，會將意欲研究的標的，無論是死是活，以某種方式做出分子標記，就像貼上條碼一樣。然後科學家就可以追蹤這個標記，獲得關於標的物的移動和位置等資訊。

在馬迪根的研究中，他所追蹤的標記是代表特定海洋位置的穩定同位素獨特組合。不過要檢測和測量穩定同位素並不容易。相較之下，追蹤放射性同位素則簡單得多，**因為它們會發出獨特類型的輻射，可以用輻射探測器輕鬆追蹤、識別和測量**。這就是為什麼在從事追蹤研究時，只要情況許可，科學家都寧願使用放射性同位素，而不是穩定同位素。

放射性同位素追蹤研究可以在微觀層級，也可以在巨觀規模上進行。前文已提過一項顯微放射性同位素追蹤研究，其中使用不同的放射性同位素標記病毒 DNA 和蛋白質，讓病毒學家赫希和蔡斯，得以追蹤到進入病毒宿主細胞中的是 DNA 而非蛋白質，並因此得知基因是由 DNA 而非蛋白質所構成。

赫希和蔡斯可說相當幸運，因為在實驗室用放射性同位素標記病毒很容易，但馬迪根就沒那麼好命了，要在公海上對魚類做出放射性標記，真的難上加難。於是，他只能退而求其次，改用非放射性的同位素追蹤法。

不過馬迪根還有一個想法。假設在特定海洋位點的放射性同位素組合都有其特徵，這樣的放射性會被該區域的海洋生物

吸收嗎？若追蹤這些動物體內的放射性，是否就可以追蹤牠們在海洋中的遷徙動向？

2011 年 8 月的某一天，在聖地牙哥的碼頭上，漁民正卸下捕獲的太平洋黑鮪魚，馬迪根當時也在場。他對黑鮪魚的生長速度相當了解，光是看體型大小就能夠判斷其年齡。這群魚剛剛完成牠們首次橫跨太平洋的遷移。如果馬迪根是正確的，這批魚應是來自日本近海黑鮪產卵場的新移民。

◆ 淪為美食的巨獸

太平洋黑鮪魚是相當大型的魚種，成熟時體重會超過 450 公斤，只是因為過度捕撈情況嚴重，鮮少有機會長到這樣的大小（請見右頁圖 14-1）。北太平洋魚群會在日本沿海產卵，並一直停留在那裡，直到長成幼魚（一到兩歲）。

接著，魚群最後會分裂出一個子群，開始向東方遷徙，最終抵達美國西海岸。在那裡，牠們捕食餌料魚群，尤其是加州鳳尾魚。牠們的跨洋遷移共計將花上 1～4 個月的時間。

當這群鮪魚進入美國海域時，當地漁民便會伺機捕撈，諷刺的是，牠們的屍體將會在 24 小時內返回日本，只是這次的橫跨太平洋之旅，是透過商用飛機的貨艙。

其中大部分鮪魚將會進入東京的魚市場販售，就是在 1954 年收購第五福龍丸漁獲的同一市場，該處距離埋藏那批殘餘放射性漁獲的地點非常近。

圖 14-1：黑鮪魚，恐含放射性同位素的美食？

如黑鮪魚的大型魚類會在海洋中長途移動，並在途中會攝取所經區域的海洋生物，將當地海域中恰好存在的穩定同位素和放射性同位素吸收到體內。當人類食用這些魚肉時，也會將這些同位素吸收到體內，而這些同位素有聚集在特定器官的傾向，若這些同位素恰好具有放射性，那麼食用這些魚類，就會讓器官暴露到一定劑量的輻射。

日本人非常喜愛黑鮪魚，其胃口之大、難以滿足，全世界 90% 以上的捕撈量都將在日本消耗掉。在他們心中，製作壽司的首選魚類就是黑鮪魚，正是這樣的胃口推動了全球對這種鮪魚的需求量。

在 2013 年，一條 222 公斤的鮪魚在東京魚市創下 170 萬美元（每磅 3,500 美元，約合新台幣每公斤 30 萬元）的創紀

錄拍賣價格。價格如此高昂，漁民當然受到利益驅動，難怪目前太平洋的黑鮪魚族群量，已降低到其歷史紀錄的 5%[3]。

馬迪根收集了 15 條不同黑鮪魚的肉片。隨後，他聯繫了紐約石溪大學（Stony Brook University）海洋與大氣科學學院的海洋放射性專家尼克・費雪（Nick Fisher），並詢問費雪，是否可以幫他測試魚的放射性。費雪告訴馬迪根自己可以協助，但不用期待會有什麼發現。

檢驗結果不久後便出爐，令費雪驚訝的是，這 15 條魚全都受到人造放射性汙染，而且**還不是隨便一種，而是銫 -134 和銫 -137 的放射性汙染，這是新興核電廠廢棄物的特徵**！這代表的意義很明確。這些鮪魚受到了放射性汙染，牠們很可能是該年春天在日本福島附近海域吸收到放射性物質，那裡曾發生大型核反應爐爐心熔毀的事故。

下一章中，我們將討論更多關於 2011 年 3 月 11 日福島核災的內容，在此我們只需要知道，該事故導致大量放射性廢物外洩到太平洋，其中一些進入了海洋生物體內。當事故發生時，這些鮪魚顯然就在福島附近，牠們體內攜帶著那座反應爐的放射性元素，穿越了整個太平洋。

「這就是大自然神奇的地方！」費雪滔滔不絕地說：「現在，我們可能擁有足以進一步了解這些動物的實用工具。」

馬迪根和費雪意識到兩人的發現十分重要，於是趕緊將其發表在著名的《美國國家科學院院刊》（Proceedings of the National Academy of Sciences）[4]。他們在這篇報告中對此的結

論是:「這些結果意味著,我們有了能夠追蹤這些太平洋高度洄游物種遷移起點的工具……甚至還可能發現遷移時機。」不過沒人關心這一點。媒體和大眾想要知道的是另一個更迫切的問題:現在吃鮪魚安全嗎?

◆ 核電廠處處有,怎麼肯定是福島?

在回答輻射汙染食品安全性的問題前,我們需要弄清楚兩件事:當中所涉及的確切放射性同位素,以及食用量。

在確定所涉及的放射性同位素之後,才能判斷它們是否會集中在特定人體器官,也才能確定其輻射的具體類型和能量。得到這些資訊後,輻射劑量師就得以計算出不同人體器官,因食用不同量受汙染食物而接受到的輻射劑量。得知這些器官接收到的劑量後,我們才能夠確定安全食用量。

我們從前文鐳錶盤漆工的研究得知,放射性同位素能夠模仿飲食中營養素的化學特性,因此會集中在利用這些營養素的器官中。以鐳的例子來說,它的化學性質與鈣相似,因此攝入的鐳便會儲存在骨骼中。

同樣地,透過經歷核彈試爆的比基尼島民,我們知道鍶也會進入骨頭,因為它與鈣、鐳都屬於元素週期表第二列的元素。在氫彈試爆後,鍶就成了食用椰子蟹的比基尼島民的主要威脅,而他們的骨頭確實吸收到他們所攝入的大部分鍶。過去鐳女郎的健康數據可直接應用在比基尼島民身上,因為鐳和鍶

在體內的表現非常相似。

至於在聖地牙哥魚肉中發現的放射性，則是來自兩種銫的同位素，分別是銫-134和銫-137。除了銫-133是非放射性的穩定同位素之外，銫的其他同位素都具有放射性，而且與地球的年齡相比，它們的半衰期相對較短。也就是說，最初地球形成時所產生的所有放射性銫早已消失，**現在環境中所發現的任何放射性銫必定是人造的，來源不是核電廠就是核武試驗。**

核彈試爆產生的放射性銫無所不在、遍布全球，但目前對世人年度背景輻射暴露值的影響不大，只有些微增加約0.02毫西弗。那麼，科學家是如何得知這些鮪魚中的銫是來自福島，而不是核彈試爆或其他核電廠的外漏？

因為在被用作核電廠燃料的鈾-235裂變時，所產生的銫-134和銫-137數量大致相等。但銫-134的半衰期只有短短兩年，銫-137則有30年。因此，銫-134會較快從環境中消失，銫-137則會持續存在。

這就是為什麼目前主要造成地球輻射背景值的是銫-137，而不是銫-134，因為多年前的核彈試驗殘留的放射性物質，至今仍停留在大氣中[5]。由於銫-134許久以前就已衰變完，目前在環境中是檢測不到的。因此，當你確實在環境中某處發現銫-134時，就可知道它是由相對近期的新裂變反應產生的。不過，到底有多近呢？

銫-134和銫-137是透過裂變反應產生的，而且產出的數量接近。事實上，福島核電廠外洩到太平洋的兩種銫，比例幾

乎是 1：1。由於銫 -134 的半衰期為兩年，銫 -137 的半衰期為 30 年，因此可以輕易觀察到：在外洩兩年後，銫 -134 應只剩下一半，但銫 -137 幾乎沒有衰變。因此在兩年後，銫 -134 與銫 -137 的比例應該接近 0.5：1。

而在考古學中，學者會利用生物體中碳 -14 與碳 -12 的比例來確定其生存年代（請參閱第 2 章）。相同的方法也可以用於判定魚體內銫元素的年代，馬迪根和費雪也正是如此處理。

隨著兩人測量了魚體內銫 -134 與銫 -137 的比例，他們發現，這些元素大致是在魚被捕獲前 5 個月進入體內的。由於這些魚是在 2011 年 8 月被捕獲，因此牠們一定是在 2011 年 3 月，也就是約在福島事故發生時受到了銫汙染。

就這個時間框架，再加上這些鮪魚從日本海域遷移到加州近海的事實，這些發現便成了確定銫汙染來自福島核電廠的強大證據。既然已確定銫 -134 和銫 -137，來自黑鮪魚攝入的福島放射性同位素，那對吃下這種鮪魚壽司的人來說，會產生多大的風險呢？

◆ 給壽司老饕的好消息：銫只是個體內過客

銫不位於元素週期表的第二列，而是位於第一列，其中的生物營養素包括鈉和鉀[6]。在討論核彈輻射塵的章節提過，鈉和鉀是重要的電解質，對細胞功能和肌肉活動相當關鍵。而在人體內，通常也會有豐富的鈉和鉀供應給肌肉。

沒錯，你可能已經猜到了，**肌肉中也富含銫。因此，食用魚肉（肌肉）後，銫最終會進入人體肌肉**，人體的生理機制會將其誤認為鈉或鉀。因此，銫更有可能進入肌肉，而不是累積在骨骼中。除此之外，銫和鐳還有其他幾點重要差異。

首先，骨骼中礦物質的轉換率極慢，因此融入骨骼的鐳會在那裡停留很長一段時間。有時，科學家會以類似放射性衰變的方式，描述元素在體內的停留時間。他們會說：這種元素具有一定的生物半衰期（biological half-life），與放射性半衰期的概念相同。

例如，若某個特定器官中的 X 元素，生物半衰期為一年，這意味著一年後該器官中的 X 原始量，會因為生物轉換過程和身體排泄，而減少到原始量的一半。鐳的放射性半衰期為 1,600 年，在人體內的生物半衰期約為 28 年[7]。

因此，在鐳的例子中，骨骼會受到雙重打擊。鐳的衰變速度緩慢，而且會在骨頭中停留長久。換句話說，由於暴露時間太長，鐳會對骨骼產生巨大的輻射劑量。

相較之下，放射半衰期較短，或生物半衰期較短的放射性同位素，將會因為停留在體內的時間過短而不會造成顯著的輻射劑量。**幸運的是，銫就是屬於後者**，其放射性半衰期分別為兩年（銫 -134）和 30 年（銫 -137），遠比鐳的 1,600 年要短得多。

更重要的是，銫的生物半衰期僅有 70 天（0.2 年）[8]，而鐳的生物半衰期為 28 年。在這兩項決定因子中，判定銫為低

輻射劑量因子的主要原因，是其非常短的生物半衰期，而不是其相對中等的放射半衰期。實際上，**絕大多數銫的放射性同位素，在還沒衰變前就已被排出體外。**

若要確定實際攝入劑量，我們還需要運用前面學到的知識，並按照其中邏輯來推測。不論攝入哪一種放射性同位素，劑量師都需要了解其進入人體的吸收率、目標器官、放射性半衰期、生物半衰期，以及其衰變發射的能量類型，如 α 粒子、β 粒子，或伽馬射線等，才能計算出針對特定器官的輻射劑量率。

儘管這些計算牽涉到微積分，但在這裡我們不需動用任何數學。只需簡要認識這項策略：單純利用其放射半衰期和生物半衰期，便可計算一個放射性同位素原子在器官中的平均滯留時間，然後確定該原子在停留器官期間內發散出的平均輻射劑量。

一旦確定出這劑量，只需將一個放射性同位素原子釋放的劑量，乘以攝入的原子總數，就可以得到總劑量的值。

劑量師實際計算的是器官劑量（organ dose），這與前文談到骨折 X 光和乳房 X 光檢查時的診斷用 X 光很類似，都是考量對部分身體的劑量。所以，現在只要請劑量師將放射性同位素的器官劑量轉換為有效劑量，就像先前處理局部體外 X 光時所做的那樣，並將提供數據給我們，就可以請他離開了，因為在評估風險時，我們只需要知道有效劑量就足夠。為何這麼說呢？因為，就跟之前關於診斷用 X 光的討論一樣，**只要**

有了有效劑量資料，就可以利用原爆倖存者的數據計算個人風險。

儘管這些細節看來很複雜，不過要傳達的訊息卻很簡短：只要對元素的代謝生理學，及其放射性同位素特性有一點了解，就可以直接算出攝入的任何一種放射性同位素之有效劑量。這點非常重要的原因在於，我們可以使用有效劑量來預測癌症風險。

在結束這些體內劑量測定的討論前，還要特別說明一點，本章著重在進食時攝取到體內的放射性同位素，不過同樣的方法也可以用來計算呼吸時吸入的，或是經由皮膚吸收的放射性同位素。測量方法的原理完全相同，而且效果很好。稍後我們就會討論到這些效果，但現在，先讓我們回到鮪魚。

◆ 再有錢，都不可能吃鮪魚吃到銫中毒！

科學家發現，這批聖地牙哥鮪魚肉中，每公斤分別含有 4 貝克（Bq）的銫-134 和 6 貝克的銫-137 [9]。為了方便討論，我們就將這些數字加總起來，簡單表示為**鮪魚每公斤的銫含量為 10 貝克**。這樣的輻射量，算大嗎？一切都是相對的，所以接下來我們以每公斤 10 貝克這個值來做一些比較。

就衛生法規而言，這並不算高。按照美國食品藥物管理局（FDA）現行規定，魚類每公斤的銫含量可達 1,200 貝克，因此黑鮪魚的銫含量低於限值的 1%。

那 FDA 的人員，最初又是如何制定監管限制數值的？他們也跟我們一樣，也是按照上文所描述的計算得出有效劑量，然後對典型美國人的最快魚類消費情況做出假設。也就是說，他們假設人民吃了相當多受汙染的魚。

在這種情況下，他們假設美國人每週都吃 1 磅（0.45 公斤）的魚，而且全都是受汙染的黑鮪。然後以此為準，確定魚體內的銫放射性濃度在達到多高時，個人有效劑量將會超過美國核能管理委員會（US Nuclear Regulatory Commission，簡稱 NRC）規定的公共輻射劑量安全值，便可推算出食用魚中的銫的監管限值，這就是每公斤 1,200 貝克這個數值的由來[10]。

那麼，這在公共衛生安全上意味著什麼？這意味著美國人實際上不可能吃下如此多鮪魚，多到使體內銫含量超過聯邦有效劑量限制。只要魚的銫放射性濃度不超過每公斤 1,200 貝克，他們吃得再多也不會出事。況且，實際上在美國根本沒有人吃得到那麼多黑鮪魚，因為在美國市場並不容易買到。

就此看來，FDA 對美國人黑鮪攝取量的假設，就像過去 EPA 對美國人在受氡氣汙染房屋中度過大半時間的假設一樣，都遠遠超過現況。即使**對喜歡吃壽司，也有辦法買到黑鮪魚的日本人來說，也不可能因為吃個壽司就讓自己陷入輻射劑量過多的麻煩，即使他們買得起也一樣**[11]。

現在，讓我們換個角度來看待這個健康問題，並進行另一種比較。

銫是一種人造放射性同位素，而大眾往往對人造汙染物更

為擔心。實際上，食物中也含有大量的天然放射性，不僅存在於海鮮中，更存在所有食物裡。下面繼續以黑鮪魚為例，只是這次會將注意力轉向科學家在黑鮪魚樣本中發現的天然放射性。

鉀-40 是一種天然放射性同位素，並不是人造的，在所有的黑鮪魚樣本中也都有發現。我們已知肌肉中富含鉀，而在黑鮪魚的肌肉中，平均每公斤魚肉含有的放射性鉀-40 為 347 貝克，是放射性鈽元素的 35 倍。

與黑鮪魚相比，人類肌肉中的天然放射性鉀-40 較低，大概小於每公斤 100 貝克，因為我們肌肉中的整體鉀濃度原本就比黑鮪魚低[12]。我們身內的天然鉀-40，約會造成每年 0.15 毫西弗的背景有效劑量。你可能也還記得前文所提，美國人的年度背景有效劑量，通常約為每年 3 毫西弗；換言之，我們的年度背景劑量大約有 5% 來自於鉀-40。

地球上所有的鉀都含有放射性成分，因為天然鉀之中，有 0.012% 是放射性同位素鉀-40，其餘大部分則是穩定的同位素鉀-39 和鉀-41。因此，我們所有人體內都含有放射性鉀-40。這點沒有必要擔心。我們無法去除天然鉀的放射性，而且少了鉀我們便就無法生存。事實上，人體非常依賴鉀，因此對於體內的鉀含量有一套嚴密的調控機制，過多或過少都會導致心因性猝死。

身體不會儲存鉀，因此需要藉助飲食攝取來滿足這項需求。魚和肉（即動物肌肉）是鉀的良好來源。對於素食者來

說，則會以蔬菜和水果，尤其是香蕉，作為鉀的主要來源。

那麼我們吃魚或香蕉，會不會得到大量的鉀-40輻射劑量呢？要是我們每天早上開始吃更多的魚，或是在麥片中加入更多的香蕉，會受到多少額外輻射劑量呢？奇怪的是，答案是零！怎麼會這樣？

不管你之前聽過怎樣的傳言，吃下含天然放射性元素的香蕉，並不會導致你吸收額外的輻射。為什麼呢？因為**身體必須保持恆定的鉀濃度，所以當你攝取過量的鉀，身體就會排出**。多攝取 10 毫克，就排出 10 毫克。因此，無論吃下多少根香蕉，鉀-40 對身體造成的輻射負擔都將保持穩定不變，鉀-40 的年度有效劑量也保持不變[13]。

鉀的這種生理平衡現象也帶來有趣的悖論，內容關於這批受銫汙染的黑鮪魚。儘管鉀-40 會在體內形成固定背景劑量，卻並不會因為更動鉀的攝取量而改變，因此**黑鮪魚中的鉀-40 並不會影響到我們的年度輻射劑量**。這就是整件事的詭異之處，儘管黑鮪魚的鉀-40 造成的放射性，比銫高出 35 倍，但就算我們吃下這些鮪魚，也只有那些少量的放射性銫會增加我們的輻射劑量。

背後原因，是因為銫比鉀-40 的放射性更強，而且銫是額外的放射性同位素，如果沒有核彈試驗或核電廠外漏事件，絕不會進入自然環境。因此，這種人造放射性同位素，會稍微增加我們接收到的天然放射性。

◆ 福島核食致癌率，約 2,000 萬分之一

然而，有效劑量就是有效劑量。那麼，食用被銫汙染的黑鮪魚，將會造成多少有效劑量呢？

如果有人在一年內連續每週都吃一磅黑鮪魚，其中每公斤的銫含量為 100 貝克（馬迪根和費雪在樣本發現的 10 倍），那麼此人將會接受到的銫有效輻射劑量，為 0.001 毫西弗[14]。

相較之下，我們體內天然的鉀-40 將會造成 0.15 毫西弗的年度有效劑量，足足是銫的 150 倍。再進一步來看，我們通常一年內接收的總背景有效劑量，總共是 3 毫西弗，遠比黑鮪魚的銫造成的劑量高出 3,000 倍[15]。

在這樣極低的劑量下，癌症風險完全只能從理論上討論。**從沒有人證明過這麼低的輻射劑量會帶來癌症風險**。話雖如此，但既然我們玩的是最為保守的假設遊戲，那不妨假設實際上這種風險確實存在，並根據原爆倖存者的數據推算黑鮪魚含有的放射性銫，將會導致何種致癌風險：

0.001mSv（有效劑量）× 0.005%per mSv
= 0.000005%（2,000 萬分之一的機率）

這意味著 NNH 高達 2,000 萬人。白話一點來講，必須要有 2,000 萬人每週都吃下一磅受放射性銫汙染的黑鮪，持續一整年，才可能預期其中一人會因此罹患癌症。

東京的人口約為 1,400 萬，即使東京的每個人都在一年內，每週吃下一磅受汙染黑鮪魚，我們也不會預期其中有人因此罹患癌症。相較之下，東京的癌症發生率年基線是每年 15 萬例[16]。

為了能更適切衡量，以下我們再嘗試其他的比較，以另一種方式來看待風險。一如之前討論，癌症如今已遺憾地成為一種常見疾病。目前預計，大約有 25% 的人最終將死於癌症。因此，在其他條件相同的情況下，任何一個人死於癌症的風險也約為 25%。這便是癌症死亡的基線風險。

上文計算出的 0.000005% 癌症風險也可以加在這個基線風險上。因此，每週固定食用黑鮪魚一年後，因癌症而死亡的額外風險將從 25% 上升到 25.000005%。

至此，我們一共用了三種不同方式來檢視受銫汙染的鮪魚風險：將銫造成的輻射劑量，與年度背景劑量比較；將攝取放射性銫的劑量，與我們從天然放射性同位素（鉀-40）獲得的劑量比較；將食用受銫汙染的黑鮪魚所導致的癌症發生率之預期增加，與基線癌症發生率比較。

在這三種比較中，或許有一種你較能夠接受，但你選擇哪一種並不重要，因為這三種比較只是同一風險等級的不同特徵。

至於吃黑鮪魚壽司的益處為何？那又是另一回事了。

黑鮪魚當然沒有什麼無法從其他食物獲得的獨特養分。不過就有人願意支付高昂價格來嚐鮮這點，它顯然在許多饕客心

中都是難得的美味。若以上述假設來計算，即使每磅只需 50 美元，1 年 365 天吃下來，光是黑鮪魚的飲食花費，就高達每年 2,600 美元。將所有這些資訊都整合起來，消費者就能夠自己分析風險／收益，以及成本效益。然後就可以做出決定：吃還是不吃？

◆ 別急著下結論！看看別人怎麼測

在這裡我們暫停一下，因為有些人仍對此結果表示質疑。

所有攝入的放射性同位素劑量，都是透過統計模型來計算，因為我們無法直接在組織中測量攝入的放射性同位素劑量。萬一這些模型與實際狀況不符呢？要是實際攝入劑量及風險，都比模型所預測的高出很多，那該怎麼辦？

這些問題的癥結點在於，劑量模型中到底存在有多少不確定性。不確定性是所有風險評估的麻煩根源。**要是一開始我們的模型參數、輸入資料和假設就不夠準確，或根本無效，該怎麼辦？** 對所有電腦模型來說，輸入垃圾意味著，你得到的也是垃圾，這是大家都明白的道理。

目前對此問題的答案是，大多數劑量測定模型都未經嚴格驗證，因為需要考慮的放射性同位素和暴露場景實在太多了。再者，不太可能為了驗證這些劑量模型，而徵求自願者來攝取或呼吸放射性物質。儘管如此，還是有些科學家想方設法評估他們的模型在現實中的準確性。以下三個範例就解決了前面所

討論的情況。

第一個例子聽來有點駭人。這與我們的老朋友，麻省理工學院的科學家艾文斯和商業鉅子拜爾斯有關，艾文斯竭盡所能地嘗試估算攝入鐳的人骨輻射劑量，拜爾斯則是對俗稱「鐳神索爾」的鐳補情有獨鍾。

1965 年，也就是可憐的拜爾斯先生因服用過多鐳補去世的 33 年後，艾文斯取得開棺許可，將拜爾斯的遺骸從他的棺材中取出，並測量其骨頭中鐳的實際含量[17]。艾文斯測量了骨骼的鐳放射性，然後將它們放回棺材中，至今仍保存在那裡。

艾文斯在骨架中測量到的鐳放射性，總共是 225,000 貝克（6.1 μCi）。然後，他將拜爾斯骨骼的實際測量值，與他模型的預測值相互比對，這個模型得出的預測值，是根據拜爾斯一生喝下多少鐳補的紀錄，然後以此推算出其骨頭中的鐳含量。

最後的比對結果顯示，**拜爾斯骨骼中的鐳含量實際上是模型預測的兩倍**。問題也依舊存在：這模型是否有兩倍誤差？還是拜爾斯的紀錄中，少了兩倍的鐳補消耗量？換句話說，不確定性的來源到底是什麼？是來自於模型本身缺陷？還是資料有誤？相信你可以看出，不確定性何以這麼棘手了吧。

以下是另一個例子，這是來自前幾章講到的氡氣事故。正如前文討論的，氡是少數幾種通常不使用有效劑量（以毫西弗為單位）作為劑量指標的放射性同位素。為什麼呢？因為所有暴露數據均以礦坑空氣濃度，即工作基準（WL）來表示，並希望透過限制居家環境空氣中的氡濃度，來限制人類肺部所暴

露的劑量。

因此流行病學家認為，直接評估空氣中的氡濃度風險更可靠，而不是使用劑量模型來回轉換成 WL，並模擬肺接受的輻射劑量，這樣可能會帶入更多不確定性。儘管如此，比較一下劑量模型預測的肺癌風險，是否與直接從 WL 計算出的風險相當，還是很值得探討的有趣問題。

這裡我們就不詳細討論所有細節，只是特別指出一點，在肺部氡氣這邊的發現，與骨骼中的鐳相似。**WL 風險等級，比肺部劑量模型預測的風險高出近兩倍**[18]。這裡又是同樣的問題：是 WL 風險多了一倍？還是模型的劑量少了一倍？誰能判斷誤差來自哪裡？

最後一個例子，則來自黑鮪魚。馬迪根和費雪能夠使用他們的魚組織濃度模型，回推黑鮪魚在 2011 年 3 月仍在日本海域時體內的銫含量，這根據的是他們 2011 年 8 月在加州海域測量到的組織濃度，即每公斤 10 貝克。

他們的模型計算出，在日本海域中，鮪魚體內的銫濃度約為每公斤 150 貝克。而在日本政府的報告中，在當時海域捕獲的黑鮪魚實際銫濃度，是每公斤 170 貝克。**模型值和測量值之間有將近 13% 的差異**，還算不錯。但問題又來了，這 13% 到底是來自模型的偏差，還是測量的偏差？這實在很難說。

總之，要驗證劑量模型是非常困難的，即使成功，也難以解釋資訊對模型準確性的意義。儘管如此，目前針對主要的劑量模型已完成了足夠的驗證，結果顯示，它們可能存在某些偏

差,但這不至於到數量級,而是在 2〜3 倍之間。如果確實存在有偏差,通常來說這是可以忍受的範圍。就拿上面計算的黑鮪風險估計來說,若是將鈽的劑量低估了 3 倍,意味著什麼?

這可能意味著食用受汙染鮪魚的人,其基線癌症發生率實際上可能是 25.000015%,而不是前文預測的 25.000005%。換種說法,這意味著在東京 1,400 萬人當中,可能有一人因此罹患癌症,而不是完全沒有人。

若是上述微小的風險差異,會改變你心中計算的風險效益分析,那就得重新考慮是否要吃鮪魚了。不過在絕大多數人心中,如此小的差異不會影響他們的食慾。即使劑量模型不算完美,鈽所帶來的額外風險仍然相當低。

◆ 最糟的不確定性:不知道自己不知道

前幾章曾多次提到不確定性,在此我們將按部就班討論這個概念,並且考量在風險評估中,不確定性可能構成的系統性問題。

本書後續將會更進一步探討不確定性,不過現在只需要先區分不確定性的兩種形式。第一種是**已知的未知**(known unknowns)。以鐳補的例子來說,儘管我們不確定拜爾斯喝下了多少鐳補,但至少**我們知道,這是一項我們無法確切知曉的因素**。因此拜爾斯先生的鐳補攝取率,是個已知的未知數。

在面對已知的未知時,通常會估計所面臨的問題有多

大 [19]。就拜爾斯而言，他可能只報告了實際飲用量的一半，而他的飲用量可能不會少於報告數字的一半，不然他就不會遭受到後續的健康問題。

相較之下，風險評估的真正問題是**未知的未知**（unknown unknowns）；也就是說，**我們並沒有意識或覺察到自己不知道某些事**。好比說，假設我們誤判了 DNA 損傷是誘發癌症的必要條件。

假設有位科學家出乎意料地提出令所有人滿意的證據，顯示來自月球的引力會導致人罹癌，儘管它不會損害 DNA，肯定會徹底改變我們對環境因素誘發癌症機制的理解。

這樣一來，我們可能也得回頭重新考慮手機的致癌風險。畢竟，我們過去正是因為無線電波不會傷害 DNA 而排除手機致癌的可能性。但誰想得到呢？而正是那些「誰想得到」的因素，才可能導致大問題。我們必須特別注意這些未知的未知。

且讓我們先暫時擱置一下不確定性，後文將會繼續討論這個主題。在談了不確定性的概念後，我們自然就不會對風險百分比、NNT、NNH 以及其他所有指標有完全的把握了 [20]。要是這些風險指標所依據的基本前便提出了問題，那它們的用途將會相當有限。

在某些情況下，若是我們擁有豐富的經驗，還有長時間收集到的大量數據，同時確知未來的情況似乎與過去不會有太大的不同，那就可以抱持相當的信心，接受這些指標涵蓋了所有

基礎，如此便可以確信我們的風險效益分析十分有效。

但若是數據稀少，又是截然不同的新情況，或是我們的處理經驗有限時，就會出現不確定性。我們真能確定所有的天鵝都是白色的嗎？還是只是因為觀察的天鵝不夠多，而沒有意識到黑天鵝的存在[21]？很難說，正如美國開國元勳富蘭克林（Benjamin Franklin）所言，也許只有死亡和稅收，才是生活中唯二確定的事。

◆ 十幾年後，那些汙染去哪了？

2011 年已過去許久，當年的黑鮪魚食安風險亦只剩下歷史意義，那眼下的情況又是如何呢？科學家也提出了同樣的問題。

2013 年，加州大學柏克萊分校的物理學家艾略克·諾曼（Eric Norman）對網路和其他媒體中不斷出現的報導感到困惑。這些報導聲稱，在福島事故兩年後，這些食物仍帶有不符合安全標準的放射性汙染。有這樣的可能嗎？諾曼認為並不可能，於是他試著尋找支持這些主張的數據，但什麼也沒找到，因此他決定自己來收集數據。

諾曼讓學生從太平洋各地區，特別是沿海區域收集植物、牛奶、魚類、海水和鹽的樣本。其中來自包括夏威夷、菲律賓、加州沿海地區，甚至日本的海鮮樣本。

諾曼隨後找來阿爾·史密斯（Al Smith）、基南·托馬斯

（Keenan Thomas）來協助他評估和處理樣本，並請教了同行和放射性計數專家。他們在尋找這些樣本中的放射性元素，特別著重在海藻樣本上，因為海藻會將鉀濃縮，因此理當也會將鉋濃縮，但最終仍一無所獲。

「我們已非常仔細地尋找。」諾曼說。儘管如此，他的樣本均未顯示出任何可能與福島事故有關的輻射。這情況可能是由兩個主要因素造成。

首先，大部分輻射已經衰減，且仍在持續衰退中。

其次，放射性在海中混合兩年後，已被大量稀釋，濃度低到不再容易被偵測到，後面這項因素可能更為重要。

「太平洋有很多水，」諾曼說：「無論在海洋中傾倒什麼東西，最後都會被大量稀釋[22]。」

輻射海產的風險之窗顯然已經關閉。2011 年 3 月流入太平洋的大量放射性物質已經衰變，而且消散至相當微小。**就算福島核電廠仍持續有外洩汙染，顯然也因為規模太小，最終並沒有導致全球魚獲的放射性提高。**

我們怎麼知道未來的輻射外洩不會讓事情變得更糟？我們當然不知道。但目前有個專門針對海洋輻射的看守員。他就是麻州科德角（Cape Cod）伍茲霍爾海洋研究所（Woods Hole Oceanographic Institute）的海洋化學家肯・布塞勒（Ken Buesseler）。

布塞勒是海洋和環境放射性中心（CMER）主任，這個單位一直在監測海洋中的放射性。目前並沒有任何政府組織願意

擔負這項任務,他便填補了這個空缺,並在預算有限的情況下完成一切,他們的預算主要來自民眾資助的捐款。

布塞勒表示:「無論你是否同意,北美太平洋沿岸的輻射低到不會影響漁業和海洋生物,我們都同意應該要持續監測輻射。」他會分析民眾從太平洋沿岸社區送給他的海水樣本,為了保持透明度,他也將結果公布在該中心網站上,供所有人查看[23]。

如果太平洋出現任何新的放射性源,無論是來自福島或其他地區,布塞勒的團隊應都能偵測並發出威脅警告。到目前為止,他只發現了微量元素,不過只要大眾願意繼續資助他的計畫,他打算一直監測下去[24]。

上述資訊,對每個人來說都是好消息……除了馬迪根和黑鮪魚。

對馬迪根來說,福島海域中放射性的大幅減少,也意味著使用福島放射性同位素作為示蹤劑,進而追蹤魚類遷徙的機會之窗已經關上。如果他想繼續追蹤海洋魚類的遷徙模式,就只能回頭用麻煩的老方法:採用穩定同位素。

那黑鮪魚呢?牠們的健康狀況良好,這意味著壽司饕客可以在享受美味珍饈時,不再需要擔心福島核輻射的風險。這樣一來,東京魚市就可以繼續以天價出售黑鮪魚,世人也仍可依舊捕殺這些美麗的魚類……直到牠們全部消失的那一天[25]。

第 15 章　電廠核災，一發不可收拾

「若想知道事物運作的方式，就得在其分崩離析時加以研究。」
　　　　——威廉・吉布森（William Gibson），加拿大小說家

「世上沒有意外這回事，那純粹是對命運的錯誤命名。」
　　　　——拿破崙・波拿巴（Napoleon Bonaparte），
　　　　　　　　　　　　　　　　　　　　　法國軍事家、政治家

　　2011 年 3 月 11 日，下午 2 點 46 分，美國工程師卡爾・皮利特里（Carl Pillitteri）正和他小組中的日本工作人員，在福島第一核電廠的一號反應爐內工作。

　　這座核電廠位於日本東海岸，約位於東京東北方 240 公里處。突然間，彷彿有一把巨大的鐵鎚在敲擊廠房的地基。混凝土牆壁和地板開始破裂，工作人員立即明白——發生地震了。

　　幾秒鐘後，燈光熄滅，眾人皆陷入一片漆黑，什麼也看不見。恐慌隨之而至。皮利特里突然感覺到自己被身旁的兩個年

輕人緊緊抓住，緊抱在一起的三人不由自主地開始祈禱，發出英日語混合的刺耳吟誦聲，如同霧笛（foghorn）一般，在這無月之夜，淒涼地放送著雙語的警訊。

彷彿是要壓制他們的祈禱聲似地，蒸汽渦輪機一帶開始傳出震耳欲聾的魔音。皮利特里不知道，這些聲音是來自渦輪機本身還是周圍已被扭曲的建築物。但他明白，這些聲音意味著糟糕的事情正在發生。

突然之間，他發現自己陷入即將死去的念頭中，並認為他和他的小組應該是大難臨頭了。隨著一位歇斯底里的同事在黑暗中發出尖叫，嚷嚷著渦輪機即將爆炸，這對目前的危機絲毫沒有幫助。那時，皮利特里只求上帝能「給他們一個痛快」[1]。

◆ 就算關閉反應爐，後續麻煩還多著是

蒸汽渦輪機，看起來像是噴射發動機，其透過沸水產生的蒸氣來獲得能量，然後將能量轉化為旋轉運動。轉動的渦輪可用於推動車輛（如老式的蒸汽火車），或是驅動發電機來產生電力。

燃煤電廠和核電廠所根據的熱力學原理是相同的：將水加熱使其沸騰，產生蒸汽，蒸汽便會驅動渦輪機發電，就是那麼簡單。熱量可以來自燃燒的煤，也可以來自核分裂。

無論熱源來自何處，一旦水沸騰，渦輪機就會開始輸出電力。蒸汽渦輪機需要消耗大量的能量，因此當蒸汽渦輪機爆炸

時，待在旁邊可不是什麼好事。

所幸當時渦輪機並沒有爆炸，大約 5 分鐘後，地震漸漸平息，一些燈重新亮起，這都要感謝在地震中倖存下來的緊急柴油發電機。重新亮起的燈並不多，但足以讓皮利特里和他的小組找到通往出口的路。所有人員都奇蹟般存活下來。

當時**皮利特里經歷的，是芮氏規模 9.0 的地震，如此規模相當罕見**。自從人類開始測量地震以來，只有 3 次地震的規模超過 9.0，分別是：智利（1960 年，規模 9.5）、阿拉斯加（1964 年，規模 9.2）和蘇門答臘島（2004 年，規模 9.1）。

如今的地震是以地震矩規模測量，這種方法比過去所用的芮氏規模更為準確。矩震級每增加一個單位，就代表地震釋放能量增加了 32 倍，而不是多數人誤以為的 10 倍[2]。

隨著逃離核電廠，工作小組很快就恢復平靜，但他們並不知道接下來該做什麼。皮利特里認為，最好不要在受損的反應爐廠房附近逗留，這座建築恰好位於斜坡上。為了離開現場，皮利特里轉身面向上坡、背對下面的港口，開始攀登而上，不久後就抵達山頂的員工停車場。

他站在高處觀察下方情況，眼見到處都是受損的建築物和瓦礫。損害範圍遠遠超出了核電廠，周圍大部分建築物都倒塌了[3]。當然，在外部援助到達之前，許多人都會死去。

這座他自 2008 年以來任職的核電廠，已變成斷壁殘垣，在 6,415 名員工中，許多都是他的朋友和同事，其中有些人可能已經喪生。慢慢地，他開始意識到情況的嚴重性，整個人陷

入悲傷的情緒中。這怎麼可能會發生？為什麼無法事先預警？

大家都知道地震很難預測，但這並不是因為沒有人嘗試。事實上，日本人是最早嘗試發展預報技術的民族，他們在西元九世紀時，就聲稱可以根據鯰魚的行為來預測地震，不過效果並不太好。

然而，**在過去將近 12 個世紀後，我們的表現也沒有比鯰魚好多少**。目前人類能做的，頂多就是以廣泛的機率來描述世上某一地區，在未來幾十年內發生地震的可能性，並對此進行預測[4]。如果你想知道明年在某個特定地點是否會發生大地震，查看農民曆所能得到的指引，可能還比查閱美國地質調查局（US Geological Survey）資訊更詳細。

此外，無論你之前是否聽過「地震永遠不會遲到」之類的傳言。這雖然在直覺上很合理，但如果一個典型的地震活躍區許久都沒有發生地震，這就算是地震遲到了，那麼其短時間內發生地震的可能性應該會更高。我們甚至可以想像在靜止期間板塊之間累積的壓力，勢必會在之後的爆發中釋放出來並形成災難。

不過這樣的講法太過簡化，斷層線及其支脈的動力關係非常複雜。事實上，更安全的做法是假設一地區的年度地震風險保持不變，無論距離上次地震有多長的時間。即使據稱有時在大地震之前出現的前震，也不一定會發生，或有時它們確實發生了，但並沒有隨之而來的大地震。事實上，這甚至不能被稱為前震，除非隨後真的發生了更大的地震[5]。

第 15 章 電廠核災，一發不可收拾 | 443

所幸，我們還是有些好消息，至少對日本人來說是如此。日本在福島全縣設有非常密集的地震探測網，可以在破壞發生前幾秒、甚或幾分鐘發出警報。這種警報系統利用的是地震波的特性。

地震波共有初級波（primary，簡稱 P 波）和次級波（secondary，簡稱 S 波），P 波的移動速度快但較無破壞性，在從震央發出後會比移動速度較慢但破壞性大的 S 波更早抵達。**根據距離震央的距離，P 波甚至可能比 S 波早到兩分鐘**[6]。

兩分鐘的時間並不算長，但發布全國廣播警告，還是能讓人有機會從梯子上爬下來、關掉瓦斯爐、進入地震避難所⋯⋯或是關閉核反應爐。

福島核電廠早已連接到 P 波預警系統。而且一如原先規劃，當時有在運轉的 3 個反應爐機組（1～3 號）在地震發生前都已自動關閉。其他 3 個反應爐機組（4～6 號）也因為加油和維護工作早已關閉，所有的發電設備都在電廠遭到地震損壞前便已停止。

本次事件中的福島第一核電廠，隸屬於東京電力公司（Tokyo Electric Power Company，簡稱 TEPCO）。2011 年，這座電廠擁有 6 座正常運作的核反應爐，是當時世界上數一數二的大型核電廠。由於日本相對缺少化石燃料，因此重度依賴核電。在福島事故發生前，日本共有 54 座核反應爐在運作，提供全國 40% 的能源需求。相較之下，美國的發電量僅有 20% 來自核能。

福島的第一座核反應爐，是跟愛迪生昔日的公司奇異公司（General Electric）購買的。在當時的競標中，奇異公司擊敗了長久以來的競爭對手——威斯汀豪斯創辦、主要提供複雜大型反應爐的西屋電氣公司（Westinghouse Electric）。

雖然西屋公司在交流電與直流電的對抗中勝出，並一舉讓交流電成為全球電力傳輸標準，但愛迪生的奇異公司則成了福島核反應爐的標準。之後，每當東京電力為福島第一核電廠添購更多反應爐時，也全都是跟奇異公司購買。

在地震到來之前先偵測到它的 P 波，並在破壞性的 S 波到來之前先行將反應爐關閉，進而避免一場災難……這樣的說法合理嗎？很遺憾地，並不完全。

關閉核反應爐並不能消除它的冷卻需求，其中仍有大量餘熱需要散發。此外，即使反應爐沒有運轉，放射性裂變產物，也就是核分裂反應的副產物，也會繼續產生熱量。基於這些原因，必須持續冷卻反應爐芯，這便需要一套完整的冷卻系統。在地震中，6 座反應爐冷卻系統的進水管皆遭到損壞，並成為潛在隱憂。不過此時，水並不是冷卻反應爐所需的唯一物質。

◆ 低調遲來的更大麻煩：海嘯

站在高處停車場的皮利特里，可以清楚看到下方港口，他注意到一艘貨輪的船員正瘋狂地嘗試將船隻駛離港口、駛向公海。他意識到，**他們的行動是為了因應即將到來的海嘯**，這種

反應早已被灌輸給每位日本海員，他們甚至不需要思考就能行動。

果然，就在他目送船駛離港口，向東進入大海時，便看到一股巨大的海水湧來，然後便看到船安全地駛過。

海嘯是因為海底地震而產生的巨大潮汐變化。在日本東海岸附近，有一條劃分歐亞大陸板塊、太平洋板塊，和菲律賓海板塊交會處的斷層線。這些板塊會在彼此間上下滑動，時斷時續，而不是連續平滑地滑動。

每當板塊突然移動時，就會發生地震。這些震動的大小與板塊滑動量成正比。在日本，微小的變動和小地震幾乎每天都會發生，每年約有 1,500 次地震。不過真正造成問題的，往往是大地震。

2011 年 3 月 11 日，大陸板塊發生巨大滑動，隨後引發的大地震導致整個日本主島向東移動了 4 公尺，威力遠遠超過 3 月 10 日的地震[7]。

在地震期間，當一個板塊滑到另一個板塊下方時，這片下陷板塊上方的所有海水就像全被吸走一樣。海面下超過 30 公里深的斷層線，造成這一大片水體的突然下降，將會產生一股以波浪形式向各個方向發散的能量。

在開放的大洋上，海水非常深，波浪在表面上是以大浪的形式出現，但當這些起伏的浪潮湧向淺水區的海岸線時，波浪便會逐漸變大，形成高聳的捲浪，直撲海岸而去。

這就是船員需要將貨輪開出海的原因，因為他們預期即將

有海嘯襲擊港口。**若在更深的海域遇到這些浪頭，至少它仍會保持波浪的形式，尚不會形成凶猛的捲浪，這時船仍可以在波浪上行駛，而不是猛烈地撞上。**

這可能聽起來很瘋狂，但若遇到海嘯從後方追趕你的船，最好來一個 180° 大轉彎，徑直衝向它，因為你永遠無法超越它。轉向陸地行駛，則會推遲這不可避免的遭遇，並只讓情況變得更糟。

皮利特里和他的組員在地震的衝擊波中倖存下來，但鎮上的其他人就沒那麼幸運了。地震衝擊波造成死亡的方式，和炸彈衝擊波沒什麼不同。建築物倒塌、壓死鎮民，還可能引發二次火災，因為爐灶、加熱裝置、破損的煤氣管道，和帶電電線，將會點燃掉落在其上的建築殘骸。

因此，地震造成的第一波死亡潮，主要將是因嚴重外傷和可能的燒傷導致。至於那些僥倖逃過地震衝擊波的人，也不能悠閒地處理傷口。他們必須儘快趕到地勢更高的地方，因為居民的主要死亡方式，將會從外傷轉變為溺水。

海嘯襲擊的時間，取決於震央到海岸的距離。以福島來說，地震的震央距離海岸約 97 公里，這意味著海嘯至少在 40 分鐘後才會抵達，這是萬分寶貴的 40 分鐘。那些猜想不會發生海嘯的人，還有認為自己距離海岸線太遠、應當不會被海嘯襲擊的人，全都大錯特錯，並將因此付出性命。

詭異的是，在海嘯即將來臨之前，海岸線的水將會迅速退去，導致港口乾涸，船隻就這樣擱淺在無水的海床上。之所以

會發生這種情形，是因為在形成海嘯時，波浪會吸取前方的海水形成波峰，因此會產生一片很深的波谷。波谷便會迅速清空了港口的水，看上去就像一段快轉的退潮影片。

當人們看到海水從港口和海灘迅速退去時，可將其視為倒數 5 分鐘的最終警報，海嘯的波峰通常會在短時間內到達。震央若離海岸太遠，而只產生無感地震時，迅速退去的海水可能將是人們收到的唯一警告。5 分鐘的時間實在太短，幾乎不可能逃離波浪的路徑。

皮利特里並沒有注意到下面港口是否已乾涸。**他把目光投向了更遠的海域，目睹貨輪剛翻過朝向陸地移動的一大片水牆。**下午 3 點 26 分，4 公尺高的海浪襲擊了保護港口的 5.7 公尺高海堤，這次堤防成功地擋下了。但在第一波相對較小的波浪後，又出現兩波高度接近 15 公尺的波浪——這兩波海浪的精確高度我們永遠無法得知，因為電廠的波高計，最高只能測量到 7.5 公尺。

這兩道波浪都沖過海堤，就像通過路上的減速帶一樣。在沖上陸地後，波浪繼續向內陸移動，把建築物連根拔起。碰巧關閉車窗的汽車還能暫時留住空氣，並在水面漂浮一陣子，但不久後，汽車便開始進水，翻車沉沒，裡面的人全數溺水而亡。

當時待在戶外的人，也迅速遭到海水猛烈撞擊，海水中充滿了漂浮物，其中有汽車，甚至有整棟建築物。就算沒有立即死亡，人們也得在 3 月寒冷的海水中載浮載沉，掙扎找到高

地,好把自己拉出這場混戰。

當皮利特里注視著海面時,他突然意識到海水很快將會淹到發電廠的地面,甚至可能會來到他所在的停車場。但此時的他已全然聽天由命,在親眼目睹大自然的力量後,他的恐懼感已被敬畏之心所取代。

在這些遠比所有核電廠都強大許多的力量作用之下,比較起來,人類費盡心血從核分裂中獲取的自然能量,顯得微不足道[8]。此情此景讓皮利特里永生難忘。所幸,皮利特里又逃過一劫,海水並沒有到達他所在的那處停車場,但確實侵襲了他方才逃離的反應爐廠房。

◆ 冷卻爐心的水,卻導致反應爐燒毀

海水沖破海堤,對反應爐來說是個大麻煩。

由於地震導致外部電網斷電,內部也因為爐心自動關閉而無法自行發電,電廠的冷卻裝置只能靠備用的柴油發電機維持。他們的柴油存量足以運轉好幾天,就算這些燃料全耗盡,備用電池也可以讓電動冷卻幫浦運轉至少 8 個小時,如此便能爭取到更多時間,讓反應爐冷卻到安全溫度。

但問題是,**發電機和電池都位於廠房的地下室,而那裡即將被淹沒。**

下午 3 點 37 分,隨著海水進入 1 號反應爐地下室,也就是皮利特里和組員剛逃離的建築,控制冷卻系統的電動閥門全

數失去電力。所幸，1號反應爐中有一組不需要電力、完全依靠重力運作的冷凝冷卻系統。

基本上，反應爐中沸水產生的水蒸氣會通過管道上升到頂部，經過冷凝器盤管後變回液態水，冷凝水便會因為重力而重回反應爐，再次開始循環。此外，這套系統可以透過消防軟管手動補水，這樣就算有水蒸氣外洩也不會導致反應爐水槽乾涸。

這套極具巧思的簡單系統，一經啟動就不需要電力，問題是，**它的啟動也得透過由電力控制的開關**。不幸的是，當海嘯帶來的水淹沒1號反應爐地下室時，由於失效安全的邏輯設計缺陷，斷電導致冷凝冷卻系統關閉[9]。

失效安全，是指機器、儀器或程序在設計時，避免在故障時對財產或人員造成傷害的想法。還記得前文中斯洛廷在臨界實驗時，非常不明智地把組件降低到核芯上，這便違反了失效安全原則（詳見第4章）。

該失效安全規則明文規定，一定要將組件上提到核芯，而不是反過來作業。其背後邏輯是，即使中途將物質掉落，重力也會將其拉開，而非將其拉向臨界質量。

但正如我們已知的，斯洛廷無視這條規則，並將中子反射磚下降到核芯上。當這塊磚滑落、掉到核芯上時，果然引發了臨界爆發，導致斯洛廷受到致命劑量的輻射，否則應該只會像被一般磚頭砸到那樣，頂多弄傷腳趾頭。

導致冷凝冷卻系統故障的邏輯缺陷，和控制冷凝器閥門的

電路有關。這套電路的程式編寫錯誤,將斷電判定為冷卻管道外洩的跡象[10]。於是,**這套電路發出的命令是讓系統關閉所有閥門,以防止所謂的外洩。**

然而,在福島的悲劇中,並沒有外洩的問題,關閉閥門反而使冷卻水無法流動,這讓機組人員無計可施,毫無方法防止反應爐過熱。在大多數反應爐事故中,似乎總是存在有某種危險錯誤,進而導致整個事態失控[11]。而在 1 號反應爐的例子中,這就是其危險錯誤。

電廠的其他反應爐,後來也遇到各自的電氣故障問題,最終都導致反應爐冷卻系統失效[12]。所有的反應爐操作人員只能坐困愁城,用手電筒來看著反應爐刻度盤,無法採取任何手段干預。沒有電力使他們束手無策,只能眼睜睜看著情況惡化。此時,4 號反應爐的兩名操作員已經身亡。他們沒有皮利特里那麼幸運,當地下室進水時,他們仍被困在渦輪機大樓內,而活活淹死[13]。

◆ 抵禦海嘯的最後防線,僅有 5.7 公尺高

3 月 12 日早上 6 點 45 分,即地震發生後的第二天清晨,東京電力公司宣布官方聲明,表示放射性物質可能已從核電廠外洩。這樣的說法非常奇怪,因為要證實是否有外洩十分容易。

民眾也不知該如何是好。這是東京電力公司的委婉說法

嗎？反應爐的爐心是否已經熔毀？就算反應爐熔毀並未奪走任何人的生命，但顯然已造成至少一人傷亡，這是東京電力當時提供的唯一及時且可靠的資訊。

爐心熔毀，意味著反應爐的燃料過熱，變成熔融的金屬，類似於火山爆發噴出的熱熔岩。這種熔化的放射性燃料，將會把容器燒出孔洞，這時反應爐的放射性裂變產物便會外洩到環境中。

如果爐心熔毀是因為臨界反應失去控制，那麼這種發展事實上甚至可能有助於阻止事故，因為熔化的燃料往往會擴散開來，最後形成的幾何結構並不利於維持臨界性。

但福島反應爐並未出現不受控制的臨界狀態，它們已被成功關閉。由於冷卻系統失效，爐心當時確實非常危險。最終，所有 3 個運作中的反應爐爐心都被完全熔毀。

遭遇過地下室淹水的人很可能會問：為什麼把重要的電力系統，安置在很可能淹水的地下室？答案竟然是在電廠外面蓋了非常高的海堤，足以消除淹水的威脅？真是如此嗎？

東京電力為了保護福島港口，建造了一面高 5.7 公尺的海堤。為什麼是這個高度？為什麼不是更低或更高？後來發現，這道海堤的高度是根據 1960 年智利大地震的數據計算而出。

那是歷史上最近一次使日本遭受海嘯襲擊的規模 9.5 大地震，甚至比 2011 年的地震還大。不過當時的震央遠在太平洋的另一邊，在地震發生的幾個小時後，它產生的海嘯襲來，奪走了 142 條日本人的生命。

1960年的這場災難,對1967年修建福島海堤的人們來說記憶猶新。然而,日本歷史上最嚴重的一次海嘯,實際上是由1896年的明治三陸地震引發的[14],當時這世代的大多數人都還沒有出生。

雖然該地震被記錄的規模僅為7.2,但海嘯的高度高達30公尺,並造成2.2萬人死亡。不過,建造30公尺的海堤成本依舊高昂,因此1960年的智利海嘯遂成為日本東海岸海堤高度的標準[15]。

◆ 天皇的號召力,逐漸穩住人心

由於民眾漸漸失去對東京電力遏止災情能力的信心,再加上有謠言流傳說,天皇已離開東京的皇居,前往離核電廠約370公里遠的京都避難,東京人心惶惶,處處瀰漫著恐懼和焦慮的情緒[16]。

難道天皇拋棄他的人民了嗎?時任明仁天皇的父親裕仁天皇,即使在盟軍以燃燒彈轟炸東京期間,仍留守東京、共面國難。難道福島事故對東京的威脅比燃燒彈還大?儘管後來大家得知,這些謠言只是空穴來風,但這條假消息還是在民眾間產生寒蟬效應。需要採取一些措施才能夠平復。

在經歷了5天的壞消息之後,日益不安和厭惡官方說法的民眾,亟需一個讓人安心的聲音,這當然不會是來自東京電力。在3月16日,明仁天皇在電視中向全國發表談話,敦促

日本人民保持冷靜：

> 我對災區的嚴峻情勢深感痛心。死亡和失蹤人數與日俱增，目前我們還無法得知確切的傷亡人數。我希望多數人都是安全的，並衷心希望此時人民能團結起來，心懷慈悲，共同度過這段困難時期，不要放棄希望[17]。

♦ 悲劇發生的機率，從 2 萬分之一到 1,550 分之一

眾所周知，地震和海嘯都會對核電廠構成威脅，但其風險的嚴重程度實在難以評估，地震更尤其難以預測。

但無論如何，地震及其引發的海嘯，都能算是已知的未知。既然知道這是個問題，又至少有個可行的解決方案（建造海堤），但我們不確定危險的規模有多大（海嘯的高度），因此難以評估解決方案要做到怎樣的程度（海堤的高度）。

諾曼・拉斯穆森（Norman C. Rasmussen）是麻省理工學院核子工程學教授，他使用統計模型來評估核反應爐，有核安之父之稱。在 1970 年代初期，他曾領導一組聯邦委員會，負責確定核反應爐的爐心事故風險。

該委員會採用的評估方法，是先確定出所有會造成爐心事故的一系列故障事件，又被稱為「故障樹」，接著他們估計這棵樹上每個分支點的單一故障機率，最後將這些機率相乘，便得到可能導致爐心事故的多個系統故障同時發生的整體機率。

委員會在 1975 年發布了報告，正式名稱為 WASH-1400，不過一般稱為「拉斯穆森報告」（Rasmussen Report）。

由於報告中「核電廠風險極小」的結論，使該報告本身和拉斯穆森教授吸引了全世界的關注。該報告指出，商用核電廠發生反應爐爐心損壞事故的機率，**在 2 萬個運轉年分中，只會發生一次（即 2 萬分之一的機率）**。

運轉年分類似於前文中煤礦工人的工作月分。所謂的工作月分，是指一名礦工在礦場工作一個月。而在核電廠的例子中，運轉年分則指單一反應爐發電一年。在此，我們將它當作衡量反應爐實際發電的總時間，因為運轉中的反應爐最有可能發生爐心事故。

不過值得留意的是，1979 年 3 月，就在「拉斯穆森報告」發表 4 年後，當美國核電工業的運轉年分總計還不到 500 年，賓州薩斯奎哈納河（Rasmussen Report）就發生了三哩島（Three Mile Island）反應爐事故。

當時有個閥門沒有正確關閉，導致反應爐冷卻劑外洩。由於儀器故障，操作員最初並沒有注意到外洩，因此對冷卻系統的情況十分困惑，於是他們把它改成手動操作，並誤判反應爐中的冷卻劑液位過高，但實際上已經過低。一系列的不幸事件，最終導致了爐心部分熔毀[18]。

所幸，當時大部分放射性物質都被控制在廠內，因此沒有引發人員傷亡，但這次的意外非常危險，理所當然地引起了大眾關注。這純粹只是運氣太差？還是爐心事故的發生風險，比

起 2 萬分之一，實際上更接近 500 分之一？

美國核能管理委員會，決定與另一個負責審查拉斯穆森報告的委員會重新審視這個問題。第二組委員會，由加州大學聖塔芭芭拉分校物理學教授哈羅德・劉易斯（Harold W. Lewis）領導，他對拉斯穆森評估風險的機率方法表示認同，特別是使用故障樹來追蹤在核電廠中問題的方式。

然而，第二組委員會也發現了拉斯穆森模型的缺陷，主要源自拉斯穆森忽略的某些特定類型風險，其中最重要的是火災。**此外，那份報告只考量某些類型的反應爐，並將其他設計排除在外**——事實上，三哩島事故的反應爐設計，正是被排除在外的款式。

最後，他們也嚴厲批評，這份報告未能充分考量和其風險估計相關的巨大不確定性。儘管如此，劉易斯委員會並沒有批判拉斯穆森委員會的其中一項疏忽。

劉易斯委員會注意到拉斯穆森委員會並沒有考慮人為破壞的潛在風險，並指出：「這一遺漏是故意而為，但也是適當的，因為這份報告明白理解，核電廠遭到破壞的可能性，無法以任何程度的確定性來加以估計。」這兩組委員會至少在某些觀點上抱持相同意見。

然而，拉斯穆森在他的報告中並沒有忽視海嘯。他的委員會意識到海嘯和颶風將會帶來風險，卻認為這些風險微乎其微。報告中如此描述道：

有些電廠位於海濱，其位置可能會發生海嘯和颶風，造成較高的水位。在這些情況下，電廠設計必須能承受預期的最大波浪和水位。對此類事件的評估認為，其風險可忽略不計[19]。

劉易斯委員會的結論是，拉斯穆森委員會有欠周詳，未能將部分可能增加風險的因素納入考量，並指出真正的風險可能比其報告所描述的高得多。但第二委員會並未提出他們的風險評估[20]。

自劉易斯委員會發布報告以來，已過了近50年。截至2014年為止，世界各地的商用核反應爐運轉年分已經超過1.55萬年[21]。根據國際原子能總署（IAEA）對核子事故嚴重程度的追蹤，從1～7級的評級，在1952至2014這段期間，共發生過10起嚴重程度不等的核電廠事故，嚴重程度分別從4級（造成局部後果的事故）到7級（重大事故）。

在總共1.55萬個運轉年分中，共發生10起事故，相當於每1,550個運轉年分會發生一起事故，即機率為1,550分之一。

2014年時，全世界共有430座核反應爐在運作[22]。**1,550分之一的風險機率，意味著每隔3～4年就會發生一次重大爐心事故**。不過這1,550分之一的事故風險，是根據我們以往經驗估算出來的風險機率。因此有人提出反駁意見，指出今日的我們已吸取教訓，而且較為現代化的反應爐，在設計上也更加安全，因此若依照過去的事故率來考量，恐怕有高估未來風險

之虞。

儘管這個論點不無道理，但許多現役的反應爐確實非常老舊，因此更有可能出現與維護相關的故障。因此，很難判斷這對反應爐事故率會產生怎樣的整體影響。如果我們的未來與過去的經驗相似，那麼 1,550 分之一仍是我們對未來的最佳風險估計。

無論是拉斯穆森的 2 萬分之一，還是根據歷史經驗推算的 1,550 分之一，或是其他任何估算，總之核災的風險絕對不是零。而且在這些風險計算中，有許多假設和不確定性。

一般的通則是，當不確定性相當高時，若使用簡單的 NNH 計算來判斷個人風險，在實際層面上會產生許多問題。比方說，我們可以將 1,550 分之一的機率轉換為 NNH = 1,550 的運轉年分，並將其解釋為，**我們需要在一座包含一部反應爐的核電廠旁生活 1,550 年，才可能經歷到一場核安事故**。既然沒有人能活那麼長，自然會認為我們的個人風險很小，對嗎？

確實如此，如果我們附近的核電廠是一座典型核電廠，不僅遵守所有安全法規、不存在有未被偵測到的維護問題、工程設計沒有缺陷、操作員不會犯錯，且沒有強烈地震發生……這份「如果」清單長得不像話。

此處重點不在於風險估計是否正確，也不在於 NNH 邏輯在估計核電廠的風險上有缺陷。而是這種看似精確的風險評估，其實有很大的疑點。也就是說，它具有高度不確定性。有些人可以忍受這樣的不確定性，而有些人則偏好更穩妥的說

法。每個人都必須自行決定自己能承受多大程度的不確定性。

◆ 複雜的解決方案，只會引出更複雜的後果

另一個問題是，核電廠的情況要比單純的統計機率更為複雜。

有些人認為，像核電廠這類複雜的系統會具有一種被稱為「互動性複雜」的特徵，也就是**在這類高度整合系統中，不同組件間的交互作用，可能會導致故障發生**。此外，這些互動幾乎是不可能預見的[23]。

互動複雜性為系統設計者帶來從未遇過的新型風險（未知的未知）。當兩個以上的系統以意料之外的方式同時故障時，災難便會發生。此外，要是該複雜系統內部的組件彼此緊密連動，一個差錯便會迅速導致另一個，讓操作人員措手不及，難以挽救。

更令人擔憂的是，由於操作人員沒有時間去理解這類新型問題的特性，他們可能會錯誤解讀、做出錯誤的反應，並讓整個事態往更糟的方向發展。

在備用安全系統之上再加上另一組備用安全系統，可能會弄巧成拙，使問題惡化；這乍看之下似乎不符合邏輯，卻會在實際操作上增加互動複雜性，並且引入更多未知的未知。

從這個角度來看，當我們在系統中添加太多安全備案時，無論立意多麼良好，通常只是在自亂陣腳。因為這等同於

為整套系統添加新的交互節點，增加故障風險。

這意味著，**當我們試圖用複雜的解決方案來降低風險時，實際上反而會帶來更多風險**，可能會增加風險層級，釀成不可避免的事故。在這種情況下，事故反而成了常態，而不是例外，因此這類事件又被稱為「正常事故」[24]。

福島核電廠事故到底該被歸類為正常事故，或是純粹的運氣不好，還有待商榷。但可以肯定的是，在同一座電廠設置6組不同的核反應爐，將會使它們共同面臨來自外力的風險；讓它們共享電力系統、蒸汽噴口、冷卻系統等，又會導致高度複雜的操作環境，從而引發可能導致災難性故障的骨牌效應[25]。

核災發生前，福島第一核電廠的反應爐可說是日本最古老、最龐大、最複雜的電力系統。大家常常忽略掉一個事實，2011年時，日本還有其他17座更新、更小、更簡單的核電廠同樣受到地震的影響，其中4座甚至也遭受到同一波海嘯的襲擊，但只有福島第一核電廠出現嚴重故障，導致3組爐心熔毀[26]。這在在彰顯出簡單的價值。

未知的未知是無法消除的，但研究顯示，**透過簡化系統，可以大幅減少系統風險來源，還能減少幾乎無法預測的交互作用，及其引發的故障可能性**。此外，要是能夠降低複雜系統內部組件之間的「緊密度」，還能夠進一步降低這類風險。

這些修改的好處不只在技術層面，組織精簡也會帶來正面效應，正如空中交通管制這類高度複雜系統所展現的優勢[27]。就此看來，複雜技術系統的管理者，應可以借鑑其他複雜系統

的安全經驗,並從中獲益良多。我們可能無法精確衡量核電廠爐心事故的風險,但肯定能夠將其降至最低。

當年召集劉易斯委員會的原因,便是三哩島事故的發生,該次意外顯示出核電廠爐心事故的風險,實際上明顯高於拉斯穆森的預測。就這點來看,發生三哩島事故對我們來說是個機運,讓世人以更嚴謹的態度,重新審視拉斯穆森的風險模型。

在過程中,我們得知使用統計模型來預測災難事故的諸多缺陷,特別是在不確定性的處理上。所幸,三哩島事故並沒有造成人員傷亡。要是沒有發生三哩島事件,可能根本沒有人會想重新檢視拉斯穆森的評估,並且對反應爐的安全性依舊抱持天真的態度,直到最終發生造成重大災情的核反應爐事故。

本段重點是要記住,過往從未發生過的事故,並不意味著在未來就沒有發生的可能性。否則便會陷入黑天鵝謬誤[28],正如劉易斯教授所解釋的:

> 世人普遍認為,反應爐只要能在一段時間內安全運轉,就是達到安全標準的證明,但這種觀點在統計上是不正確的。只因為某些事情尚未發生,就相信一切都很好,是一種心理陷阱[29]。

♦ 福島 VS. 車諾比，致命差異來自牛奶！

鑑於複雜系統的高度不確定性本身便是一大阻礙，讓人難以精確量化故障風險，那麼我們該如何判斷這類系統的安全性呢？

在此例子中，有時我們可以先假設災難已經發生，並以此預測其造成的健康後果，從而獲得一些想法。換句話說，我們要問的是，**無論機率有多低，萬一這種可怕的意外仍然發生，這會如何影響人們的健康？**

所幸，這個問題要比預測爐心事故發生率更容易一些。我們可以透過研究類似事故的最壞情況加以推估。設想這種最壞情況的後果有兩點好處：我們可以判斷最壞情況的可怕程度，以及可以確定該採取何種類型的緊急應變措施。

談到核電廠事故的最壞情況，車諾比（Chernobyl）的悲劇是個很好的參考模型。1986 年的車諾比核電廠事故，是迄今為止最嚴重的核反應爐事故[30]。其背後原因源自不夠完善的一系列不幸操作，再加上隱匿真相而釀成更大禍害。

這場事故的原因已被詳細研究，並為制定核電廠禁止事項提供了良好的參考範本，不過這不是本書關心的重點[31]。我們更感興趣的，是車諾比事故造成的公共衛生影響。

儘管國際原子能總署將車諾比和福島核電廠的事故災害，都評為最高等級（第 7 級），但車諾比的情況其實嚴重得多，而且影響的人數也多得多。共有超過 40 個國家、5.72 億人受到車諾比輻射的照射。最後花了超過 20 年的時間才完全

評估這起事件對癌症罹患率的影響。

最終在 2006 年，國際科學家小組完成了輻射劑量和健康數據的分析，並總結出車諾比輻射造成的死亡人數[32]。他們對所有 40 個受輻射汙染的國家做了詳細調查，包括全國個人輻射劑量估計，並在受汙染最嚴重的白俄羅斯、俄羅斯、烏克蘭三個國家中，受汙染最嚴重的地區：戈梅利（Gomel）、莫吉廖夫（Mogilev）、布良斯克（Bryansk）、圖拉（Tula）、基輔、里夫諾（Rivno），和日托米爾（Zhytomir）展開區域性的估計。

該小組的研究發現，**即使在輻射汙染最嚴重的地區，民眾接收的有效劑量平均也只有 6.1 毫西弗，相當於兩年的自然背景劑量**；所有暴露人群的平均劑量也僅 0.5 毫西弗，相當於兩個月的自然輻射劑量。

在使用納入年齡、性別和其他人口資訊的統計模型分析後，科學家預測，在這 5.7 億人中，總共僅有 2.28 萬人的癌症是因輻射誘發的（排除甲狀腺癌病患）。

也就是說，若是沒有發生車諾比核災，在這群人中預計將會出現約 1.94 億例的癌症病例，發生之後則比正常情況多出了 2.28 萬例（即 194,000,000 VS. 194,022,800）──換句話說，癌症發病率因此增加了 0.01％。

對於接受平均劑量的人來說，我們可以將 0.01% 的癌症風險轉化為 NNH，也就是 1 萬。當然，對於接受輻射劑量最高的組別（6.1 毫西弗）來說，該風險比例無疑將更大，但只

有 2% 的族群屬於這個組別。

也就是說，平均而言，**在每 1 萬名遭受車諾比輻射汙染的人中，只有一人將因此罹患癌症**。這個數字太小，無法對任何資料庫中的癌症發生率產生任何可測量的影響，因此這樣的預測值可能仍是理論上的。簡而言之，這項研究的結論是，僅有少到難以測量的癌症病例可歸因於環境中的車諾比輻射……除了甲狀腺癌之外。

不幸的是，這種原本可以輕易預防的癌症卻沒能加以防範。顯然人們未能從馬紹爾人的不幸經歷吸取教訓。**沒有人警告車諾比周圍的居民，他們的牛奶和其他本地農產品中，可能含有碘 -131**。如果他們在 3 個月內避免食用這些食物，便能預防幾乎所有（> 99%）由輻射誘發的甲狀腺癌。

可惜，類似的警告從未出現。居民就這樣毫不知情地吃下被碘 -131 汙染的食物，進而導致甲狀腺癌。在車諾比事故中，碘 -131 導致的癌症發生率也是最糟糕的情況，因為**許多當地居民的飲食本就缺乏碘**，這意味著他們飢渴的甲狀腺將會吸收任何體內的碘，這種極端情況在美國、日本等飲食中碘含量較高的國家皆不太可能發生。

研究推估，車諾比輻射汙染，最後導致約 1.6 萬例甲狀腺癌患者[33]。由於甲狀腺癌屬於罕見癌症，因此在資料庫中可以較容易觀察到，因碘 -131 導致當地甲狀腺癌發生率增高。事實上，事故發生後的幾年內，病例數量確實激增。所幸，甲狀腺癌也是治療成功率較高的癌症。預計在所導致的 1.6 萬例患

者中,至少有 66% 的人可望以標準療法治癒[34]。

在福島核災中,釋放的碘 -131 要比車諾比事件少得多,甲狀腺自放射性塵埃吸收的輻射劑量極低,暴露的人群也較少,而且事後官方也建議民眾避免食用當地的乳製品和飲用水,以免有碘 -131 汙染。

後來,透過測量暴露人群甲狀腺中碘 -131 的情況,估計兒童和成人的平均暴露劑量分別僅為 4.2 和 3.5 毫西弗[35]。而在車諾比核災中,則有數百萬人的甲狀腺吸收到超過 200 毫西弗的輻射劑量,高得足以出現大量甲狀腺癌病例。相較之下,福島核災造成的甲狀腺劑量,非常接近年度背景濃度,也就是低到無法預期在臨床上觀察到甲狀腺癌病例顯著增加的情況。

◆ 儘管成功倖存,對輻射的恐懼也能毀滅餘生

在車諾比事故中,共有 127 名反應爐工人、消防員和急救人員暴露到足以引起輻射病的劑量,其中一些甚至達到致命劑量。接下來 6 個月中,有 54 人死於暴露的輻射照射[36]。據估計,在之後 20 年內負責善後工作的 11 萬 645 名清理工人中,可能因此罹患致命白血病的案例數為 22 人[37]。

至於**福島的事故中,沒有人因此罹患放射線病,甚至連反應爐工作人員也沒有**。當時有兩名呼吸器漏氣的工作人員,分別接收到 590 毫西弗和 640 毫西弗的輻射劑量[38]。這些劑量雖高於日本救生事件的職業限值(250 毫西弗),但仍低於造成

放射線病的標準（＞1,000毫西弗）。

由於這次輻射暴露，他們的終生癌症風險將增加約3%，但他們身上也不太可能產生其他任何健康後果，他們未來的孩子也不會有。

這兩名工作人員，和其他前去福島協助的人都是英雄。儘管存在風險，他們仍堅守崗位、完成任務，甚至可能因此挽救了其他人的生命。輻射工作人員明白，自己會因職業關係面臨到比大眾更高的輻射風險，並自願接受較高的輻射暴露程度——為專業人員所設定的監管限值，通常比為大眾設定的標準高出10倍[39]——儘管如此，他們仍接受這樣的風險。然而，他們的英雄胸襟，可能令自己付出非常高的代價，即使他們的罹癌風險實際上僅有略微提高。

年輕的渡邊海（Kai Watanabe，音譯）是一名為拯救福島核電廠而奮鬥的工作人員，他最擔心的不是癌症風險，而是輻射將會讓他失去正常的生活：

> 「假設我告訴一名女性我的過去，我吸收的所有輻射，可能會導致我生病或生出畸形的孩子，所以我們應該放棄生兒育女，還會有女人接受這樣的我嗎？我們雙方恐怕都不會接受這樣的情況。所以我認為，保持單身對我來說是最好的選擇[40]。」

渡邊因為實際上相當低的健康風險，被剝奪了身為人夫和

人父的可能性與樂趣，實在令人感到遺憾。這是個悲慘的例子，說明了對輻射的過度恐懼，將會如何影響個人生活。

關於放射線病，我們可以肯定地說，核電廠事故的風險幾乎完全由現場反應爐人員承擔，尤其是負責爐心區域的人員。至於其他不在現場的人，很難想像他們接收到足以導致輻射病的高劑量輻射。

雖然在前文第五福龍丸的案例中，漁民們即使身處距離核爆很遠的地方，仍因為放射性塵埃而罹患輻射病，但氫彈的放射性塵埃遠比反應爐事故來得多，相差了好幾個數量級。

此外，核反應爐不可能像氫彈甚至原子彈那樣爆炸[41]，因此正如我們從車諾比和福島這兩起意外中得知的，核電廠意外所釋放的放射性塵埃，遠比核彈低得多。

◆ 儘管與輻射無關，浩劫仍奪去 1.59 萬性命

當福島事故發生時，對那些剛歷經地震和海嘯的倖存者而言，輻射威脅並不是眼下最急迫的問題，那是明天的擔憂。眼前的煩惱已經夠多了，其中一項就是得知失蹤者的下落。

上邊節子（Setsuko Uwabe，音譯）彼時正在尋找她的丈夫拓也，但在每一間疏散中心都找不到他的蹤影。節子是一名廚師，在當地幼兒園的食堂工作，這所幼兒園位於山坡上，俯瞰著福島核電廠沿岸的小鎮——陸前高田市。

節子從學校廚房的窗戶目睹海嘯正向海岸襲來，並在海嘯

襲擊前和許多學童一起疏散到地勢更高的地方。他們都暫時得救了，但她在市政府任職的丈夫拓也，當時正在地勢較低的市鎮工作。

她並不明白，為何能夠輕易逃脫的丈夫並沒有出現在疏散中心。如果他沒有在生還者之中，也許已經進入亡者之列。她決定在死亡登記處當志工，只要丈夫的姓名沒有出現在死亡登記冊上，節子就可以繼續抱持他還活著的希望。但除了收集死亡證明資訊外，**死亡登記處的志工還需要協助安排火葬，而她在心理上還沒有準備好。**

福島縣的火葬場也在災難中被摧毀，殘存下來的火葬場無法滿足大量的需求。一般情況下，火葬場每天頂多只能夠接受十幾具屍體，但在當時，每天都有上百具屍體需要處理。

節子盡可能多安排幾次火葬，而那些能夠確保火葬時間的幸運家庭，也需要自己處理遺體。他們接到的通知中，說明要將遺體固定在一塊可燃的木板上，並用毯子牢牢包裹。接著，他們必須自己找到交通工具將屍體運至火葬場。

此外，當時就連骨灰罈也供不應求。若家屬想保存骨灰，就需要在廢墟中找到某種容器。對於無人認領，或家屬無法依循火葬要求的死者，將會被傾倒在集中的埋葬坑中。

數天後，拓也的遺體在河邊被發現，一旁還有他從小到大最好朋友的屍體。節子前往當地體育館臨時搭建的太平間認屍，拓也看起來就像睡著了一樣，全身上下都沒有明顯損傷，就好像生命從這具身體中被吸走了。在兒女的幫助下，節子按

照指示準備好屍體，並將其運往火葬場。他們幸運地找到一個花瓶來充當骨灰罈，盡可能裝滿拓也的骨灰[42]。

拓也只是眾多罹難者中的一位。最終，這場地震與海嘯造成的死亡人數，高達到 1.59 萬人。此外，仍有 2,600 人失蹤或被推定死亡。沒有一人的死因是源自輻射，也沒有任何關於輻射誘發癌症，或是遺傳性突變病例增加的預期。

♦ 官方的標準，不等於你能接受的標準

2011 年的災難，導致 34 萬人流離失所。他們日後能安全地返回家園嗎？福島縣的一切會恢復正常嗎？這些都是很好的問題。

福島縣的放射性，在倖存者的有生之年中都不會下降到過往的狀態。該地區的放射性汙染相當嚴重，似乎不太可能恢復至過去的情形。儘管放射性會隨著時間而衰減、消散，但在現實情況中，**與日本其他地區相比，福島的輻射等級始終都會偏高。這是件相當不幸的事實。**

至於災民何時可以安全返回家園，這完全取決於我們如何定義安全。

正如前文討論，「安全」一詞實際上意味著低風險，但並非所有人都同意同一種低風險定義。日本政府為公眾設定的年度輻射劑量限值，為 20 毫西弗，這同時也是福島修復工程的目標[43]。

在 2011 年之前，日本的公眾監管限值，是比背景輻射值多出 1 毫西弗。對日本民眾來說，提高安全限值似乎意味著政府在安全容忍度上的退讓，因為政府清楚，他們無法兌現將年度有效劑量降低到 20 毫西弗以下的承諾。

畢竟，如果政府能夠將限值壓低至 5 毫西弗，那麼他們當然會以 5 毫西弗作為新安全標準。這就是事後調整劑量限制，以因應各種不便情況的問題，這顯然會滋生出廣大民眾的不信任感。

也許日本政府能夠採取的最佳策略，是解釋不同劑量等級的風險，然後讓人民自行決定是否要重返家園。以每年接收 20 毫西弗來說，與前文提過的每年做一次全身螺旋 CT 掃描所暴露的輻射量相當，這種檢查也會造成 20 毫西弗的有效劑量。

根據前文計算，接受全身螺旋 CT 掃描的終生罹癌風險約為 0.1%，也就是千分之一的機率。如果你在這種輻射量下生活 5 年，那麼罹癌風險就會是 0.5%，也就是 200 分之一的機率[44]。

或者說，如果有效劑量是每年 10 毫西弗，那麼風險將是 20 毫西弗的一半。當然，兒童所承擔的風險確實可能較高，而老年人相對較低，因此需要根據個人情況來全盤考量，不過整體來說，這些便是典型的風險程度。最後就是要問自己，在面臨這種程度的癌症風險時，是否值得回家？

這就是為什麼在描述風險時，保持透明度，絕對會比設定不透明的安全限值來得好，特別是在必須因應情況而改變限

值，進而導致民眾喪失信心的狀況下。

上述的風險評估，在事故發生前後都是相同的。**每單位劑量的風險不會隨情況而變化，但「安全劑量限值」顯然會隨情況而調整**。那些認為監管限值代表安全門檻的人，可說完全搞錯了重點。這些限值只是監管機構任意劃定的範圍，用以標示「可接受」與「不可接受」的風險量之間的模糊界限。如果你對這個界限不滿意，當然可以為自己設下不同的標準。當談到風險承受力時，不同的人便會有不同的接受程度。

這些都是福島人民面臨的問題，他們每個人也不必對自身人身安全做出相同的結論。是否返回家園應該是個人選擇，大家可以做出不同的決定，每個決定都同樣有效，只要他們掌握到評估全局所需的事實。

◆ 老祖宗的智慧與警告

日本東部海岸線的山丘上，散布著數百座古代石碑，上面篆刻著今日居民無法辨識的古老方言[45]。不過，學界已破譯出其中的大部分。原來**這些石頭既不是標誌著宗教聖地，也不是墓碑，而是警告標誌**（請見下頁圖 15-1）。

銘文的具體內容因石頭而異，但主要表達的訊息都是相同的。在阿吉地區村莊的石頭上，簡潔清楚地刻著這樣的警告：「往高處蓋房子，能保障我們子孫後代的和平與和諧。請記住大海嘯的災難。不要在這個地點以下建造房屋！」[46]

後來人們發現，這些石頭是用來標記過往海嘯的高水位線，有些海嘯甚至可以追溯到西元 869 年。雖然專家認為，這些石碑的年代都沒有那麼古老，但有人提出，這些石頭中較為古老的可能曾被汰換，這其實是留給後代的求生訊息，是先人為了讓警告永遠流傳下去做出的努力。

圖 15-1：日本最古老的海嘯預警石，標誌著過往海嘯的高度

儘管銘文已被磨損，但據信這塊石碑是在西元 869 年，貞觀地震引發海嘯後所豎立的預警石。2011 年 3 月 11 日地震當天，宮戶島居民依循這塊古碑的警告，撤離到地勢更高的地方，並在隨後發生的洪水中倖免於難。為了表達謝意，他們在舊石碑旁立了一塊新碑，以感謝祖先的警告。新碑上刻著：「依循石碑的指示，數千名居民得以撤離。吾等對貞觀石碑永懷感恩之心。」

（資料來源：照片來自 www.megalithic.co.uk，由西尾初樹先生慷慨提供。）

現代日本人忽視了這些石碑的警語，嘗到了惡果。岩手縣的居民聽從石碑碑文的警語，在 2011 年 3 月的海嘯中倖存下來。但其他部分村莊的人認為，現代海堤便足以提供保護，石碑上的警語已經過時。

　　然而，隨著 2011 年海嘯沖垮了大部分的海堤，那些被淹沒的村莊因無視祖先的警語，付出了沉重的代價。有時，風險管理相當簡單，只需要聽取歷史的教訓。比起複雜的工程或詳細的統計數據，更需要歷久彌新的永恆智慧。

第 16 章 保證互相毀滅！地緣政治的核威脅

「那些用手去抓貓尾巴的人，將會學到一些他永遠無法用其他方式學到的東西。」

——馬克・吐溫

「但我不想和瘋子在一起。」愛麗絲說。
「哦！那可沒辦法，」貓說：「在這裡大家都是瘋子。」

——路易斯・卡洛爾（Lewis Carroll），
《愛麗絲夢遊仙境》(The Adventures of Alice in Wonderland)

在距離海洋非常遙遠的馬里蘭州西側山丘上，樹林中矗立著一座孤零零的石碑，這塊碑距離華盛頓特區 185 公里遠。紀念碑頂部，是一座簡單的十字架，上方用英文刻著羅伯特・湯利少校（Robert E. Townley）以及他的生卒年。這位軍人出生

於 1921 年 5 月 3 日，卒於 1964 年 1 月 13 日。

雖然這看似一座墓碑，但湯利的遺體並沒有埋在那座紀念碑下，而是安葬在他的家鄉阿拉巴馬州。這座紀念碑其實是轟炸 14 號（Buzz 14）的撞擊地點，它是一架大型的 B-52 轟炸機，當時載著湯利在此墜毀。

這位少校最終獨自在大火中喪生，是當時機組中唯一一位未能在撞擊前從轟炸機上彈射逃生的人員。那是美蘇冷戰期間一個甚為黑暗、寒冷的 1 月夜晚，在此 7 週前，約翰·甘迺迪總統（John F. Kennedy）才剛遇刺。當飛機墜毀時，山區氣溫是零下 12°C，地面積雪厚達 1 公尺。到日出時，積雪高度還會增加 20 公分。

這架飛機預計從麻州韋斯托弗空軍基地（Westover AFB）飛回所屬的喬治亞州特納空軍基地（Turner AFB），但在途中遭遇嚴重亂流。在改變飛行高度後，情況並沒有改善，不久後機尾的一部分——B-52 轟炸機已知的結構弱點，在此之前已導致 3 起致命墜機事故——便被亂流從機體上撕扯下來。

隨後飛行員失去控制，指示機組人員準備彈射。然而曾參與二戰和韓戰的投彈手湯利，卻因座椅安全帶問題無法及時彈出。最終，他和飛機及其裝載物一同墜毀，**其中包括兩枚氫彈。**

◆ 足以蕩平城市的炸彈，如何運出山林？

轟炸 14 號，為第 484 轟炸聯隊使用的戰機，所攜帶的武器為兩枚 Mk53 型氫彈，後來稱之為 B53 氫彈，這是美國部署時間最長的一種核武。直到 1997 年，這仍是美國核武的關鍵主力，具有強大的嚇阻作用[1]。Mk53 氫彈可以由 B-47、B-52 和 B-58 這三型轟炸機攜帶，其彈頭後來被改裝成泰坦 2 號（Titan II）洲際彈道飛彈。

Mk53 彈頭的威力（9,000 KT／9 MT）是廣島原子彈（15 KT）的 600 倍。以一條約 5 磅的 TNT 炸藥來估算，Mk53 彈頭的爆炸威力，相當於丟給全美國每位男女老少超過 10 條炸藥，即每人 50 磅 TNT 的威力。

鑑於這種爆炸規模，**飛行員若想自轟炸機拋下 Mk53 核彈、任其自由落體而下且同時活著離開，簡直是不可能的任務**，完全無法採用蒂貝茨中校和機組人員，在日本丟下那顆相對迷你的原子彈時的撤退方式。

在投擲氫彈時，不管是接近目標的風向還是更精確的起飛角度，都無法解決讓轟炸機安全返回的問題。不過當飛行員投擲採用核融合式爆炸的氫彈時，不需要像投下核分裂式原子彈的準確度。無須瞄準特定地面結構，例如廣島的 T 形橋，才能最大化傷亡。

氫彈的破壞力非常大，無論擊中哪個目標，只要任意投在城市內，都能澈底摧毀整座城市。基於氫彈的這項特性，工程

師想出了保護轟炸機的簡單解決方案：Mk53 配備有 5 個降落傘：一個 5 英尺的飛行員降落傘、一個 16 英尺降落傘和 3 個 48 英尺的降落傘。

這些降落傘會讓炸彈飄落到大致的目標區域，同時也大幅減緩它降落到地面的速度，這樣一來，丟下炸彈的轟炸機便有足夠時間在炸彈爆炸前離開現場，飛至安全地帶。

當空軍急忙派人帶著設備前往墜機現場回收炸彈時，附近僅有 503 人居住的格蘭茨維爾鎮（Grantsville）鎮民紛紛出動，協尋失蹤的機組人員。這些人跳傘的距離相距好幾公里，紛紛落入了密集的森林區。鎮民們非常樂意接待前來協助救援工作的飛行員和平民。

聖約翰路德教會（St. John's Lutheran Church）的婦女為救援人員提供了 1,500 人份的晚餐。退伍軍人協會聚會廳、消防局和小學校園都被開放，足以設置大量上下鋪，容納近 500 人。經過 5 天的大規模搜救後，眾人在白雪皚皚的樹林中成功救出兩名機組人員，另兩人則因暴露在寒冷中而身亡。

在搜尋機組人員的同時，炸彈專家則在思考要如何將氫彈從樹林中運出。他們距離最近的道路超過 1 公里，因此需要推土機在森林中開路，拆彈人員則拆除了足夠的零件，確保氫彈在運輸過程中不會爆炸。

然而，如何將氫彈抬起又成了另一個問題。每顆氫彈都超過 3,600 公斤重。幸運的是，當地居民瑞伊・吉柯尼（Ray Giconi）在附近有座採石場，他提出使用他的大型堆高機和兩

輛卡車協助。

於是，救援人員用堆高機將炸彈舉起，並將兩顆炸彈分別放入卡車中。同時，輻射防護人員在墜機現場仔細調查，確定是否有放射性物質從炸彈中外洩。幸好兩顆彈頭皆完好無損。

在感謝格蘭茨維爾居民的愛國心後，軍隊便帶著炸彈前往未知的地方。然後，鎮民們就帶著難忘的故事返回家中，並將這個故事傳給他們的子子孫孫[2]。

◆ 墜機恰好證明了核彈的可靠性……真的嗎？

或許有些人會認為，在馬里蘭州發生的這起事件，凸顯了我們在自己的核彈面前是多麼脆弱，甚至僅僅因為天候不佳，就差點把自己炸成碎片。

然而，也有其他人指出，所有飛機都存在墜毀風險，我們可以減少，但無法完全消除這種風險。他們認為，B-52 的墜機率已經比大多數其他類型的飛機低得多，並表示事故本來就是在風險方程式中已知的部分。這就是為什麼要為炸彈設計多重安全機制，以防止在發生墜機時爆炸。

這些人認為，馬里蘭州的事件恰恰證明了，攜帶氫彈飛行是安全的，即使飛機墜機，氫彈爆炸的風險都可忽略不計。在馬里蘭州事件中，沒有人受到輻射汙染，更不用說核爆了，而且也沒有造成平民死亡。這套系統的奏效，正好證明了系統的安全性，不是嗎？

478 | 輻射大解謎

然而事實上並不見得，這些炸彈實際上皆處於戰術運輸配置，也就是電氣和機械皆關閉的狀態[3]。**當墜機發生時，他們並不是在執行軍事任務，只是將氫彈運回喬治亞州的基地而已**，這群機組人員在此之前的兩趟特派任務，都因為某些狀況而取消。

在執行第一趟任務時（1964年1月7日～1月8日），戰機引擎故障，需要中途前往西班牙空軍基地維修。第二趟任務時（1964年1月11日～1月12日），則因為大西洋上空的惡劣天氣迫使飛行計畫改道，並臨時改變計畫，使轟炸機飛至麻州的韋斯托弗空軍基地。

在韋斯托弗時，氫彈就已被解除武裝，以便被安全地運回喬治亞州基地。因此，這次的墜機實際上並不算是對炸彈安全系統的意外測試，因為有部分零件早已拆除，因此在墜機過程中，核彈頭是不可能引爆的。

當時唯一會構成輻射威脅的情形，是其他一般炸藥意外爆炸，這可能會損毀彈頭，導致放射性物質散布到整片鄉野。就可能對周圍人群造成的後果而言，這種潛在的放射性擴散問題，與髒彈（dirty bomb）有些異曲同工之處。

髒彈，是將放射性物質與一般炸藥結合起來的武器，主要目的就是散播放射性物質，也就是類似核彈的輻射塵。它們對正規軍隊而言沒有價值，但在恐怖分子手中卻很有分量。

髒彈的真正目的是利用人的恐懼。人心即使在面對少量放射性物質時，也難以從驚愕中平復，這就足以發動恐怖攻擊。

與核彈一樣,它們對健康構成的最大威脅來自炸彈本身的撞擊效應,因為很難將足夠的放射性物質裝入髒彈中使其引起放射線病。

爆炸物的成分越多,放射性物質就會擴散得越遠。然而,當放射性擴散到廣大區域時,濃度便會被大幅稀釋,同時大幅減輕其潛在健康影響。儘管如此,恐怖分子還是可能將這種廣泛散布視作一種優勢,因為這意味著需要清理放射性的區域增加,同時讓恐懼感蔓延到更多人身上。

◆ 有能力偷渡貧鈾,不等於能製造核彈

讓我們把時間快轉 40 年,看看另一次運輸放射性物質的例子。

這次是一艘載有核子材料的船,具體來說,是貨艙內載有貧鈾。這艘貨輪並沒有遇到任何天氣問題,安全抵達目的地紐約市。這一天是 2002 年 9 月 11 日,美國廣播公司新聞台(ABC),決定用駭人的噱頭來紀念 911 事件一週年,以凸顯美國在面對恐怖分子的脆弱不堪。

他們打包了一個啤酒罐大小、裝有約 6.8 公斤貧鈾的鋼瓶,並將它放上一艘從伊斯坦堡駛往紐約的貨輪上。在紐約,這罐貧鈾順利通過美國海關,完全沒有被發現!

就在這時,ABC 新聞台向電視觀眾揭露了他們的作為,此舉不僅激怒了政府官員,還把所有人都嚇得半死。新聞主播

問觀眾：「**如果我們能做到，為什麼恐怖分子不能？**」

不過，反恐專家並不如大眾一般擔心 ABC 新聞台的這場鬧劇。一些專家指出，海關只是其中一道安全防線，我們有一整套避免恐怖分子核子攻擊的多重防護網[4]。

此外他們也說明一些重要事實，例如若想製造原子彈，需要的可不是區區 6 公斤的鈾，更別說製造貧鈾彈了。而且製造原子彈需要的是濃縮鈾，並不是貧化鈾。濃縮鈾具有更高的鈾-235 同位素濃度，才能夠達到超臨界狀態，貧鈾則是在鈾-235 濃縮過程中產生的廢物。

若要憑空打造一顆具備功能的原子彈，除了需要一系列高技術要求步驟的前期作業，首先就得取得相當大量的高濃縮鈾。即使海關這一關沒能守住，其他層層關卡肯定會加以遏阻，讓恐怖分子打造原子彈的計畫泡湯。因此，我們還是可以鬆一口氣，對嗎？

再說一次，不見得。由於美國尚未遭遇核子恐怖攻擊，因此我們沒有相關資訊估算此類攻擊的發生率，也無法根據真實數據來估計風險。我們只能藉助理論模型，以此預測遭到自製炸彈恐怖攻擊的攻擊風險。

有時，我們會採用故障樹邏輯來評估這類風險，就像在三哩島事件前評估核電廠事故的做法一樣。在此的想法是，恐怖分子若要成功製造出一枚有功能的炸彈，必須通過層層關卡，而不僅僅是單一門檻。只有當所有嚇阻力量接連失敗，恐怖分子才會得逞。這就是為什麼 ABC 新聞台的那齣戲碼，並沒有

真的像表面所呈現的那樣完整突破美國的反恐系統。

這就好比，如果你想為朋友做一個生日蛋糕，卻有人阻止你買雞蛋、阻止你把麵粉帶進廚房、弄壞你的電動攪拌機，又切斷烤箱的電源，恐怕你就真的無計可施了。即使只有其中一個環節出了意外或做得不夠完美，例如電動攪拌機壞了，你只能改用湯匙來手動攪拌麵糊，還是多少發揮了一點阻礙功能，並對整體策略有所貢獻。

這是因為，即使個別嚇阻成功率很低，也會透過各個步驟的相互加成，迅速累積到相當大的嚇阻程度，就像銀行的複利利息，可以將省下來的一分一毫轉變成可觀的儲蓄。透過採用複合式的多道關卡，恐怖分子成功破壞所有的安全屏障，並成功自製炸彈的整體可能性極小。至少，理論上是這樣。

問題在於，我們無法像拉斯穆森面對核電廠的機械故障時，如此準確地測量威嚇網絡故障樹中每個節點的故障率。當他在評估時，反應爐心的許多零件故障率都已經過測試，因此可以使用真實的數據來計算風險。

然而，要想預測單一嚇阻措施的失敗率，唯一方法就是像ABC新聞台那樣採取模擬挑戰，並評估嚇阻點的失敗率。針對每一個單獨的嚇阻關卡展開測試，是非常困難的事，因此有許多道嚇阻程序仍未經過有效性測試。

在這件事經過整整一年後，2003年9月11日，即911事件兩週年紀念日上，ABC新聞台又在另一座港口故技重施，重演了上次的戲碼。這次他們使用的是一艘從印尼雅加達啟

程,前往加州長灘的船。

新聞台團隊依舊帶著同一罐貧鈾到這艘船上,並再次順利通過美國海關。就目前對港口安全的測試樣本量只有兩個的情況來看,ABC 新聞台的數據顯示,這一道嚇阻系統的失敗率是 100%。看起來不妙,是吧?

◆ 若直接買現成武器,得看別人臉色

如果說,嚇阻系統的層層關卡維安效果能讓我們感到放心,那麼它也可能讓那些想要突破系統的恐怖分子感到十分沮喪。沮喪本身可能又會產生嚇阻效果,進而讓恐怖分子轉向低科技進攻選項,以表達他們的仇恨。

這種發展,便可能會讓他們將攻擊目標降低,改用一些放射性材料,然後將其和一般炸藥混合,製造髒彈。儘管這遠不及核彈的殺傷力,但就大眾對任何放射性物質都會產生恐懼這一點來看,它的威力仍然不容小覷。又或者,恐怖分子可能會轉而尋求核彈的替代品,而不是堅持製造自己的炸彈。

這些恐怖分子的可能選項,是等到某些肆無忌憚的國家,例如北韓、巴基斯坦,或其他想要擁有核彈的國家製造出自己的核武,然後**直接去跟他們談判,以祕密協議的方式購買核武**[5]。

這種替代方案,似乎比自己嘗試製造炸彈更快、成功率更高。況且,這些國家擁有更多的資金、人力和技術人才,製造

出來的炸彈可能比恐怖分子的更有效率、更小、更具毀滅性。因此對於恐怖分子來說，購買一枚核彈，應該會比自行製造划算。

儘管如此，若想透過這種方法來取得核武，仍然存在一些可能的重大阻礙。由於核彈材料難以取得，這些擁有核武的危險國家，並不見得願意分享手中的武器，即使他們和恐怖分子有共同的敵人也一樣。

這些政府甚至可能擔心，他們的恐怖分子「好朋友」一旦拿到武器，就會反過來對付他們。或者，要是恐怖分子真的使用武器來對付他們的共同敵人，**敵人可能會認為報復炸彈的賣家，也就是自己，會比對付恐怖組織買家更容易。**

以上問題，都可能成為危險國家不願向恐怖分子出售核彈的原因，無論他們有多麼支持恐怖分子對其目標展開攻擊。基於這些原因，恐怖分子可能需要滲透到擁有他們所需武器的國家，並透過賄賂或竊取手段來獲得核彈。賄賂和盜竊是恐怖分子最擅長的技能，恰恰與他們自製核彈的技術形成鮮明的對比。因此，這樣的計畫將能發揮他們的優勢。

讀到這裡，你可能會感到震驚，本書似乎在提醒恐怖分子獲取核彈的可行策略。請不用大驚小怪。這些獲得核武的途徑對你來說也許是新聞，但恐怖分子早已瞭若指掌。

事實上，在911襲擊事件發生後，阿富汗和其他各地特務截獲的各種文件都顯示，他們正積極探索以上所有選項[6]。

◆ 掉氫彈的意外，美國不只發生一次

如果轟炸 14 事故，是唯一一次涉及 B-52 轟炸機在美國本土攜帶氫彈的意外，那麼人們或許會更傾向將這起事件視為空運氫彈安全性的證明，偏偏事情沒那麼簡單。事實上，在此之前曾發生過兩起攜帶氫彈的 B-52 轟炸機事故，這使得美國距離核災又更近一步。

第一起意外，發生在北卡羅萊納州的戈爾茲伯勒（Goldsboro）。1961 年 1 月 24 日，也就是轟炸 14 墜機事件的 3 年前，一架 B-52 轟炸機因右翼出現嚴重燃油外漏，導致機身重量不平衡，並對機翼造成巨大的壓力，直接從機身斷裂，導致飛機在半空中解體。當機身破裂時，兩枚氫彈掉落在一片農田裡[7]。

在這起事件中，6 名機組人員從飛機上逃生，其中兩人在墜機事故中喪生。顯然，這兩顆炸彈都沒有爆炸，因為北卡羅萊納州至今仍然存在，不過這起意外仍然令人心生恐懼。**這些炸彈可不是被運往新地點，這架飛機是前往執行任務的，也隨時準備採取投彈行動。**

事故發生後，當時認為炸彈沒有爆炸的主因是其多項安全機制備案，都按照炸彈設計者的計畫發揮作用，因此一如預期地避免災難。但進一步的調查發現，**兩枚炸彈上的武裝裝置都已莫名啟動，並完成了爆炸所需 7 個步驟中的 6 個，只差一步就會引爆。**這一切，純粹是因為炸彈的安全桿不知何故被拆除了。

事實上，由於還剩下一個安全步驟尚未啟動，它們仍然不算進入武裝狀態，但有些人認為，這種區別僅僅是文字遊戲。正如核子歷史學家查克·漢森（Chuck Hansen）所說：「這就像一把裝滿子彈的手槍，保險已關閉、擊鎚已豎起，除非解除最後的安全裝置（扣下扳機），它才算是進入武裝[8]。」

有人猜測，當飛機開始向下旋轉時，因為離心力作用在安全桿上，才導致安全桿從炸彈中脫落。安全桿的目的，是防止炸彈在飛機上爆炸。這些安全裝置在設計時，只有在離開彈艙後才能被拔出。當安全桿一離開炸彈，彈體就會自行啟動爆炸的所有步驟。

不幸的是，炸彈設計者並沒有考量到離心力對安全桿的作用（未知的未知）。因此，阻止炸彈爆炸的唯一因素是手動安全開關，該開關仍保持在「安全」位置，而不是「武器化」位置。就是靠這個由機組人員單獨控制的安全裝置，最後避免了爆炸。

在墜機現場，炸彈專家僅能拆卸並取出其中一枚氫彈，另一枚則因為深陷於水田泥漿中 13 公尺深處，無法被取出。於是只好原地解除引爆裝置，並用泥土覆蓋，把它留在田裡。就這樣，那顆未爆彈至今仍被埋藏在撞擊地點[9]。

數個月後，在 1961 年 3 月 14 日這天，另一架攜帶兩枚氫彈的 B-52 在飛行過程中因耗盡燃料而墜毀。在喪失機艙壓力後，飛行員只能以較低的高度飛行，但低空飛行更為耗油，所幸在經過嘗試空中加油後，他們成功補充了部分燃油。

然而，機組人員最後卻莫名拒絕了第二次的空中加油提議，還繞過可能的緊急著陸點，逕自繼續飛行，直到油箱見底。機組人員安全彈射逃生後，飛機在加州尤巴市（Yuba City）以西約 24 公里處墜毀。

事後調查發現，機組人員一直在使用右旋安非他命（Dexedrine）這種俗稱「抗睡丸」的興奮劑提神，在鑑定報告中也推測這是導致事故的因素之一[10]。儘管人為因素導致這套安全系統失效，但科技沒有，由於設計有多重安全機制，這些氫彈後來並沒有爆炸。

◆ 如果不想出意外，幹嘛帶著炸彈亂飛？

可能會有人好奇，為什麼在和平時期，會有如此多裝載氫彈的戰機在美國各地飛行呢？這其實都是「鉻穹」（Chrome Dome）行動的一部分[11]。這是美國戰略空軍司令部（SAC）的策略，這個司令部的任務是展示大規模核武力量，以此來維護和平[12]。

他們的想法，是讓十幾架裝載有核彈的轟炸機不斷在空中飛行，而不是將核彈部署在容易受攻擊的固定地點，以維持氫彈武器化的狀態，隨時準備攻擊蘇聯。當時認為，這是因應蘇聯以地面轟炸機為主之假設性威脅的最佳方式，能夠先發制人、搶先攻擊。

於是 12 架轟炸機不斷執行模擬轟炸任務，並且將炸彈瞄

第 16 章 保證互相毀滅！地緣政治的核威脅 | 487

準蘇聯。他們會接近蘇聯領空，不過在越過邊境前就轉向，維持一場永久的嚇唬遊戲，主要目的便是持續恐嚇蘇聯政府，讓他們不斷受到國土遭徹底殲滅的威脅。

即便發生了轟炸14號在馬里蘭州墜毀的意外，「鉻穹」行動的任務仍照常進行。12架攜帶多枚氫彈的飛機依舊在空中全天候不間斷飛行，B-52戰機也繼續出現墜毀事件。

1966年，一架B-52與加油機相撞，在西班牙墜毀，機上的4枚Mk28氫彈也隨之墜落[13]。其中3枚落在地中海沿岸漁村帕洛馬雷斯（Palomares）附近。3枚中的兩枚因為降落傘故障，其中的一般炸藥爆炸，但沒有引發核分裂爆炸[14]，因此之後也不可能發生氫彈的核融合爆炸（前文提及，需要先有核分裂爆炸才會引發核融合爆炸）。

然而，該彈頭核心的鈽元素外洩，散布在約兩平方公里的區域，需要廣泛的清理該地區。第4枚炸彈則不見蹤影，整整消失了近3個月，最後才在海底發現，將其打撈上來。

隨即不到兩年後，1968年1月21日，由於機組人員不慎將座墊存放在加熱管道前，引起機艙火災，導致一架B-52在丹麥格陵蘭島圖勒空軍基地（Thule AFB）附近墜毀[15]。

這架墜毀的飛機裝有4枚Mk39氫彈，雖然它們都沒有爆炸，但墜機過程毀損了彈頭，再加上燃油造成的猛烈火焰，導致放射性物質散播到方圓8平方英里的地區。同樣地，這也需要大規模的放射性清理工作，但由於當地極冷的氣溫阻礙了作業過程，最後花了9個月才將事故現場清理完畢。在丹麥政府

的堅持下，所有回收的放射性物質都從格陵蘭被運回美國[16]。

由於最後這兩起事故都發生在外國領土，因此成為國際事件，美國不得不向其盟友承認，多年來他們一直在自己國家上空例行性地載著氫彈飛行，並承諾不會再持續這樣的行動。好運顯然已經耗盡，戰略空軍司令部承受四面八方襲來的政治壓力。

在這 5 起墜機事故中，有 3 起發生在美國，兩起發生在盟國領土，這促使美國重新評估以飛機載運氫彈的核武戰略是否明智，畢竟這將置美國及其盟國於險境，可能遭受意外的破壞。

最後，美國放棄了這項空中載送氫彈的任務，開始採用結合陸海系統的核防禦戰略，將能夠先發制人攻擊的洲際彈道飛彈系統部署在地下井，或是裝載於潛艦，在全球海洋中不斷移動，以隱藏行蹤來躲避攻擊，就好比海底版的「鉻穹」行動。

這個複合式的緊密防禦系統，旨在確保美國安全，一旦偵測到敵軍瞄準美方，就會立即發動毀滅性的核武反擊。

◆ 儘管飛彈持續進步，意外與麻煩仍然不少

如今「鉻穹」行動已成為歷史，並改用洲際彈道飛彈作為防禦其他核武國家的戰略基礎，那是否表示我們就更安全了，更不會因意外而引發自我毀滅？

這一點還是很難說，因為我們又落入移動目標論這個問

題。現今系統與「鉻穹」行動時代的完全不同，因此過去的經驗無法成為當前風險評估的參考。

然而，從早期洲際彈道飛彈經驗的官方紀錄解密內容來看，這項海陸計畫也經歷過與「鉻穹」行動類似的成長陣痛期。其中最引人注目的，是1980年阿肯色州大馬士革（Damascus）的導彈發射井爆炸，氫彈彈頭從泰坦2號火箭上被炸出發射井、射至鄉間[17]。這一次同樣也沒有引發核彈爆炸，但頻傳的事故無疑讓人對這套多重安全機制難以放心。

大馬士革的意外事件發生在1980年，人們可能會想問，現在的洲際彈道飛彈有比1980年更安全嗎？畢竟，自大馬士革事件以來，我們又增加了超過40年的飛彈處理經驗，但沒有人敢給出肯定的回答。

目前導彈防禦系統的具體資訊仍是機密，不過我們確實知道，在2014年1月，有11名負責洲際彈道飛彈的美國空軍軍官被指控非法吸毒，31名軍官被指控在相關能力考試中作弊。同年稍晚，有兩名空軍指揮官遭到解僱，第三名因領導失誤和行為不當而受到紀律處分。

這些指揮官都曾在3座不同核彈基地擔任高階職務，這些基地總共控制著美國空軍約450枚義勇兵III型（Minuteman III）飛彈中的超過300枚。這些最高階指揮官被解僱的原因，是軍方「對其領導能力失去信任和信心」[18]。

這些手指離核彈按鈕僅數公分遠的軍官，牽涉到娛樂性毒品、考試舞弊、領導能力不值得信任等麻煩，這對洲際彈道飛

彈系統的安全性來說,可不是什麼好兆頭。

◆ 當談到意外,我們須避免「火雞錯覺」

儘管有這些未知因素,但過去幾十年來,人類已處理上萬枚氫彈,從未發生過意外引爆,這肯定意味著其中風險小到可以忽略不計,甚至不存在,不是嗎?

這個問題真正要問的關鍵,其實是接續法則(rule of succession)是否能套用在核武上。

接續法則是數學家拉普拉斯(Pierre-Simon Laplace)的創見。這個統計原理的概念基礎是:某件事沒有發生的時間越長,它發生的可能性就越小[19]。拉普拉斯甚至提出了一個方程式,用以計算這類事件隨著時間增加而改變的發生機率:

$$P = 1 - [(n+1)/(n+2)]$$

其中,P是事故發生的機率,n是沒有發生事故的天數。仔細看看這個方程式,可以發現,隨著時間增加,事故發生機率不斷減小,直到趨近於零。簡單來說,要是某件事已經非常久沒有發生,那麼它在明天發生的可能性就微乎其微。

有鑑於過去超過60年來,都沒有發生核彈意外爆炸的情況,按照接續法則來看,明天發生這種情況的可能性幾乎為零。這看來很合乎邏輯,讓人放心不少。但事實真是如此嗎?

正如三哩島事故凸顯出拉斯穆森的錯誤，並透露故障樹模型並沒有納入所有核電廠風險一樣，其他原先認為極不可能發生的事件都意外地發生了，這不禁讓統計學家質疑接續法則的有效性。

後來，人們確實發現接續法則存在一個當時未被意識到的邏輯謬誤，有時被暱稱為「火雞錯覺」(turkey illusion)，這來自統計學家兼風險分析師納西姆・塔雷伯（Nassim Taleb）的比喻。塔雷伯說，我們之所以被騙，接受了接續法則，是因為我們透過火雞的眼睛來看世界。

以下為火雞看待世界的方法：當一隻火雞在農場裡孵化後，農夫把牠從媽媽身邊抱走，親自餵養牠。小火雞不知道農民第二天是否還會回來餵牠。結果農夫確實再次出現。小火雞繼續對明天是否有東西吃感到好奇，而明天農夫又帶來更多的食物。

這種情況持續了許多天後，火雞最終得出結論：**牠隔天一定會有人餵食，這是確定無疑的事實，所以牠不再擔心挨餓。** 但有一天，農夫來時沒有帶著任何食物，並殺死了火雞，因為那天剛好是感恩節。

當情況發生了變化，火雞並不明白感恩節和牠以前經歷過的日子有何不同。這就是火雞錯覺，也就是假設情況會始終維持不變的邏輯謬誤。

當今的世界與「銘穹」時代（1960 年～1968 年）有很大的不同。科技變了、武器變了、運載方式變了、軍隊變了，甚

至連敵人也發生了巨大的變化。雖然到目前為止，仍沒有發生過核武爆炸意外，但這個事實並不能讓人感到寬慰。

接續法則早已被戳破。明天發生意外核爆的機率可能趨近於零，也可能是100%。我們並不知道明天會發生什麼。時代已然改變，能被用於預測意外核爆風險的數據幾乎不存在，不確定性卻非常高。我們需要時時注意——感恩節可能即將到來。

◆ 當核戰終將發生，會發生什麼事？

前文討論核電廠時，我們了解到，當不確定性相當高，有時最好的方法就是放棄風險計算，改而嘗試評估最壞情況的後果。

早在1966年，人們就曾做過這樣的評估，以便為人類史上最糟糕的事件做好準備，並承受其後果——**假設蘇聯對美國發動全面核攻擊，隨後美國對蘇聯展開核報復，會怎麼樣呢？**

美國國防部委託私人智庫蘭德公司（RAND Corporation）展開這項研究，評估美國遭到大規模核武轟炸的後果，並預測國民的健康狀況。最終，他們繳交了名為《美國遇襲後的人口》（*The Postattack Population of the United States*）的報告[20]。

該項研究採用了新穎的方法，使用名為Quick Count的電腦程式，這是由蘭德公司設計的模型，可用來模擬攻擊並評估損害。

這個程式將美國每一處潛在受氫彈攻擊的目標（所有人口超過 5 萬的城市）納入考量，先在其人口中心周圍繪製出圓形邊界，劃定超過 5 psi 的衝擊波限制。接著又在 5 psi 線之外畫了一個外圓，這是預計可能會產生致命輻射塵的範圍[21]。然後，這個程式做出了合理的假設，即**在這兩個圓內的每個人都會死於衝擊波或放射線病**。

若將這些圓圈疊加在 1960 年人口普查地圖上，就能夠來估計死亡人數。該程式允許使用者輸入各種攻擊場景，例如炸彈的數量、大小，及其假設目標。然後程式便會對死亡人數做出「快速統計」，並給出遭受此類襲擊後對死亡統計數據的合理預測。在需要預測終極之戰的後果時，這是一個方便的工具。

這項研究設想了蘇聯可能採取的不同攻擊路線，使用各類型核武的不同組合，每種武器可產生介於 0.3～100 公噸的爆炸威力。該程式假設將發射高達 1,200 枚核彈，所有假設的發射場景都基於「在短暫的核武交鋒後，將以和談來解決」的前提。

該報告的分析重點在於遭受核彈襲擊後美國民眾的狀況，並主要關注襲擊後的人口統計數據，特別是年齡、種族和性別組成，這也成了窺視 1960 年代美國人心態的一扇迷人窗口。

值得留意的是，在襲擊發生後，年紀小於 15 歲的年輕人和大於 65 歲的長者，存活率將會低於 16～64 歲年齡層的族

群，這是個亮點。由於年輕人和老年人多少將會延緩經濟復甦，因為他們「對社會生產貢獻甚少，並且大量消耗社會資源」。因此在經過一番損失後，主要由生產力最高的年齡層倖存，實際上能夠加速經濟復甦。

關於種族，有人擔心遭受攻擊後的美國可能出現種族平衡的改變。由於黑人往往集中在城市生活，以城市為重點的攻擊策略可能導致黑人死亡比例較高。但如果蘇聯的攻擊戰略主要針對軍事設施，而軍事設施往往以白人族群為主，那麼遇襲後美國的種族平衡，可能會更傾向對黑人有利。

最後一點，則是對女性死亡率高於男性的擔憂。當年的想法是，由於男性主要在外工作，往往身處於辦公大樓，或其他能夠提供一定程度保護的商業建築，使得他們比女性更容易生存，女性則多半待在脆弱的住宅大樓或零售店等防護效果較差的地方。因此，女性更可能受到爆炸和輻射的影響。

此外，一般也認為女性不如男性強壯，因此更有可能因受傷而死亡。女性遭輻射暴露程度較高，再加上處於相對弱勢的身體狀態，意味著在遭到核彈襲擊後，美國將會出現女性人口遽減的情況。可能會導致出生率降低，阻礙人口復甦，甚至會對「性關係的社會規範造成壓力」。人在面臨澈底毀滅的命運時，還有餘裕擔心這樣的事情實在相當奇怪。

根據 1960 年人口數據地圖，此報告得出的結論是，**將有多達 62% 的美國人可能會在襲擊發生後的 3 個月內死亡**。儘管這是個壞消息，但好消息是，隨著炸彈尺寸增加，種族和性

別分布的地區性差異（造成死亡差異的主要因素）在襲擊後的人口組成中，通常會變得較不明顯。

簡單來說，當炸彈的尺寸大到幾乎足以摧毀一切時，轟炸當下你的所處位置就變得沒那麼重要，因為大家都會在同一個瞬間被煮熟。因此，無論種族或性別，每個人的死亡風險都是相同的。

從這個角度來看，大型氫彈是抱持平等主義的，不分種族、性別或任何其他社會階層，都會被盲目地抹殺。

◆ 方便的生死預測：透過平板電腦計算核爆風險

自冷戰結束和蘇聯解體以來，世人認為全面核戰爆發的可能性已大幅減弱。至少在簽訂武器削減條約，裁減核武軍備上，我們已取得了大幅進展，美蘇雙方都減少了相互較量的核武數量。

據推測，光是這一點就足以降低風險，儘管目前各方仍相當倚重同歸於盡的「相互保證毀滅」（Mutually Assured Destruction），又被簡稱為「瘋狂」（MAD）政策，來減少未來發動核戰的前景。

因此，一般認定瘋狂政策主要的功能在於，嚇阻「尚有理智」的敵人先行發動攻擊的可能性[22]。不過在本書中，我們並不會討論全面核戰的風險和好處。

我們與敵人目前究竟距離陷入全面核戰還有多遠，這是另

一個課題。在此處，我們只想知道當一顆核彈引爆後會對個人造成什麼後果，無論是由己方的軍隊意外引爆的，還是遭到恐怖分子蓄意攻擊所丟下的。

對此，美國政府提供民眾一份報告：《核武的影響》（The Effects of Nuclear Weapons），該報告最初於 1960 年代發表，並在 1977 年間定期修訂[23]。其中提供了一組方便的圓形計算表，可讓讀者根據不同大小和距離的核爆來判讀其影響。**只要知道你和潛在受攻擊目標的距離，並對炸彈的大小做出假設，就可以快速判斷你所在位置可能受到什麼類型的損害。**

今日已很難找到這些計算表的原始版本，不過目前仍有數位化的復刻版計算表，這是個可以在平板電腦下載的應用程式，名叫「核彈效應」（Nuke Effects）[24]。

此外還有一個更棒的選擇，是由紐澤西州史蒂文斯理工學院（Stevens Institute of Technology）教授亞歷克斯・韋勒斯坦（Alex Wellerstein）開發的免費應用程式「核彈地圖」（NUKEMAP），它可根據各種大小的核武器，在 Google 地圖上的任何位置以圓圈來顯示災區，並根據最新的人口普查數據，推估死亡人數[25]。實際上，這就是「快速計數」的現代版，不過它更為複雜，可用來準確繪製出任一特定地點的核彈傷亡統計數據[26]。

若你和大多數美國人一樣，這些方便的計算工具可能會告訴你，你的居住地或工作地點距離潛在受攻擊目標相當近，可能位於氫彈的直接死亡區內，但也可能位於原子彈的殺傷區之

外，因為後者的傷亡半徑相對較短。

相較之下，遇到致命輻射塵的可能性就更偶然了，因為**致命輻射塵劑量主要是由當時風的類型所決定，這比距離爆炸中心的距離影響更大**。就像我們在第五福龍丸和比基尼島核彈試爆故事中所學到的，輻射塵可以隨風傳播非常遠，並在距離爆炸中心很遠的地方沉降，相當駭人。考量到人類是如此脆弱，我們該怎麼防範？

在原子彈被發明後不久，民防還相當流行，這可能真能帶來一些益處，儘管效果有限[27]。其背後的基本想法是：藉由採取預防措施，並進行一些簡單的訓練演習，民眾便可以獲得在原爆後的自保常識，並懷抱生活將很快恢復正常的希望。

然而，隨著氫彈的出現，我們再也無法自欺欺人。我們不再鼓勵學童在遭遇核彈攻擊時以「臥倒並掩護」（Duck and Cover）方式求生，不再在家中建造防空洞，更不再抱持在遇到氫彈攻擊後還能生存下去的幻想[28]。我們只能抱著隨遇而安的心情，埋首生活在無知的幸福中，並希望在有生之年永遠不用見證核爆的場面。

「一盎司的預防，勝過一磅的治療」這句古老的格言用來形容核武問題，可說是再貼切不過。不過更準確的說法，是一盎司的預防勝過百萬噸的治療。既然百萬噸級的治療已完全超出我們的能力，我們只能將預防當作人類存續的唯一選擇。那麼，我們的預防工作做到位了嗎？

◆ 核爆危機中，最不穩定的因子：人

2007年8月29日，也就是在「鉻穹」行動結束39年後，以及911事件的6年後，一架有著不祥呼號的B-52轟炸機「末日99」（Doom 99），在北達科他州邁諾特空軍基地（Minot AFB）誤裝上6枚配有核彈頭的巡航飛彈。

這架飛機無人看守，停在跑道上一整夜，隔天早上便飛往路易斯安那州的巴克斯代爾空軍基地（Barksdale AFB），途經南達科他州、內布拉斯加州、堪薩斯州、和奧克拉荷馬州，這已違反現行的「禁止核武飛越美國領土」規定。

到了巴克斯代爾基地，這架飛機再次在無人看守的跑道上停留了9個小時。當天稍晚，空軍維修人員意外發現了機上的核彈。而**直到此時，邁諾特空軍基地甚至沒有一個人發現有6枚核彈失蹤了**！這是非常大的安全漏洞，而且這次，新聞台可沒有來參一腳。

美國空軍於是召集了特別工作小組來調查這起事件。他們向五角大廈報告了他們的發現：

> 自冷戰結束以來，美國空軍內部對整體核子相關組織的管理，和對核武任務的關注程度及強度，都明顯下降。這種關注程度的衰退超乎想像，已經到了令人無法接受的地步。這種衰退的特徵反應在組織編制，軍方將核武任務部隊編制在非核子相關的組織下，核武部門的領導階

層顯著降低,以及對核武任務和執行任務者的品質也明顯下降[29]。

換句話說,核武任務已失去其魅力光環。為了扭轉此一局面,工作小組提出 16 項具體建議來改善核武安全,試圖恢復其昔日光彩。其中包括對 B-52 飛行員展開核子相關訓練,因為現有的 B-52 基礎和高級訓練課程皆「在相當程度上忽視了核武任務」,而且「在所有課程中,都沒有針對核武的飛行任務」。B-52 轟炸機飛行員竟然都沒有接受核武訓練?沒錯,時代真的改變了!

部分人對此感到憂心忡忡,然而,儘管這聽起來已經相當離譜,工作小組實際上仍低估了整個問題嚴重性,因此後來美國空軍反武器擴散中心(USAF Counterproliferation Center)被委託展開進一步調查,目的是「深入了解導致核武未經授權而遭到移動的內外因素」[30]。這項調查的結果在 2012 年發布,並對空軍提出相當嚴厲的譴責:

> 在我們的調查中,發現這些問題遠比空軍領導層在 2008 年所承認的更加嚴重,廣泛牽扯到空軍系統的各個層面,而且隨著多年來,在戰略、行動和戰術層面的變革,進而被制度化、體制化。我們認為問題存在於三大方面:領導力、管理,和專業知識。這些要素又會相互影響,彼此之間關係緊密,要是沒有全部改進,可能會再度

發生失敗的核武任務[31]。

可能會再度發生失敗的核武任務？在 1960 年代初期，空軍聲稱一切都盡在掌控之中，丟失核武的風險相當低，甚至根本不可能，今日的我們確實與這樣的保證相距甚遠。而最令人不安的是，這份報告最後評論道：「調查人員相當清楚，空軍已不再重視其核武角色和使命。」核武已經完全過時了。

不幸的是，恐怖分子那一方完全不用擔心核武過時的問題。事實上，他們對此抱持相反的觀點，認為擁有核武將會增強他們的氣勢，而且很樂意從任何人手中奪走不合時宜的核武。甚至不用費心送過去，他們就會樂意來取走⋯⋯或者更確切地說，他們可能更傾向完全跳過這些繁雜的程序，直接將武器就地引爆，畢竟附近某處可能就有值得炸毀的目標。

仍然以為核爆不可能發生的火雞們，感恩節快樂！

結語

你有聽過 N 射線嗎？

「孩子們提供的資訊，往往最為有趣，因為他們會毫不保留地分享自己所知的一切，並且說完自己知道的一切後，就會適可而止停下來。」

——馬克・吐溫

　　故事講到這裡，現在是暫停一下的好時機，儘管輻射的故事遠不僅於此，但我們已經接近歷史所能告訴我們的極限。

　　要是再繼續講下去，難免要對未來可能的情況做出大量猜測。未來學家可能會毫不猶豫地告訴我們明天會發生什麼，但猜測是一片危險地帶，我們最好不要在此地久留。

　　話雖如此，在前面的故事中，我們已學到了許多關於輻射的知識，這些知識應該對思索未來很有幫助——如果我們有足夠的智慧吸取過往教訓的話。

在本書中，我們特別關注了輻射的特性、其對人體健康的效應，也得知人所承受的健康風險，相當程度上都由暴露的輻射劑量所決定。我們也檢視了科學家如何衡量這類風險，甚至嘗試描述輻射的好處，並探究其測量方式。

我們學會了在做出任何與輻射有關的決定時，要如何權衡風險和利益，並提醒自己，這一切都存在著不確定性，而這樣的不確定性將會損及這些決定的成效。

在掌握好以上訊息後，我們也知道該問怎樣的問題，以及向誰提問。我們明白可以向專家尋求幫助，但我們也得對他們抱持高標準，用批判的眼光來思考他們所告訴我們的一切，因為有些人的觀點中，可能含有個人偏見。

既然談到偏見，那我們就來談一則在前文中被略過的輻射故事。這個故事恰好表達了我們對欺騙隱瞞的擔憂。就讓我們以這個故事為本書作結吧！

這是一篇小故事，但其中隱含著大道理。這是關於 N 射線的故事[1]。

◆ 又有一個大發現？

1903 年，法國物理學家，暨法國科學院（French Academy of Science）傑出院士布朗洛（Prosper-René Blondlot）發覺自己在克魯克斯管的研究領域可能已經落後，但他決定迎頭趕上。

當時，倫琴因發現克魯克斯管會發射出 X 射線而引起巨大轟動，但布朗洛相信，其背後仍存在某種有待發現的奧祕。

　　自從發現 X 射線後，倫琴 8 年來一直煞費苦心，想要證明 X 射線與光擁有許多共同特性。不過這兩者至少有一項特性是相異的：與光不同的是，X 射線不會被稜鏡折射。倫琴首先證明了這一點，其他人隨後也證實了他的這項發現。他們發現 X 射線會直接穿過稜鏡，彷彿稜鏡是由空氣或水，甚至人的血肉所組成的。

　　那偏振呢？X 射線是否會像光線一樣偏振？這就是布朗洛想弄清楚的，而且他想趕在倫琴之前搞懂這一點。要是能回答這個問題，將會對科學的一大貢獻，甚至可能為他贏得一座諾貝爾獎。

　　科學總是建立在過去的基礎上，隨著新的發現帶來新的問題。布朗洛關注的偏振問題就是這樣的例子，這是在倫琴發現 X 光後衍生出來的新問題。

　　對布朗洛來說，這是個大好機會，他可以拿倫琴之前的發現當作基礎繼續研究，並為人類做出來自他個人的獨特貢獻。如果他手腳夠快的話，他將能在正確的時間和地點回答偏振問題。

◆ 偏振：當波展現出方向性

　　當我們說電磁波會偏振，是指它具有特定的方向性或位

向，類似於地球旋轉時，會沿著南北極延伸的旋轉軸這樣的特定位向來轉動。波偏振的物理原理非常複雜，在這裡我們不需要太深入討論。

我們可以簡單地說，當觀察迎面而來的光波時，它要不是水平方向，就是垂直方向，再不然就是介於這兩者之間。這**類似於凝視一把刀刃的尖端，你可以清楚看到刀片是水平或者垂直的**。當一束光波像刀刃一樣向你襲來時，它將會在接近時展現特定的位向。

偏振是電磁波的基本性質，就像波長一樣，因此可能會有人預期，X射線就像光一樣會偏振。但真是如此嗎？要怎麼證明呢？

布朗洛想到了一個主意。在1903年時，眾所周知，電子會從一個電極跳躍到另一個電極，這時便會產生X射線。倫琴利用克魯克斯管清楚證明了這一點。此外，越過電極間隙的電子越多（電流越高），產生的X射線就越多。

布朗洛則想知道，**如果一切反過來，是否還會成立呢？** 如果將X射線瞄準電極，是否會改變跳躍電子的數量？布朗洛還進一步推斷，由於跳躍的電子會形成肉眼可見的電火花，那麼應該可由這些電火花亮度的變化，推測受X射線撞擊後跳躍的電子數量變化。

於是他設計出一組實驗裝置，向會釋放電火花的電極發射X射線。當X射線機打開時，電火花亮度似乎確實發生了變化，這支持了布朗洛的假設。然後他繼續推測，要是X射線

也有偏振性質，那麼電火花的亮度，應該會取決於電極與 X 射線束之間的角度。

因此，他修改了設備，旋轉電極發射的方向，相對於 X 射線的方向來調整，並將這組新儀器稱為「電火花隙探測器」（spark gap detector）。當布朗洛將電極旋轉 360°時，電火花的亮度似乎確實有變化。電極的位向相對於 X 射線的方向似乎相當重要！X 射線也會偏振！

真的是這樣嗎？還是稍微等一下再下結論。

如果電火花亮度的變化，真的是由 X 射線造成的，那麼用紙板阻擋 X 射線應該不會影響這些現象，因為 X 射線可以輕易穿透紙板。於是布朗洛試著用紙板遮擋 X 射線，又得到了相同的結果，這似乎證實，X 射線正是電火花產生變化的原因。

◆ 實驗結果有點詭異？說是新發現就好！

他繼續嘗試其他倫琴曾經證明過 X 射線可穿透的材質，它們也都沒有改變布朗洛的電火花發現。但後來，他嘗試了稜鏡[2]。**當稜鏡被放置在 X 射線行經路線上時，似乎會將其折射並改變火花亮度。** 這意味著什麼呢？稜鏡應該不會折射 X 射線才對！

正是在這時，布朗洛的急功心切戰勝了理性。他立即跳到結論，認為稜鏡實驗的結果，證明電火花亮度的變化是由 X

射線以外的另一種不可見射線所造成。這些射線是某種獨特的穿透性輻射，且可以被稜鏡折射。

布朗洛認為，他發現了一種新型射線，因此他有權命名，就像倫琴為他的 X 射線命名，還有威利為新品種烏賊命名一樣。布朗洛選擇以他的家鄉南錫大學（University of Nancy）的英文首字母命名，將其稱為 N 射線，然後就急忙發表他的「發現」。

然而在發表後不久，就有其他法國科學家向布朗洛挑戰發現 N 射線第一人的頭銜，他們堅稱，自己才是實際上第一個發現 N 射線的人。他們向法國科學院請願，要求該院就 N 射線發現的問題做出裁決。畢竟，眼前可是有一座諾貝爾獎在等著。

經過調查後，讓布朗洛難過的是，科學院站在他的其中一位挑戰者夏蓬特（Augustin Charpentier）那一邊，後者聲稱自己首先發現了自活體生物中發出的 N 射線。這個說法得到了一名通靈師的證實，他說自己對來自動物的 N 射線做出了類似的觀察，另一人則聲稱自己甚至檢測到來自人類屍體的 N 射線。

儘管如此，科學院還是認為布朗洛的電火花實驗是一項重大成就，並授予他 5 萬法郎的現金獎勵。科學院聲稱，將獎項授予布朗洛是為了表彰他的工作，其中包括對 N 射線的研究。

不過，科學院的說法中，並沒有任何關於他是最先發現 N 射線的聲明，他們在肯定布朗洛 N 射線研究的同時，巧妙迴

避了他是否是第一個發現者的問題。

◆ 當人人都無法重現 N 射線實驗,事情大條了

到了 1903 年,科學界的環境丕變,與 1895 年時倫琴面臨的情況完全不同。1903 年時,科學家已不必擔心若自己對不可見的射線提出什麼大膽的說法,會被歸類為怪咖。倫琴已經將他們從這種擔憂中解放出來。

在倫琴發現 X 射線後的 10 年裡,學界完全接受了各種看不見的波圍繞在人們周圍,並會有各種驚人特性的想法。倫琴當年嚴謹的作風不再是驗證這項主張的先決條件。嚴謹只會放慢發現的腳步。

然而,**忽視科學探究的方法也必須承擔相應後果**。過去的真理在今天也是真理。最好不要忘記從過去經驗中學到的教訓。

一些較為傳統的物理學家難以接受 N 射線的故事,特別是光學領域的物理學家,他們十分了解牛頓的稜鏡實驗。N 射線和稜鏡的故事,讓這些對稜鏡熟悉的科學家十分感冒。

其中一位對此提出懷疑的,是羅伯特・伍德(Robert W. Wood),他是約翰霍普金斯大學的物理學教授。對他來說,布朗洛所聲稱的一切都很可疑。

過去,約翰霍普金斯大學的懷疑主義傳統,曾激勵過遺傳學家摩根,使他測試孟德爾基於豌豆的遺傳原理是否能套用在

果蠅上。伍德也決定測試一下布朗洛的 N 射線主張。**一如伍德所推測的，他無法在自己的實驗室中重現布朗洛的發現，並感嘆自己「浪費了整個上午在那裡玩電火花」。**

當威廉・克魯克斯爵士和克耳文勛爵（Lord Kelvin），也宣布自己無法重現電火花實驗時，事態變得嚴重起來[3]。伍德認為這十分重大，值得他親自前往法國參觀布朗洛的實驗室，親眼看看他們所謂的證據。於是他從巴爾的摩出發，前往南錫。這在 1903 年是一段相當長的旅程。

在布朗洛實驗室的示範實驗中，伍德並沒有看到布朗洛和他同事所聲稱的電火花明顯亮度差異。如此緊張對峙的場面，隨後轉變成「國王的新衣」般的鬧劇。由於伍德看不到電火花亮度的變化，布朗洛堅稱是他的眼睛（或者也許是他的大腦）有問題。

伍德隨後對此展開報復，他利用實驗需要在暗房進行的特點，在燈光熄滅後，偷偷將稜鏡從實驗裝置中取出，但布朗洛的小組仍然聲稱看到了因為稜鏡而出現的電火花亮度變化，儘管這時稜鏡早已被拿走。當房間的燈重新亮起，眾人發現稜鏡不見時，一切都晚了。現在該說是誰的眼睛不好呢？

這項實驗和伍德堅持進行的其他對照實驗都顯示，所有實驗都受到扭曲，這不是蓄意欺騙，而是受到「觀察者偏差」的影響。純粹就只是操作者一廂情願的想法在作祟。

伍德回到巴爾的摩後，向《自然》雜誌投稿了一篇文章，其中他仔細剖析了布朗洛的各種 N 射線實驗，指出當中

的偏差，相當於為 N 射線的棺材親手釘上了最後的釘子[4]，或者說，至少伍德就是這麼想的。

伍德的文章並未受到所有人的歡迎。自從這項煞有介事的發現問世以來，已經有超過 20 名科學家發表數十篇有關 N 射線的論文。就連放射性發現者貝克勒爾的兒子，尚・貝克勒爾（Jean Becquerel）也名列其中。

尚在他的報告中提到，他可以用氯仿來「麻醉」N 射線，阻止其發射！這時許多科學家的名譽都岌岌可危。如果 N 射線真的被證明只是一場幻覺，他們絕對會顏面掃地。

整起事件的走向在短時間內急轉直下，彼此不斷提出指控，其中一些甚至包含種族歧視。某些 N 射線批評者諷刺地表示，似乎只有拉丁民族才有偵測到 N 射線的感官和智力。拉丁民族反駁道，盎格魯撒克遜科學家因為太常沉浸在大霧天氣和啤酒而變得遲鈍。倫琴和居禮夫婦則明智地對 N 射線問題保持沉默，讓事情順其自然。

布朗洛最後出面緩頰，懇求交戰各方和平相處：「讓每個人對 N 射線抱持自己的個人看法，不論是透過自己做實驗，還是自己相信的科學家的實驗。」不過伍德還是給了 N 射線致命一擊，它們注定要經歷緩慢，但不可避免的死亡。

♦ 儘管我們仍看不見，輻射卻和光一樣真實

令人驚訝的是，對 N 射線的部分支持觀點，一直持續到

了1940年代，這時人類都已經進入核子時代。但後來，N射線就完全從科學文獻和物理教科書中消失，沒有任何正式的死亡聲明。

正如同在發現無線電波許久之前，就預測無線電波存在的數學家馬克士威，他在談到古老的光微粒（粒子）理論時曾主張：「關於光的本質，有兩種理論，微粒理論和波動理論。現在我們相信波動理論，是因為所有相信微粒理論的人都已經去世了[5]。」

這就是為何今日沒有所謂的「N光檢查」，也沒有在考量癌症檢查風險時檢視N射線的輻射劑量。不過之所以在此將舊事重提、再講一遍N射線的故事，可不是要嘲諷前人，也不是想讓不幸的布朗洛教授，或那些相信N射線荒誕故事的其他科學家在死後感到尷尬。我只是想透過這個故事來強調一件事實：**我們所有人，包括科學家在內，都是人類。我們都有偏見，也都會犯錯。**

我們不總是能看到事物的真相。我們對現實的印象，經常受到當天發生事件的影響，並十分容易忘記過去的教訓。N射線故事的寓意是，我們需要對新想法抱持開放的態度，但不要一廂情願地自欺欺人，或盲目接受流行觀念。

我們應該在抱持好奇心的同時兼具懷疑精神，就像倫琴、摩根和伍德一樣。我們必須懷疑所有新的主張，這不是為了阻礙進步，而是因為懷疑精神才會讓人行事嚴謹。

正是透過嚴格的探究，我們才可以擺脫自身偏見，也比較

不會落入自欺或欺人的境地。在走向處處皆是輻射的未來時，且讓我們擁抱懷疑精神，堅持嚴謹作風。

順帶補充一點，關於布朗洛最初問題的答案：**X 射線確實有偏振**。這是在 1904 年發現的，即 N 射線事件發生的一年後，由一位 27 歲的英國物理學家查爾斯・格洛弗・巴克拉（Charles Glover Barkla）悄悄發現。巴克拉過去曾在卡文迪許實驗室接受過湯木生的訓練。

巴克拉直接忽略布朗洛的電火花實驗，採用了一套完全不同的實驗方法。巴克拉使用一種類似太陽眼鏡的偏光鏡片，濾除掉具有不同方向光波群的眩光，用以研究 X 射線的偏振。

偏光片具有微小的平行狹縫，只能接受與狹縫方向相同（水平）的光波，濾除掉任何與狹縫方向不同（垂直）的光波。如果將一片太陽眼鏡偏光片放在另一片上，然後將兩個鏡片相對彼此旋轉，便能找到一個沒有任何光能穿過的角度。

實際上，這是因為此時兩片鏡片的平行狹縫彼此垂直（例如將水平狹縫與垂直狹縫重疊），這樣穿過第一個透鏡的光便無法穿過第二片透鏡的狹縫。因此便阻擋了所有的光。這就是巴克拉用來證明 X 射線偏振的方法。他將 X 射線束指向一系列孔徑，並展現出 X 射線也會穿過這些孔徑，就好像它們也會偏振一樣。

巴克拉還使用小型氣體電離室，實際測量通過孔徑傳播的 X 射線，因此他不需要依賴亮度變化或任何其他視覺線索。他的實驗很快就被其他科學家複製並接受。

不久後，X 射線偏振的結論就成為至少在物理學家之間普遍接受的事實，這要歸功於巴克拉。然後，巴克拉繼續研究 X 射線的特性，並做出更有價值的發現，最終使他贏得了 1917 年諾貝爾物理學獎。

　　不過，這僅僅在布拉格因為發現 X 射線會從晶體上彈開而獲獎後兩年而已，離倫琴拿到物理學獎也才過去 16 年，倫琴因為說服自己和其他人接受 X 射線的真實性——那些看不見的，卻可以像穿過空氣一樣穿過物體能量電磁波——而獲獎。X 射線就像來自太陽的光一樣真實，儘管沒有人能看到這些光線本身。

謝辭

首先，我要感謝我所有的朋友和同事，慷慨地撥冗閱讀本書的各個不同章節，給予指教和評論。將故事與科學結合，就像一場微妙而複雜的舞蹈。我有非科學界的讀者來幫我把關，確保科學知識不會壓抑故事，也有科學界的讀者來協助，確保科學知識的部分不會因故事而扭曲。

我感謝他們所有人，他們當中有許多人找出了錯誤，讓我避免發表不正確的資訊。儘管如此，倘若書中仍有錯誤，我願意承擔所有責任。

以下按字母順序列出了這批睿智而挑剔的讀者，以及對本書有所貢獻的其他人士：瑪麗・凱瑟琳・阿特金斯（Mary Katherine Atkins）、泰勒・巴納姆（Tyler Barnum）、傑拉爾德・比奇（Gerald Beachy）、麥克・布勞恩（Michael Braun）、理查德・布朗（Richard Brown）、肯・布塞勒（Ken Buesseler）、瑪麗莎・布爾格（Marissa Bulger）、約翰・坎貝爾（John Campbell）、托馬斯・卡蒂（Thomas Carty）、哈利・卡林斯（Harry Cullings）、丹尼爾・迪恩（Daniel Dean）、瑪麗・艾倫・艾斯蒂斯（Mary Ellen Estes）、馬修・艾斯蒂斯（Matthew Estes）、亞歷山大・法傑（Alexander Faje）、格雷戈里・吉拉克（Gregory Gilak）、安德魯・赫爾（Andrew Herr）、約翰・詹

金（John Jenkin）、大衛・喬納斯（David Jonas）安娜・約根森（Anna Jorgensen）、海倫・約根森（Helen Jorgensen）、馬修・約根森（Matthew Jorgensen）、克里斯多夫・凱利（Christopher Kelly）、馬努・科利（Manu Kohli）、艾倫・勒托瓦（Allan L'Etoile）、安瑪麗亞・勞倫扎（Ann Maria Laurenza）、保羅・勞倫扎（Paul Laurenza）、科林・萊博爾德（Collin Leibold）、保羅・洛克（Paul Locke）、瑞恩・梅登伯格（Ryan Maidenberg）、內爾・麥卡蒂（Nell McCarty）、馬修・麥考密克（Matthew McCormick）、大衛・麥克洛克林（David McLoughlin）、珍妮・門德爾布拉特（Jeanne Mendelblatt）、肯尼斯・莫斯曼（Kenneth Mossman）、弗雷德・帕拉斯（Fred Palace）、傑西卡・佩林（Jessica Pellien）、加里・菲利普斯（Gary Phillips）、維吉尼雅・羅松（Virginia Rowthorn）、凱瑟琳・香農（Cathleen Shannon）、凱倫・泰伯（Karen Teber）、馬克・沃特金斯（Mark Watkins）、喬納森・韋斯加爾（Jonathan Weisgall）以及提摩西・維斯涅夫斯基（Timothy Wisniewski）。

我要特別感謝保羅・勞倫扎——他可說是一位真真切切的文藝復興人，擁有廣泛的知識基礎，涵蓋人文學科和科學領域。他的法律背景賦予他一雙敏銳而挑剔的眼睛。他剖析了這本書的每一個句子，除去文章中所有麻煩的歧義，迫使我準確表達自己的意思，讓文字無誤地呈現我所要表達的內容。只可惜，他是個極端直白的人，不懂得雙關語的樂趣，也無法欣賞諷刺中的幽默。

儘管如此，他確實充分認識到糟糕的語法，和異想天開的逗號所帶來的危險，我再也不會以同樣的方式來看待標點符號了！感謝他為提高本書品質所做的一切，我也非常珍惜他持久的友誼。感謝你，保羅！

關於我個人對輻射風險的理解，我想感謝多年來我與一些傑出科學家和教師的來往，這使我受益匪淺，他們每個人都對我的想法產生了深遠的影響。我希望我有將他們明智的建議發揮到最好，並且達到他們一直以來在科學中所堅持的高標準。

我真心感謝他們所有人與我分享他們的智慧，並為有幸認識這些傑出的專業人士、成為他們的朋友感到倍受祝福。對於那些已經過世的人，我希望藉由這本書向其致敬，緬懷這些先人，他們是：麥克‧弗萊（Michael Fry）、托馬斯‧米契爾（Thomas G. Mitchell）、馬爾科‧莫斯科維奇（Marko Moscovitch）、肯尼思‧莫斯曼（Kenneth Mossman）、強納生‧薩梅特（Jonathan Samet）和瑪戈‧施瓦布（Margo Schwab）。

我特別要感謝我在 Dystel & Goderich Literary Management 的文學經紀人傑西卡‧帕平（Jessica Papin）。她把我的書提案從一堆「爛攤子」中拉了出來，並巧妙地引導我這位菜鳥作家，一路走到出版終點線。

我同樣也感謝我在普林斯頓大學出版社的編輯英格麗德‧格納利希（Ingrid Gnerlich），她兌現了她的所有承諾，為本書增添了大量的文學價值。與她一起工作真的很愉快。我還要感謝普林斯頓大學出版社的所有編輯人員，他們為本書的整

理和銷售做出了巨大的努力，其中包括：伊根・巴里（Eoghan Barry）、科琳・博伊爾（Colleen Boyle）、艾瑞克・海尼（Eric Henney）、亞歷山卓拉・倫納德（Alexandra Leonard）、凱蒂・路易斯（Katie Lewis）、傑西卡・馬薩布魯克（Jessica Massabrook）、布麗吉特・佩爾納（Brigitte Pelner）、卡洛琳・普里迪（Caroline Priday）、珍妮・瑞德海德（Jenny Redhead）和金伯利・威廉斯（Kimberley Williams）

我還要感謝喬治城大學學術出版部主任卡羅爾・薩金特（Carole Sargent）在出版過程的每一步驟提供我明智的建議，還要感謝喬治城作家小組中，傑洛米・哈夫特（Jeremy Haft）和安妮・里德（Anne Ridder）的支持。

我在敘事風格寫作上的部分技巧，要歸功於我在福特漢姆大學（Fordham University）的新聞學教授雷蒙德・施羅斯（Raymond Schroth S.J.）。他的寫作標準極高，我一直難以達到。希望這本書能得到他的認可，並為他的良好教學增添光彩。謝謝你，施羅斯神父。

在家庭方面，我要感謝我的妻子海倫（Helen）以及我的孩子馬修（Matthew）和安娜（Anna）。他們慷慨地忍受了我每天晚餐時對寫書的起起落落喋喋不休，並提供了我完成這本書所需的鼓勵。我珍惜他們堅定不移的支持，並希望他們知道，我非常愛他們。

最後，感謝馬克・吐溫與我們所有人分享他簡單而永恆的智慧。這世界需要更多的馬克・吐溫。

全書註釋與參考資料

* 在註釋與參考文獻中,列出了一些包括 URL 網址的網頁,這些網址可能會在本書出版後過期,可以使用 Internet Archive Wayback Machine 等工具來復原這些網頁。

前言
1. Gottschall J. *The Storytelling Animal.*
2. Paulos J. A. *Innumeracy.*

序章
1. Slovik P. *The Perception of Risk.*
2. NCRP Report. *Ionizing Radiation Exposure of the Population of the United States.*

第 1 章
1. 大約在西元 100 年時,埃及的亞歷山大有玻璃吹製工人發現,在玻璃配方中添加二氧化錳會讓玻璃變得透明。
2. 我們對牛頓的認識主要是在於他發現了萬有引力,而不是在光學方面的研究。有個廣為流傳但其實是捏造的故事,說他是因為被蘋果砸到頭上才發想出萬有引力理論。
3. Gleick J. *Isaac Newton*, 60-98.
4. Jonnes J. *Empires of Light*, 35.
5. Jonnes J. *Empires of Light*, 71.
6. Stross R. *The Wizard of Menlo Park*, 172-173.
7. Stross R. *The Wizard of Menlo Park*, 172.
8. Stross R. *The Wizard of Menlo Park*, 180.
9. 當使用直流電時,電子在傳輸線內會沿相同方向連續流動。在使用交流電時,電子會沿著一個方向流動一小段時間,然後改成相反方向流動一小段時間,如此不斷循環。
10. Carlson W. B. *Tesla*, chapter 5.
11. 愛迪生曾要求防止虐待動物協會提供他流浪犬,好讓他執行電刑,但遭到該組

織拒絕（Stross R. *The Wizard of Menlo Park*, 176）。

12. "Coney Elephant Killed," *New York Times*, January 5, 1903.
13. Stross R. *The Wizard of Menlo Park*, 178.
14. Stross R. *The Wizard of Menlo Park*, 18.
15. McNichol T. *AC/DC*, 143-154.
16. http://wn.com/category:1903_animal_deaths
17. 大約在這個時候，愛迪生創立的電力公司董事會認為，他的名聲已經失去過去他們所想像的價值，對公司來說用處不大，於是他們將公司的名稱從愛迪生電氣（Edison Electric）更改為奇異（Stross R. *The Wizard of Menlo Park*, 184-186; Jonnes J. *Empires of Light*, 185-213; Essig M. *Edison & the Electric Chair*）。有關愛迪生開發電椅過程的完整故事，請參閱 Essig, M. *Edison & the Electric Chair*。
18. 這首歌由紐約布魯克林的 Piñataland 樂團於 2001 年錄製的。
19. Stross R. *The Wizard of Menlo Park*, 124.
20. 波長是決定電磁波特性的其中一個參數，後文將更全面地定義和討論波長。此處只要知道每一種形式的輻射，都由其波長來具體決定這種輻射的能力即可。
21. Larson E. *Thunderstruck*, 22.
22. 馬可尼第一個傳送的訊息並沒有特殊意義，只是一遍又一遍重複摩斯密碼中的字母「s」（即…）。
23. Larson E. *Thunderstruck*, 69.
24. 艾德溫·阿姆斯壯（Edwin H. Armstrong）和李·德佛瑞斯特（Lee DeForest），兩人都是廣播錄音發展的重要功臣。
25. 瓦特（Watts）是功率單位（即單位時間的能量），用以紀念對蒸汽機發展貢獻卓越的蘇格蘭機械工程師詹姆斯·瓦特（James Watt）。電功率通常以瓦特的倍數表示（1 瓦特＝1 焦耳／秒）。例如，雷射筆的功率輸出為毫瓦（千分之一瓦），而雷擊通常會產生至少 1 百萬瓦的功率。
26. 比較一下今昔功率的差異，現代手機僅使用 3 瓦的功率就可以跨越大西洋通訊。當然，今日手機的電源只負責將訊號傳送到最近的手機基地台，然後就由基地台將訊息轉送到衛星或陸地線路。手機本身並不會參與整段發送訊號的過程。
27. 電磁波長越短（＜200 公尺）越適合跳躍傳播，這是一種無線電波從電離層（ionosphere）反射回地球的現象，可讓波沿著地球曲面繼續傳輸。短波無線電現在主要是業餘無線電愛好者在使用，在低功率的發射器和接收器間進行雙向國際通訊，並能將訊號廣播到千里之外。
28. Larson E. *Thunderstruck*, 383.
29. Larson E. *Thunderstruck*, 125.

30. Larson E. *Thunderstruck*, 103.
31. Larson E. *Thunderstruck*, 98.
32. Larson E. *Thunderstruck*, 385.
33. Spelled *Röntgen* in German.
34. Berger H. *The Mystery of a New Kind of Rays*, 13.
35. Berger H. *The Mystery of a New Kind of Rays*, 13.
36. 電子是帶電粒子，就跟所有的帶電粒子一樣會被磁場推拉。
37. 特斯拉在一年前幾乎也做出同樣的發現。他在攝影實驗中使用了克魯克斯管發出的螢光，甚至嘗試僅使用克魯克斯管的怪異光芒來為他的好友馬克‧吐溫拍照。但微弱的光線需要很長的曝光時間，而他的底片在沖洗時總是原因不明地損壞。他感到沮喪，轉向其他研究。在聽說倫琴發現了 X 射線後，特斯拉才回去查看顯影後的底片。那時他才意識到，在照片的影像中可以看到相機機身的螺絲和鏡頭蓋的陰影，這顯然是 X 光穿透相機機身造成底片曝光的結果。據說他曾咒罵自己：「我這該死的傻瓜！為什麼我沒看到？」然而，這則軼事缺乏照片證據，因為據稱他當時氣到把底片版砸碎了（Carlson W. B. *Tesla*, 221-222）。
38. Roentgen W. C. "On a new kind of rays."
39. Berger H. *The Mystery of a New Kind of Rays*, 16.
40. Berger H. *The Mystery of a New Kind of Rays*, 17.
41. Berger H. *The Mystery of a New Kind of Rays*, 17.
42. Badash L. *Radioactivity in America*, 9.
43. Berger H. *The Mystery of a New Kind of Rays*, 29.
44. Berger H. *The Mystery of a New Kind of Rays*, 30.
45. 更值得注意的是，儘管當時沒有人知道，在 1896 年 2 月 7 日，芝加哥醫師格魯貝已經使用新發現的 X 射線，治療一位名叫羅絲‧李的乳癌患者，時間已超過一週（請參見第 6 章）。X 光檢查的另一個里程碑是蒙特婁槍擊案，受害者在槍手的審判中提出腿部 X 光片當作證據，這也是法庭史上首次採用 X 光檢查作為證據。
46. 或許倫琴不該那麼無私。一戰讓他陷入嚴重的經濟困難，他在貧困中結束了漫長而有名的一生。事實上，他的全部財產都已耗盡，他任教的大學也從未獲得他諾貝爾獎金的一分一毫。
47. 湯普森主要因其在電機工程方面的研究，以及一系列關於微積分、電學和磁學等科普書籍而聞名。他也撰寫了科學家克耳文勛爵和麥可‧法拉第（Michael Faraday）的傳記，堪稱是那個時代的卡爾‧沙根（Carl Sagan，高產科普作家）。湯普森在聽說倫琴的 X 射線實驗後，第二天就複製實驗，他發現結果正

如倫琴所說的那樣令人震驚。湯普森的祝福，無疑為當時默默無名的倫琴增添了可信度，讓人更能接受他所提出、看似奇想的 X 射線，也有助於將他的發現故事普及化。相較之下，湯普森對馬可尼的評價並不高。他將馬可尼描述為「一個自稱原創發明家的純粹冒險家」（Larson E. *Thunderstruck*, 222）。

48. Berger H. *The Mystery of a New Kind of Rays*, 45.
49. Kean S. *The Disappearing Spoon*, 270-271.
50. 更為正確說，這裡所描述的 X 射線是一種稱為制動輻射（*Brehmstrahlung*），又稱煞車輻射的特定亞型。倫琴的 X 射線便是這一類型，也還存在有另一種類型的 X 射線，稱為特徵 X 射線（*characteristic* x-rays）。參見 Lapp L. E., and H. L. Andrews. *Nuclear Radiation Physics*, 150-156.
51. Israel P. *Edison*, 309-310.
52. Berger H. *The Mystery of a New Kind of Rays*, 34.
53. Brown P. *American Martyrs to Science Through the Roentgen Rays*, 39-40.
54. Brown P. *American Martyrs to Science Through the Roentgen Rays*, 41.
55. Linton O. "Francis H. Williams and William H. Rollins."
56. Brown P. *American Martyrs to Science Through the Roentgen Rays*, 17.
57. Brown P. *American Martyrs to Science Through the Roentgen Rays*, 17-18.
58. Brown P. *American Martyrs to Science Through the Roentgen Rays*, 29-30.
59. Einstein A. *Relativity*.
60. 奈米（nanometer）是長度單位，相當於十億分之一公尺。1 公尺約為英制 1 碼的長度，因此奈米約為十億分之一碼。
61. 紫外線輻射有時也稱為黑光（black light），因為它是肉眼看不見的。在夜總會和其他娛樂場所用於特殊視覺效果的商業黑燈泡之所以能發出紫色光芒，是由於紫光範圍內有少量的可見光進入紫外線光束。
62. 離子（ion）是獲得或失去一些電子而獲得電荷的原子或原子團。

第 2 章

1. 螢光（fluorescence）和磷光（phosphorescence），是兩種密切相關的發光現象，涉及各種化學物質儲存和釋放可見光的過程。基於本書的目的，我們使用「螢光」這個術語來表示這兩者。
2. Lindley D. *Uncertainty*, 33.
3. 鈾是一種非常重的元素，甚至比鉛重，由德國科學家克拉普羅特（M. H. Klaproth）在 1790 年代發現。他將其命名為「鈾」（*uranium*），以紀念之前沒多久才發現的天王星（Uranus），在古希臘文中，這也是天空之神的名字。
4. 如果沒有這種巧合，可能還要等許多年才能發現放射性。但幸運的是，硫酸鈾

恰好同時具有不穩定的原子核和會受光激發的電子殼層。這些原子和化學性質彼此無關。貝克勒爾收藏中唯一同時具有這兩種螢光的礦物是硫酸鈾。

5. 1 貝克勒爾 = 每秒一次原子衰變。
6. 礦石是指任何含有足夠量礦物，足以進行商業開採的岩石或土壤材料。
7. Zoellner T. *Uranium*, 130-179.
8. Badash L. *Radioactivity in America*, 11.
9. Clark C. *Radium Girls*, 43.
10. Badash L. *Radioactivity in America*, 11.
11. 具體來說，這是放射性同位素鈾 -235 的特性，本書在第 4 章中將進一步探討核分裂。
12. 對於較輕的元素來說，情況通常是如此。然而，對於較重的元素來說，當中子數量多於質子數量時，原子往往是最穩定的。
13. 基於各種原因，原子的質子中子比例可能不穩定。一般認為天然存在的不穩定的同位素，是至少 60 億年前形成超新星時的殘餘物。超新星創造了我們的太陽系，以及所有想像得到的質子中子比例。那些比例最高的同位素不久後就會衰變。那些比例接近 1：1 的物質會持續存在，因為它們更為穩定，而且衰退的速度更慢。大多數長期存在的天然放射性同位素（例如鈾）都是超新星爆炸後的殘餘物。而那些壽命短的天然放射性同位素，通常是由壽命較長的母體放射性同位素衰變而成的，例如第 5 章中鐳母體衰變，並最終產生氡。此外，也可經由人為的亞原子粒子轟擊來改變質子中子比，請參見第 4 章原子分裂的故事，以及第 6 章中鈷 -60 生成的例子。
14. 放射性物質發射伽瑪射線，是由另一位法國人保羅・維雅（Paul Villard）於 1899 年首次發現的（Badash L. *Radioactivity in America*, 13）。
15. 無法判斷單一的光子是 X 射線或伽馬射線，但有多個光子時就可以辨識。這是因為 X 射線僅在一定能量範圍內發射，而伽馬射線的發射通常只具有單一能量，即它們是單能的（monoenergetic）。
16. 威拉德・弗蘭克・利比（Willard Frank Libby）因開發出放射性碳測年技術，而於 1960 年獲得諾貝爾化學獎。
17. 瑪麗・居禮，婚前名叫瑪麗亞・薩洛梅亞・斯克沃多夫斯卡（Maria Salomea Skłodowska），波蘭人。24 歲時移居法國，就讀巴黎索邦大學。
18. 1911 年，瑪麗・居禮因發現釙和鐳再次獲得諾貝爾獎，由於皮耶在 1906 年已經去世，諾貝爾獎不能追授。
19. 元素週期表，是所有已知元素的根據質子數、電子排列和化學性質所進行的組織排列。由俄羅斯科學家德米特里・門德列夫（Dmitri Mendeleev）於 1869 年左右發明，至今仍是化學家的經典參考工具。週期表的一個主要用途，是將具

有相似化學性質的元素（即同一化學族中的元素）排在同一列。因此，只要知道元素位於哪一列，化學家就可以推斷出它的化學性質（Kean S. *The Disappearing Spoon*）。
20. 直至今天，瑪麗・居禮當年的一些實驗筆記仍具有放射性汙染，無法安全處理。它們目前存放在巴黎的鉛盒中。
21. Badash L. *Radioactivity in America*, 12.
22. 海拔 1,000 英尺（約 300 公尺）處到地平線的距離，小於 100 英哩（160.9344 公里）。
23. Larson E. *Thunderstruck*, 116, 169, and 215.
24. Larson E. *Thunderstruck*, 312.
25. Larson E. *Thunderstruck*, 410.
26. 黑維塞層（Heaviside layer，即 E 層）是在地球大氣層中發現的電離氣體層，離地面約 90～150 公里。
27. Larson E. *Thunderstruck*, 383.

第 3 章

1. 事實上，李子布丁裡根本就沒有李子。食譜中通常使用葡萄乾，在維多利亞時代之前的英國，葡萄乾通常被稱為李子，而李子布丁實際上具有現代溼潤且濃密的鬆餅質地，而非美國人熟悉的奶油布丁質地。
2. Davis E. A., and I. J. Falconer. *J.J. Thomson and the Discovery of the Electron*.
3. 關於原子核大小的另一個恰當類比，是「大教堂裡的蒼蠅」。
4. 本章中出現關於卡文迪許實驗室科學家發現的歷史紀錄，大部分來自布萊恩・卡思卡特（Brian Cathcart）的優秀著作《大教堂裡的蒼蠅》（*The Fly in the Cathedral*）。關於拉塞福的生平則是來自於約翰・坎貝爾（John Campbell）所寫的權威學術傳記《拉塞福：至高無上的科學家》（*Rutherford: Scientist Supreme*）。
5. Kean S. *The Disappearing Spoon*, 301.
6. Reeves R. *A Force of Nature*, 31.
7. Cathcart B. *The Fly in the Cathedral*, 21.
8. 弗雷德里克・索迪，因在麥吉爾大學放射性衰變和同位素理論方面的工作，獲得了 1921 年諾貝爾化學獎。
9. Rutherford E. *Radio-Activity*.
10. 事實上首次將這術語拿來談放射性的是弗雷德里克・索迪。據說索迪第一次意識到放射性衰變正在將一種元素轉化為另一種元素時，他驚呼：「拉塞福，這就是物質轉化（transmutation）！」拉塞福馬上駁斥道：「看在麥克的分上，索

迪，別用這個字眼。他們說我們是煉金術士，應該被砍頭。」但後來，拉塞福自豪地在自己的作品中使用這個術語，多半被翻譯成遷變或蛻變。

11. Campbell J. *Rutherford*, 478-481.
12. 截至 2024 年，卡文迪許已有 30 位研究人員獲得諾貝爾獎。
13. Crowther J. G. *The Cavendish Laboratory 1874-1974.*
14. 用於氣球和其他用途的氦氣來源，實際上是地球深處的放射性礦物衰變並釋放 α 粒子時，在多孔岩石中形成的氣體囊。α 粒子吸收電子變成氦氣。這些氣體被困在岩石中，無法散逸到地球表面，並不斷積聚。拉塞福曾嘗試以岩石中的氦氣含量和其中已知的放射性礦物半衰期來確定地球的年齡。他的數據顯示，地球至少有 4,000 萬年的歷史。然而，他的方法並不準確，科學家現在知道我們的星球至少有 40 億年的歷史。
15. 拉塞福之所以使用金，是因為它是惰性元素，即它不容易與其他物質發生化學反應，而且具有很好的延展性，能夠做成薄箔，方便實驗。其他元素沒有這些好處，但它們也能發揮作用。
16. Lindley D. *Uncertainty*, 46-47.
17. 義大利科學家阿梅代奧・阿伏加德羅（Amedeo Avogadro）在 1811 年提出，無論氣體種類如何，氣體的體積和所含的原子數成正比。實際上他指的是，在標準溫度和壓力下，所有氣體都具有相同數量的分子，而不是原子，但由於化學家也知道每個分子的原子數量，因此他們在面對多原子的氣體分子時，可依此調整計算。
18. 由於電子非常小，在原子中的質量微乎其微，因此在計算時可以忽略不計。
19. 中子也有稀釋原子核正電荷的功效，若是原子核僅由會相互排斥的質子組成，一定會自行爆炸。
20. Cathcart B. *The Fly in the Cathedral*, 208.
21. 氫原子的原子核僅有一個質子。
22. 電子伏特（eV）是一種能量單位，相當於電子通過 1 伏特電位差加速時所做的功。從歷史的角度來看，eV 因其在粒子加速器科學中的實用性而發展成一個單位。但它不屬於國際單位制（System of Units，SI），國際單位制採用的是焦耳而非 eV。
23. Cathcart B. *The Fly in the Cathedral*, 141.
24. Badash L. *Radioactivity in America.*
25. Cathcart B. *The Fly in the Cathedral*, 185.
26. 氡氣在輻射對健康影響的故事中扮演著非常重要的角色。在第 12 章將會介紹更多關於氡的資訊。
27. 現已不存在的凱利醫院，是當時全美頂尖的婦科癌症放射治療中心。凱利醫院

以其創始人兼院長、婦科醫生霍華德‧凱利的名字命名，凱利醫院的工作人員可能認為將這些廢棄瓶交給卡文迪許的科學家，等於是間接回報給歐內斯特‧拉塞福。大約在1912年，拉塞福最初給了凱利一套從鐳中收集氡氣的裝置（Aronowitz et al. "Howard Kelly establishes gynecologic brachytherapy"）。

28. 諷刺的是，原子的英文（atom）來自於希臘文中的 ἄτομος（atomos），意思是不可分割的或不可分離的、就像無法再被分開的東西。所以古希臘人可能會認為，分裂原子是最為終極的矛盾。
29. 這與克魯克斯管將帶負電的電子加速到帶正電的陽極時的作用相反（請參見第2章）。
30. Poole M., et al. "Cockcroft's subatomic legacy."
31. Cathcart B. *The Fly in the Cathedral*, 66-84.
32. Cathcart B. *The Fly in the Cathedral*, 165.
33. 考克勞夫和沃爾頓因「用人工加速的原子粒子遷變原子核」獲得1951年諾貝爾物理學獎。翻成簡單的白話文，就是他們分裂了原子。嚴格來說，拉塞福在1917年就已經做到了，當時他透過 α 粒子撞擊氮並產生遷變，但「分裂原子」這種說法，直到後來才被廣泛使用，特別是與考克勞夫和沃爾頓將鋰裂解的質子加速器聯在一起，還有拉塞福的氮遷變 α 粒子。
34. Cathcart B. *The Fly in the Cathedral*, 158.
35. Cathcart B. *The Fly in the Cathedral*, 64, 106.
36. Cathcart B. *The Fly in the Cathedral*, 159.
37. 正確說來，我們談論的是質量（公斤），而不是重量（磅）。重量受重力影響，而質量則不受重力影響。例如，由於重力較低，太空人在月球上的體重（以磅為單位）會比在地球上輕，但他們的質量（以公斤為單位）將保持不變。在科學上質量和重量間的差異，是個重要的區別，但這些術語在日常對話中有時可以互換。基於本書的目的，我們將使用名詞「質量」（mass）及其單位公斤（kilograms），以及動詞「稱重」（to weigh）因為並沒有「稱量」（to mass）這樣的動詞存在。
38. 能量的國際標準單位是焦耳（joule，J）。1焦耳等於：$(kg \times m^2)/s^2$。
39. Isaacson W. *Einstein*, 272.
40. Cathcart B. *The Fly in the Cathedral*, 250.
41. Kelly C. C. *The Manhattan Project.*
42. 費米在宣布發現超鈾元素時非常有自信。他因這項發現獲得1938年的諾貝爾物理學獎，不過後來證明他是錯的。他的超鈾元素其實只是裂變產物。一段時間後，艾德溫‧馬蒂森‧麥克米蘭（Edwin Mattison McMillan）發現了真正的超鈾元素。諾貝爾委員會不願承認自己的錯誤，因此將1951年的諾貝爾化學

獎頒給麥克米蘭，並允許費米保留物理學諾貝爾獎（Kean S. *The Disappearing Spoon*, 141-143）。
43. 芝加哥堆（Chicago Pile）現在永久埋在紅門森林（Red Gate Woods），其是位於伊利諾州庫克郡帕洛斯區（Palos Division）的一處森林保護區。
44. 關於核融合如何釋放能量的過程，有個簡短而令人信服的解釋，請參閱：Close F. *Particle Physics: A Very Short Introduction*, 107-111。
45. 宇宙輻射實際上包括源自太空任何地方的所有輻射，而不僅僅是來自太陽閃焰。
46. Brooks M. *13 Things That Don't Make Sense*, chapter 4.
47. 氫氣爆炸與氫彈不同。氫氣與氧氣具有很強的反應性，會引起化學爆炸，從而產生水（H_2O），但這與核融合反應不同。2011 年福島核電廠事故確實發生了氫氣的化學爆炸，但在核分裂電廠不可能發生氫核融合（hydrogen fusion）爆炸。

第 4 章

1. 施內貝格（德國）和聖約阿希姆斯塔爾（St. Joachimsthal，位於捷克共和國）是厄爾士山脈（Ore Mountains）相鄰的採礦社區，橫跨今日德國和捷克的邊界。厄爾士山脈的礦區有著開採各種礦物的悠久歷史，英文中的「礦石」（ore）一詞，就是從這個地方得名的。
2. Schuttmann W. "Schneeberg lung disease and uranium mining."
3. 牛頓對汞的研究相當廣泛。1979 年他曾分析自己的頭髮樣本，結果發現當中的汞含量達到可使人中毒的程度。但目前尚不清楚他晚年所遭受的精神疾病是否可以用汞中毒來解釋（Gleick J. *Isaac Newton*, 99）。
4. Clark C. *Radium Girls*, 20.
5. Rodricks J. V. *Calculated Risks*, 136-161.
6. 煤礦工人常會帶著關有金絲雀的鳥籠到礦坑，用以偵測是否有甲烷氣體，甲烷氣體相當致命，而金絲雀對甲烷極為敏感。若是礦工的金絲雀死了，就表示有這樣的氣體存在，礦工們就會趕緊撤離，避免因甲烷氣體窒息。
7. 正如前文所提，早期研究電離輻射的科學家，經常因研究而遭受皮膚刺激，有時這些受到刺激的身體部位還會出現癌症。倫琴注意到了這一點，他在操作 X 射線實驗時會用鉛屏障保護自己。較不謹慎的科學家和工程師，例如居禮夫婦和愛迪生，由於暴露程度相對較高而遭受了嚴重的健康後果。相較之下，馬可尼和其他非電離輻射（例如無線電波）的先驅，即使暴露在大量輻射的情況下也沒有明顯的健康問題，這顯示電離輻射具有潛在危險，但非電離輻射則沒有這樣的風險。

8. 確切來說，一種較稀有的氡放射性同位素（radon-220）是由拉塞福於 1899 年首次發現的（Marshall J. L., and V. R. Marshall. "Ernest Rutherford"）。

9. 在英文中，有時會使用較舊的術語「女兒」（daughter）來代替「後代」，但中文多半翻作「子代」（progeny）（沒有一種衰變產物曾被稱為「兒子」〔sons〕，說來有一點政治不正確）。

10. Lorenz E. "Radioactivity and lung cancer."

11. *Waterbury Observer,* "After glow."

12. 第一個真正發明含鐳螢光塗料的人是威廉・哈默，他是在 1902 年發明的，但當時並沒有去申請專利，因為他認為鐳太稀有，而且提煉成本太高，無法實際在油漆中應用。但高級珠寶公司蒂芬尼公司（Tiffany & Company）的高階主管喬治・昆茲（George F. Kunz）竊取了哈默的構想，並在 1903 年為這種塗料申請專利，用它來裝飾幾件珠寶，這些珠寶在曼哈頓的商店中出售給富有的買家。後來因為對鐳的醫療需求不斷增加，促使鐳的商業產量大幅增加，導致其價格開始下降（請參見第 6 章），鐳塗料才會被廣泛使用。

13. Clark C. *Radium Girls,* 15.

14. Clark C. *Radium Girls,* 108-109.

15. Hacker B. C. *The Dragon's Tail,* 22.

16. 「輻射照射」（*irradiate*）是個動詞，意思是將某物暴露在輻射下的行為。

17. 之前提過碳 -14（6 個質子）衰變為氮 -14（7 個質子），請參見第 2 章。

18. NCRP Report. *Some Aspects of Strontium Radiobiology.*

19. 沃特伯里鐘錶公司，最終發展成天美時集團（Timex）。

20. Clark C. *Radium Girls,* 161.

21. Quinn S. *Marie Curie,* 411.

22. Quinn S. *Marie Curie,* 410.

23. Clark C. *Radium Girls,* 172-176.

24. Clark C. *Radium Girls,* 172.

25. 醫師可從每個病例拿到 25 美元的回扣。

26. Clark C. *Radium Girls,* 176.

27. Lazarus-Barlow W. S. "On the disappearance of insoluble radium salts from the bodies of mice."

28. Engelmann W. "Radium emanation therapy."

29. Zueblin E. "Radioactive therapy in medicine."

30. 皮耶・居禮對小鼠做了類似的操作，小鼠是一種與人類相近的動物模型。他發現，只要將幾粒鐳放在小鼠脊椎附近，3 小時內就會使牠麻痺（Mullner R. *Deadly Glow,* 13）。

31. Mullner R. *Deadly Glow*, 15-17.
32. Clark C. *Radium Girls*, 174.
33. 最後認定，共有 112 位錶盤漆工死於鐳中毒，最後一起與鐳相關的死亡發生在 1988 年，最後一位已知的鐳錶盤漆工是梅布爾・威廉斯（Mabel Williams）。她於 2015 年 7 月 23 日在華盛頓州奧林匹亞去世，享嵩壽 104 歲。
34. Buchholz M. A., and M. Cervera. *Radium Historical Items Catalog*, 1.
35. Clark C. *Radium Girls*, 202.
36. Clark C. *Radium Girls*, 201-202.
37. Upton A. C. "The first hundred years."
38. Yoshinaga S., et al. "Cancer risks among radiologists."
39. Upton A. C. "The first hundred years."
40. 最初倫琴被定義為輻射暴露單位，相當於在 0°C 和標準大氣壓力下，將 1 立方公分的乾燥空氣產生一個靜電單位的電離輻射量。
41. 事實上，倫琴是曝光單位，而不是劑量單位。因此用倫琴來定義劑量單位是不合適的。然而，當時「暴露」和「劑量」這兩個術語經常互換。
42. 該限制值很快就降低到每天 0.1 倫琴。
43. Quinn S. *Marie Curie*, 415.
44. Quinn S. *Marie Curie*, 416.
45. Quinn S. *Marie Curie*, 413-414.
46. Greenwood V. "My Great-Great-Aunt Discovered Francium."
47. Quinn S. *Marie Curie*, 431-432.
48. *Nature*. "Curie laid to rest with France's heroes."
49. *Nature*. "X-rays, not radium, may have killed Curie."
50. Clark C. *Radium Girls*, 163.
51. 德林克（Drinker）家族的塞西爾（Cecil）和菲利普（Philip）兄弟，對於鐳塵對貓的健康影響十分感興趣，並加以研究。身為工程師的菲利普發明了一種控制貓咪吸氣速率的機器。在 1928 年，這套裝置放大到人體尺寸，用於幫助小兒麻痺患者呼吸。這部日後被稱為鐵肺的機器，拯救了許多小兒麻痺患者的生命（Clark C. *Radium Girls*, 207）。
52. 人體內攜帶的放射性稱為身體負荷（body burden），以放射性或質量單位表示，通常使用的單位分別是微居里（microcuries）或微克（micrograms）。任何放射性同位素的最大允許身體負荷（maximum permissible body burden），都會導致最大耐受劑量的負荷。
53. Clark C. *Radium Girls*, 193.
54. 泰勒於 2004 年因阿茲海默症併發症去世，享年 54 歲。

55. Oransky I. "Lauriston Taylor."
56. Frame P. W. "Tales from the atomic age."
57. 本章僅重點介紹導致採用國家和國際輻射防護標準的一些重要事件。若想要得知按時間順序排列的完整輻射防護實踐史，可參考：Taylor L. S. *Organization for Radiation Protection*。
58. Isaacson W. *Einstein*, 471-478.
59. Zoellner T. *Uranium*.
60. Hacker B. C. *The Dragon's Tail*, 29.
61. 曼哈頓計畫在美國正式加入二次世界大戰前兩年（1941年12月7日）開始，但自1939年9月1日德國入侵波蘭以來，戰火已不斷在歐洲蔓延。原先美國製造原子彈是為了對付德國，因為當時懷疑德國人也有製造原子彈的計畫，這項懷疑事後被證實是對的，不過歐洲的戰爭在他們還沒完成計畫前就結束了。日本投降後，據悉他們也有一項較為簡單的原子彈計畫，由拉塞福曾經的指導學生仁科良夫所領導。一些證據顯示，仁科可能將當時日本最傑出的物理學家分配去做無關緊要的任務，而將關鍵工作交給沒那麼聰明的物理學家，以此來破壞這項計畫（Rotter A. J. *Hiroshima*, 66）。
62. Mullner R. *Deadly Glow*, 125.
63. 1939年使用的輻射防護標準，展現出了當時測定牙膜劑量的粗糙概念（即根據牙科底片的曝光程度，來測量一個人受到的劑量）：「若是經過一週的曝光和標準成像過程，在光線充足的情況下，這些底片中仍沒有一張暗到放在印刷頁面上時，無法透過它來讀下面的字母，這樣的保護就算是足夠了。」（Hacker B.C. *The Dragon's Tail*, 37）
64. 劑量與暴露：「劑量」（dose）是指由於某種「暴露」（exposure）而實際進入體內的物質。二手菸是個很好的例子。如果一群人在一個有人吸菸的房間裡，那麼不吸菸的人也會暴露在同樣被煙霧汙染的空氣中，但他們的劑量會有所不同。要是有人屏住呼吸，那可能不會因暴露在香菸的煙霧中而受到劑量的影響，而呼吸頻率快且深呼吸的人，則會受到較高的劑量。影響健康的是劑量，而不是暴露量。儘管兩者高度相關並且經常混淆，但劑量和暴露並不是同一回事。
65. 1毫西弗等於100毫侖目（mrem）。
66. 截至2015年，美國核能管理委員會仍在使用較舊的劑量當量單位（mrem），儘管世上所有其他國家都已將其替換為毫西弗。在筆者看來，NRC堅持使用mrem的政策，並不是一種好的做法，且會引起大眾不必要的困惑。2011年日本核災期間，這情況尤其嚴重，當時日本官方採用毫西弗向媒體報告，但美國當局仍使用毫侖目。在本書中，劑量當量自始至終都是以毫西弗為單位。

67. 微生物可以承受比人類高出數百倍的輻射劑量。
68. 按照定義來說，非電離類型的輻射不會產生任何離子，因此毫西弗不是測量其劑量的合適單位。非電離輻射的量測，需要採用能夠量化能量沉積的其他物理原理。
69. Hacker B. C. *The Dragon's Tail*, 43.
70. 我們在第 9 章中會進一步討論劑量當量的確切意義、測量方法，及其在預測癌症風險的效用。
71. 這個概念至今仍以 ALARA（As Low As Reasonably Achievable）這個英文縮寫來表示，即能夠多低就多低之意。目前美國核能管理委員會已透過法規規範輻射工作環境的相關數據。
72. 中子在物質中以極高的速度移動時，會釋放出可見的藍光。這種藍光是以其發現者的名字來命名，稱為切倫科夫輻射（Cherenkov radiation），但它實際上只是來自可見波長光譜中藍色部分的光，本身並不會對健康造成影響，僅是顯示高速粒子輻射的存在，且通常是由中子組成。
73. Conant J. *109 East Palace*, 339.
74. Conant J. *109 East Palace*, 340.
75. 事實上，這正是今日核電廠所使用的安全方法。控制棒在電力作用下以機械方式升起，引發核分裂反應，因此工廠中意外斷電時，控制棒會在重力作用下落下，終止核分裂反應。
76. 鈹是一種鈍脆金屬，容易發生核反應並釋放中子。它可以吸收 α 粒子和伽馬射線，並交換發射中子。伊雷娜・居禮和約里奧所目睹的是鈹的 α 粒子反應（請參見第 4 章）。斯洛廷的團隊利用鈹吸收鈹核心發射的伽馬射線，並將其轉化為中子，從而提高核心的中子產量，使其更接近臨界狀態。由於其產生中子的特性，鈹受到當時研究中子的核子物理學家廣泛使用。不幸的是，它的脆性會產生對呼吸系統有劇毒的粉塵。恩里科・費米便是這種粉塵的受害者之一。他死於鈹中毒，享年 53 歲（Kean S. *The Disappearing Spoon*, 192-193）。
77. 這讓人想起 α 粒子的反彈實驗，這讓拉塞福能夠探測原子核，並測量其大小（請參見第 4 章），但雷達的工作範圍比 α 粒子更大，甚至能夠從飛機或船身等地方彈回，而不僅限於原子核。
78. Brown D. E. *Inventing Modern America*, 80-83.

第 5 章

1. Hodges P. *The Life and Times of Emil H. Grubbe*, 7.
2. Hodges P. *The Life and Times of Emil H. Grubbe*, 21.
3. 放射腫瘤學，是利用放射療法來治療癌症的醫學專業。儘管放射治療

（radiation therapy）的英文通常被拼寫為「radiotherapy」，筆者卻認為這個詞有誤導之虞，因為這暗示著使用無線電波來治療。諷刺的是，無線電波是一種不用於治療癌症的輻射，因為它的能量太弱，無法殺死癌細胞或任何其他細胞。

4. 格魯貝直到 1898 年 3 月才從醫學院畢業，但從 1896 年 2 月開始，他就在芝加哥戈泰吉葛洛夫大道（Cottage Grove Avenue）2614 號，大張旗鼓地從事放射治療業務。附近有些醫師說他是密醫，因為他們懷疑 X 光的療效，而且格魯貝尚未取得醫學院的學位，但格魯貝仍繼續執業。他曾經一度聲稱，他和他的工作人員每天要治療 70 名患有各種疾病的患者（並非全部是癌症）。

5. Hodges P. *The Life and Times of Emil H. Grubbe*, 25.

6. 最初歐洲人稱此為耶穌會的樹皮（*Jesuit's bark*），因為這是由耶穌會傳教士阿戈斯蒂諾・薩倫布里諾（Agostino Salumbrino）在秘魯觀察當地的蓋丘亞人（Quechua），將它用於治療發燒後把它帶回歐洲的。後來發現當中的活性成分是奎寧。奎寧及其合成衍生物，至今仍被用於治療瘧疾。

7. Upton A. C. "The first hundred years."

8. Regaud C., and Ferroux R. "Disordance des effets de rayons."

9. 放射去勢無法達到以手術切除睪丸的效果，特別是在消除荷爾蒙方面上。放射線通常不會殺死睪丸中產生睪酮的間質細胞，因為它們與精原細胞不同，不會分裂。第二性徵、性慾和雄性攻擊性，通常不會受到足以導致不孕的輻射劑量影響。由於將牲畜閹割的計畫目的，是為了減少與睪固酮相關的攻擊性，因此通常不能以輻射來取代手術去勢（Mossman K. L. and W. A. Mills *The Biological Basis of Radiation Protection*, 174-177）。

10. Hodges P. *The Life and Times of Emil H. Grubbe*, 69.

11. 格魯貝筆下關於放射治療史的高度自傳性書籍，內容被認為相當不可靠（Grubbe, E. *X-Ray Treatment*）。本書關於格魯貝對放射治療貢獻的內容，主要來自保羅・霍奇斯（Paul C. Hodges）撰寫的格魯貝傳記《艾米爾・H・格魯貝的生平與時代》（*The Life and Times of Emil H. Grubbe*）。在撰寫該書時，霍奇斯實際上參考華盛頓特區史密森尼學會保存的獨立文件，以證實格魯貝關於放射治療優先的基本主張。

12. Mullner R. *Deadly Glow*, 31-33.

13. 在前列腺中植入「放射性種子」（通常是鈀 -103）來治療前列腺癌，是現代近接放射治療的例子之一。在美國，每年有超過 5 萬名男性接受前列腺近接放射治療。

14. 當時，奧地利擁有厄爾士山脈，這是施內貝格和聖約阿希姆斯塔爾鐳礦的所在地，是當時唯一已知的瀝青閃礦（鐳礦石）來源。

15. Mullner R. *Deadly Glow*, 18（quoted in the *New York Times*, July 17, 1904）
16. 拉桿螺栓，是一種帶有螺紋的金屬桿，用於連接相對的金屬板，並將它們彼此固定。
17. 釩鉀鈾礦，又稱卡諾石（Carnotite），是一種黃綠色礦物，通常以結殼或片狀形式存在於砂岩中。
18. 卡農斯堡提煉廠至今仍受鐳汙染。這個場址現在屬於聯邦政府，由美國能源部管理。受汙染區域估計含有 100 居里的鐳，目前已設計了一組 1,000 年不會外滲的安全殼層將其封存。美國能源部持續加以監測，確保不會有放射性外洩到地下水，並汙染附近的夏提耶溪（Chartiers Creek）。美國能源部管理這個站點的許可證沒有到期日，因為根據預計，他們必須永久管理此處。
19. Mullner R. *Deadly Glow*, 25.
20. Mullner R. *Deadly Glow*, 27.
21. 鐳的純化十分複雜，因為來自帕雷多克斯谷的釩鉀鈾礦中，還含有鋇這種非放射性金屬。鋇和鐳都是鹼土金屬（鈣也是該族金屬，請參見第 5 章），因此具有相似的化學成分，難以透過化學方式將它們分離。
22. 據估計，標準化學公司總共提煉出 180 克的鐳，其中大部分都送去匹茲堡福布斯大道 3530 號的弗蘭納瑞大廈（Flannery Building）。這棟建築後來多次易主，大部分都將其用作辦公空間，最終成為一間銀行。當這間銀行在 1980 年代試圖出售這棟大樓時，因發現鐳汙染而導致拍賣失敗。訴訟隨之而來，這項資產仍處於無法解決的狀態。最後，賓州環境保護部監督了整棟建築的淨化工作，並於 2003 年 9 月完成，該建築重新開放，也沒有對其用途加以限制。如今，這棟大樓成了商業辦公空間。
23. 標準化學最終跨足鐳錶業務，並在芝加哥創建了一個部門，稱為鐳錶盤公司（Radium Dial Company），成了紐澤西州美國鐳公司螢光錶盤業務的競爭對手（請參見第 5 章）。
24. 後來，比屬剛果的礦場變得極為重要，因為它們是除納粹控制地區之外，唯一已知的高品質鈾礦來源。曼哈頓計畫需要大量鈾礦石（Zoellner T. *Uranium*, 45-46）。
25. Robison R. F. "Howard Atwood Kelly."
26. 1952 年凱利醫院關閉後，人們發現醫院的建築物遭受了嚴重的鐳汙染。一樓大廳櫃檯區的配線板汙染嚴重，當時因此決定直接用混凝土封起，然後丟到海中。美國原子能委員會最終將這棟建築清理淨化，並批准可繼續使用（Mangrum, H. "1418 Eutaw Place."）。後來，該社區環境惡化，這棟建築遭到廢棄，並被遊民占據。最終它被拆除，成為空地。如今這個地點是巴爾的摩市立公園。

27. 本章中有關凱利的臨床程序描述的大部分資訊來自：Aronowitz J. N., and R. F. Robison, "Howard Kelly establishes gynecologic brachytherapy"。
28. Kelly H. A., and C. F. Burnam. "Three hundred and forty-seven cases of cancer of the uterus and vagina."
29. 拉塞福發現氡氣時就是採用類似的裝置。根據瑪麗·居禮觀察到的，瀝青鈾礦會釋出放射性氣體的效應，拉塞福建造了一組裝置，用以將氣體氣泡收集至倒置的玻璃燒瓶中。拉塞福很快就確定出，捕獲的氣體是氡-220，這是一種以前未知的元素（Kean S. *The Disappearing Spoon*, 302）。多恩後來發現了產量相當豐富的天然氡同位素氡-222。
30. 治療所需的穿透性伽瑪射線，並不是來自氡-222。氡-222 主要發射的是穿透力較差的 α 粒子，鮮少發射伽馬射線。伽馬射線其實是由鈾-238 衰變鏈之中壽命較短的氡-222 之下游反應產物發出的，可以穿透腫瘤。
31. 到了 1914 年，凱利在放射治療中專門使用玻璃安瓿中的氡，而不是鐳本身。這些氡則是費瑟在 1930 年帶回卡文迪許的玻璃安瓿中的廢棄氡氣（請參見第 4 章）。
32. *New York Times*. "$100,000 Radium Treatment Test to Save Bremner's Life."
33. *Trenton Evening Times*. "New Jersey Representative Succumbs in Balti- more Sanatorium."
34. Quoted in Aronowitz J. N., and R. F. Robison. "Howard Kelly establishes gynecologic brachytherapy."
35. 直線加速器一詞直到 1950 年才受到廣泛使用。
36. Tuddenham W. J., and A. Soiland. "Pioneer radiologist."
37. Jacobs C. D. *Henry Kaplan*, 111-112.
38. 鈷-60 是一種人造放射性同位素，是以中子轟擊穩定同位素鈷-59 產生的。鈷-59 的原子核在吸收一個額外的中子後便會產生鈷-60，由於中子（33 個）相對於質子（27 個）的數量過多，因此鈷-60 的原子核並不穩定（關於中子過量如何導致放射性，請參見第 3 章）。鈷-60 的原子核會透過放射性衰變來緩解這種不穩定性，而當母體鈷-60 轉變為子代的鎳-60 時，就會發生這種情況，同時發射出兩種高能量伽馬射線。鎳-60 則是一種穩定同位素。
39. 淋巴結是橄欖形的小器官，有數百個，廣泛分布在全身各處，可以捕捉循環系統中的異物，類似過濾器的功能。它們具有重要的免疫作用，並含有特定類型的白血球（淋巴細胞和巨噬細胞）。在抵抗感染時，淋巴結通常會腫脹，等到感染減弱時，節點會再次縮小到正常的尺寸。在沒有感染時，出現淋巴結持續腫脹可能是淋巴癌的徵兆。
40. 與具有明確發展模式的何杰金氏症相反，除了何杰金氏症導致的以外，實際上

還要超過 30 種不同的淋巴瘤，其在顯微鏡下的外觀各異，具有不相同的生物特性和病情發展。

41. 治癒率不能完全歸因於放射治療的進步。就晚期何杰金氏症來說，在執行放射治療時通常也會搭配化療（即使用藥物的癌症治療）。

42. 癌症的放射治療要成功，過程中還需要有其他重要因素，不過本書無法詳細交代。世界各地在這方面都有進步。以下文章僅報導了美國人對此領域的貢獻：Brady L. W., et al. "Radiation oncology"。

43. 有關癌症化療及其歷史的解釋，請參閱：Mukherjee S. *The Emperor of All Maladies*。

44. 治療疾病的目的是減輕疼痛和痛苦，但若不以治癒為目的，則稱為安寧療護（*palliative therapy*）。

第 6 章

1. 本書中的「原子彈」一詞，是指特定的核分裂式炸彈，而不是任何其他類型的核武。

2. Tibbets P. W. *Return of the Enola Gay*, 161.

3. 當時認為，飛行風險是整趟轟炸任務中最不確定的部分。相較之下，科學家已估計出未能引爆的炸彈風險低於萬分之一。科學家因為一個月前在內華達州沙漠成功進行的「三位一體」（Trinity）試爆而更具信心。儘管試驗的核彈（使用鈽）在設計上與投在廣島的原子彈（使用鈾）不同，但當時認為，廣島原子彈的爆炸機制在設計上更簡單，失敗的可能性更小（Tibbets P. W. *Return of the Enola Gay*, 185）。

4. 本章原文的單位主要使用英制單位，因為當時在測量上這種單位被廣泛使用，甚至在科學社群間，而且也被用於所有的原始歷史資料中。

5. 震源是指炸彈爆炸的確切位置，所有形式的傷害最初都是從這個點輻射出去的。廣島原子彈的震源離地高 576 公尺，震源正下方的地面點則稱為原爆點，或是核心投影點。12.8 公里的估計值，來自洛斯阿拉莫斯實驗室負責原子彈彈道學（Tibbets, P. W. *Return of the Enola Gay*, 162-163）的副主任威廉・斯特林・帕森斯（William Sterling Parsons）。

6. 有關蒂貝茨中校用於計算出發角度的完整數學說明，請參閱以下網站：http://user.xmission.com/~tmathews/b29/155 Degree/155 Degreemath.html。

7. Walker R. I., et al. *Medical Consequences of Nuclear Warfare*, 6-10.

8. 佐佐木是約翰・赫西（John Hersey）在其紀實作品《廣島》中的一位人物。赫西對第一次原爆造成的傷亡描述，最初於 1946 年 8 月 31 日發表在《紐約客》雜誌（*The New Yorker*）上，在廣島和長崎原子彈爆炸一年後。雜誌上的故事

後來出版成書，至今仍是關於廣島原爆這場人間悲劇最令人動容的描述。
9. Rotter A. J. *Hiroshima*, 194.
10. 池田的手錶，後來由他的妻子捐贈給廣島和平紀念博物館的原子彈文物收藏組（廣島市中區中島町 1-2）。
11. Hersey J. *Hiroshima*, 81-82.
12. McRaney W., and J. McGahan. *Radiation Dose Reconstruction U.S. Oc-cupation Forces in Hiroshima and Nagasaki, Japan, 1945-1946.*
13. Hersey J. *Hiroshima*, 4.
14. Hersey J. *Hiroshima*, 24.
15. Hersey J. *Hiroshima*, 46.
16. 廣島的公眾約在一週或更久之後，才得知這顆炸彈是原子彈。（Hersey J. *Hiroshima*, 62.）
17. 據估計，當時炸彈的亮度是太陽的 10 倍。（Tibbets P.W. *Return of the Enola Gay*, 228.）
18. 美國軍方還發給機組人員氰化物膠囊，以防萬一。要是他們的飛機遭到擊落，被日方俘虜時便可以服用，藉以自殺。
19. 艾諾拉·蓋號轟炸機（Enola Gay）上的機組人員，並沒有錯過廣島上空的蕈狀雲。他們在飛機距離廣島約 668 公里，大約是華盛頓特區和波士頓之間的距離時，有親眼看到這朵雲（Rotter A. J. *Hiroshima*, 192）。
20. Rotter A. J. *Hiroshima*, 204.
21. 9 月初（原子彈爆炸 4 週後），廣島倖存者的死亡率約為每天 100 人（Weisgall J. M. *Operation Crossroads*, 7）。
22. Hersey J. *Hiroshima*, 72.
23. 症候群，指一特定疾病的一系列症狀。
24. 每種症候群的劑量範圍僅是近似值，並非絕對的界線。此外，當暴露的輻射劑量在界線附近時，可能會出現症狀重疊的情況。因此，不應將每種症候群的最小和最大劑量視為明確的分野，而應僅將其視為該症候群占主導地位的近似劑量值。不過，患者接受的全身劑量才是影響患者後續病症發展的最重要因素，包括預期死亡時間或存活率。
25. Walker R. I., and T. J. Cerveny. *Medical Consequences of Nuclear Warfare*, 22.
26. Hersey J. *Hiroshima*, 78.
27. 白血球會經歷一種程序性細胞死亡（programmed cell death），也稱為細胞凋零（apoptosis），這個英文詞彙來自希臘文，這種死亡比大多數其他細胞類型經歷的壞死性死亡更迅速。
28. 當 1986 年車諾比核電廠事故發生後，一些受害者接受了稱為骨髓移植

（BMT）的醫療方式，即用捐贈者的健康骨髓替代受害者被破壞的骨髓。骨髓移植的醫療程序非常複雜，可以挽救一些原本會死於造血症候群的患者。但它有幾個缺點。骨髓移植若要成功，需要有與身體組織相匹配的捐贈者，另外還要有訓練有素的人員以及先進的醫療設施，如果匹配程度較低，可能會因為移植物抗宿主疾病（graft versus host disease），即俗稱的排斥反應，導致死亡。這種情況是捐贈者的免疫系統隱藏在捐贈的骨髓（移植物）中，它們會攻擊患者（宿主）的身體組織，將其誤認為是外來的入侵者。實際上，骨髓移植在放射線病治療的適用範圍非常窄，只有全身劑量在約 8,000～10,000 mSv 的患者可以採行這種治療方式。基於上述這些原因，骨髓移植並非大家所想像的治療放射線病萬靈丹。

29. 如果接觸劑量的時間拉長，變得較為分散，那麼罹患放射線病的門檻將會更高（> 3,000 mSv），因為這時，細胞可以修復緩慢累積的損害。然而，像原子彈爆炸這樣在一瞬間接受到高劑量的情況，破壞性較強，將會壓垮細胞的修復系統。

30. 輻射劑量隨距離增加而下降，這依循的是平方反比定律，意味著劑量的下降和輻射源的距離平方成反比。例如，距輻射源兩公尺處的劑量，將是一公尺處劑量的四分之一（劑量 = $1/d^2 = 1/2^2 = 1/4$）。距離加倍，將使劑量減少四分之一；若距離增加 4 倍，則會導致劑量減少 1/16。因此，放射線病的病例會聚集在受一個範圍之間，涵蓋約 1,000～10,000 毫西弗的狹窄劑量範圍。在廣島原子彈的例子中，這個範圍是距離原爆點約 730～1,462 公里（Nagamoto T., et al. "Thermoluminescent dosimetry of gamma rays"）。

31. Rotter A. J. *Hiroshima*, 198.

32. Hersey J. *Hiroshima*, 81; Weisgall J. M. *Operation Crossroads*, 210; Rotter A. J. *Hiroshima*, 222.

33. Rotter A. J. *Hiroshima*, 194.

34. Rotter A. J. *Hiroshima*, 201.

35. 根據蒂貝茨的說法，美國軍方並不知道在投彈時仍有 23 名遭俘虜的美國飛行員被關押在廣島的碉堡中。

36. 洛斯阿拉莫斯物理學家漢斯・貝特（Hans Bethe）和克勞斯・福克斯（Klaus Fuchs）主要負責設計鈽彈的內爆機制。後來發現福克斯是蘇聯間諜，內爆設計圖最終透過蘇聯特務朱利葉斯・羅森伯格（Julius Rosenberg）和艾塞爾・羅森伯格（Ethel Rosenberg）傳給了蘇聯的炸彈科學家。1953 年，羅森伯格夫婦因間諜罪在新新懲教所遭到電椅處決。

37. Cullings H. M. et al. "Dose estimates"；請參閱本章的圖 5。

38. 這項聲明可以追溯到古希臘悲劇詩人艾斯奇勒斯（Aeschylus），不過它之所以

廣泛流傳，主要是因為美國參議員海勒姆·詹森（Hiram Johnson）在 1918 年一戰和西班牙流感疫情達到高峰時的談話：「戰爭來臨時，第一個受害的就是真相。」巧合的是，詹森於 1945 年 8 月 6 日去世，正是在廣島投下原子彈的那天。

39. Rotter A. J. *Hiroshima*, 206.
40. Rotter A. J. *Hiroshima*, 223.
41. Hersey J. *Hiroshima*, 89.
42. Walker R. I., et al. *Medical Consequences of Nuclear Warfare,* 5.
43. Walker R. I., et al. *Medical Consequences of Nuclear Warfare,* 8.

第 7 章

1. Hoffman M. "Forgotten Atrocity of the Atomic Age."
2. 漁民最初以為他們看到的是流星撞擊地球，但他們很快就明白到底發生了什麼事，在返程途中一直沒使用無線電，因為他們擔心這場試爆是機密性質，可能會因目睹這一切而在海上被美軍逮捕（Ōishi M. *The Day the Sun Rose in the West*, 5）。
3. 第五福龍丸帶回的那批放射性漁獲，基本上都被成功回收，並在東京中央批發市場入口處空地挖出一個大坑掩埋。如今，市場入口附近有一座地鐵站，上面有一副「鮪魚紀念館」的牌匾，標誌著這批受汙染鮪魚墓地的大概位置（Ōishi M. *The Day the Sun Rose in the West*, 126-133）。
4. Mahaffey J. *Atomic Accidents*, 82.
5. 第一顆試爆的氫彈「常春藤麥克」，是在 1952 年 11 月 1 日，於馬紹爾群島鄰近比基尼環礁的埃內韋塔克環礁引爆。
6. 本書中提到基於核融合反應所設計的炸彈時，都會採用「氫彈」一詞。但請注意，這類型的炸彈有時也稱為 H 彈或熱核武器。
7. 國會大廈與白宮之間的距離約為 2 英里（3.2 公里）。華盛頓特區的購物中心與巴爾的摩內港之間的距離約為 40 英里（64.4 公里）。
8. 當巴黎時裝設計師路易·黑雅（Louis Réard）在 1946 年夏天推出他的新款女性泳衣設計時，他將其稱為比基尼，並表示其暴露的設計就像那個夏天吸引公眾注意力的比基尼環礁原子彈試驗一樣令人震驚。
9. 這個環礁的英文一直被拼寫為 Eniwetok，直到 1974 年，美國政府將其官方拼寫改為 Enewetak，好讓語音更接近馬紹爾群島居民的發音。
10. 核彈可以是核分裂型或核融合型。在本書，我們使用原子彈一詞來表示核分裂式核彈，並使用氫彈來表示核融合型核彈。
11. 日本藝術家橋本功製作了在 1945～1998 年間發生的 2,053 次核爆縮時攝影地

圖。1954 年 3 月 1 日那場在比基尼環礁的氫彈試爆，約在整部影片的三分之四秒處：https://www.youtube.com/watch?v=LLCF7 vPanrY。

12. Ōishi M. *The Day the Sun Rose in the West*, 35.
13. 久保山之死激起了日本的反核運動。儘管許多日本人認為他們也應該分擔一些廣島和長崎遭到原子彈攻擊的罪責，因為他們自己的政府一直是公開宣揚「全面戰爭」策略的侵略者，但他們認為久保山是無辜烈士，因為美國侵略性且不負責任地在和平時期展開核武軍備競賽而犧性。當年有超過 40 萬人參加了久保山的葬禮。據稱，研發氫彈的核物理學家愛德華·泰勒（Edward Teller）反駁道：「對一個漁民的死如此大驚小怪實在不合理。」這樣麻木不仁的回應更是引發眾怒（Ōishi M. *The Day the Sun Rose in the West*, 126）。
14. 儘管有人提出，高空引爆的目的是為了儘量減少放射性塵埃，但事實並非如此。選擇在地面上方引爆原子彈是因為這樣能夠均勻分布衝擊波效應，使其達到最大化，而衝擊波效應與火是原子彈最具破壞力的特性（詳見第 7 章）。
15. 氫的同位素是氫-1（主要天然同位素）、氫-2（氘）和氫-3（氚）。在這三者中，只有氫-3 具有放射性。
16. 氘化鋰的鋰-6 會發生裂變並產生氚（氫-3），然後與氘（氫-2）聚變釋放能量。
17. 諷刺的是，具有 3 個質子和 4 個中子的鋰-7，正是卡文迪許科學家首先用質子來分裂的原子，用以證明核分裂的可行性（請參見第 5 章）。但當時卻認為鋰-7 不易受到中子裂變的影響。炸彈物理學家不知道的是，鋰-7 只要獲得一個中子或釋放兩個中子，就能轉化為鋰-6。而在鋰-7 轉化為鋰-6 後，又進一步推動核融合反應，超出了所有人的預料。
18. 物理學家費米進行了最初的芝加哥堆實驗，證明了達到臨界點的可行性，他警告斯洛廷，他的團隊使用螺絲起子來測量臨界點十分危險。有一次，費米與斯洛廷說：「繼續這樣做實驗，一年之內你就小命不保！」費米果然一語成讖（Welsome E. *The Plutonium Files*, 184）。
19. 蘇聯最終試爆了 5 枚比「蝦子」還大的核彈。
20. 環礁是珊瑚沿著死火山邊緣生長形成的環形珊瑚島，並逐漸沉入海洋。太平洋上常見的環礁島嶼因查爾斯·達爾文的航行而聞名，他那時造訪了許多島嶼，並推測了它們的地質起源。
21. 美國在比基尼環礁和附近的埃內韋塔克環礁總共進行了 67 次核武試爆，爆炸威力總計高達 100 兆噸 TNT。相當於 19 年來每天引爆一顆廣島原子彈。它的爆炸威力比人類史上所有戰爭累積的爆炸威力還要大。
22. Weisgall J. M. *Operation Crossroads*, 107.
23. Figueroa R., and S. Harding. *Science and Other Cultures*, 106-125.

24. Weisgall J. M. *Operation Crossroads*, 36.
25. Ōishi M. *The Day the Sun Rose in the West*, 30.。
26. 當事故發生後，第五福龍丸經過淨化處理，並作為東京水產大學的訓練船多年。最終它被當作廢品出售，但在拆船前，公眾發起了一場運動，最終將其保存為紀念品。現於東京都博物館的醍醐館永久展出。
27. 根據時任美國總統柯林頓（Bill Clinton）於 1994 年成立的委員會研究，以及美國政府開展的其他人體輻射計畫，當初之所以會有 4.1 計畫，是為了以下臨床和研究目的：評估暴露輻射對人體造成的傷害；提供一切必要的醫療照護；對人類輻射損傷進行科學研究。請參閱 *Final Report of the Advisory Committee on Human Radiation Experiments*, chapter 12, part 3, "The Marshallese"。線上版：http://biotech.law.lsu.edu/research/reports/ACHRE。學者指出，將那些受影響的島民自動納入研究，違反了臨床和生物倫理，即使根據當時醫學倫理的規範來判斷也是如此（Johnston B. R., and H. M. Barker. *Consequential Damages of Nuclear War*）。就 4.1 計畫目標中規定的臨床護理和研究間的關聯來看，治療可能是參與研究的交換條件，使得受影響的島民別無選擇，無法退出研究。
28. Ōishi M. *The Day the Sun Rose in the West*, 38.
29. 當時懷疑蘇聯透過間諜，也就是參與曼哈頓計畫的物理學家克勞斯・福克斯得知氘氚融合一事。但目前尚不清楚福克斯到底傳遞了哪些關於核融合的機密。無論如何，蘇聯人早在開發出觸發核融合型炸彈所需的核分裂型炸彈前，就已經開始這方面的研究了。
30. Ōishi M. *The Day the Sun Rose in the West*, 31.
31. Rowland R. E. *Radium in Humans*.
32. 引用自 Mullner R. *Deadly Glow*, 134.
33. Mullner R. *Deadly Glow*, 135.
34. 人們通常會在食鹽中添加碘來補充膳食中的碘，以防止攝取不足，甲狀腺腫大的主要原因就是碘攝取不足。
35. 有些海洋生物可以將核分裂產物濃縮高達 10 萬倍。1946 年，在「十字路行動」（Operation Crossroads）中的貝克核分裂型炸彈（Baker fission bomb）試爆中，即使在進入非放射性水域後，觀察船的船體仍具有高放射性。很快人們就發現，這是因為船體外部的藻類和藤壺將核分裂產物大幅濃縮。這問題嚴重到水手必須將他們的鋪位遠離船壁，免得在睡覺時過度暴露在輻射下（Weisgall J. M. *Operation Crossroads*, 232-233）。
36. Baumann E. "Ueber das normale Vorkommen von Jod."
37. Advisory Committee on Human Radiation Experiments. *The Human Experiments*, 371.

38. Figueroa R., and S. Harding. *Science and Other Cultures*, 116.
39. 通常是如此。然而，銫也會黏附在黏土上，如果土壤的黏土含量很高，銫存留的時間就會更長。
40. Ōishi M. *The Day the Sun Rose in the West*, 43.
41. Ōishi M. *The Day the Sun Rose in the West*, 78.
42. 日本千葉國立放射科學研究所在美國的資助下管理這項研究。
43. Ōishi M. *The Day the Sun Rose in the West*, 64.
44. Johnston B. R., and H. M. Barker. *Consequential Damages of Nuclear War*, 115-121.
45. 1985年，朗格拉普島的倖存島民仍擔心自己的安全並要求搬遷，他們最後被安置到瓜加林環礁。
46. Weisgall J. M. *Operation Crossroads*, 315.
47. Watkins A., at al. *Keeping the Promise.*
48. *Marshall Islands Nuclear Claims Tribunal: Financial Statement and Independent Auditor's Report, FY 2008 & 2009*, Deloitte & Touche LLP（March 25, 2010）仲裁庭有權根據年度可用資金按比例支付賠償金，如果信託基金在其法定15年效期結束時耗盡，則無須全額支付賠償金。請參見Compact of Free Association, Title II of Pub. L. No. 99-239, 99 Stat. 1770, January 14, 1986; and the Marshall Islands Nuclear Claims Tribunal Act of 1987（42 MIRC Ch. 1），Marshall Islands Revised Code 2004, Title 42—Nuclear Claims。
49. Barker H. M. *Bravo for the Marshallese*, 165.
50. Weisgall J. M. *Operation Crossroads*, 266.
51. 最後沒有發生第四次布匿戰爭，但很難說迦太基的鹽漬土地事件與此有關。
52. 利奧・西拉德的鈷彈，是另一個他對核武又愛又恨的例子。他是第一個充分認識到核分裂型炸彈潛力的人，實際上也是他為愛因斯坦代筆，寫下那封於1939年敦促小羅斯福總統研製原子彈的著名信函。然而，在炸彈發展出來後，他又積極遊說反對使用它，理由是如果蘇聯認為研發核彈的計畫失敗，那就可以避免軍備競賽繼續下去。曼哈頓計畫的軍方主管萊斯利・格羅夫斯中將（Leslie Groves）認為西拉德的左右搖擺是股「持續的破壞性力量」，後者這種猶豫不決的行為，無疑助長了許多軍官及繼任的杜魯門總統（Harry S. Truman）對他們的普遍看法，即核子科學家太過天真，竟然會相信他們可以製造出一顆永遠不會被使用的炸彈（Weisgall J. M. *Operation Crossroads*, 82-85; Tibbets P. W. *Return of the Enola Gay*, 181-182）。
53. 戰術核武和戰略核武的區別，在於前者的破壞力較小，因此可以在戰鬥中獲得軍事優勢，而戰略武器因為太過龐大而無法在戰鬥中發揮作用，只能透過洲際

彈道飛彈發射。戰略核武僅被用作戰爭威懾戰略的一部分。例如投放在廣島和長崎的原子彈，起初被認為是戰略武器，但隨著氫彈的出現，這類爆炸當量相對較低的核武則被認為僅具有戰術價值。

第 8 章

1. Oe, K. *Hiroshima Notes*, 46.
2. *Spokesman-Review*. "Leukemia Claims A-Bomb Children."
3. Figueroa R., and S. Hardig. *Science and Other Cultures*, 117.
4. Cullings H. M., et al. "Dose estimates."
5. 統計功效可以定義為研究產生重大發現的機率。在統計學中，「顯著」（significant）這個詞意味著這項發現不可能只是偶然的結果。重大不應被誤解為「重要」。重大的發現可能並不重要，而不重要的發現可能會揭示一些新的、極其重要的東西。統計顯著性是可以計算的，但重大性則是見仁見智。
6. Lindee M. S. *Suffering Made Real*, 5.
7. 截至 2013 年，約 40% 的原子彈倖存者仍然在世（Cullings H. M. "Impact on the Japanese atomic bomb survivors"）。
8. Douple E. B. et al. "Long-term radiation-related effects."
9. Bernstein P. L. *Against the Gods*, 82.
10. Johnson S. *The Ghost Map*.
11. Lindee M. S. *Suffering Made Real*, 43.
12. 松林醫師的研究原始報告，目前保存在輻射影響研究基金會的圖書館中。
13. Dando-Collins S. *Caesar's Legion*, 211-216.
14. 如果一個隊列中的士兵嚴重損耗，可能會與另一個同樣損傷慘重的隊列合併，形成一個具有完整戰鬥力的隊列。
15. 這些所謂的關聯都是虛構的例子，只是為了說明。
16. 有關研究設計的技術描述，請參閱：Rothman K. J. *Epidemiology*.
17. 有關偏差的討論，請參閱：Szklo M., and F. J. Nieto. *Epidemiology*.
18. 還有一種類型的研究，大眾經常在媒體上看到，流行病學家卻不大相信，那就是「社區研究」（ecological study），衍生自希臘文中的 ökologie，意思是「居住地」或「社區」，因為這類研究會比較不同社區間的暴露率和盛行率，並尋找兩者之間的相關性，以此作為兩者關聯的證據。儘管社區研究占有一席之地，但它存在有概念謬誤，嚴重削弱了它們推斷個體風險的價值（Morgenstern H. "Ecologic studies in epidemiology"）。
19. Lindee M. S. *Suffering Made Real*, 44.
20. Lindee M. S. *Suffering Made Real*.

21. 輻射效應研究基金會，是私人的非營利基金會，由日本厚生勞動省和美國能源部資助。
22. 在比較兩群人的癌症風險時，必須將年齡和性別這兩項因素考慮進去，因為它們是主要的風險決定因素。兩群人間的年齡和性別分布差異，會造成比較時的偏差，並導致錯誤的結論。例如，年長女性較少的族群，乳癌發生率顯然會偏低，但對腦腫瘤發生率的預期會有所不同，因為性別和年齡都是腦腫瘤的危險因子。
23. 非黑色素瘤皮膚癌（Non-melanoma skin cancer）相當常見，它通常不會致命，因此沒有納入這項風險估計。這類癌症與陽光曝曬的關係，遠比電離輻射更密切。因此，如果沒有對陽光曝曬做出可靠的評估，就難以確定電離輻射造成非黑色素瘤癌症的風險。此外，由於這些癌症很少致命，因此不太受到關注。基於上述這些原因，我們沒有將非黑色素瘤皮膚癌包括在每毫西弗的癌症風險估計中。在本書中談論癌症風險時，都已將非黑色素瘤皮膚癌排除在外。
24. NAS/NRC. *Health Risks of Radon*.
25. 愛德華・路易斯（Edward B. Lewis），是最早提出將每單位劑量的風險與所接受的劑量相乘，如此即可得到可靠估計癌症風險的科學家之一（Lewis E. B. "Leukemia and ionizing radiation"）。
26. 全身螺旋式電腦斷層掃描，是使用 X 光對身體的全部或大部分部位成像，產生許多相鄰的橫斷面影像，然後透過電腦組合，產生身體內部器官的 3D 影像結構。有時會建議沒有疾病症狀的健康者接受此類掃描，作為早期階段的篩檢工具（請參閱第 13 章）。
27. Mossman K. L. *Radiation Risks in Perspective*, 47-64.
28. 原爆倖存者也接受了極高的劑量率，眾所周知，這比低劑量率的危害程度至少高出兩倍。
29. Kleinerman R. A., et al. "Self-reported electrical appliance use."
30. Boice J. D. "A study of one million U.S. radiation workers and veterans."
31. 緊追其後的是抽菸，此方面已經有大量數據。然而，香菸煙霧中含有多種不同的化合物。這些物質個別上都沒有像輻射那樣被歸類在致癌物。

第 9 章

1. 「可遺傳的」，在英文中有「inheritable」和「heritable」兩種同義詞。這兩個形容詞都表示遺傳的能力。由於大多數人都熟悉「繼承」（to inherit）這個動詞，因此在此處的討論中會使用形容詞「可繼承」（不過在科學寫作中，多半選用的形容詞是「可遺傳的」（heritable））。
2. Henig R. M. *The Monk in the Garden*.

3. 在遺傳學中,「雜交」(hybrid)一詞可能有不同的意義,取決於上下文。就本章而言,雜交意味著將具有不同性狀的個體交配,產生具有控制這些性狀的基因混合體的後代。性狀是個體的顯著物理特徵。
4. 不幸的是,孟德爾未曾親眼看到他的發現得到驗證。當後人重新發現他的比率關係時,他已經去世 6 年了。
5. 基因通常會以不同的形式存在,就像汽車有不同的型號。這些不同的基因形式,稱為變異或變體(variant),而且每個變體可能會在一種生物性狀展現出稍微不同的差異,例如不同的眼睛顏色、直髮或捲髮、矮個子或高個子等。如果沒有基因變異,所有人將會長得一模一樣。
6. Shine I., and S. Wrobel. *Thomas Hunt Morgan*.
7. Sturtevant A. H. *A History of Genetics*, 45-50.
8. Shine I., and S. Wrobel. *Thomas Hunt Morgan*, 16-30.
9. Morgan T. H., et al. *The Mechanism of Mendelian Heredity*.
10. 正如摩根的個性,他對自己獲得諾貝爾獎不為所動,就像他無視自己家族的崇高社會地位。他缺席了諾貝爾頒獎典禮,表示自己不太會演講,也沒有時間離開實驗室。
11. Kohler R. E. *Lords of the Fly*.
12. Carlson E. A. *Genes, Radiation, and Society*, 40-50.
13. 穆勒非常清楚,拉塞福透過粒子輻射發現的原子核「人工轉化」(Artificial transmutation,拉塞福自己的術語),和他自己用 X 射線輻射使細胞核突變的研究間有許多相似處(請參見第 4 章)。他甚至發表了一篇文章,以確立他在利用 X 射線發現突變這方面的優先性,題為〈基因的人工轉化〉(*Artificial transmutation of the gene*),巧妙地將他在生物學上的成就,與拉塞福在物理學上的成就相提並論(Carlson E. A. *Genes, Radiation, and Society*, 147)。
14. 1910 年(開始使用果蠅從事基因研究的第一年)到 1926 年(穆勒決定要找出另一種具有更高突變率模型的那一年)期間,全世界的遺傳學研究人員共只發現了 200 種不同的果蠅突變。
15. 在果蠅中,Y 染色體只攜帶產生精子所需的基因。完全缺乏 Y 染色體的突變果蠅(即 X0 基因型,而非 XY 型)外表看起來會像是正常雄性,但由於缺乏精子,無法生育。相較之下,缺少 Y 染色體的突變哺乳動物則會缺乏所有雄性性徵,並表現出雌性的身體特徵。
16. 隨劑量呈指數增加的意思,是突變率增加的速度快於溫度變化的速度。從數學上來說,它的增加量是溫度變化的數量級(即指數)。
17. Carlson E. A. *Genes, Radiation, and Society*, 142.
18. Carlson E. A. *Genes, Radiation, and Society*, 143.

19. 事實上,在他的第一次實驗中,穆勒沒有足夠的突變體來證明低劑量下的線性關係。後來,剛好聖路易斯的華盛頓大學法蘭克·布萊爾·漢森(Frank Blair Hanson)公休,來到穆勒的實驗室做參訪,在漢森的協助下才確定出這種線性關係。漢森擴大了實驗規模,才能達到足夠的統計力來測量較低劑量的突變率。漢森還指出,在使用鐳而不是 X 射線照射果蠅時,也可獲得類似的結果,這意味著相同的效果可能是由不同類型的電離輻射所引起的,並非只有 X 射線會引起(Carlson E. A. *Genes, Radiation, and Society*, 154.)。在 1930 年代獨立研究的遺傳學家尼古拉·季莫費耶夫－列索夫斯基(Nikolai Timofeef-Ressovsky)也得出了類似的發現,支持可遺傳突變的線性關係。

20. Glad J. "Hermann J. Muller's 1936 letter to Stalin."

21. Muller H. M. *Out of the Night*.

22. Stanchevici D. *Stalinist Genetics*.

23. 法國生物學家拉馬克(Jean-Baptiste Lamarck)在此很早以前,就描述過個體一生獲得的性狀可以遺傳給後代的觀點。1936 年,這個概念已受到主流遺傳學家的質疑,但蘇聯人仍然以拉馬克的觀念為基礎,發展其農業遺傳學計畫,進行農業改革;最終引發饑荒。

24. Carlson E. A. *Genes, Radiation, and Society*, 320.

25. 在後史達林時代,瓦維洛夫的名聲獲得平反,蘇聯在 1977 年還發行過他的紀念郵票。有一顆小行星以他的名字命名,月球上也有一個以他命名的隕石坑。他與倫琴、貝克勒共享這一榮譽。

26. 在有些人眼中,達爾文的理論最令人反感的地方是他認為人類只是另一種動物,與所有其他動物一樣受到天擇的選汰壓力,以及他認為人類和現代類人猿一定系出同源,有共同的猿類祖先。因此,當約翰·史科普斯因在學校教授達爾文理論,而被指控違反了學校董事會政策和法規時,這項審判被戲稱為「猴子審判」。史科普斯在一項裁決中被判有罪,並被處以 100 美元罰款,不過這個裁決後來因法律問題在上訴中被撤銷。

27. 基因庫是指各種基因及其所有變異的儲備庫存,分布在雜交群體內的個體中。

28. Graham L. R. "The eugenics movement in Germany and Russia in the 1920s."

29. 納粹的黨衛軍醫生霍斯特·舒曼(Horst Schumann)對集中營男性囚犯實施了輻射絕育實驗,採用的技術類似於對公羊的輻射絕育嘗試(請參見第 6 章)。1944 年 4 月,他寄了一份報告給黨衛軍領袖海因里希·希姆萊(Heinrich Himmler),題為〈X 射線輻射對人類生殖腺的影響〉(*The Effect of X-Ray Radiation on the Human Reproductive Glands*)。當中的結論是,手術去勢優於放射治療,因為更快且更有效。

30. 納粹以優生學之名犯下了眾所周知的暴行,因此有些人認為優生學是納粹的想

法，但事實並非如此。優生運動在美國有著深厚的根基，許多知名人士最初都支持這項運動，包括小羅斯福、伍德羅・威爾遜、大法官法官小奧利弗・溫德爾・霍姆斯（Oliver Wendell Holmes, Jr.）和發明家貝爾等名人（Black E. *War Against the Weak*）。

31. Graves J. L. *The Emperor's New Clothes*.
32. Carlson E. A. *Genes, Radiation, and Society*, 336.
33. Grobman A. B. *Our Atomic Heritage*, 7.
34. 本段穆勒的引言來自：Carlson E. A. *Genes, Radiation, and Society*, 255
35. 在戰爭期間，該計畫一直被列為機密，因為當時他們研判，假如有人得知軍方在戰時大力投資這樣的輻射生物學研究計畫，會懷疑軍方正在展開原子彈計畫。不過在戰後，該計畫被解密，因此公開其調查結果。
36. 曼哈頓計畫中的大多數輻射工作人員都是男性。
37. Charles D. R., et al. "Genetic effects of chronic x-irradiation."
38. 這裡要特別指出，毫西弗是專門用於人體輻射防護的劑量當量單位。在小鼠或果蠅輻射實驗中使用這個單位確實不合適，毫戈雷（mGy）才是適合的單位。不過，在這些實驗的輻射環境下，傳遞給小鼠的毫戈雷劑量相應於人類的毫西弗劑量當量。因此，為了敘事的簡明和一致，所有給予小鼠的毫戈雷劑量都改以人類的毫西弗劑量來表示。
39. Lindee M. S. *Suffering Made Real*, 74.
40. Lindee M. S. *Suffering Made Real*, 74.
41. Hall E. J., and A. J. Giaccia. *Radiobiology for the Radiologist*, 162-164.
42. 這可能是果蠅的遺傳突變率比老鼠高非常多的原因之一。穆勒發現，降低劑量率並沒有降低果蠅的突變率，儘管在小鼠中確實如此，但原因尚不清楚（Carlson E. A. *Genes, Radiation, and Society*, 254）。
43. Mossman K. L., and W. A. Mills. *The Biological Basis of Radiation Protection Practice*, 177-178.
44. Carlson E. A. *Genes, Radiation, and Society*, 128-129.
45. Carlson E. A. *Genes, Radiation, and Society*, 388.
46. 值得留意的是，穆勒是世上最後一批了解華生發現的科學家之一。1953 年，穆勒在夏威夷隱居退休，因此收取他訂閱的科學期刊有些困難。所以直到 1954 年末，他的諾貝爾獎得主兼朋友萊納斯・鮑林來訪時，穆勒才得知了這項一年前的發現。

第 10 章

1. Dahm R. "Discovering DNA."

2. Jenkin J. *William and Lawrence Bragg*, 83 and 125.
3. Jenkin J. *William and Lawrence Bragg*, 164.
4. 威廉・勞倫斯・布拉格（William Lawrence Bragg）收藏的 500 多個貝殼標本目前保存在英國曼徹斯特大學的曼徹斯特博物館。
5. Jenkin J. *William and Lawrence Bragg*, 246.
6. Jenkin J. *William and Lawrence Bragg*, 147-148.
7. Jenkin J. *William and Lawrence Bragg*, 146.
8. Jenkin J. *William and Lawrence Bragg*, 153.
9. Reeves R. *A Force of Nature*, 23.
10. Reeves R. *A Force of Nature*, 30.
11. Berger H. *The Mystery of a New Kind of Rays*, 34.
12. Jenkin J. *William and Lawrence Bragg*, 155.
13. 奧斯瓦爾德・艾弗里（Oswald Avery）、科林・麥克勞德（Colin MacLeod）和麥克林・麥卡提（Maclyn McCarty）於 1944 年進行的一項先導實驗，顯示出純化後的 DNA 足以改變細菌的基因，並提出相同的結論，不過阿爾弗雷德・赫希和瑪莎・蔡斯是第一個在 1952 年證明實際上是 DNA 進入宿主細胞的實驗。
14. Jenkin J. *William and Lawrence Bragg*, 301.
15. 威爾森的脈衝是科學家認識到電磁波雙重性質的第一個例子，發現電磁波的行為既像粒子又像波。此時，愛因斯坦已經將電磁波的粒子特徵納入其綜合性的量子理論，將電磁能量描述成穿過空間的類粒子包（packet），每一包便含有最小的離散能量單位，即量子（quanta）。
16. Jenkin J. *William and Lawrence Bragg*, 330.
17. Jenkin J. *William and Lawrence Bragg*, 334.
18. Bragg W. H. *Concerning the Nature of Things*, 116-159.
19. 為了減少混淆，在本書中我們仍繼續將威廉・勞倫斯・布拉格稱為「威利」，這是他的親朋好友間稱呼他的方式。
20. 發現 DNA 是輻射標靶一事並不是來自單一的一個實驗，而是由許多不同科學家逐漸累積出壓倒性的支持證據。這些證據過於廣泛龐雜，無法在此一一列舉。有興趣的讀者可以查閱放射生物學教科書，例如艾瑞克・豪爾（Eric J. Hall）和阿馬托・加恰（Amato J. Giaccia）編寫的《放射科醫生的放射生物學》（*Radiobiology for the Radiologist*）。
21. 目前已證明實驗室細胞培養在某些條件下會出現這種稱為旁觀者效應（bystander effect）的細胞現象。這種現象的機制尚不清楚，但可能是由於一DNA 遭到輻射損傷的細胞會發送訊號到鄰近細胞。

22. Jenkin J. *William and Lawrence Bragg*, 320.
23. Hall K. T. *The Man in the Monkeynut Coat.*
24. Van der Kloot W. "Lawrence Bragg's role in developing sound-ranging in World War I."
25. Jenkin J. *William and Lawrence Bragg*, 377.
26. Jenkin J. *William and Lawrence Bragg*, 374.
27. Jenkin J. *William and Lawrence Bragg*, 374-375.
28. http://www.findagrave.com/cgi-bin/fg.cgi?page=gr&GRid=34760878
29. Jenkin J. *William and Lawrence Bragg*, 340.
30. Jenkin J. *William and Lawrence Bragg*, 379.
31. Reeves R. *A Force of Nature*, 92.
32. Jenkin J. *William and Lawrence Bragg*, 402.
33. Crowther J. G. *The Cavendish Laboratory: 1874-1974.*
34. 拉塞福一共指導出 11 位在未來獲得諾貝爾獎的科學家。
35. Reeves R. *A Force of Nature*, 65.
36. 德國科學家哈伯因用氮氣人工合成氨而獲得諾貝爾獎。在過去，要從大氣中將氮固定出來，只能透過厭氧細菌的代謝過程來達成。氨是生產化肥的重要成分，因此這項發現對世界農業產生了巨大的經濟性影響。一戰期間，德國軍隊招募哈伯以製造化學武器，戰後卻由於他的猶太人身分而遭受納粹迫害，先是移居到英國（拉塞福拒絕與他握手），後來又移居到巴勒斯坦，並在二戰爆發前不久在當地去世。
37. Kendrew J. C. *The Thread of Life*, 44.
38. Watson J. D. *The Double Helix*, ix,（emphasis added）.
39. Watson J. D. *The Double Helix*, 33.
40. Watson J. D., and F.H.C. Crick. "A structure for deoxyribose nucleic acid."
41. Jenkin J. *William and Lawrence Bragg*, 435-436.
42. Hall K. T. *The Man in the Monkeynut Coat,* 11.
43. Sayre A. *Rosalind Franklin & DNA.*
44. Jenkin J. *William and Lawrence Bragg*, 436.
45. Watson J. D. *The Double Helix*, 34 and 69.
46. Watson J. D. *The Double Helix*, viii.
47. Watson J. D. *The Double Helix*, 140.
48. 可以在科學史學家羅伯・奧爾比（Robert Olby）所著的《通往雙螺旋之路》（*The Path to the Double Helix*）一書中找到更全面和更嚴謹的內容，當中詳列有關雙螺旋發現以及促成這項發現的所有科學發現的歷史。

49. DeMartini D. G., et al. "Tunable iridescence in a dynamic biophotonic system."

第 11 章

1. Iqbal A. "Invisible Killer Invades Home."
2. Iqbal A. "Invisible Killer Invades Home."
3. 自 1970 年代以來，人們就知道在含有放射性尾礦（radioactive tailings，提煉鈾礦和鐳礦後的廢棄物）的土地上建造的房屋，可能含有高濃度的氡氣，但沒有人知道天然地面釋放的氡氣濃度可以達到在瓦特拉斯家中的那種程度。1983 年，美國環保局將家中氡氣的干預基準設定在為 4 pCi /L（150Bq /m^3），這個值是根據 1978 年聯邦鈾廠尾礦輻射控制法案的規定。干預基準（action level）是指超過此一基準時，就必須採取某種類型的補救措施。
4. Iqbal A. "Invisible Killer Invades Home."
5. Iqbal A. "Invisible Killer Invades Home."
6. NAS/NRC. *Health Risks of Radon*.
7. Lubin J., et al. "Design issues in epidemiological studies."
8. 哈伯定律的起源有著不太好的名聲。這最初是由弗里茨・哈伯提出，他因發現以大氣固氮的合成方法而獲得諾貝爾化學獎，他後來在一戰期間為德軍改善毒氣武器。這條著名法則的制定，正是為了方便估計在不同的戰場中，當暴露時間有差異時，要殺死敵軍所需的芥子和氯氣的濃度。他過世後，納粹利用哈伯定律來判定殺害集中營猶太人所需的齊克隆 B（Zyklon B）氣體的劑量。可悲的是，哈伯的一些親戚也在這批遭到屠殺的猶太人中。後來發現這條法則適用於判斷許多不同種類空氣傳播物質對健康的影響，成為呼吸毒理學家常用於評估暴露的重要分析工具。
9. 嚴格說起來，工作基準月這個單位的定義，是礦工在一個月的採礦工作（170 個工作小時）期間，在特定工作基準的空氣放射性濃度（~200pCi ／每公升空氣）中所接收的氡暴露量。
10. Mossman K. L. *Radiation Risks in Perspective*, 53-64.
11. 在判定低劑量致癌物風險時，偶爾會不使用線性無低限模型的罕見例子之一，是人工甜味劑導致膀胱癌的情況。以大鼠為材料的高劑量研究，發現糖精可能會導致膀胱癌，因此糖精被禁止進入市場多年，但之後的糖精研究顯示，癌症是因為膀胱尿液中糖精顆粒沉澱的直接結果。若沒有沉澱物就不會發生癌症。由於現實生活中，無論喝下多少無糖汽水，在正常飲食濃度下都不可能形成糖精沉澱物，因此後來認為以大鼠所做的高劑量研究並不適用在人類的情況，因為在食品和飲料中，人工甜味劑只會造成極低的劑量。因此在這個例子中，就不採用此模型評估，糖精也重新回到市場（Rodricks J. V. *Calculated*

Risks, 189-190）。
12. Environmental Protection Agency. *EPA Assessment of Risks from Radon in Homes*.
13. 統計學家有時將這類型的風險表示稱為「付出與產出」（*effort- to-yield*）衡量標準。
14. Environmental Protection Agency. *EPA Assessment of Risks from Radon in Homes*.
15. 害一需治數確切的流行病學定義，是可歸因風險的倒數，而可歸因風險則定義為在暴露人群與未暴露人群間不良健康影響率的差異。
16. Gigerenzer G. *Risk Savvy*.
17. 流行病學家經常用比值比和相對風險，來分別量化病例對照研究，以及世代研究的風險程度間的關聯性衡量標準。
18. Environmental Protection Agency. *EPA Assessment of Risks from Radon in Homes*.
19. American Cancer Society. *Cancer Facts and Figures 2014*.
20. 這是美國疾管局在 2012 年對 18 歲以上的美國人的估計。
21. 季節性流感的死亡人數差異非常大，不過美國每年平均死亡人數約在 2 萬人左右。
22. Slovik P. *The Perception of Risk*.
23. Kabat G. C. *Hyping Health Risks*, 111-145.
24. Kabat G. C. *Hyping Health Risks*, 143; the original source is Stat Bite. "Causes of lung cancer in nonsmokers."
25. Kabat G. C. *Hyping Health Risks*, 116.
26. Kabat G. C. *Hyping Health Risks*, 116.
27. Kabat G. C. *Hyping Health Risks*, 115.
28. Kabat G. C. *Hyping Health Risks*, 120-123.
29. Abelson P. H. "Radon today."
30. Abelson P. H. "Radon today."
31. 美國環保局依舊沿用舊制單位 pCi /L，但其他大多數國家則已改用國際標準單位 Bq/m3。在制定氡氣標準時使用舊單位相當麻煩，因為它會導致較大的數字（如 100Bq/m^3）在四捨五入後轉換為看似精確的較小值，如 2.7 pCi /L。使用這些數值較小且看似精確的數字來向大眾說明風險，會讓人覺得即使是微量的氡氣也十分危險，也會讓人以為風險層級是高度精確的。然而，這兩者皆非事實。為此，筆者認為，美國的氡氣管制應揚棄舊制單位（pCi /L），改採國際單位（Bq /m3）。
32. World Health Organization. *WHO Handbook on Indoor Radon*.
33. Abelson P. H. "Radon today."
34. 瓦特拉斯家的客廳有 16 WL。假設每天待在那裡 17 個小時，每個月 30 天，那

麼瓦特拉斯一家人在那裡住一年，總計會達到 575 WLM。將 575 WLM 乘以環保署發布的吸菸者肺癌風險率：每 WLM 是 0.097%，就可算出罹癌風險為 55.8%。16 WL 的氡氣濃度，則是來自費城電力公司的測量（Iqbal A. "Invisible Killer Invades Home"）。

35. Kabat G. C. *Hyping Health Risks*, 121.

第 12 章

1. 就本書的目的而言，我們將沿用慣例：放射照相術（radiography）是指放射醫療程序，而放射學（radiology）則是指放射學醫學專業，包括診斷和治療的放射科醫學專業（在英文中，更令人困惑的是，實際治療的放射科醫師通常被稱為放射腫瘤學家〔adiation oncologist〕，因為他們治療的是癌症，而在希臘文中，onco 是腫瘤的意思）。
2. ICRP. 1990Recommendations.
3. Gigerenzer G. *Risk Savvy*, 164.
4. Gigerenzer G. *Calculated Risk*, 111-114.
5. 放射劑量取決於乳房大小，乳房較大的女性接受到的劑量會比乳房較小的女性更高。
6. 除了組織占總體重的比例之外，身體各個組織間的輻射敏感性差異，也是影響有效劑量計算的另一項因素（NCRP Report. *Limitations of Exposure,* 21-23; NAS/NRC. *Health Risks from Exposure*）。
7. 益一需治數一詞源自於醫療價值的評估。不過這項指標也適用於評估各種益處，而不僅只是醫療益處。基於此，筆者希望這項指標能夠改為更廣泛的益一需求數（number needed to benefit，簡稱 NNB），以便將它和它的倒數指標，即害一需治數（NNH）明確並列。儘管如此，在本文中我們還是使用傳統的術語，免得因為多加一個術語而讓讀者混淆。讀者只要記住，NNH 是危害指標，而 NNT 是益處指標即可。請參閱 http://www.thennt.com。
8. Beil L. "To screen or not to screen"；Harris R. P. "How best to determine the mortality benefit."
9. Kopans D. B., and A. J. Vickers. "Mammography screening and the evidence."
10. 每 1,000 人中有 613 人是偽陽性的比例，來自於 50 歲開始每年進行篩檢的女性，如本文所舉的例子。60 歲開始才篩檢的女性族群中，偽陽性率較低。
11. 引用自 Beil L. "To screen or not to screen."
12. Welch H. G., et al. *Overdiagnosed*, chapter 5.（Source of original data is Sone S., et al. "Results of three-year mass screening programme."）
13. 有些估計的平均有效劑量為 12 毫西弗，而 20 毫西弗是此劑量範圍的上限

(Brenner D. J., and C. D. Elliston. "Estimating radiation risks")。

14. AAPM Task Group 217. *Radiation Dose from Airport Scanners*.
15. Twombly R. "Full-body CT screening"; Douple E. B., et al. "Long-term radiation-related effects."
16. Gigerenzer G. *Calculated Risks*, 68-70.
17. Beil L. "To screen or not to screen."
18. NCRP Report. *Second Primary Cancers*.

第 13 章

1. 斯卡波羅居民在鎮議會上發表的評論，取自邁克爾・凱利（Michael Kelly）在《斯卡波羅領袖》（*Scarborough Leader*）發表的一篇文章 "Cell Tower Proposal Back to Square One"。
2. Baan R., et al. "Carcinogenicity of radiofrequency electromagnetic fields."
3. Schüz J., et al. "Cellular telephone use and cancer risk."
4. INTERPHONE Study Group. "Brain tumor risk."
5. 十分位（decile）是將一群人十等分後的其中一組。這種依序將個體分成十個小單位的方法，會將排名資料中變數相似的個體分在同一組，以便加以評估。在這個例子中最前面的十分之一，是指大腦無線電波接收劑量最高的群體。
6. 根據美國 SEER 2009-2011 的數據，腦癌或其他神經系統癌症的終生風險率為 0.6%，請參見：http://seer.cancer.gov/statfacts/html/brain.html。
7. 資料來源：Pew Research Center's Internet & American Life Project, April 17–May 19, 2013 Tracking Survey。
8. Deltour I., et al. "Time trends in brain tumor incidence rates"; Deorah S., et al. "Trends in brain cancer incidence"; Little M. P., et al. "Mobile phone use and glioma risk."
9. Hill A. B. "The environment and disease."
10. Kabat G. C. *Hyping Health Risks*, 144.
11. 反手機陣營經常會引用賴（H. Lai）和辛格（N. P. Singh）的一篇報告〈Acute low-energy microwave exposure increased DNA single-strand breaks in rat brain cells〉，其中聲稱使用與手機波長相似的無線電波，會造成老鼠大腦細胞的 DNA 損傷。然而，同一批運動人士卻經常忽略後來華盛頓大學傑出研究團隊的結果，此團隊是由備受尊敬的輻射生物學家所組成，他們無法在受控實驗條件下重現賴和辛格的發現（Malyapa R. S., et al. "DNA damage in rat brain cells."）。此外，這批華盛頓大學的科學家還發現，賴和辛格用來測量純化腦

細胞中 DNA 損傷的彗星分析（comet assay），會受到大鼠安樂死的特定方法所影響，有可能是因為從動物身上採集大腦細胞的過程中發生了 DNA 的分解，才會出現差異。這意味著彗星試驗可能特別容易在從大鼠大腦中回收細胞的繁瑣過程中，導致 DNA 分解的假象，讓人進一步懷疑賴和辛格報告中研究結果的有效性。

12. Fagin D. *Toms River*, 150-151.
13. 一小群科學家主張低劑量輻射反而有益健康的概念。高劑量毒素在低劑量時可能有益（而不僅僅只是良性）的理論稱為毒物興奮效應，或稱激效作用（hormesis）。這個概念並未受到主流科學家的關注，特別是因為它的原理與目前已聲名狼藉的「順勢療法」有些相似之處。美國國家科學院的 BEIR 委員會拒絕毒物興奮效應的概念，因為輻射防護界若採用其未經證實的原理，可能會將暴露限制提高到潛在危險程度。
14. 自 IARC 裁決以來，法國和瑞典又分別舉辦了另外兩項病例對照研究，顯示手機使用與腦癌之間的關聯（Coureau G., et al. "Mobile phone use and brain tumours in the CERENAT case-control study"；Hardell L., and M. Carlberg. "Mobile phone and cordless phone use and the risk for glioma—analysis of pooled case-control studies in Sweden, 1997-2003 and 2007-2009"）。但這兩項研究都是採用患者訪談和問卷來評估手機暴露量。正如之前所提，這種估計大腦接受輻射劑量的方法很容易受到回憶偏差（請參見第 9 章，和 Kleinerman R. A, et al. "Self-reported electrical appliance use and risk of adult brain tumors"），因此最後發現的關聯性很可能會出錯。此外，在法國的這項研究中，對照組的教育程度在統計上顯著高於實驗組（$p < 0.001$），這意味實驗組的社會經濟地位低於對照組，這可能表示在這兩個群體之間除了手機使用情況外，還存在其他顯著不同的暴露情況。基於這些原因，國際癌症研究機構在 2011 年決定的主要依據還是 INTERPHONE 研究，它仍然是迄今為止最可靠的手機研究，而另外這兩項研究設計較薄弱的研究所得到的結論，既沒有支持也沒有推翻 IARC 早先關於手機致癌可能性的裁決。
15. Gaynor M. "The quietest place on earth."
16. Crockett C. "Searching for distant signals."
17. Röösli M. "Radiofrequency electromagnetic field exposure." 有關雙盲研究的列表，請參閱本文的表 1。
18. 除了 X 射線和伽馬射線等電離輻射外，穆勒還測試了非電離輻射的無線電波。軍方要求他實施這些測試，因為有傳言指出雷達工作人員容易不孕。這些謠言在英國深入人心，甚至有些男性士兵特別要求在週末休假前一週分配給自己雷達相關的任務。穆勒發現，無線電波既不會造成果蠅不孕，也不會產生可遺傳

的突變，因此保險套仍是士兵最有效的節育選擇（Carlson E. A. *Genes, Radiation, and Society*, 283）。

第 14 章

1. Brown E. "Radioactive Tuna from Fukushima? Scientists Eat it Up."
2. 除了碳 -14 外，所有天然的碳和氮同位素都是穩定的。
3. Narula S. K. "Sushiomics."
4. Madigan D. J., et al. "Pacific bluefin tuna transport Fukushima-derived radionuclides."
5. 自 2011 年福島核電廠事故以來，世上至少又出現過一次核彈試驗。2013 年 2 月 12 日，北韓實施了一次地下炸彈試驗，其爆炸威力估計與廣島和長崎原子彈相當。
6. 許多元素符號使用的字母甚至沒有在其英文單字中出現。這是因為大多數符號都是拉丁文的縮寫。好比說，Na（鈉）的英文是 sodium，其縮寫來自拉丁文 natrium，K（鉀）的英文是 potassium，但其拉丁文縮寫是 kalium。
7. Keane A., and R. D. Evans. *Massachusetts Institute of Technology Report*.
8. 請記住，銫 -134 和銫 -137 具有相同的生物半衰期，但放射性半衰期不同。這是因為生物半衰期是由銫的化學性質決定的，銫同位素之間的化學性質沒有差異。相較之下，放射性半衰期是由特定同位素特有的放射性質所決定。
9. 這些公斤單位代表乾重，即乾燥除去水分後的重量，因此放射性已集中在乾燥的組織中。這樣做是為了避免樣品間的水分含量變化影響結果。
10. 關於美國衛生與公共服務部下屬的食品藥物管理局，針對食品中放射性汙染限值設置依據、程序和計算方法，詳細說明可參閱《人類食品和動物飼料的意外放射性汙染：對州和地方機構的建議》（*Accidental Radioactive Contamination of Human Food and Animal Feeds: Recommendations for State and Local Agencies*）。
11. 2012 年 4 月，日本厚生勞動省為了展現他們對食品安全的承諾，決定將海鮮中放射性銫的限值從每公斤 500 貝克調降到 100 貝克，也就是過去限值的五分之一，以及當前限量的 12 分之一。
12. 人體內含有的 K-40，大約是每公斤 50Bq（Strom D. J., et al. "Radiation doses to Hanford workers."）。假設肌肉中鉀含量豐富，且肌肉占體重 55%，則最高的肌肉濃度預估值會落在 75 ～ 100Bq 之間。
13. 醫學專家在嘗試與其他輻射暴露劑量比較時，經常會提出「香蕉劑量當量」（banana dose equivalent）。這主要是希望淡化相關暴露的風險，因為香蕉看似不具威脅性。但某位電視「專家」卻引起一陣騷動，因為他表示，做一次胸部

X 光檢查所接收到的輻射劑量與吃一根香蕉的輻射劑量相當。然而事實上，典型的胸部 X 光檢查的有效劑量約為 0.02 毫西弗，而吃一根香蕉的有效劑量為 0 毫西弗。確實，0.02 mSv 是非常低的劑量，遠遠小於典型年度背景劑量的 1%，但它並不是零。這位拿香蕉劑量當量來比較的專家要不是在比較時說謊，就是對香蕉一無所知。

14. Fisher N. S., et al. "Evaluation of radiation doses and associated risk."
15. 奇怪的是，吃海鮮的放射性最大暴露並非來自銫 -134、銫 -137 或鉀 -40，而是來自釙 -210，也就是最初居禮夫婦發現的兩種放射性元素之一。在海水中，釙 -210 是源自於海底的鈾 -238 衰變，使其在海水中非常普遍，也存在於所有海洋生物中。在海鮮食品裡，釙 -210 帶給食用者的有效劑量遠比黑鮪魚中的銫造成的劑量高出數百倍，但仍遠低於美國聯邦法規規定的安全上限。與鉀 -40 一樣，釙 -210 只是另一種天然放射性同位素，會造成我們的年度背景輻射劑量。海洋並不是食品中放射性的唯一來源，事實上，你很難找到完全不含放射性的食物。但沒有證據顯示食物中的天然放射性有危險性，無論吃下多少。
16. Foundation for Promotion of Cancer Research. *Cancer Statistics in Japan—2013*.
17. Rowland R. E. *Radium in Humans*, 7.
18. Chen J. "Review of radon doses."
19. NCRP Report. *Uncertainties in the Estimation of Radiation Risks and Probability of Disease Causation.*
20. 「不確定性」一詞廣為各個領域的人所使用，而且其意涵不盡相同。一些科學家沒有區分不確定性和統計變異性的差別，另一些則認為統計變異性是不確定性的一個亞型。就本書的目的而言，統計變異性與不確定性完全不同。在此處，我們將統計變異性定義為資料的自然傳播或異質性。相較之下，不確定性則是與未知的事實有關。兩者的差異在於，變異性是資料固有的屬性，可由變異數（variance）和標準差（standard deviation）等統計參數來加以描述。不確定性最好的定義為缺乏確切知識。不確定性通常可以解釋，為什麼光是靠統計變異性測量仍會發生無法準確預測不良事件的真實頻率。不確定性導致統計模型失去相關資訊，它是概率風險評估的敵人。需要提供有關風險決定因素更準確和可靠的資訊給模型，以此來減少不確定性，如此一來，統計變異性便是風險預測中唯一存在的不準確性。請留意，這種類型的不確定性與海森堡的不確定性原理無關，後者是一種量子力學理論，解決了同時測量原子粒子的動量和位置的限制。
21. 黑天鵝是來自黑天鵝理論（black swan theory）的比喻。這個理論適用於所有因為超出日常經驗的出人意料事件。這理論的名字源自於古英文中的「稀有如

「黑天鵝」的說法，意思是不可能發生的事，因為當時的英國人以為這世界上並沒有黑天鵝。然而，到了1697年，人們在澳洲西部發現了一種黑天鵝，至此這個短語的用法失去了原本的意義。現在，「黑天鵝」一詞用來表示因過去從未發生過，而被錯誤排除可能性的事件。黑天鵝理論中的黑天鵝如今意味著關於罕見事件機率的錯誤邏輯（Taleb N. N. *The Black Swan*）。

22. Greene K. "No Fukushima radiation found in coastal areas."
23. http://www.ourradioactiveocean.org/
24. 群眾募資是指透過小額捐款籌集大量資金來資助研究計畫的做法，通常是透過網路募集。
25. 本章節並沒有討論受到輻射照射的食品，因為這類食品不含任何人造放射性。輻射照射食品，是指經過X射線或伽瑪射線滅菌處理的食品，使其不受細菌汙染。這和巴氏滅菌法很類似，只是巴氏法是透過加熱殺死牛奶中的細菌，而不是用輻射來殺菌。但輻照不會使食物具有放射性。過去已有關於輻射照射食品營養價值是否會流失的討論，但在本書中我們無法談論這個問題。儘管如此，我們可以強調，輻射照射食品對食用者絕對不會造成輻射風險。

第15章

1. 卡爾・皮利特里關於地震及其後果的故事，與他在一次電視採訪中報導的第一手資料（"Fukushima Survivor: I've Hardly Smiled This Whole Year" on the *PBS NewsHour*; March 9, 2012），和其融合現場單口相聲表演的內容（"Fog of Disbelief" on *The Moth* podcast; March 11, 2014）。
2. 地震矩規模每增加一個單位，強度相當於增加 $10^{1.5}$（32），而非 10^1（10）。
3. 後來確定，日本共有38萬3,429座建築物在這次地震中受損（Mahaffey J. *Atomic Accidents*, 390）。
4. Hough S. *Predicting the Unpredictable*.
5. 這種對地震風險的描述，主要來自奈特・席佛（Nate Silver）的著作《精準預測》（*The Signal and the Noise* by Nate Silver, chapter 5: "Desperately Seeking Signal"）。
6. Birmingham L., and D. McNeill. *Strong in the Rain*, 7-8.
7. NBC News. "How the Quake Shifted Japan."
8. 據估計，地震釋放的能量超過100萬KT的TNT當量。相較之下，廣島和長崎原子彈釋放的能量加總也不超過30KT（Birmingham L., and D. McNeill. *Strong in the Rain*, 6）。
9. Council of the National Academies. *Lessons Learned from the Fukushima Nuclear Accident*, 112-119.
10. Council of the National Academies. *Lessons Learned from the Fukushima Nuclear*

Accident, 118.
11. Mahaffey J. *Atomic Accidents*, 392.
12. Council of the National Academies. *Lessons Learned from the Fukushima Nuclear Accident,* 119-130.
13. Mahaffey J. *Atomic Accidents*, 393.
14. 近年的考古證據顯示，與西元 869 年的貞觀海嘯相比，1896 年的海嘯破壞力更強。
15. 2008 年，東京電力公司以地震研究促進本部（Headquarters for Earthquake Research Promotion，HERP）假設的地震斷層模型，針對福島第一核電站可能發生的海嘯高度做出試驗計算，並估計海浪為 8.4 〜 10.2 公尺。在這些計算之後，便針對有潛在海嘯威脅的電廠進一步加強防護（Council of the National Academies. *Lessons Learned from the Fukushima Nuclear Accident*, 94-100）。日本產業技術綜合研究所的地震學家曾在 2009 年提議，以貞觀地震作為核電廠安全的標準，但這個提議並沒有產生任何結果（Birmingham L., and D. McNeill. *Strong in the Rain*, 39）。
16. Birmingham L., and D. McNeill. *Strong in the Rain*, 81.
17. 自 1945 年裕仁天皇公開宣布日本投降，並正式結束二次世界大戰以來，這是日本人民第一次聽到天皇發表全國演講。
18. Mahaffey J. *Atomic Accidents*, 342-356.
19. US Nuclear Regulatory Commission. *Reactor Safety Study*.
20. U.S. Nuclear Regulatory Commission. *Risk Assessment Review*.
21. http://www.world-nuclear.org/info/current-and-future-generation/nuclear-power-in-the-world-today/
22. 430 這個數字是世界核能協會截至 2014 年的統計。
23. Perrow C. *Normal Accidents*.
24. Perrow C. *Normal Accidents*.
25. Council of the National Academies. *Lessons Learned from the Fukushima Nuclear Accident*.
26. Mahaffey J. *Atomic Accidents*, 400.
27. Perrow C. *Normal Accidents*, 157-162.
28. Taleb N. N. *The Black Swan*.
29. US Nuclear Regulatory Commission, Advisory Committee on Reactor Safeguards, Subcommittee on Regulatory Policies and Practices: License Renewal, ACRS-T-1789, March 26, 1990, 153-154.
30. Smith J., and N. A. Beresford. *Chernobyl: Catastrophe and Consequences*.

31. Mahaffey M. *Atomic Accidents*, 357-375.
32. Cardis E., et al. "Estimates of the cancer burden in Europe from radioactive fallout."
33. Cardis E., et al. "Estimates of the cancer burden in Europe from radioactive fallout."
34. Reiners C., et al. "Twenty-five years after Chernobyl."
35. Tokonami S., et al. "Thyroid doses for evacuees from the Fukushima nuclear accident."
36. Mahaffey J. *Atomic Accidents*, 374.
37. Bardi J. "Chernobyl Cleanup Workers Had Significantly Increased Risk of Leukemia."
38. Mahaffey J. *Atomic Accidents*, 400.
39. 在福島危機期間，日本政府提高了輻射工作人員的劑量限制，從 50 毫西弗調高到 250 毫西弗，此舉令一些人感到震驚，似乎違反了安全工作條件。事實上，這是日本和美國的標準政策，在輻射緊急情況下，如果工作人員執行可能挽救生命的活動，便會提高輻射工作人員的暴露限值。在美國，在這種緊急情況下，允許將工作人員的限值提高到 500 毫西弗。即使真的暴露到 500 毫西弗也不會造成放射線病的風險，而且僅會增加終生癌症風險 2.5%（即從 25% 上升到 27.5%）。
40. Birmingham L., and D. McNeill. *Strong in the Rain*, 87.
41. 福島反應爐的氫爆，是因為氫氣燃燒引起的化學爆炸，並不是氫原子核融合引起的核爆。
42. Birmingham L., and D. McNeill. *Strong in the Rain*, 144-155.
43. http://www.world-nuclear.org/info/Safety-and-Security/Safety-of-Plants / Fukushima-Accident/
44. 假設劑量在 5 年後仍保持恆定可能沒有多大意義，因為我們預期它將會因為衰變和耗散，導致劑量將大幅減少。若實際上沒有減少（可能是因為電廠進一步釋放放射性物質），則需要重新考慮之後數年的風險程度。
45. Fackler M. "Tsunami Warning, Written in Stone."
46. CBS News. "Ancient Stone Markers Warned of Tsunamis."

第 16 章

1. 美國庫存的最後一枚 Mk53 炸彈已於 2011 年拆除，目前陳列在俄亥俄州代頓（Dayton）附近的賴特－帕特森空軍基地（Wright-Patterson AFB）的國家空軍博物館。
2. 加勒特郡歷史協會（Garrett County Historical Society）在他們的格蘭茨維爾博物館（Grantsville Museum）保存了一系列墜機現場的文物以及救援行動的紀

念品。還提供前往救援活動主要地點的地圖和自駕遊行程，請參見：http://buzzonefour.org/pdf_files/Buzz OneFourOrg_Brochure1.pdf（警告：該墜機地點位在私有地內，禁止公眾進入）。

3. Maggelet M. H., and J. C. Oskins. *Broken Arrow*, 195-202.
4. Levi M. *On Nuclear Terrorism*, 6-9.
5. Commission on the Prevention of Weapons of Mass Destruction Proliferation and Terrorism. *World at Risk*, 43-75.
6. Allison G. *Nuclear Terrorism*, 24-29.
7. Dobson J. *The Goldsboro Broken Arrow*.
8. Dobson J. *The Goldsboro Broken Arrow*, 89-90.
9. 如今在戈爾茲伯勒的路邊豎立有一塊紀念碑，就在飛機失事地點附近。現今禁止民眾進入的墜機現場，則仍埋有兩枚炸彈中的其中一枚。
10. McGill E. J. *Jet Age Man*, 132-133.
11. McGill E. J. *Jet Age Man*, 159-163.
12. The Strategic Air Command's motto was "Peace Is Our Profession."
13. Moran B. *The Day We Lost the H Bomb*.
14. 只有在包圍核心的一般炸藥同步爆炸時，鈽核才可能發生核融合爆炸。由於核心壓縮不均勻，要是有一項條件沒有達到完美同步，就無法引爆核心。儘管這種同步內爆的要求增加了工程和彈藥方面的難度挑戰，但這項設計也讓炸彈本身達到「單點安全」（one-point-safe），意味著單一的一般炸藥爆炸時將不會達到超臨界質量。在帕洛馬雷斯的意外中，儘管填裝的一般炸藥爆炸了，卻沒有引發核爆，這意味著那次的爆炸是不完全的，或者至少是非同步的。
15. Mahaffey J. *Atomic Accidents*, 314-324.
16. Mahaffey J. *Atomic Accidents*, 322.
17. Schlosser E. *Command and Control*.
18. *Stars and Stripes*. "Air Force Fires 2 Nuclear Missile Corps Commanders."
19. 事實上，最初的規則是，某件事持續的時間越長（例如，早晨太陽會升起），明天發生的可能性就越大，此處提出的是相反的情況，便於將其應用在事故機率。
20. Lowry I. S. "Postattack population of the United States."
21. 此模型假設平均致死輻射劑量為 9,000 毫西弗。我們現在知道，人類的平均致死劑量約為 5,000 毫西弗，因此這個模型大幅低估了輻射造成的死亡人數。
22. MAD 政策相當於賽局理論中的納許均衡（Nash equilibrium）的粗略版，這是一種非合作的博弈論點，最初由普林斯頓大學數學家約翰・福布斯・納許二世（John Forbes Nash Jr.）所提出。 在該政策中，是以確保對方會遭受同等破壞

性的報復性攻擊，讓發動核武攻擊的一方得不到任何好處。因此，雙方都不太可能發動敵對行動。納許均衡的概念在經濟理論中也產生了深遠的影響，還讓納許因此獲得 1994 年諾貝爾經濟學獎。他的個人故事可參考西爾維雅・娜薩（Sylvia Nasar）在 1998 年出版的《美麗境界》（*A Beautiful Mind*）一書，此書於 2001 年被改編成電影。

23. Glasstone S., and P. J. Dolan. *The Effects of Nuclear Weapons*.
24. "Nuke Effects" is available through Apple's App Store.
25. NUKEMAP website: http://nuclearsecrecy.com/nukemap/.
26. Jones B. "This Scary Interactive Map Shows What Happens If A Nuke Explodes In Your Neighborhood."
27. Davis T. C. *Stages of Emergency*.。
28. 《臥倒並掩護》（*Duck and Cover*）是美國政府 1951 年製作的民防宣傳影片，主要是針對兒童。當中的主角是動畫人物海龜伯特（Bert），牠會做出蹲下並遮蓋身體的動作，這是在原子彈襲擊時保護自己的有效方法。關於防空洞的部分，請參考：Rose K. D. *One Nation Underground*.
29. US Department of Defense. *The Defense Science Board Permanent Task Force on Nuclear Weapons Surety: Report on the Unauthorized Movement of Nuclear Weapons*, p. 7。
30. The USAF Counterproliferation Center is funded jointly by the Defense Threat Reduction Agency and the United States Air Force.
31. Spencer M., et al. "The Unauthorized Movement of Nuclear Weapons and Mistaken Shipment of Classified Missile Components: An Assessment."

結語

1. Klotz I. M. "The N-ray affair."
2. 布朗洛製作的「稜鏡」實際上使用的是鋁，而不是玻璃。
3. 第一代克耳文男爵威廉・湯姆森爵士（Sir William Thomson, 1st Baron Kelvin），通常又稱為克耳文勛爵，是一位傑出的數學物理學家和工程師。
4. Wood R. W. "The N-rays."
5. 我們現在知道波與粒子有一些共同特徵，而過去認為「微粒」（corpuscles）是在太空中飛行的真實微小物質。

國家圖書館出版品預行編目資料

輻射大解謎：從核食、核電、核彈、到Ｘ光與手機電磁波，安心生活必了解的生存常識！/ 提摩西．約根森 (Timothy J. Jorgensen) 著；王惟芬譯 . -- 臺北市：三采文化股份有限公司, 2025.03
　面；　公分 . -- (PopSci ; 20)
譯自：Strange glow : the story of radiation
ISBN 978-626-358-581-2(平裝)

1.CST: 輻射物理 2.CST: 通俗作品

339.2　　　　　　　113019033

suncolor 三采文化

PopSci 20

輻射大解謎

從核食、核電、核彈，到Ｘ光與手機電磁波，安心生活必了解的生存常識！

作者｜提摩西．約根森（Timothy J. Jorgensen）
譯者｜王惟芬
編輯三部 副總編輯｜喬郁珊　責任編輯｜楊皓　選書編輯｜張凱鈞
協力編輯｜林佳慧　校對編輯｜周貝桂　內文繪圖｜林子茜
美術主編｜藍秀婷　封面設計｜方曉君
行銷協理｜張育珊　行銷企劃｜陳穎姿　版權負責｜杜曉涵
內頁編排｜菩薩蠻電腦科技有限公司

發行人｜張輝明　總編輯長｜曾雅青　發行所｜三采文化股份有限公司
地址｜11492 台北市內湖區瑞光路 513 巷 33 號 8 樓
傳訊｜TEL:8797-1234　FAX:8797-1688　網址｜www.suncolor.com.tw
郵政劃撥｜帳號：14319060　戶名：三采文化股份有限公司
本版發行｜2025 年 3 月 28 日　定價｜NT$680

Copyright © Timothy J. Jorgensen
Traditional Chinese edition copyright © Sun Color Culture Co., Ltd., 2025
This edition published by arrangement with Princeton University Press through Bardon-Chinese Media Agency.
No part of this book may be reproduced or transmitted in any form or by any means, electronic or mechanical, including photocopying, recording or by any information storage and retrieval system, without permission in writing from the Publisher.
All rights reserved.

著作權所有，本圖文非經同意不得轉載。如發現書頁有裝訂錯誤或污損事情，請寄至本公司調換。
本書所刊載之商品文字或圖片僅為說明輔助之用，非做為商標之使用，原商品商標之智慧財產權為原權利人所有。